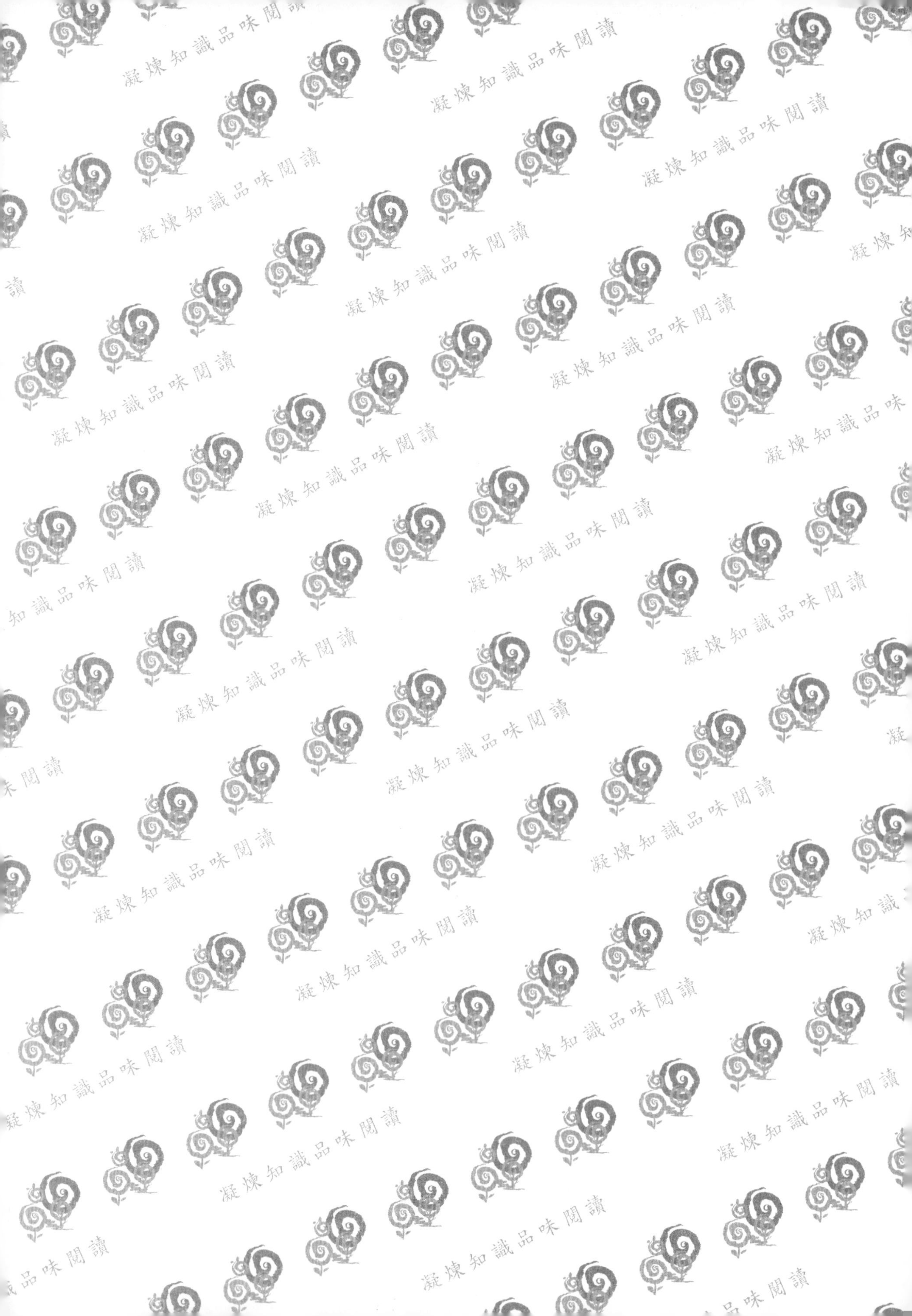

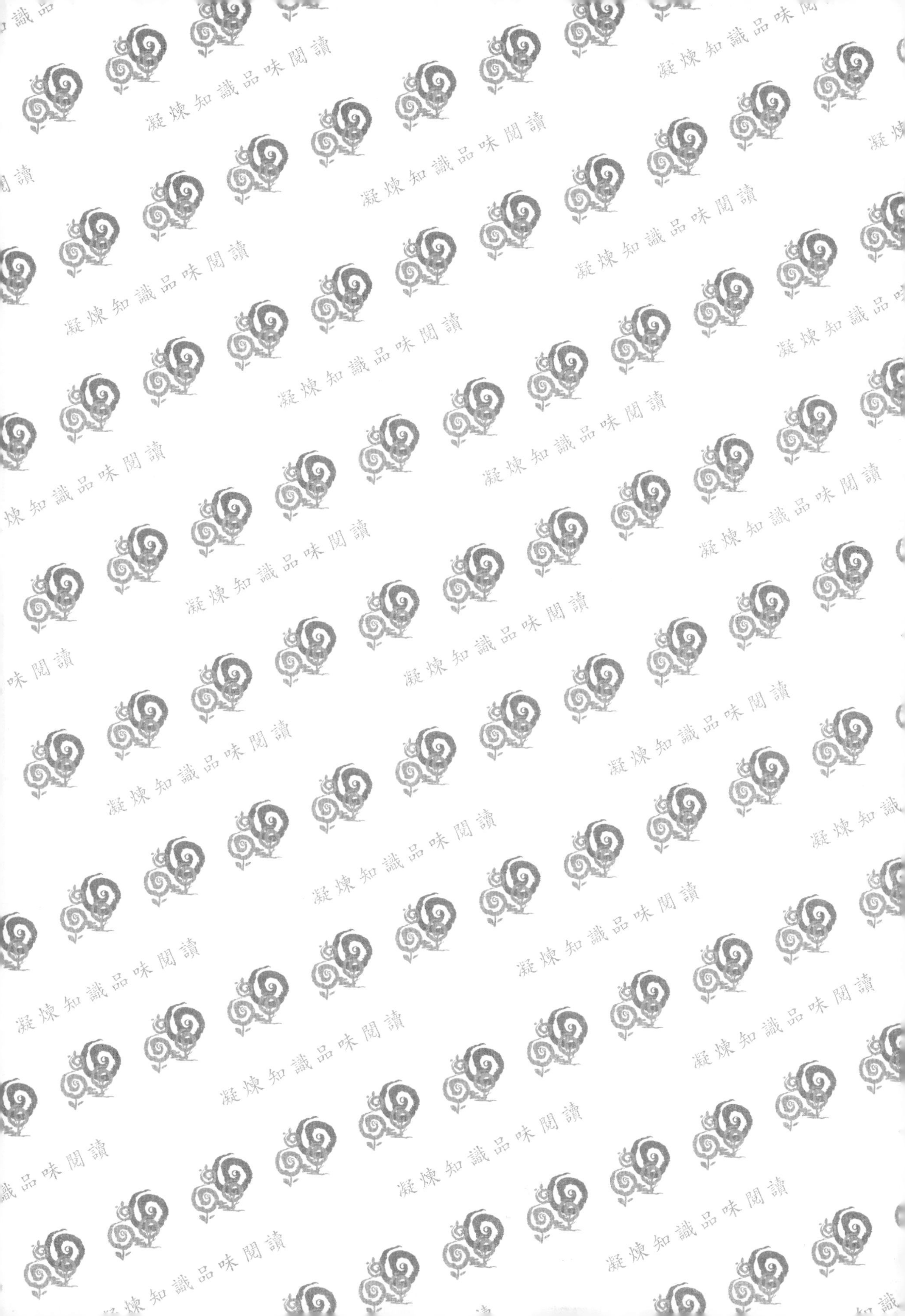

EXCEL品質管理

陳耀茂　編著

五南圖書出版公司 印行

序 言

日本產品的品質良好，在世界上是有目共睹的，可算得上是頂級（Top Class）的品質。這可以說是日本的各行各業踏實地實踐品質管理活動的成果。品質管理的目的是在於確保、保證顧客要求的品質，爲了達成此目的，有很多企業紛紛著手實施全面品質管理活動（Total Quality Management; TQM）。爲了有效地推進 TQM，收集品質方面之資料，解析資料的活動就顯得甚爲需要。此活動稱爲統計品質管制（Statistical Quality Control; SQC）。

改善是品管活動的核心，能時時改善，企業也才能時時進步，但改善不是口號，是要付出行動的，也就是說要有改善的工具，所謂的工欲善其事，必先利其器就是這個道理，無可諱言統計方法就是很好的改善神器，對中高層人員來說或許不難，但對基層人員或初學者來說難免有些難以駕輕就熟，因之，日本早先在日本科學技術連盟的主導下，產學合作整理出 QC 七工具，各行各業推行之後成效卓著，但 QC 七工具的規劃較偏量性資料，後來有感於質性資料的分析也有其需要，不久之後，產學再次合作又整理出新 QC 七工具，這些工具的使用、活用確實使改善如虎添翼發揮甚大效用，致使日本的品質居於世界的領導地位。

實踐 SQC 需要具有能以統計的方式處理資料的工具。此處所謂的工具是指在電腦上操作的資料解析用軟體。資料解析用軟體有統計軟體如 SPSS、SAS 等與表格計算軟體如 EXCEL。SPSS、SAS 等這些軟體的強項是較偏向量化數據，但對質性的圖形或表格顯得較爲無力，然而 EXCEL 此軟體是圖形或表格製作的強項，因之能活用 EXCEL 不但可以分析量性資料，對於質性資料的製作也能發揮神奇功效。

本書是介紹使用表格計算軟體 EXCEL 來實踐 SQC 的一本品質管理專門書，所設想的讀者是想學習 EXCEL 用於製作圖表，以及想將 EXCEL 用於實踐品質管理的人作爲對象。活用 SQC 透過 EXCEL 找出問題，分析原因，思考對策，進而找出改善線索解決問題，即爲本書編寫的目的。

本書的編成如下。

第 I 篇基礎篇包括第 1 章與第 2 章。

第 1 章是解說實踐品質管理時被認爲最少所需的基礎知識。

第 2 章是爲了能理解品質管理所利用的統計手法，解說最少所需的統計基礎知識，提出平均值等的基本統計量、機率分配、工程能力指數等。

第Ⅱ篇 QC 七工具篇，包括第 3 章到第 10 章。

第 3 章到第 10 章，分別是解說在品質管理活動中所需要且基本的 QC 七大手法。分別是查核表、特性要因圖、柏拉圖、直方圖、散佈圖、管制圖等七種手法並說明利用 EXCEL 來製作的技巧。

第 10 章是就品質管理的代表性手法亦即管制圖進行解說。管制圖有好幾種，依對象的數據性質，有需要分別使用各種管制圖。此處介紹 8 種管制圖。

第Ⅲ篇是新 QC 七工具篇，包括第 11 章到第 18 章。

第 11 章到第 18 章，分別是解說在品質管理活動中近年來所推廣的新 QC 七大手法，分別是親和圖、關聯圖、系統圖、矩陣圖、PDPC 法、箭線圖以及矩陣資料解析法等七種手法，並說明利用 EXCEL 來製作的技巧。

第Ⅳ篇是統計篇，包括第 19 章到第 24 章。

第 19 章是解說統計分析的代表性手法即統計與檢定。對品質管理的初學者而言，此章可留在最後學習。

第 20 章是提出分析 2 種測量值之間關係的手法。具體言之，是解說相關分析與迴歸分析。

第 21 章是解說抽樣檢驗，其中介紹計數規準型抽樣檢驗的利用方法。

第 22 章是介紹實驗計畫法，除了說明一元配置、二元配置外，也介紹田口方法。

第 23 章是利用增益軟體即資料分析解說相關與迴歸。也可以說是補強第 20 章。

第 24 章是無母數統計，其中介紹常用 4 種檢定法。

第Ⅴ篇是增益篇，包括第 25 章及附錄。

第 25 章是介紹 EXCEL 的增益軟體。這是補強只用 EXCEL 無法實施之解析，或者 EXCEL 中操作麻煩的解析，介紹被認爲對品質管理有益的增益軟體與活用方法。

附錄是解說統計分析所使用的主要函數、公式校正及錯誤訊息。

本書的特色是將 QC 七大手法與新 QC 七大手法的計算，均利用 EXCEL 來製作，對於討厭利用手來計算的人來說是非常有助益的，而且對日後公司中舉辦品管發表會時，對於想要製作圖表的人來說，更是如虎添翼方便不少，若推行有成效的企業或學校，也可參與中衛中心的全國性團結圈發表會。

以上是本書的構成，本書對 EXCEL 的初步操作方法並未詳細解說，因此對 EXCEL 不熟悉的人，可參考操作 EXCEL 的入門書。

能具有「發現問題的能力、分析問題的能力、解決問題的能力」的人是現代企業所重視的人才，最後期盼能活用本書，提升以上三種能力。

陳耀茂

謹誌於東海大學

CONTENTS 目錄

第一篇　基礎篇

第二篇　QC 七工具篇

第三篇　新 QC 七工具篇

第四篇 統計篇

第五篇　增益篇

第一篇　基礎篇

第1章 品質管理與統計分析

1.1 品質管理的基礎知識

一、品質管理的概念

1. 何謂品質管理

品質管制的英文名稱爲 Quality Control，取其第一個字母，稱爲 QC，JIS（日本工業規格）如下加以定義。

「爲了最經濟地製造出產品或服務，使能符合買方要求之品質，所使用的手段體系。」（JISZ8101）

品質管理（Quality Management）的最大目的，是在於確保產品或服務的品質能達到符合買方要求的水準，特別將此活動稱爲品質保證。品質保證是形成品質管理活動的核心。

品質管理中，提高業務的質也是目的之一。爲了此目的，就要展開稱之爲問題解決活動的改善活動。

2. 何謂品質

品質的用語如下定義：

「爲了決定物品或服務是否滿足使用目的，成爲評估對象的整個固有的性質。」（JISZ8401）

品質可以分成產品的企劃階段所決定的品質，統計階段決定的品質，以及製造階段所決定的品質。

企劃階段中決定的品質稱爲企劃品質。企劃品質是定義顧客所要求的品質，融入產品概念中的品質。顧客（使用者）要求的品質稱爲使用品質。

設計階段中決定的品質稱爲設計品質。這是指設計圖或產品規格書中所規定的品質，也稱爲目標品質。設計圖或產品規格書中所記載的品質，符合使用品質到何種程度，以設計品質來評估。

製造階段中決定的品質稱爲製造品質，這是評估所製造的產品符合目標品質到何種程度，以製造品質來評估，也稱爲適合品質。

3. 全面品質管理

全面品質管理是美國的費根邦（Feigenbaum）所提倡的用語。全面品質管理英文名稱爲 Total Quality Control，取其第一個字母，簡稱爲 TQC。之後，TQC 改變成 TQM 之稱呼。

全面品質管理的定義如下：

「爲了有效實施品質管理，從市場的調查、研究開發、產品的企劃、設計、生產準備、採購外包、製造、檢驗、銷售、售後服務，以及財務、人事、教育等企業活動的所有階段，從經營者、管理者到作業員，企業的所有人員均需要協力合作。按此種方式所實施的品質管理稱爲全面品質管理，或稱爲全公司的品質管理。」（JISZ8101）

全面品質管理是在企業活動的所有階段，所有部門、所有人員在高階的領導下，向品質保證的共同目的去實施的品質管理活動。

4. 品質管理與品質保證

形成全面品質活動的核心即爲品質保證活動。品質保證活動是在產品或服務的壽命週期中，經所有活動去實施。

品質保證活動是由以下 5 個活動所構成：

① 企劃品質之活動

② 確保品質之活動

③ 確認品質之活動

④ 約束品質之活動

⑤ 傳達品質之活動

企劃品質之活動，是透過意見調查或客訴分析掌握顧客所要求的品質是什麼，將要求品質融入產品或服務的概念中的一種品質企劃活動，以及設定具體的品質目標，融入設計圖或規格書中的一種品質設計活動。

確保品質的活動，在製程中形成品質的態度是很重要的，因之需要精密的製程管理。

5. 品質管理的思想

品質管理的特徵中所謂的「QC 想法」。此思想可大略分成品質、管理、改善 3 項來整理。

①對品質的想法

「品質第一主義」→在各種經營要素之中品質最優先考慮

「消費者導向」→優先考慮顧客的滿意

「後工程是顧客」→將好的成果轉交給後工程

②對管理的想法

「PDPC 的循環」→一面轉動循環一面進行管理活動

「事實管理」→基於事實與數據實踐管制、改善活動

「過程管理」→以過程作爲管理的對象，實踐管理活動

「源流管理」→重視產品的企劃或設計階段中的品質管理

③對改善的想法

「重視導向」→鎖定重要的問題、重要的原因去實踐改善活動

「層別」→不同性質者要先行分層再分析、管理

「變異管理」→著眼於數據的變動進行分析

6. P-D-C-A 的循環

品質管理非常重視一面轉動 P-D-C-A 的循環，一面進行工作與管理。此循環也被用來當作達成方針或課題活動的基本進行方式，也稱爲管理循環。

P-D-C-A 的循環，具體言之是指以下 4 個步驟：

① Plan （計畫）

② Do （實施）

③ Check （確認）

④ Action （處置）

首先，擬訂計畫，接著按計畫去實施，再確認所實施的結果。確認結果時，如認爲計畫與結果之間有差異時，實施處置（修正），以充實下一期的活動。下一期的活動再從計畫開始，以同樣的步驟進行。

7. 事實管理

就「以事實來說話」來說，詳細觀察現象相當重要。譬如，當產品的瑕疵造

成問題時，觀察何種瑕疵在何處發生是發現瑕疵的發生原因的重要線索。除此觀察外，如加上收集瑕疵的個數、面積、深度此種數據時，在探索原因上即可進行有效果的分析。

顯示事實的數據，依使用的目的，可大膽分成如下 3 者：

① 用於改善的數據

② 用於保證的數據

③ 用於管理的數據

用於改善的數據，像是為了掌握現狀的數據，追求原因的數據，或者作決策的數據等。

用於保證的數，像是何時、於何地、以何種方法檢查之有關檢查的數據，或工程的記錄等。

用於管理的數據，像是為了監視製程的數據，調查製造條件的數據等。

8. 層別（或稱分層）

層別是將關心的對象群體區分成具有某種共同點的群（層），是處理數據時的技巧。

層別的目的可分為以下 2 者：

① 想比較

② 想分別處理異質者

譬如，某產品的不良為問題所在，假定想到所製造的機械是否是它的原因呢？此時，是否每一部機械的製造均同樣發生不良呢？或者，是否有需要調查經常發生許多不良的機械，以及未發生不良的機械呢？因之，將顯示不良發生狀況的數據，以機械層別，將它們比較。比較的結果，如認為因機械造成甚大差異時，探討不良發生多的機械與不良發生少的機械之不同，即可發現不良原因。

另一方面，談到不良，它的內容像外觀的不良或性能的不良等，現象是有不同的。此種時候，有需要按不良現象探求原因，思考對策。因之，要將不良發生狀況的數據，以不良現象來層別。

二、品質管理與問題解決

1. 問題解決

培養解決問題能力與預防問題能力，是品質管理活動的一大目的。

問題解決中的「問題」，一般可以如下定義：

「所謂問題是指目標與現狀之差。」

問題有發生型的問題，即現狀脫離目標（基準），現狀點處於不良狀態；以及設定型的問題，即設定較高的目標，形成與現狀之差異。

2. 問題的性質

爲了有效率地進行問題解決活動，有需要掌握問題的性質，展開符合其性質的解決問題活動。

掌握問題的性質，最好著眼於現狀與目標。

當著眼於現狀時，掌握問題之結果的時間性變化，洞察如下的何種類型：

① 時好時壞

② 經常壞

③ 隨著時間的變化而變壞

而且，掌握某時點中的結果之差異，查明是屬於以下何種類型：

① 變異大

② 偏離目標

③ 變異與平均皆有問題

著眼於目標時，以目標的方向掌握問題的性質。目標的方向可分爲如下 3 種：

① 愈大愈好（增加問題）

② 愈小愈好，但無法成爲零（降低問題）

③ 愈小愈好，零是最理想的（零問題）

3. 問題解決型 QC 記事

在品質管理中的問題解決活動，是非常重視依據稱之爲 QC 記事（QC Story）的步驟，進行問題解決活動。

以下所表示的 8 個步驟是 QC 記事的具體步驟：

① 主題的選定

② 現狀的掌握

③ 目標的設定

④ 要因的解析

⑤ 對策的擬定與實施

⑥ 效果的確認

⑦ 標準化與防止

⑧ 殘留課題與今後的計畫

QC 記事是把重點放在從結果去探求原因（解析式的研究）的作法。此種作法稱之爲解析式的作法。

4. 課題達成型 QC 記事

對於設定型的問題，或像探索方案是掌握問題解決關鍵之類的問題來說，課題達成型 QC 記事非常有效。

以下所表示的 8 個步驟是課題達成型 QC 記事的具體步驟：

① 主題的選定

② 現狀的掌握與目標的設定

③ 方案的擬定

④ 最適方案的探求

⑤ 最適方案的實施

⑥ 效果的確認

⑦ 標準化與防止

⑧ 殘留問題與今後的計畫

課題達成型 QC 記事是把重點放在從目標探求手段的作法。此種作法與解析式的作法相對，稱之爲設計式的作法。

1.2 品質管理手法

一、品質管理手法

1. 資料的種類

品質管理活動頻繁地進行資料收集，依據資料解析的結果，決定應採取的處置。因此，品質管理中所面對的資料有何種型態呢？試從資料的性質整理看看。

資料依其型態可大略分成如下 2 種。

① 數值資料

② 語言資料

可以用數值表現者即爲數值資料，雖然無法以數值表現，但能以語句來表現者即爲語言資料。

此外，數值資料依數學上的性質，可分爲如下 3 種：

① 計量值

② 計數值

③ 順位值

所謂計量值是利用測量器具等透過「測量」所得到的資料。譬如，像是重量、長度、時間等均爲計量值。計量值的特徵爲所得數值是連續性的。連續性是說只要測量器具的精度允許，不管小數點以下幾位均可測量出來。

所謂計數值是可以透過「計數」所得到的資料。譬如，不良品的個數、事故的件數等均爲計數值。計數值的特徵是所取得的值是離散的。不良品的個數不可能有 1.5 個，1 與 2 之間的值是不存在的。此種資料即爲離散性的。

所謂順位值是利用「比較」所得到的資料。譬如，在數個產品間，依品質的好壞順序設定順位時，即可得到第 1 位、第 2 位、第 3 位等順位的資料。此種資料稱爲順位值。順位值經常在訴諸於官能檢查（訴諸於人的感覺進行品質之評估的檢查）或意見調查中所收集的資料中見到。

計量值、計數值、順位值的區別，於決定要以何種方法分析資料時需要。

2. 品質管理的基本分析工具

在品質管理的領域中，以處理資料的方法論來說，建議活用以下的 3 類手法：

①QC 七工具
②新 QC 七工具
③統計的方法

3. QC 七工具

所謂 QC 七工具是指以下 7 種手法：
①柏拉圖
②直方圖
③散佈圖
④管制圖
⑤統計圖
⑥查檢表
⑦特性要因圖

QC 七工具除了特性要因圖外，均是處理數值資料的工具。

4. 新 QC 七工具

所謂新 QC 七工具，是指如下的 7 種手法：
①關聯圖
②系統圖
③矩陣圖
④PDPC（Process Decision Program Chart）
⑤箭線圖
⑥親和圖
⑦矩陣資料解析法

新 QC 七工具除了矩陣資料解析法外，均是處理語言資料的工具。另外，矩陣資料解析法是指多變量分析的主成分分析：

二、統計的方法

1. 何謂統計品質管制

活用統計方法的品質管理活動稱爲**統計品質管制**（Statistical Quality Control; SQC）。原本品質管理的歷史，是在管制製造工廠的品質之手段中，從使用管制圖與抽驗檢驗的方法開始。換言之，目前的品質管理的原點，可以說在於 SQC。使用統計方法進行製造工程的管理，稱為統計的製程管制（Statistical Process Control; SPC）。

將統計方法用在資料解析的最大目的，是將資料的變動分解為「有意義的變動」與「無意義的變動」，從有意義的變動中去發現某種規則。

統計方法不只是資料的解析，在收集資料時也可利用。譬如，使用統計理論估計誤差，要在誤差的允許範圍內提出結論，要收集多少的數據才好，可以使之明確。

2. 品質管理的統計方法

品質管理活動中所使用的統計方法，可以分成解析資料的方法與收集資料的方法。

(1) 解析資料的方法

① 直方圖
② 散佈圖
③ 管制圖
④ 統計的假設假定
⑤ 統計的區間估計
⑥ 相關分析
⑦ 迴歸分析
⑧ 分割表的解析
⑨ 變異數分析
⑩ 多變量分析、數量化理論
⑪ 無母數檢定

(2) 收集資料的方法

① 抽樣檢驗法
② 實驗計畫法
③ 抽樣理論

三、品管定律

所謂品管定律就是改進品質的 4 個基本概念，這是品管思想家克勞斯比（Philip B. Crosby）所提出，以下就其進行說明。

1. 品管定律一：品質合乎標準

改善品質的基礎，在於使每一個人都第一次就把事情做對（Do it Right the First Time; DIRFT）。而達成 DIRFT 的關鍵則在於清楚地把規則定好並且消除一切阻礙。

在這方面，管理階層有三項責無旁貸的工作：(1) 制定對員工工作的要求；(2) 提供員工任何工具、金錢、方法等，以期達到要求；(3) 盡全力去鼓勵並幫助員工達到要求。

當管理階層明顯地顯示他們的政策是第一次就把事情做對（DIRFT）時，每個人便會眞正達成 DIRFT，員工會和管理階層一樣重視要求。

管理階層對政策和行事方法若是優柔寡斷，便會造成困擾。若人人都無所依循，也就不會有人期望自己能第一次就把事情做對。所謂第一次就做對，是指一次就做到符合要求，因此，若沒有「要求」可循，就根本沒有一次就符合「要求」的可能了。

品質的定義，必須是「符合要求」。這樣的定義可以使組織的運作不再只是依循意見或經驗，這表示公司中所有的腦力、精力、知識都將集中於制定這些要求標準，而不再浪費於解決爭議之上。

有決心的主管必須將品質的觀念深植於腦中。當有人拿著稍有瑕疵的產品來爭論，要求通過時，有決心的主管必須能夠不加思索地拒絕說：「我們爲什麼要將這種不合顧客期望的東西送到顧客手中呢？」

有決心的主管唯一的要責，就是不斷地重複相同的觀點，直至每一個人都相信爲止。你若稍有動搖，公告上的墨跡未乾，辛苦建立的觀念就都泡湯了，「喔！」人們會說：「原來有些事根本不必完全做對！」

一家電腦公司的主管群曾遭逢到下面的一個問題。公司中有一項新的產品，原已訂下日期要由研究設計的階段，正式進入生產階段。但是，在最近的一次會議中，他們發覺這項新的產品尚未通過所有的測試，如果決定開始生產的話，就表示他們又必須一面製造，一面繼續測試改進；如此一來，製造部門勢必無法將產品製造完全；維修人員也必得常常到顧客的辦公室去修理這個產品。這個後遺症將會延續好幾年。

不改的慣例由於這種情況長久以來一直存在，因此大家都視爲理所當然。但是，主管群已經知道，這套辦事方法所費不貲，而且常使顧客對新產品的功能大失所望。

交貨日期原訂在數月之後，已是迫在眉睫，但是他們決定，寧可不要如期交貨。既然研究改進的工作尙未完成，就絕不當它已經完成。未能如期交貨的結果，將使他們在市場上失去信用；而必須把訂金（包括利息）退還給顧客，在同業間也不免有點失面子。

但無論如何，他們仍作了這個決定。結果並不像他們預想的那麼糟，產品只稍微晚了一點上市，因爲研發部門做出來的設計圖很完整，因此製造部門的速度便得以加快，要求維修服務的情況幾乎沒有。這項產品的信譽是同類產品中最優良的。

從此以後，各項新產品的研發設計都能如期完成。公司不再需要額外的支出，產品信譽直線上升。一旦每個人都了解到主管階層將持續不斷地嚴格執行時，這種工作程序自然變成了不改的慣例。

2. 品管定律二：要防患於未然

傳統的品管方式中最明顯的一項花費便是檢驗。製造業稱呼擔任檢驗工作的人爲檢查員、測試員等等。服務業也有相同的職位，只是名稱不同而已。但兩者最大的不同在於，製造業的檢驗人員是受過訓練，有人領導而且是名正言順的，他們是公司中發掘問題與協助改正的主力，對公司有全面性的影響力。

然而，在服務業中這類的行動卻顯得雜亂無章。要發掘整個公司的問題已是非常困難，而要勸服別人或修正缺失更是阻礙重重。其實，這些方式並非不可行，只是服務沒有這個習慣罷了。

(1) 檢驗接踵而來的麻煩

檢驗，無論名之爲檢查、測試或其他，都是事後才去做的。如果採取這樣的方式，那麼主要的工作就是分辨優劣。每一次的檢驗，都會製造出一堆原料或文件，需要重新評估。

想要清楚地了解這種情況，去參觀機械工廠或類似的製造廠應是最好的方式。你會看到，一組組的工作人員環繞著一個個材料箱在工作。每個材料箱附有一本手冊，上面以圖解和文字說明箱中各種材料的用處。

手冊的封面上載有裝配的步驟，包括：修切、鑽孔、半成品檢查、磨砂、定形、成品檢驗等等。這些都是由工業工程師一步步寫下來的。

在每個步驟旁邊，並載明所需的材料件數。大家或許會以爲，原先的材料若是一百件，那完成時也必然是一百件成品。其實不然，在每個步驟後，負責這一部分的人都會記下剩下的材料件數。

因爲，當材料部門了解不良品比率後，他們自然知道該在材料箱中放入多少材料才能得到預期的成品數目，例如，放入一百一十份材料，以備做成一百件成品。

這種方式，使美國許多主要工業陷身於泥沼之中。每個材料箱浪費十件材料，一千個材料箱所造成的浪費就十分驚人了。

服務業公司也有類似的浪費行爲，他們總是分配了過多的人力去完成工作，以致麻煩總是接踵而來：資料系統得有備用系統；填完一個新表格又出現更新的表要填；開一個檢討會又衍生出另一個會議要開。

檢驗是一種既昂貴又不可靠的品質方式，檢查、分類、評估都只是事後彌補。品管最需要的應該是預防，若是沒有錯誤存在，就根本不會發生疏忽錯誤的事情了。

(2) 事先了解標準和做法

所謂預防是指我們事先了解行事程序而知道如何去做。銷售員要從陌生的機場開車到陌生的城市，最好先問清楚方向再上高速公路，而不是一邊開快車一邊偷瞄地圖。

油漆匠若想調配一種顏色，最好是帶了樣本去油漆店比照，不能光憑臆想調色，再來來去去地比對。

飯店若每天都需要新鮮雞蛋，就該找到固定、可靠的供應商，每天按時送來新鮮的蛋，而不是每天買來一堆雞蛋，再一個個打開挑選新鮮的。

零售店的採購人員若想拿到符合顧客要求的商品，唯一的方法就是把所需的大小、規格清楚地寫下來，再向製造商訂購，而不是讓製造商送來一堆商品，再從中挑選所需的尺寸。

這些都是大家公認理所當然的普通常識了，爲什麼我們企業界的工作體系中，竟不曾運用這樣的常識呢？爲什麼我們要一再重蹈覆轍，而不肯訂定方法，第一次就把事情做對？

預防似乎是企業界的人絕口不談的字眼。他們雖然偶爾有「把這事做對」或「先考慮清楚」的想法，但是卻從來沒有人認眞去做。

(3) 積沙成塔

預防的概念是來自於深切了解整個工作過程中，有那些事是必須事先防範的。不論你是做電路板，或是在策劃保險政策，道理都是一樣的。

做好預防工作的秘訣在於檢查這個過程，找出每個可能發生錯誤的機會。這是可以做到的，因爲無論生產業或服務業，工作程序都可分成許多段落，每個段落都應消除這一段落中所產生的錯誤。

舉例來說，一個保險案例中就有許多發生錯誤的機會，業務代表需要正確的資料，向顧客說明投保的金額與可享受的利益，以便爭取客戶；訓練人員需要有正確的資料，才可能教給業務員正確的資料。單是研究和準備這些資料就是個大工程，保險業的統計和市場調查都需要大筆資金，稍有錯失、疏忽，就會損失慘重。

業務代表必須把顧客資料建檔，才能開始辦理手續；這時，只要輸入電腦時一個數字打錯，就可能全盤皆錯。所以，所設計的表格和電腦系統必須能夠消除任何造成錯誤的機會。

一家意外保險公司的總裁飽受許多業務代表的攻擊。他們對於各種層出不窮的錯誤感到氣惱萬分。不是信件寄錯住址，就是客戶姓名拼音錯誤，要不然就是引擎號碼弄顚倒，反正總是有錯。

這家公司因此決定成立一個單位，僱用二百名員工，在信件寄出去以前做通盤的檢查。但是這樣做每年要多出五百萬元的開支，而且也不見得能得到多的信任。因此，他們希望另覓解決良方。

於是，他們花了一段時間和業務代表討論改進的方案。參與的業務代表約有一百五十人，都是公司的營業主力。他們發覺，公司中大部分的保險保單都大同小異，如汽車責任險即是，但是，也正是這些例常的保單最常出錯；如果是特殊的案例，例如替一隻大象辦保險之類的，反而少有差錯。

這家公司於是在每個業務代表的辦公室中裝置終端機，由業務代表自己按公司的表格型式輸入資料，再傳送到保險公司的主電腦，過了兩、三分鐘後，主電腦再將處理好的表格傳送回來，並自動印出保單，如此皆大歡喜。如果有任何拼音錯誤或數字錯誤，那都是業務代表的責任。公司的總裁因此鬆了一口氣。

這樣的解決方式使得業務代表能迅速完成工作，因此營業量大增。現在這家公司幾乎在每個可能的地方都設置了終端機。

這種方式將造成錯誤的機會降到最低，這就是預防的眞義。設置終端機的花費比起設置檢查部門來，不過是小巫見大巫，單是省下的郵資就相當可觀了。

(4) 統計的品質管制

在製造業的工作程序中，特別是在裝配廠或大量生產的工廠，常使用一套預防的技術，稱爲統計的品質管制（Statistical Quality Control; SQC）。

在這套方法中，任何工作程序中可能發生的變數都先行定義，然後一邊進行，一邊測量變數值。如果有任何變數值超出控制之外，即須加以矯正。如果所有變數值都在預定的範圍內，那麼結果也必定和預期相符。

SQC 的方法看起來既複雜又難做，但事實上不然。它其實是個既有效又容易了解的品管工具。負責設計管制表和教導別人這種評估技巧的人，必須具有專業的技術，但其他人只需稍加學習，就可運用自如了。

在這種管制表上，有一個上限和下限，代表工作程序中所容許的誤差範圍。每一次的測量記錄，都在表上畫一個點來表示；如果這個點是在誤差範圍之內，就可繼續作下一個步驟，若這個點有「出軌」的傾向，就應立即想辦法改進；若這個點已經出軌道，應該立刻停工，就是這麼簡單而已。

但是，很少經理能接受這套辦法，因爲他們無法忍受工作進度中途被干擾。因此，SQC 至今一直未曾被美國企業界普遍接受，卻始終被視爲一種特殊的手段。現在已有許多公司都在使用 SQC，這是應當的，但是大多數的公司仍然認爲這套方法太過繁複，會影響生產效率。

無論在服務業或製造業，主管人員經常不了解他個人的行動對公司整體的工作程序可以造成多大的影響。大部分硬體製造業的主管人員幾乎從來都不親手碰觸產品，他們做的大多是行政工作或其他的文書工作。一個最佳的預防政策，很可能因爲主事人員的漫不經心而完全失效。

3. 品管定律三：工作標準必須是「零缺點」

訂立各項要求是衆所周知的的管理辦法。但是逐一遵循、時刻遵守的重要性，卻鮮爲人知。

一個公司就好像一個有機體，是由千百萬微小難察的活動所組成。每一個微小的行動，都關係重大，必須一一按計畫達成，才能使一切順利進行。

一九八二年八月二十九日的《紐約時報雜誌》（New York Times Magazine）上，曾有一篇探討史前人類始祖的文章。作者是雪法斯（Jeremy Cherfas）和格里賓（John Gribbin）。這兩位作者結合了對歷史的知識，以及對不同種類生物分子構成的研究，而寫成了這篇文章。他們的研究方法，不是去探討古代文明的遺物或遺骨，而是去鑽研現存生物的身體分子構成。結果，他們發現，從生化學的觀點來看，人類和大猩猩、黑猩猩都是同一族的成員；更確實地說，他們的DNA都極爲相近，只有1%的差異而已。

DNA（去氧核糖核酸）是所有身體細胞的組成成分，也是造成生物形體差異的主導力。如果我們知道如何析離的話，只要取出細胞中的DNA，就能夠建立一個生產線，製造複製人；這種由DNA複製出來的人，連眼睫毛、指紋、心臟和所有任何細微末節，都和原來的人一模一樣。

但是，如果我們在複製人的製作過程中，容許些微執行標準上的偏差，那結果恐怕就難以想像了，有可能製造出半人半猿的怪物，每次製造出來的「人都不會相同」。

一個由數以百萬計的個人行動所構成的公司（想想看，每個人每天要執行多少不同的行動）經不起其中1%或2%的行動偏離正軌。若執行標準根本和原訂要求南轅北轍，後果就更不堪設想了。想想複製人的可怕性，不禁令人心驚膽顫。

(1) 品質等級與品質合格標準

然而，許多公司卻幾乎是竭盡所能地幫助員工不必在意符合要求，舉例來說：

① 平均出廠品質等級（Shipped-Product Quality Level; SPQL）；這表示在原訂計畫內，原本就容許一定數目的故障。冰箱或許有三或四個，電腦有八個以上，電視有三個以上不同的等級。設立這種品質等級的目的，是爲了讓主管人員決定需要多少維修人員。

② 允收品質水準（Acceptable Quality Level; AQL）：美國製造商經常爲它的材料供應商設立一個允收品質水準，例如1%、2.5%等等，以作爲測試人員接受

貨物的依據。而實際上，這個水準便是代表供應商交來的一批貨中可以有多少個不同格品。

這些偏頗扭曲的現象，逐漸消蝕了人們做好事情的決心。數年來，我們常聽到許多在其他方面都很理智的人一再解釋「零缺點」是如何不可能達到目標。其實在他們的公司中，卻有些部門眞正是一向不出錯的。

看看薪資部門發生錯誤的情況吧！如果某人的薪資發生問題，通常都是因爲本人、主管或人事部門呈報錯誤所致。

難道說，薪資部門絕對不會出錯。薪資部門的人員都特別盡心致力嗎？或許是吧，但那還不足以達到這樣的執行標準。如果盡心致力就能達到「零缺點」的話，那你必會認爲研究太空設備的公司，也該永遠不會出錯。實際上，人很容易習以爲常，因爲人們不容許它犯錯。如果付給員工的薪資有誤，他自己必定十分關心，倒不是認爲公司有意欺騙他，他知道事情最後總會弄清楚。他生氣，因爲他覺得公司連薪資都付錯，根本不關心員工了。

傳統的說法總是認爲，錯誤是不可避免的。事實上，只要執行標準容許錯誤存在，這種自圓其說的無稽之談就會變成眞的。

(2) 缺點完全消失

假想有一百片磁碟串穿在一條長棒上，它們看起來就像一條切成薄片的圓土司或一疊安放在唱片架上的唱片。再假想有一條電線穿過前方，假想每片磁碟的圓周上都有一個佔 1% 面積的小紅點，這表示這片磁碟有 99% 是可信賴的，或稱有 1% 的缺點。這一百片磁碟可以代表硬體系統中的一百個零件、或文書工作中的一百個步驟、或一個樂隊中的一百個人，隨你願意用它們代表任何東西。

當磁碟轉動時，就代表系統開始操作。如果有其中一個小紅點停在電線下，就代表一次失敗。那麼一百個 99% 正確的步驟相連，達到成功的機率是多少？計算的方式是 99% 自乘一百次。結果是 36.4%，成功的機率實在很低。

改進品質的目的，就是逐漸減少那些小紅點的面積，直到它們完全消失爲止。然後，你就不必每件事情都得做兩次以上了！

唯有曾經在組織中擔任過改善品質工作的人，才能了解嚴格的執行標準有多重要。紙上談兵的人很難了解到，員工其實是依據主管的標準去做事，而不是依據程序上既定的標準去做事。

我們必須將目標一清二楚地陳述出來。我們不能使用學校式的分級，我們也不要統計表上的「品質等級」。

我們要的是：第一次就把事情完全做對（Do it right the first time）。爲了使每個人相信我們的確是當眞的，就需要不斷地溝通。幾年來，在這方面已有進步。不幸的是，「零缺點」卻被企業界視爲一種「鼓舞員工」的課程。

我們要強調的是，這是一種管理標準，向員工揭示管理階層的期望，僅此而已。但是，品質界的思想領導人卻攻擊「零缺點」這個構想，認爲它不切實際。因此，美國人便輕視這個構想，將它棄之不顧。

相反地，日本人卻視若珍寶，數年來認眞實行，以此來揭示主管階層對員工的要求。同樣花了時間，美國人實在該用來學習如何做事正確，而不該去鑽研那套含混的「品質經濟學」。

許多公司都擁有詳細的紀錄，以顯示自己的進步。他們的宣傳計畫也炫示著公司人員如何致力於品質工作，但他們唯一缺少的就是「零缺點」的產品。

(3) 爲何需要嚴格的執行標準？

公司的所有結果都是人爲的因素。每一個產品或服務項目，都是由公司內的千百個工作和供應商的交貨組合而成。若想達到預期的結果，就必須要每個微細的工作都中規中矩，一絲不苟。工作人員必須能夠彼此信賴，一個部門送交另一部門的東西必須與原先承諾的相符，如此，員工對別人的要求才會切合實際，不會再爲了要得到自己眞正所要的東西，而要求別人送來兩倍之多的原料，或加快兩倍的服務。

這就是執行標準不能有任何偏差的原因。

因此品質管理的第三條定律是：執行標準必須是「零缺點」，而不能是「差不多」。

4. 品管定律四：以「產品不合標準的代價」衡量品質

管理階層對品管感到棘手，是因爲管理學院中根本沒教過這門課。品管一向被視爲技術人員的工作，而不是管理階層的責任。因爲，從來沒有人把品質問題像其他問題一樣從財務的觀點來探討來分析。我們曾經提過，品質一向被視爲是比較性的，如「優、良、可」之等級。然而，近年來，世界各地要求品質升級的壓力暴露出了高級主管人員對品管的無能，於是，人們逐漸了解到企業界的確需要一套新的方式來衡量品質。而衡量品質的最佳工具，也和衡量其他東西的工具一樣，是金錢。

品質的代價是幾十年來爭論不休的老問題了。但是，卻只是在生產線上作爲衡量缺失的手段而已，從未被視爲一種管理的工具。那是因爲品質的成本從未以一種可被理解的方式，呈現給管理階層。

品質的成本可分爲兩個範疇：一爲不合要求所付出的代價（the Price Of Non Comformance; PONC）和一切符合要求的代價（the Price Of Comformance; POC）。所謂不合要求的花費是指所有做錯事情的花費，包括改正售貨員送來的訂單、更正任何在完成提貨手續過程中所發生的錯誤、修改送出的產品或服務、重複做同樣的工作或產品保證期內免費修理的花費，以及其他種種因不合要求而產生的毛病。把這些通通加起來，會得到一個驚人的數字，在製造業公司約佔總營業額的 20% 以上，而在服務業更高達 35%。

符合要求的花費，則是指爲了把事情做對而花費的金錢。包括大部分專門性的品管、防範措施和品管教育，同時也包括檢驗做事程序或產品是否合格等範圍。在營運良好的公司，這項花費大約是營業額的 3% 或 4%。

(1) 品質不合要求花費成本

財務主管要計算出品質不合要求的花費成本，總需要許多協助，因爲其他所有人都喜歡把這個數字說得很低，但是一旦計算出來，便可以依此定出一套永久管用的方法了。這項花費的數字可用來追查公司是否有進步，還可找出何種改進的方法最能賺錢。

如此，很快就能顯示出究竟是哪一項產品、服務項目，或哪一個部門在「不符要求的花費成本」上高居榜首。大多數的罪魁禍首都對自己的行爲根本渾然不知！

大多數的品質改進方案，都以各種指數或圖表來衡量工作結束。面對著這一大堆的品質指數或圖表，執行人員根本不了解它的意義，簡直不知拿他們怎麼辦，更談不上採取什麼行動了，這也就是爲什麼多年來品管專家從未被邀請列席重要會議的原因了。

其實，計算出公司的品質成本並不是件困難的工作，但卻很少有公司能完成這項工作。主要的理由在於，那些負責計算的人都錙銖必較，打算提出一份完全沒有遺漏的報告，結果許多公司單爲了收集品質成本的資料就耗時數十年。其實，這只需要幾天的功夫就足夠了。第一次計算時，或者只計算了 70% 至 85%

而已，但是這個數字就很夠達到警惕的效果了，實在不必再費心挖出其他的部分。何況，經過數年後，自然會知道最正確的算法，也自然能算出正確的成本。這項成本可能因需要不同而增加或減少，那時再視實際需要而調整或改進便可。

在此，我們不打算詳列計算的方式了，可參閱相關書籍中說明，簡言之，它的規則就是：檢視任何事情，若此事是因爲在第一次沒有完全做對而產生的多餘行動，就將之計入「品質不合要求的花費成本」中。

因此品質管理的第四條定律：以「品質不合要求的花費成本」作爲衡量品質的方法，而不是用指數來評核。

總結以上說明，此處彙總對抗品管問題的有效疫苗，告訴您要免除困擾，預防失敗，必須做哪些事。

四、品管疫苗

1. 共識

(1) 公司最高主管必須致力於使客戶得到的產品合乎要求；堅信唯有公司全體皆有此共識，公司才可能業務鼎盛；並且決心使客戶及員工都不會有所困擾。

(2) 公司執行主管必須相信，品管是管理工作中最重要的一環，比進度、成本都重要。

(3) 次級執行主管（向上述兩種人負責的管理者）對產品的要求非常嚴格，不容許任何偏差。

(4) 次級執行主管之下的經理人員明白，善用人才，在第一次就做對事情，是他的晉升之階。

(5) 專業人員明白，他們工作做得準確、完整、關係到整個公司的生產效率。

(6) 所有的員工都了解，唯有他們一致達成公司的要求，才能使公司健全。

2. 系統

(1) 品管系統必須做到能反映產品是否於要求，並迅速顯示任何缺失。

(2) 品管教育系統（Quality Education System）必須做到使每個員工充分了解公司對品質要求的程度，並明白自己在品管工作中所擔負的責任。

(3) 用財務管理的方法，分別計算出產品質合乎要求和不合要求的成本，並依此評核工作程序。

(4) 調查顧客對產品與服務的反映，以改正缺失。

(5) 全公司都重視預防缺失。利用過去和目前的經驗，不斷檢討和計畫，以防重蹈覆轍。

3. 溝通

(1) 讓所有員工隨時知道現行品質改進工作的進度和已有的成就。

(2) 認清各階層負責人都要執行品管的工作，並且是正常的作業程序。

(3) 公司中的每個人都能毫不費力地迅速向高級主管反映任何工作上的缺失、浪費或改進的機會，並且能很快地獲得答覆。

(4) 每次的管理會議，應以事實爲根據，利用財務評估來檢討品管工作的進行狀況。

4. 實際執行

(1) 要使供應商接受教育，並獲得公司的全力支持，以確定他們會準時交貨，並且品質可靠。

(2) 公司的工作程序、產品、制度等，在實際實行前都需經過測試並證明可行；此後並需把握任何改進的機會，隨時檢討、改進。

(3) 所有職務都定時舉辦訓練活動，並將之列爲新工作程序的一部分。

5. 確定政策

(1) 對品質的政策（或方針（Policy））清楚而不含糊。

(2) 公司的產品和服務必須完全符合對外宣傳的標準。

五、何謂改善

1. 改善是把結果朝著「善」的方向去「改」變的活動

所謂改善是把結果朝著「善」的方向去「改」變的活動。這是說以目前的作法所得到的結果與原本應有的姿態相悖離時，改變目前的作法實現原本應有的姿態的一種活動。並且，大幅改變目前的作法，或引進以前未曾採用過的作法，此等活動也包含在內。

在一些書中，以目前的作法作爲基礎時當作「改善」，將目前的作法大幅地改變，或引進新的體系時當作「創造」加以區分。可是，爲了實現原本應有的姿態而使現狀變好在此點是相同的，兩者探討方式的不同是在於視野擴大到何種程度來想，基本的「攻擊」方式是相同的，因之本書將這些總稱爲「改善」。

如圖 1.1 所示，取決於要將結果提高到何種程度，將目前的作法亦即既有體系要改變到何種程度即可決定。如果讓結果提高的幅度小的話，或許既有系統小變更就行，並且，改善成功的可能性也是很高的。另一方面，如大幅改變既有的體系或引進新的系統時，它的作業雖然費事，但獲得甚大改善效果的可能性也是可預期的。

在汽車產業等方面，以參與製造現場的人士爲核心踏實地推進確保基礎的活動稱爲「改善」的情形也有。這也是本書中的「改善」。另外，改善並非只是製造現場而已。

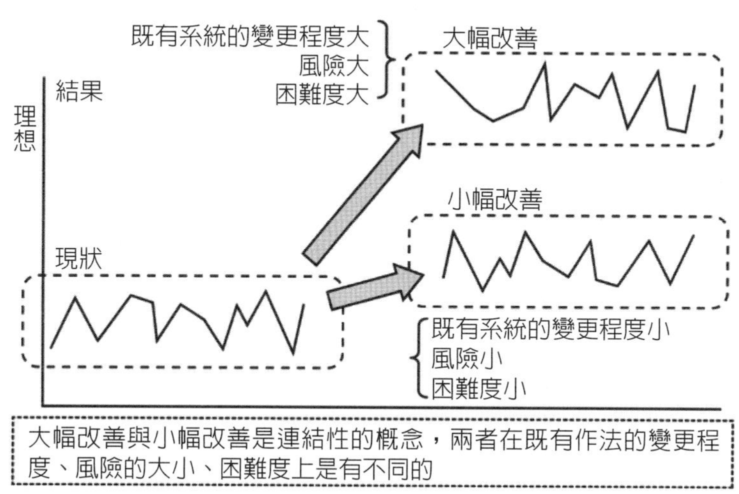

圖 1.1　大幅改善與小幅改善

大飯店中顧客滿意度的改善，是服務業中改善的一例。並且，在資訊產業中，提高存取率、縮短處理時間等的改善也不勝枚舉。像這樣，改善不取決於業種是一種必要的活動。此外，像產品、服務的設計階段或營業階段等的所有階段也都是必要的活動。

在歐美，KAIZEN（改善）這句話已經根深蒂固。1980 年代日本綜合品質管理（Total Quality Management; TQM），是其他國家難以見到的只有日本才有的活動，對國家的急速成長有甚大的貢獻。歐美的諸多企業認清改善是 TQM 的核心，自覺甚爲重要，不將它英譯而以 KAIZEN 之名引進。

那麼，改善要如何進行才好？譬如，改善的主題要如何設定才好？改善的主題如當作提高顧客滿意度，那麼要如何實現才好？想要有效率地進行改善的步驟，工具要如何使用才好？本書的目的是介紹這些。在進入具體的介紹之前，先略微地將與「改善」有關連的背景加以整理一番。

2. 改善是競爭力的來源

歷經長期間確保國際競爭力的企業，均具有一項共同點，那就是不斷累積改善活動。換言之，有組織地實踐改善活動，是組織能持續繁榮的甚大關鍵。一面略微回顧歷史一面說明此根據。

1960 年代的日本，每人年間 GDP（國內總生產）約是 3000 美元左右的貧窮國家。此貧窮由於用人費的低廉也成爲價格競爭力。以價格競爭力作爲武器要在世界市場中生存，輸出的產品品質即使不是世界第一，也有需要成爲世界標準。因之，利用現場的改善提案制度與品管圈（QCC）推行改善活動，改善了產品的品質。

另外，日本變成了某種程度的富裕國家之後，從 1970 年代到 80 年代，因薪資的高漲而失去了價格競爭力。因此，許多的日本企業，以標準的價格提供世界第一的品質爲目標。對此有甚大貢獻的是 TQM。TQM 的核心是將改善依循組織所決定的方針，全公司地展開。此全公司性的活動，是當時日本企業的專利。

可是，從 1990 年後半，以改善爲核心整個公司從事品質的活動已不再是日本企業的專利。亦即，從 KAIEAN 成爲世界共同語言一事也可明白，世界的許多企業以日本企業爲範本，有組織地實踐改善。

面對二十一世紀的今天，有組織地實踐改善是生存的必要條件。改善的一般性水準的實踐是生存的必要條件，但高水準的實踐，如豐田汽車公司的例子所見的帶來繁榮。像這樣，改善具有超越時代的重要性。

3. TQM 的核心是改善

TQM 的核心是持續地改善產品的品質、服務的品質使之成爲更高的水準，積極地獲得顧客滿意的活動。以日本的 TQM 爲基礎在美國誕生且在二十一世紀初期形成風潮的 6 標準差，也是以改善爲核心。此即，高階把判定是重要的專案，以專任的方式由黑帶（Black Belt）進行改善，以此種解決的活動作爲核心。

近年來，顧客對產品、服務的要求如圖 1.2 所示正在擴大。像是電視吧，彩色電視在出現的當初是以不故障能播放爲著眼點。之後，不故障能播放以電視來說即成爲當然的品質。另外，遙控操作性能的提高在當初也是新奇的，但最近變成了當然的品質。並且，近年來像液晶電視那樣，電力消耗少不造成環境負擔，也正在變成要求。

持續支撐此變遷的是改善。亦即，隨著新設計的進展，今後持續改善它的品質與生產力以及成本甚爲重要。經由如此即可成爲更好的產品、服務。

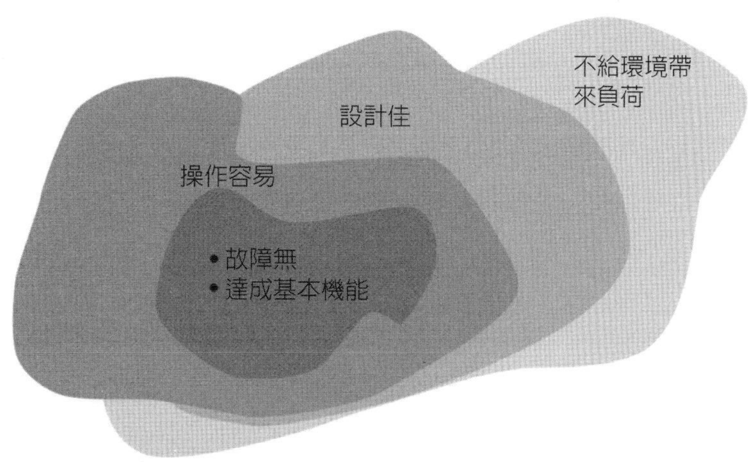

產品、服務上市的最初，僅僅是有關基本機能的要求，隨著市場成熟其要求擴大

圖 1.2　顧客對產品、服務之要求的擴大

4. 有組織地推行改善

有組織地進行改善，需要以下的條件：

(1) 個人具有能改善的知識、能力。

(2) 將各項改善在組織全體下形成一體化。

(3) 建構在各個現場中能改善的環境。

(1) 個人確保改善所需的知識、能力是本書的主題。本書說明特別有效果的重要方法、改善步驟。在與改善對象有關連下，(2) 組織全體的體制是需要的。在大飯店中假定櫃台的服務是以渡假的情境呈現賓至如歸的氣氛，另一方面，餐廳是以企業方式（Businesslike）向有效率的方向著手改善。在各自上或許均有所改善，但全體並未取得平衡。由此例所了解的那樣，改善的方向整個公司需要有形成一體的體制。

並且，個人僅管有實行 (1) 改善的知識，如果沒有發揮改善能力的環境，那也是枉然。

「你的工作是這個」在只是分派工作型的職場中，縱使有改善的能力，也沒有實際從事改善的機會。爲了發揮個人具有的能力，(3) 的環境是很需要的。關於 (2)(3) 會在本章的以下幾節中討論。另外，對於 (1) 來說，在第 2 章以後會占大半的內容。

5. 改善主題是基於組織的方針來選定

改善主題是依據組織的方針來選定。這就像大飯店的改善例子那樣，各自的改善以全體的改善來看時不是改善的情形也有。譬如，設計引擎的工程師向輕巧的方向改善設計，另一方面，機身設計的工程師向重視搭乘舒適的方向去改善，整體的步調並不一致。決定出整體應進行的方向後，應依循它去改善。

這些的概念圖如圖 1.3。像圖 1.3(a) 那樣，各自的改善方向紛歧不一，以組織來說一點效果也沒有。因此，這要像圖 1.3(b) 那樣，依據組織的方針選定改善的主題是有需要的。

高階管理者的任務，是明示有關品質、成本等的方針。各個小組依據該方針進行活動。在圖 3 中，箭頭的長度表示改善的規模大小。因此，依據高階所決定的組織方針，在各自的部門中，就人、物、錢、資訊的有限資源之中，儘可能使箭線變長之下來進行活動。

爲了依循組織的方針選定改善的主題，有方針管理、平衡計分卡、6 標準差之體制。譬如，在方針管理方面，參照高階所決定的品質方針，基於它選定改善的主題。另外，美國的 6 標準差，是由高階或地位相近的人，基於方針決定主題。

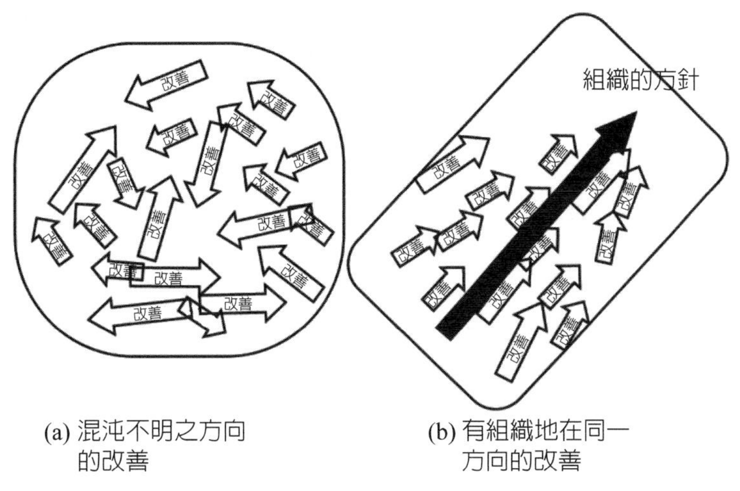

(a) 混沌不明之方向的改善

(b) 有組織地在同一方向的改善

各項改善主題是依從組織的方針設定。因之，組織可成為一體推進改善

圖 1.3　改善的主題有組織地在同一方向選取

高階提示的方針，通常是一般性的表現。各自的部門要展開成爲自己部門的方針。然後參照自己部門的方針，選定改善的主題。將此例說明在圖 1.4 中。譬如，在圖 1.4 中，高階的方針是「世界級的品質」，生產部門將它展開成「變異少的產品」此種部門的方針。接著，依據它，像產品 C 的變異降低 30% 那樣，展開成具體的改善主題。

6. 何謂改善的環境

以有組織地實踐改善的環境來說，由於執行改善的基礎能力、改善的重要性的認知、標準化的重要性的認知是不可欠缺的，因之教育這些，並進行跟催是有需要的。然後，以組織的方式設立推進改善的體系，並實踐改善，將此概要加以整理，如圖 1.5 所示。

改善的實踐，變更以往作法的時候也有。一般來說，變更以往的作法，會有或大或小的反抗。譬如，A 先生爲了改善生產量，假定發現了最好是變更既有的流程。此時，除 A 先生以外的相關人員，是否能立即接受此變更呢？

除了像「爲何要變更呢？」「它是正確的嗎？」質詢變更的正當性之外，像「不想改變好不容易記住的作法」等提出各種反駁的可能性也有。那麼好不容易發現的改善就這樣被埋沒掉了。像這樣，想確實實踐改善，就是要認識改善的重

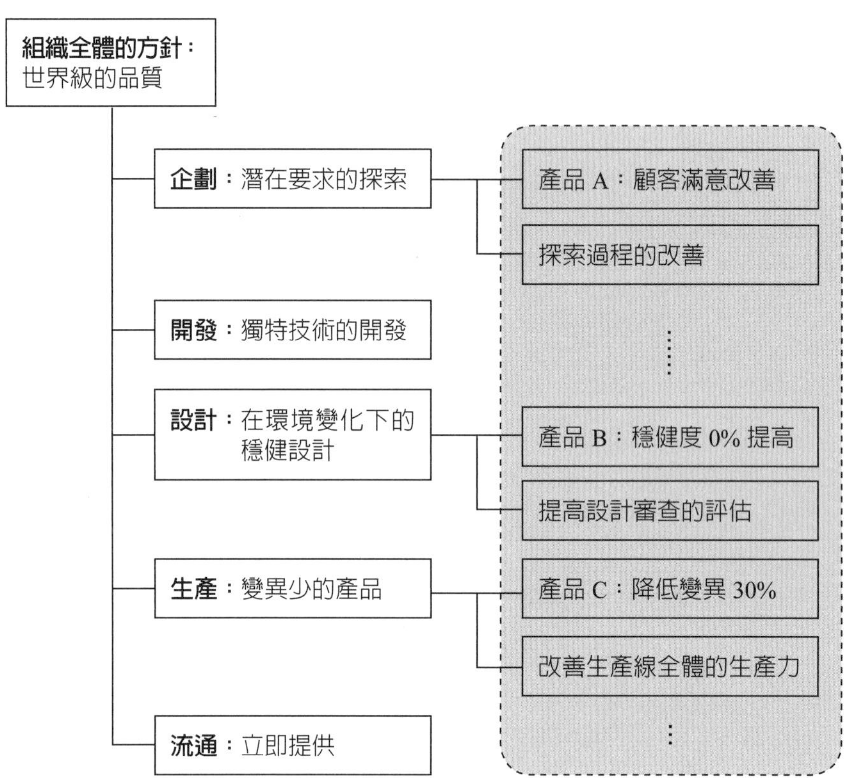

圖 1.4　組織的方針與改善主題的選定

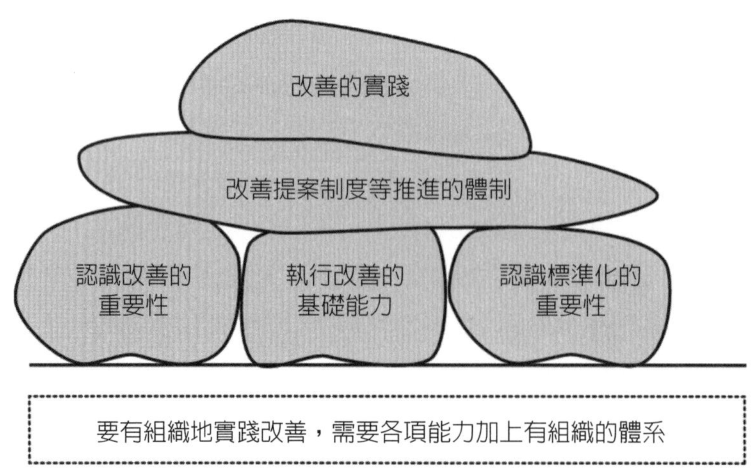

圖 1.5　改善的環境

要性。

此外，改善後不可忘記的是，要將所改善的作法標準化。爲了提高顧客的滿意度，如餐廳的待客方法已改變時，要將作法反映到待客手冊上，而此等如未標準化時，以組織來說即無法活用改善成果。爲了有效地活用，像待客手冊、作業標準等的標準類之改訂，並且有需要教育業務的承擔者。照這樣，才可確實維持已改善的結果。

7. 改善提案制度、表揚制度

改善提案制度是組織積極地吸取改善提案，引進好提案的一種體制。改善提案制度是基於「爲了使結果變好，改變作法是最好的」，因之積極地改變使過程變好之想法，成爲對整個組織而言的政策。

改善提案制度的優點，可以舉出像能安心改善、出現改善的幹勁、改善及標準化的體系可以形成等等。並且，表揚制度是爲了增加其幹勁的觸媒。

8. 持續地教育

爲了持續地實踐改善，需要持續地教育。爲了活用本書所介紹的工具，活用工具的教育更是不可或缺。此種教育，與運動中的基礎體力訓練相同。足球選手的基礎體力練習即使偷懶一天，對比賽幾乎是沒有影響吧。可是，半年偷懶的話會變成什麼樣子呢？對筆者來說如果是偶爾過一下癮的足球水準那勉強還算可以，但論及高水準卻是望塵莫及。以有組織的改善爲目標，教育是不能空白的。

改善的教育，即使有半年的空白，組織的改善能力也不會掉落吧。可是，三年間中斷時，組織的能力確實會掉落。其中的一個理由是未接受基礎教育的人慢慢地增加，而「客觀地評價事實」、「以數據說話」的文化就會消失。

六、支持改善的基本想法

1. P-D-C-A 與持續改善

(1) P-D-C-A 的涵義

P-D-C-A 是將計畫（Plan）、實施（Do）、確認（Check）、處置（Act）的第一個字母排列而成，是管理的基本原理。將此概要表示在圖 1.6 中。計畫（P）的階段是「決定目的、目標」的階段，也含有「決定達成目的、目標之手段」的階段，並且，實施（D）的階段可分成「爲實施而做準備」與「按照計畫實施」

的階段。另外，確認（C）的階段，是確認實施的結果是否如事前所決定的目的、目標。接著，處置（A）的階段，是觀察實施的結果與事前所決定的目的、目標是否有差異，視其差異採取處置。

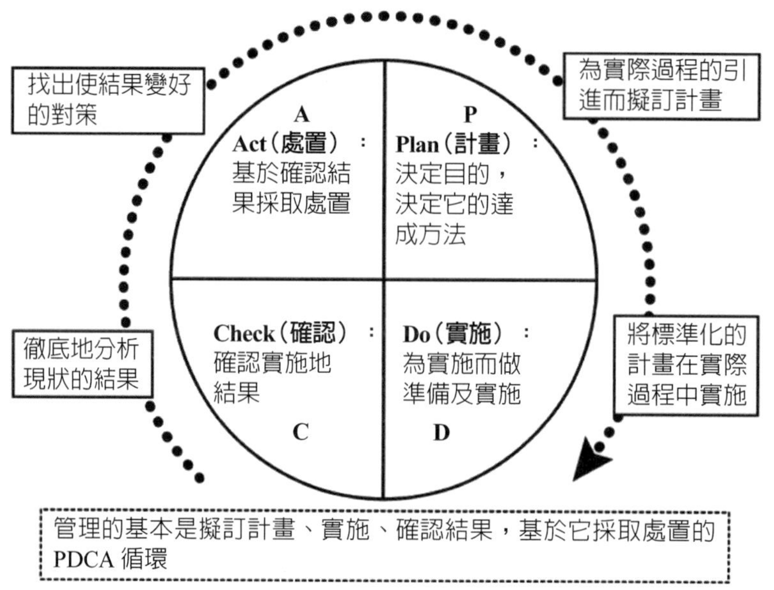

圖 1.6　管理的基本原理：Plan（計畫）、Do（實施）、Check（確認）、Act（處置）

譬如，目標未達成時，要調查目標未達成的理由。接著，視其理由採取處置。譬如，下次以後要改變實施的作法或重新設定目標。

(2) 改善是轉動 P-D-C-A 的循環

改善活動的基本是適切觀察實際狀況，視需要採取處置，即所謂的 P-D-C-A 的循環。後面會敘述改善活動的標準式步驟，是持續 P-D-C-A 中對應「CAPD」的過程。

改善是對應（C）的階段，徹底地分析現狀。這是爲了避免基於「深信」而作了錯誤的決策。接著，依其結果採取處置（A），爲了使結果成爲好的水準，思考要如何做。然後，當知道結果處於好的水準時，再將它以計畫（P）進行標準化。當迷茫不知做什麼才好時，思考在 P-D-C-A 之中處於哪一個階段，是改善的捷徑。

(3) 不斷提高 P 持續性地改善

如讓 P-D-C-A 不斷發展時，即成為持續性地改善。儘管按照計畫階段所決定的事項實施也未達到目標時，採取適切的處置即可期待目標的達成。因此，將目標設定在較高的水準，假定目標即使未達成仍要採取適切的處置，當可期待能達成高的目標。持續地實踐 P-D-C-A，即可將目標慢慢地提高，最終而言，產出的水準即可提高。此概念圖如圖 1.7 所示。

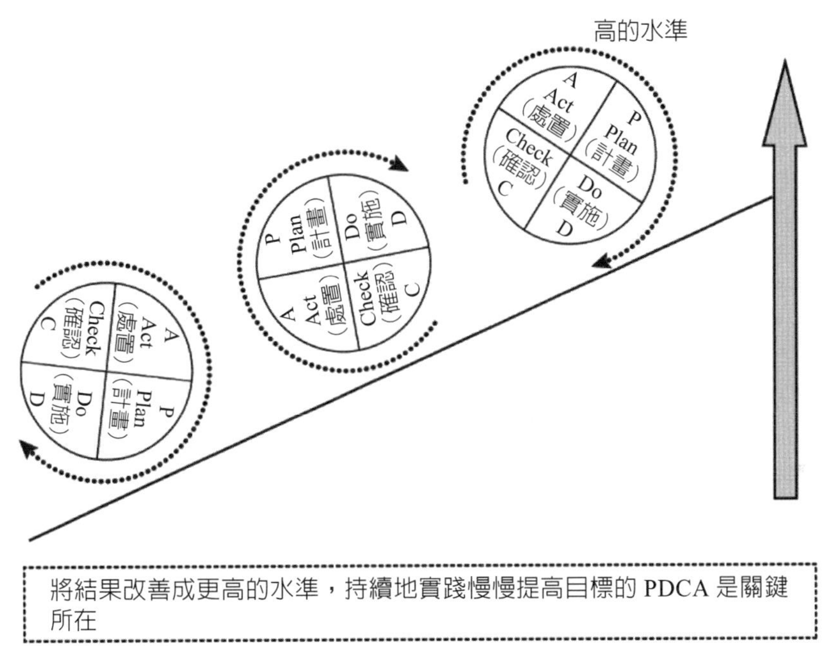

圖 1.7　P-D-C-A 的持續應用使全體的水準提升

2.「以數據說話」是原則

(1)「以數據說話」的重要性

使用數據來說話時，改善的成功機率是相當高的。因此，不允許失敗時或者採取幾個對策也無法順利進展時，收集數據以邏輯的方式判斷事情是很有效的。

此處所說的數據，不只是何時、在何種狀態下，接受幾件客訴此種被數值化的定量性資料，也包含像是觀察顧客行為的錄影帶、觀察的記錄等表現事實者。換言之，並非頭腦中所想的假設，而是表現現象者。好好認識事實，根據它從事改善正是「使用數據來說話」的意義。

使用數據是防止以「深信」來判斷，而是爲了能客觀地、合乎邏輯地來判斷。如果是認眞從事工作的話，爲了使結果變好就會設法謀求對策。可是，打算好好地做，而結果並不理想的情形也很多。那是未切中目標的對策所致。

關於「以數據客觀地、合乎邏輯地判斷」來說，不妨使用例子來說明吧。某大學隨著 18 歲人口的降低，志願入學者的人數在減少。以 1990 年度的志願者人數當作100，畫出志願者人數的圖形後，如圖1.8(a)所示，志願者人數呈現減少。

因此，在 1997 年結束後，以增加志願者人數爲目標，從事大規模的廣告活動。此事是以宣傳活動在全國巡迴，成本上花費不貲。雖然它一直持續到 1998 年以後，但志願者人數還是減少。在 2004 年結束後，終於到了重新思考以往的廣告活動的時候了。由此數據可以判斷廣告活動是有效的嗎？或者因爲沒有效果所以判斷作罷呢？

在統計學的課堂上進行此詢問時，「實施廣告活動之後志願者人數也在減少所以毫無效果。因此，應該中止花費成本的廣告活動」，經常會得到如此的回答。以粗略的看法來說，如此的回答也許是可以的。

可是，正確來說應考慮 18 歲人口的規模正在變小的狀況。因此，廣告效果之有無，與 18 歲人口的減少情形相比，此大學的志願者人數減少多少是應該依據此來議論的。亦即，如圖 1.8(b) 那樣，廣告活動的效果，與市場的下降情形相比是屬於何種程度，應依據此來議論。

只是比較廣告活動引進前後，議論廣告活動的成果時，如圖 8(a) 的情形，將有效果的當作沒有效果來判斷會發生損失。這雖然是志願者人數的例子，但是應該客觀地合乎邏輯地評價事實的狀況卻有很多。從這些事情來看「以數據來說話」即受到重視。

(2)「以數據來說話」應用統計的手法是最有效的

以數據來說話，應用統計的手法是很有效的。以先前的例子來看，18 歲人口的減小即使概念上知道，要如何將它以定量的方式來表示才好呢？從志願者人數的數據圖也可了解，這些數據是帶有變異的。要如何估計變異的幅度才好呢？從此種事情來看，統計手法的應用是最具效果的。本書只介紹它的概要。數據能訴諸什麼？使它容易說話的是統計手法。

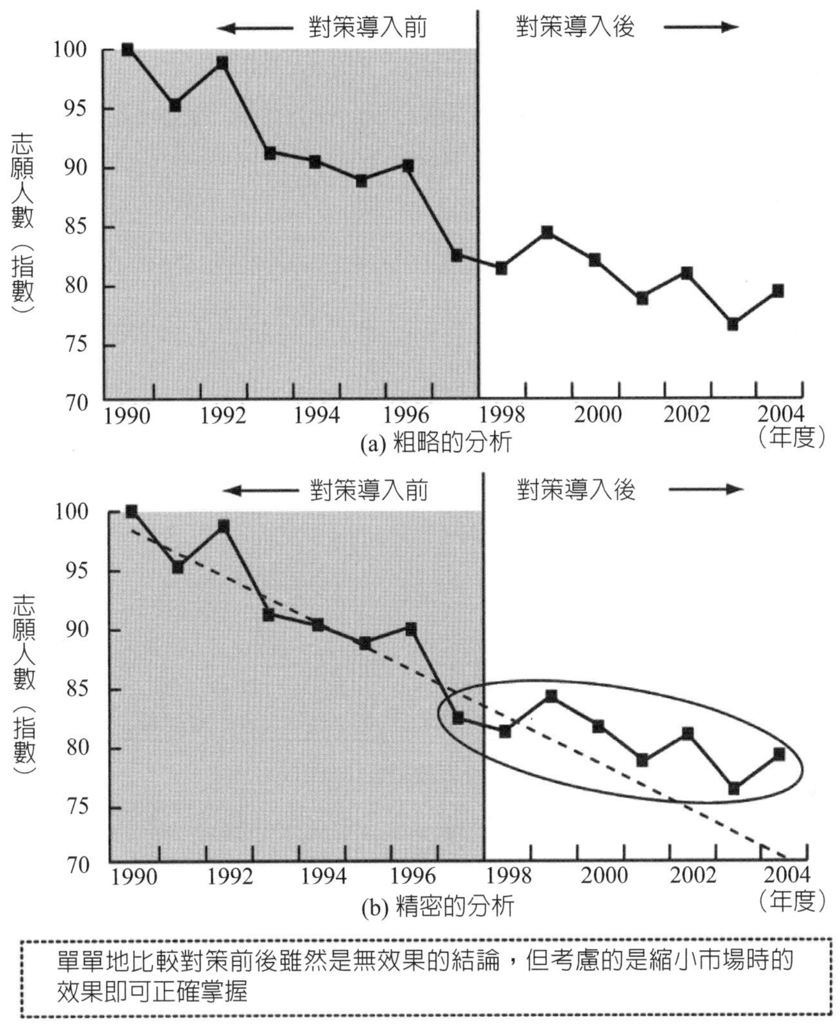

圖 1.8　以數據表達的重要性

七、改善步驟的必要性

1. 維持與改善

組織要持續成長，應設定適切的進行方向，某個部分使狀態安定化要予以維持，某個部分則有需要改善。譬如，餐廳品質的好壞，是取決於所提供的料理、待客、店內氣氛等種種要素來決定。因此，餐廳整體來看時，要使之處於良好狀態。譬如，就料理來說，要比現狀的水準更好，並且店內氣氛因爲獲得顧客良好的評價要使之持續，待客態度由於取決於待客負責人而有變異，因之要減少此變異，像這樣有需要使現狀與餐廳的方針整合後再進行改善。

所謂「維持」是使結果能持續安定的活動。相對地「改善」是使結果提升至好水準的活動。對改善來說，以既有系統爲基礎慢慢地改善，或建構新系統以大幅改善爲目標的情形也有。

2. 維持的重點

對維持來說，像作業程序書、待客手冊等記述作法的標準，要適切地製作，依據該標準使作業確實是很重要的。直截了當地說，「維持的重點在於適切的標準化」。標準化的詳情會在第 7 章中說明。這是基於對結果會有重大影響的要因，將它們固定在理想水準的一種原理。

譬如，餐廳的服務，要如何才能持續地將菜單上的料理以美味狀態來提供給顧客享用呢？首先，有需要適切地採購能做出美味料理的材料，烹調準備也會影響料理的美味，調理方法當然也相當重要。像這樣，各式各樣都會影響料理的美味，因之，要決定好這些的作法，使之能持續提供美味的料理，具體言之，決定好材料的供應商、採購方法、烹調準備的作法，廚師則依據它進行烹調準備。並且，選定好記入有料理作法的食譜，依據它製作料理。

雖然標準化有種吃力的印象，但像這樣它卻是平常我們在實踐的活動。利用適切的標準化，經常能提供美味的料理，可以維持在理想的狀態。標準化是貫徹使結果處於理想狀態的作法。亦即，使結果處於理想狀態的作法，以料理的例子來說，如何尋找美味料理的「作法」是關鍵所在。

3. 改善的重點

維持雖然可以在「標準化」的一個關鍵語之下進行活動，但改善則有需要去發現與以往不同的方法。就料理的情形來說，有需要去發現製作美味料理的方法。並且，爲了能提供美味的料理，包含年輕廚師的教育在內有需要充實體制。在此意義下，改善比維持處理的範圍變得更廣。

改善必須廣泛地著手，此有幾個重點，適切掌握現狀，視現狀引進對策，觀察對策的效果，再推進標準化等。匯整這些程序，即爲下節要說明的改善步驟。

4. 改善的步驟任務

改善的步驟，以下的兩個意義是很重要的。

(1) 在改善活動之中，接下來要做什麼才好不得而知時，如依據此步驟，應該要做什麼，即可明確。

(2) 依據改善的步驟時，僅管 A 先生、B 先生以不同的對象從事改善，仍可共享不同對象的經驗。

首先是 (1) 的重要性。譬如，就大飯店的服務來說，有來自顧客的不滿心聲。要如何改善此不滿呢？針對有不滿心聲的人，在道歉之後進行訪談打聽出問題點，就直接地採取對策嗎？譬如，有顧客抱怨櫃台的應對不佳，立即實施櫃台的再教育嗎？或者，針對與顧客滿意（CS）有關的所有服務，以提升其水準爲目標實施對策嗎？由於經營資源是有限的，因之必須只採取有效的對策才行。亦即。取決於時間與場合而定。如何洞察此「時間與場合」是很重要的，改善的步驟是使它明確。

其次是 (2) 的重要性。A 先生是在大飯店中就職，擔任櫃台的工作。接著，A 先生讓櫃台的服務品質提高，獲得了顧客良好的評價。不只是櫃台，也向餐廳、其他部門水平展開，爲了讓改善能落實要如何做才好呢？

譬如，未向 A 先生告知任何發表的指引而讓他發表，對在其他部門工作的人來說，如果未閱讀內文的說明是不易了解的吧。可是，A 先生的發表如果依據改善的步驟時，即使部門獨特的用詞多少不了解，整個內容的流程是可以理解的，即可共享改善案例。

5. 由 6 個階段所構成的改善步驟

爲了提高改善的成功機率，由以下 6 個階段所構成的步驟是非常有效的。

(1) 將改善的背景、日程、投入資源，應有姿態等加以整理（背景的整理）。

(2) 徹底調查現狀（現狀的分析）。

(3) 探索問題的要因（要因的探索）。

(4) 基於要因的探索結果去研擬對策（對策的研擬）。

(5) 驗證對策的效果（效果的驗證）。

(6) 將有效果的對策引進到現場（引進與管制）。

此處僅將它的概要、問題點表示在表 1.1 中。

此步驟的背後有如下的想法。

(1) 基於事實，以科學的方式、合乎邏輯的方向來進行。

(2) 原因並非立即閃現，首先要徹底分析現狀。

表 1.1　改善的步驟

步驟	內容	問題點
(1) 背景的整理	整理背景、投入資源、期間、應有姿態	基於事實正確設定改善的目的、期間等
(2) 現狀的分析	徹底調查現狀	使用時間數列圖或層別等，就結果的現狀徹底地調查
(3) 要因的探索	探索問題的要因	依據現狀分析的結果探索要因
(4) 對策的研擬	基於要因的探索結果研擬對策	關於要因的假設，要依據對該領域的知識來建立
(5) 效果的驗證	驗證對策的效果	收集數據，確實進行驗證
(6) 引進與管制	引進有效果的對策到現場	改善的負責人與現場的負責人有時是不同的人，為彌補其差異而進行管制
依據此步驟進行改善時，就不會茫然不知接下來要做什麼，並且成功機率也提高。		

當發生問題時，直覺地認爲是它，而對它採取對策不一定是不好的。如果它能順利解決時，不費功夫是很有效率的，對問題以直覺的方式採取對策可以說是「經驗、直覺、膽量」的探討方式，有時是可以借鏡的。可是，此種方式的應用不佳者，像是問題並未解決卻仍以直覺的方式持續採取對策之情形，以及在不允許失敗的狀況下只憑直覺採取對策之情形。換句話說，以直覺的方式無法順利進行之情形或不允許失敗的狀況下，依據上述的步驟以科學的方式進行改善是有需要的。

上述的步驟在品質管理的領域中稱爲「QC 記事（QC story）」或「問題解決 QC 記事」。取決於書籍，步驟的區分有若干的不同，但本質上卻是上述的步驟。另外，以 TQM 爲範例在美國發展起來的 6 標準差，以 DMAIC 如表 1.2 所示的改善步驟加以提示。基本上，此與剛才的步驟是共通的。從這些來看，先前的步驟對改善來說，泛用性相當高。

6. 改善規模的探討方式不同

改善如下：

(1) 以既有的系統爲前提踏實地獲取成果。

(2) 不以既有系統作爲前提，利用大規模的變更以較大的成果爲目標，依規模的大小，探討的方式不同。

以 (1) 型的例子來說，可以舉出像是大飯店的服務品質，使用既有的大飯店設施以變更人員配置或改訂待客手冊之類略微地下功夫，或變更教育方式等去進行改善。另一方面，(2) 型是利用大飯店本身的革新，以創出新顧客爲目的。

表 1.2　改善的步驟名稱

步驟	其他書籍所使用的名稱	6 標準差的名稱
(1) 背景的整理	選定主題的理由、背景整理	Define（定義）
(2) 現狀的分析	現狀分析、現狀掌握	Measure（測量）
(3) 要因的探索	解析	Analysis（解析）
(4) 對策的研擬	對策研擬、對策	Improve（改善）
(5) 引進與管制	對策的引進、標準化、防止、今後課題	Control（控制）
改善的步驟依書籍而有不同，但本質上的流程相同。		

這些例子可以了解到，(1)(2) 如以改善的規模來看是連續性的。並且，以部級來看時，雖然是新的系統，但在組織全體中只是一部分改變而已，可以想成是既有系統的變更。像這樣，新系統或是既有系統是取決於看法。

以既有系統爲基礎來考慮，適合於踏實地不以相當大的水準之成果爲目標。相對地，基於新系統的建構進行改善，即爲高風險高報酬的改善。此外，愈是大規模，愈需要周到準備與大量的資源。亦即，大幅改變既有的系統或建構新的系統時，需要保持更廣的視野，並就許多地方進行檢討。

以既有系統爲前提進行改善之情形，以及將新系統的建構也放入視野進行改善的情形，將這些步驟的要點、相異點加以整理，表示在表 1.3 中。基於既有系統的改善步驟稱爲「問題解決 QC 記事」，也考慮新系統以大幅改善爲目的進行的步驟稱爲「課題達成 QC 記事」，以茲區別的情形也有。考慮新系統的步驟強調以下幾點：

(1) 基本上是共通的步驟。

(2) 建構新系統時具有廣泛的觀點。

表 1.3　考慮新系統大幅改善的要點

步驟	以既有系統為前提之改善	考慮新系統的大幅改善
(1) 背景的整理	整理目的、應投入資源、日程等	考慮新系統時，規模也變大，預測變得困難
(2) 現狀的分析	徹底調查現狀	現狀分析時，判斷以既有系統是否能達成目的，針對有類似機能系統的現狀進行分析
(3) 要因的探索	探索問題的原因	不僅是既有系統中結果與要因之關係，對新系統也考慮要因
(4) 對策的研擬	基於所設定的假設訂定對策	在建構新系統時，將該系統具體呈現
(5) 效果的驗證	驗證對策的效果	除了驗證效果外，也綿密地檢討新系統的波及效果
(6) 引進與管制	將對策引進現場	更綿密地進行標準化、教育等
考慮新系統時，步驟的構造雖然相同，但從更廣的觀點考察系統案，探索要因，檢討引進及波及效果。		

7. 手法的整體輪廓

就各個步驟來說，除了目的之外也有許多有助益的手法。本書的目的是介紹這些手法的概要。圖 1.9 是將改善的各步驟經常所使用的手法加以整理。在此圖中，被揭載的手法並非只能在各自的步驟中加以使用。各手法幾乎可在數個階段中加以使用。譬如，統計圖（Graph）不管在哪一個階段中均能有效果地加以使用。不妨將它想成是應用的參考指標。

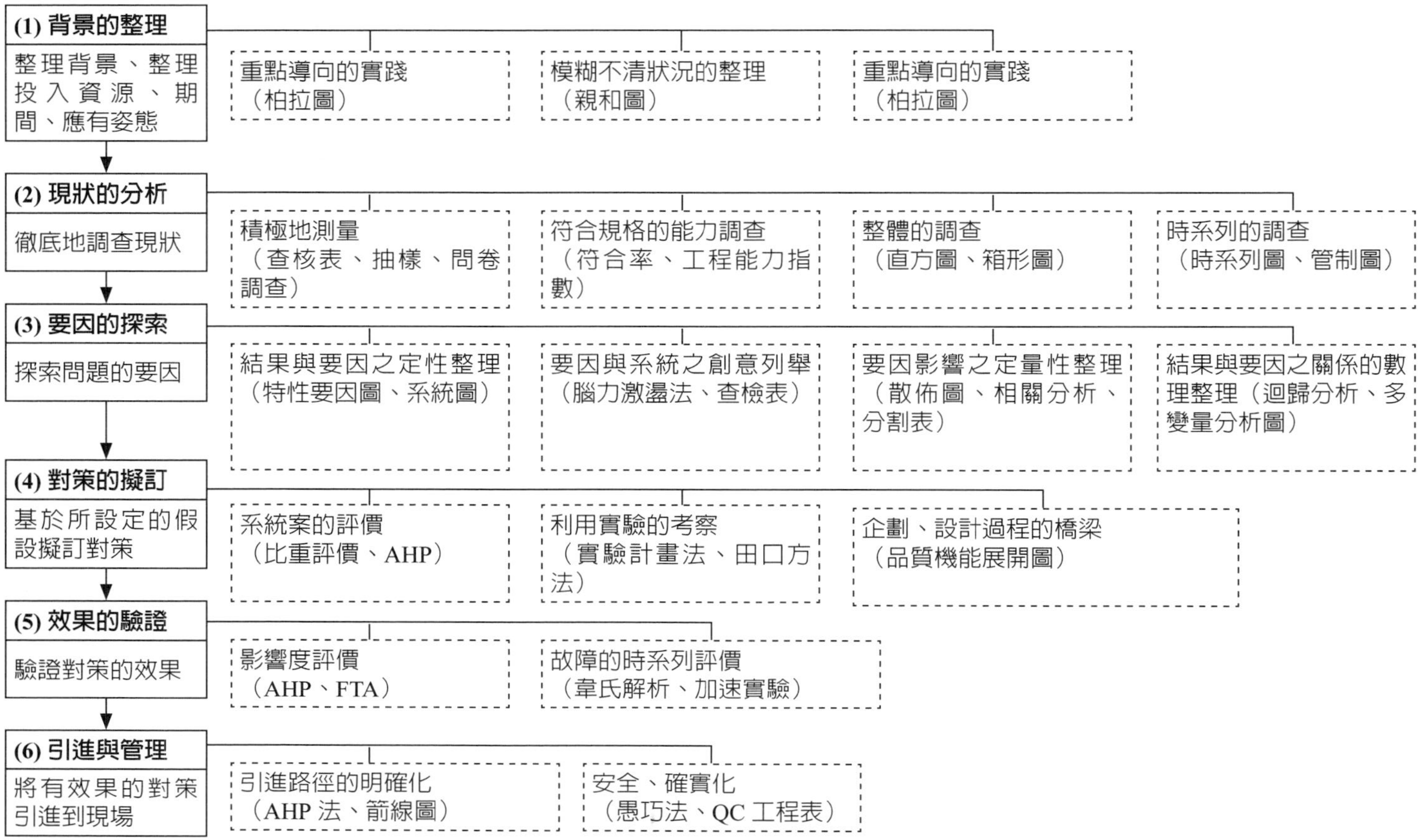

步驟	手法			
(1) 背景的整理 整理背景、整理投入資源、期間、應有姿態	重點導向的實踐（柏拉圖）	模糊不清狀況的整理（親和圖）	重點導向的實踐（柏拉圖）	
(2) 現狀的分析 徹底地調查現狀	積極地測量（查核表、抽樣、問卷調查）	符合規格的能力調查（符合率、工程能力指數）	整體的調查（直方圖、箱形圖）	時系列的調查（時系列圖、管制圖）
(3) 要因的探索 探索問題的要因	結果與要因之定性整理（特性要因圖、系統圖）	要因與系統之創意列舉（腦力激盪法、查檢表）	要因影響之定量性整理（散佈圖、相關分析、分割表）	結果與要因之關係的數理整理（迴歸分析、多變量分析圖）
(4) 對策的擬訂 基於所設定的假設擬訂對策	系統案的評價（比重評價、AHP）	利用實驗的考察（實驗計畫法、田口方法）	企劃、設計過程的橋梁（品質機能展開圖）	
(5) 效果的驗證 驗證對策的效果	影響度評價（AHP、FTA）	故障的時系列評價（韋氏解析、加速實驗）		
(6) 引進與管理 將有效果的對策引進到現場	引進路徑的明確化（AHP 法、箭線圖）	安全、確實化（愚巧法、QC 工程表）		

圖 1.9　改善的步驟與手法的整體輪廓

八、改善活動的進行

爲了進行改善，需要有組織的進行。品管圈（QCC）是日本採行的作法，專案小組是歐美採行的作法，品管圈或專案小組，是在各自的現場維持過程，爲了能成爲更好的水準，基於改善的目的所構成。將過程標準化再進行維持或改善時，個人的能力是有限的。因此以過程爲單位，由數名人員一起實踐。品管圈與專案小組，由數名小組成員進行維持或改善產品（服務）的品質，在意義上是相同的，但目的、歷史的經緯等是有不同的。以下分別說明。

1. 何謂品管圈活動

品管圈是日本在戰後的經濟發展之中誕生，是日本特有的小集團活動。在 QCC 誕生的時代，品質管制是使用 QC 的名稱，所以品管圈是使用 QCC 稱之。QCC 的目的是在相同職場工作的成員，自主地解決自身職場的問題，透過工作發現生存的價值，並且提高個人的幹勁與能力。日本在經濟發展之時，發揮甚大任務的是製造業，在職場第一線工作的人員，以培育新能力的機會發展起來。又從經營的立場來看，雖然也可提高產品的品質、服務的質，但品管圈誕生之時，成員的成長此一面是最受到重視的。

QCC 的目的是成員的成長，前東京大學教授石川馨博士對 QCC 經常使用的特性要因圖曾提及與此有關的話題。特性要因圖如以下章節中的介紹，是將結果與認爲對它有影響的要因以構造的方式加以整理。石川馨博士曾提及製作特性要因圖的目的是現場教育。製作特性要因圖時，小組成員相互發揮智慧，討論問題的構造。此時，前輩、後輩均一起參與討論，各自具有的片斷性知識濃縮成特性要因圖，成員透過此過程學習了有關對象的過程。

隨著產業構造與教育體系的變化，近年來 QCC 的圈數雖在減少，但活動仍在持續。並且，隨著約聘人員的增加，教育必須持續，將 QCC 視爲教育的場所有需要重新加以正視。

2. 專案小組

專案小組是針對特定的問題組成小組謀求解決方法。此小組的名稱，取決於組織而有許許多多。QCC 是舉出與現場有密切關係的問題，相對的，專案小組是針對較大規模的問題或跨部門的問題。以組織型態來說，是以日常的組織爲基礎組成小組，或不同於日常組織組成跨部門小組。

改善的執行需要有統計手法等知識。因此，成爲專案核心的成員需要高級手法的教育，以及支援的成員需要有基礎手法的教育。以基礎手法來說，有先前所介紹的 QC 七工具、改善的步驟、基礎的統計手法。另一方面，專案的核心成員，除了基礎的手法外，也需要像實驗計畫法、多變量分析等教育。

以日常組織爲基礎構成的小組所進行的改善活動，與跨部門所構成的小組所進行的改善，有互爲表裡的優點、留意點。以日常管理作爲基礎時，容易取得全員參與之意識，並且對日常性管理的體制也較爲熟悉有此優點。另一方面，被日常的工作所束縛，而難以實現大膽的改善也有此等問題點。

跨部門小組所進行的改善，與此相反，能大膽地從事改善，相反地，會有脫離日常業務的情形，不熟悉日常業務的情形有限多。

將這些概要加以整理成表 1.4 所示。在實際的現場中，考慮這些均衡後再推進甚爲重要。日本的組織是以日常組織爲基礎推進改善的較多，相對的，美國或歐洲脫離日常組織推進改善的似乎較多。

表 1.4　在改善小組的組織構成中所見到的優點、留意點

	優點	留意點
以日常性組織為基礎	與日常管理有密切關係的改善較為容易	受制於既有的系統，大膽的改善較為困難
非日常性組織	利用系統的變更等，大膽的改善較為容易	在日常管理之中的改善活動有其困難

3. 改善提案制度

爲了促進 QCC 或專案小組的活動，也有引進提案改善制度。這是從業員在某期間內提出能在自身的職場中改善的方案。並且，爲了獎勵提案，配合獎金制度實施的也有。這些也可以說是有組織地推進改善的體制。

第 2 章　統計品管的基礎知識

2.1　統計量

一、基本統計量

例題 2-1　試就以下的 20 個數據求出①平均值、②中央值、③全距、④偏差平方和、⑤變異數、⑥標準差、⑦偏度、⑧歪度。

48	33	32	35	36	31	34	42	41	42
39	46	46	39	48	39	31	47	44	45

1. 基本統計例量的功用

資料的集合可以表徵出幾個數值。此時，所使用的是基本統計量。

所謂統計量是基於資料所計算的數值，像是平均值、樣本變異數等，可以大略分成如下 3 種：

(1) 表示分配中的中心位置的統計量

(2) 表示分配的分散程度的統計量

(3) 表示分配之形狀的統計量

以表示分配中的中心位置的統計量來說，有平均值與中央值。表示分散程度的統計量有全距、偏差平方和、變異數、標準差。另外，表示分配形狀的統計量有偏度、峰度。

■ **平均值**

當有幾個資料 $x_1, x_2, \cdots, x_n$ 時，這些資料的平均值可以如下計算。一般平均值使用 $\bar{x}$ 的記號。

$$\bar{x} = \frac{1}{n}(x_1 + x_2 + \cdots + x_n)$$

■ 中央值

將資料的數值由小而大（或由大而小）之順序排列時，位於正中順位的資料值稱爲中央值（Median）。

例 1

當有 14, 12, 10, 19, 16 的 5 個資料時，如由小而大重排時，即爲 10, 12, 14, 16, 19，所以中央值爲 14。

例 2

當有 14, 12, 10, 19, 16, 18 的 6 個資料時，如由小而大重排時，即 10, 12, 14, 16, 18, 19，因之將位於中央的兩個數值（14與16）的平均值15當作中央值。

■ 全距

資料之中最大值與最小值之差即爲全距，全距通常以 R 的記號表示。

$$\text{全距 } R = X_{max} - X_{min}$$

資料數不管是 10，或是 100，求全距所利用的資料只有最大值與最小值 2 個，因之資料數多時，就會有許多的資料損失。

■ 偏差平方和

當有 n 個資料 $x_1, x_2, \cdots, x_n$ 時，首先，計算這些資料的平均值。其次，求出各資料與平均值 $\overline{X}$ 之差（稱爲偏差）。

$$x_1 - \overline{x}, x_2 - \overline{x}, \cdots, x_n - \overline{x}_n$$

此時這些偏差之值均有不同，並非同一值，因之可考察偏差全體的大小，因之，如可求出偏差的合計似乎不錯，但是偏差是資料與平均值之差，比平均值大的資料，偏差出現＋，比平均值小的資料，偏差出現－，合計時，正負抵消，經常會出現 0。

$$\sum_{i=1}^{n}(x_i - \overline{x}) = 0$$

因此，這不能當作變異的尺度使用，因之將各偏差平方再合計。

$$S = (x_1 - \bar{x})^2 + (x_2 - \bar{x})^2 + \cdots + (x_n - \bar{x})^2$$
$$= \sum_1^n (x_i - \bar{x})^2$$

如此所得到之值稱為偏差平方和，以記號 S 表示。

■ 變異數

偏差平方和就是偏差的平方之合計，所以資料數太多時，與變異數的大小無關而會變大。如此一來，比較資料數有所不同之組的變異數很不方便，因此，以資料數調節偏差平方和的指標 V 即可考慮。

$$V = \frac{S}{N\text{-}1}$$

此 V 稱為變異數。

■ 標準差

平均值的單位與原來資料的單位相同，可是，偏差平方和或其變異數之單位，從公式可知，是將原來資料的單位予以平方。因此，為了使單位與原來的資料單位一致，將變異數取平方根之後的指標 s 即可考慮。

$$s = \sqrt{V} = \sqrt{\frac{S}{n\text{-}1}}$$

此種指標 s 稱為標準差。

■ 偏度

偏度是表示分配的對稱性的指標，以如下的式子計算。

偏度通常以 b_1 或 $\sqrt{b_1}$ 之記號表示。

$$b_1 = \frac{n}{(n-1)(n-2)} \sum_{i=1}^n \left(\frac{x_i - \bar{x}}{s} \right)^2$$

$b_1 = 0 \longrightarrow$ 左右對稱

$b_1 > 0 \longrightarrow$ 向右偏

$b_1 < 0 \longrightarrow$ 向左偏

■ 峰度

峰度是表示分配兩邊的寬度（頂上尖峰的程度）之指標，可用如下式子計算。峰度通常以 b_2 之記號表示。

$$b_2 = \frac{n(n+1)}{(n-1)(n-2)(n-3)} \sum_{i=1}^{n} \left(\frac{x_i - \bar{x}}{s} \right)^2 - 3 \frac{(n-1)^2}{(n-2)(n-3)}$$

$b_2 = 0 \longrightarrow$ 常態峰

$b_2 > 0 \longrightarrow$ 高狹峰

$b_2 < 0 \longrightarrow$ 低狹峰

■ 利用 EXCEL 計算統計量

步驟 1　資料的輸入

步驟 2　統計函數的輸入

爲了求統計量從 D2 到 D9 輸入函數。

	A	B	C	D	E
1	48		基本統計量	39.9	
2	33		平均值	40	
3	32		中央值	17	
4	35		全距	653.8	
5	36		偏差平方和	34.411	
6	31		變異數	5.866	
7	34		標準差	-0.151	
8	42		偏度	-1.364	
9	41		峰度		
10	42				
11	39				
12	46				
13	46				
14	39				
15	48				
16	39				
17	31				
18	47				
19	44				
20	45				
21					

【儲存格的內容】

D2；＝ AVERAGE(A1：A20)

D3；＝ MEDIAN(A1：A20)

D4；＝ MAX(A1：A20)－MIN(A1：A20)

D5；＝ DEVSQ(A1：A20)

D6；＝ VAR(A1：A20)

D7；＝ STDEN(A1：A20)

D8；＝ SKEW(A1：A20)

D9；＝ KURT(A1：A20)

■ 計算基本統計量所使用的函數

1. 計算平均值所使用的函數 AVERAGE

   (輸入格式) ＝ AVERAGE(資料的範圍)

2. 計算中央值所使用的函數 MEDIAN

   (輸入格式) ＝ MEDIAN(資料的範圍)

3. 計算最大值所使用的函數 MAX

   (輸入格式) ＝ MAX(資料的範圍)

4. 計算最小值所使用的函數 MIX

   (輸入格式) ＝ MIN(資料的範圍)

5. 計算偏差平方和所使用的函數 DEVSQ

   (輸入格式) ＝ DEVSQ(資料的範圍)

6. 計算變異數所使用的範圍 VAR

   (輸入格式) ＝ VAR(資料的範圍)

7. 計算標準差所使用的函數 STDEV

   (輸入格式) ＝ STDEN(資料的範圍)

8. 計算標準差所使用的函數 SKEW

   (輸入格式) ＝ SKEW(資料的範圍)

9. 計算峰度所使用的函數 KURT

   (輸入格式) ＝ SKEW(資料的範圍)

二、製程能力指數

例題 2-2 在穩定的製程中就所生產的某產品的品質特性收集數據之後，得出如下的統計量。

平均值 = 65

標準差 = 8

此品質特性的規格界限設定爲

規格上限 = 70

規格下限 = 55

試計算此時的製程能力指數。

1. 製程能力指數 Cp

爲了判定產品之品質的良好，一般會設定規格界限。規格界線有規格上限（S_U）與規格下限（S_L），只在上側或下側設定規格界限者，稱爲單邊規格，在兩邊設定規格界限者，稱爲雙邊規格界限。是否滿足品質基準，即可利用產品的測量值是否落在規格界限內來判定。

能生產出規格界限內之產品的能力稱爲製程能力，評估製程能力之指標有製程能力指數（Cp）。

製程安定時，產品的測量數據一般是服從常態分配，服從常態分配的數據，全體的 99.7% 是落在平均值 ±3 標準差的範圍內。產品界限的寬度是 6× 標準差，此寬度與規格界限之寬度（S_U 與 S_L 之差）相比，觀察它是大或是小，以評估製程能力，即爲製程能力指數。

製程能力指數以 C_p 表示，可以用下式計算。

【設定雙邊規格時】

$$C_p = \frac{S_U - S_L}{6 \times \sqrt{V}}$$

【設定規格上限時】

$$C_p = \frac{S_U - \bar{x}}{3 \times \sqrt{V}}$$

【設定規格下限時】

$$C_p = \frac{\bar{x} - S_L}{3 \times \sqrt{V}}$$

設定雙邊規格時，考慮偏態的製程能力指數 C_{pk} 要與 C_p 併用。

C_{pk} 以如下公式計算：

$$K = \frac{\left| \frac{S_U + S_L}{2} - \bar{x} \right|}{\frac{S_U - S_L}{2}}$$

如 $K < 1$ 時，$C_{pk} = (1 - K) \times C_p$

如 $K \geqq 1$ 時，$C_{pk} = 0$

2. 製程能力指數的評估

C_p 之值可如下評估：

$C_p \geqq 1.33$　→製程能力充分

$1 \leqq C_p < 1.33$　→製程能力差強人意

$C_p < 1$　→製程能力不足

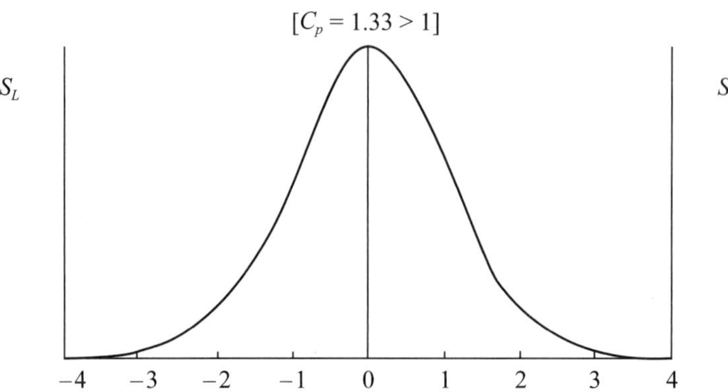

橫軸的單位是標準差，中央的縱線是平均值

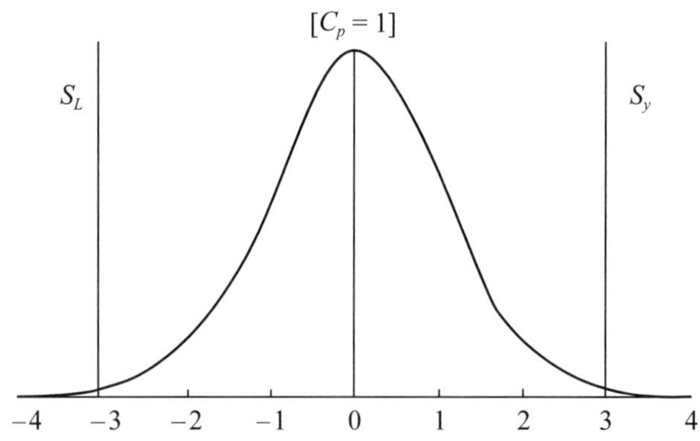

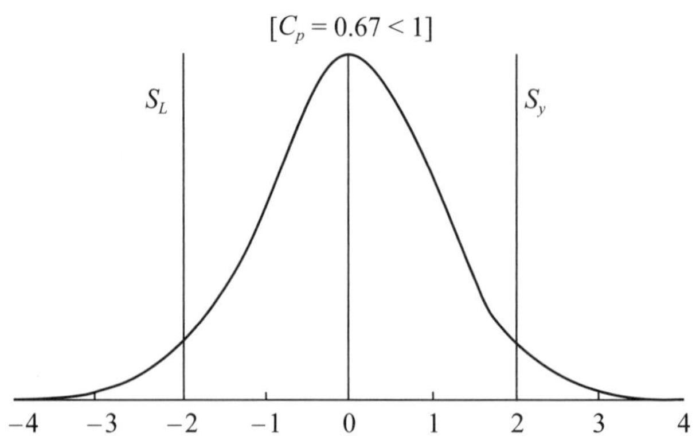

■ 利用 EXCEL 計算製程能力指數

	A	B	C
1	平均值	65	
2	標準差	8	
3	規格上限	70	
4	規格下限	55	
5			
6	偏度K	0.333333	
7	（有雙邊規格）		
8	工程能力指數Cp	0.3125	
9	工程能力指數Cpk	0.208333	
10			
11	(只有規格上限)		
12	工程能力指數Cp	0.208333	
13			
14	(只有規格下限)		
15	工程能力指數Cp	0.416667	
16			
17			

【儲存格的內容】

B6; = ABS((B3+B4)/2-B1)/((B3-B4)/2)

B8; = (B3-B4)/(6*B2)

B9; = IF(B6<1,(1-B6)*B8,0)

B12; =(B3-B1)/(3*B2)

B15; =(B1-B4)/(3*B2)

2.2 機率分配

一、計量值資料的分配

1. 母體與樣本

工廠內每日所測量的資料是樣本的資料。我們之所以蒐集資料，是爲了對原本的群體採取某種處理。原本的群體稱爲母體。JIS Z 8401（日本工業規格）的定義如下：

(1) 具有成爲調查、研究對象之特性的所有事物的群體。
(2) 由樣本採取處置的群體。

當收集了某產品的資料時，如果它的目的是爲了改善所產出之產品的製程時，處置的對象即爲製造工程。因此，此製造工程即爲母體。而收集資料之產品集合即爲樣本。

此外，將母體定義爲「無限個測量值的群體」之情形也有。譬如，以 2 個製造方法 A 與 B 生產產品，測量某些特性值之後，假定得出資料時，在方法 A 與 B 的實驗下所得到的資料即爲樣本，它的資料是無限個聚集而成者即爲母體。

收集資料時，有從構成母體的全部收集資料的方法，以及從母體抽取一部分來收集資料的方法。

構成母體之要素其個數爲有限時稱爲有限母體，無限時稱爲無限母體。

譬如，有一箱已裝箱的蘋果。爲了判定是否可以出貨，從箱中抽取幾顆蘋果檢查時，母體是整箱的蘋果，因其個數爲有限，所以這是有限母體。

當由母體抽出樣本時，有需要使樣本能代表母體。因之，可以使用稱爲隨機抽樣的方法。這是使用亂數式籤條，不介入選取者意見的一種選法。EXCEL 具備有發生亂數之機能。

2. 常態分配

在安定的工程中所生產的產品有關其品質的資料，當作服從常態分配來處理的情形甚多。

常能分配是左右對稱的分配，其密度函數（積分時即可求出機率之函數）$f(x)$ 可用下式表示。

$$f(x)=\frac{1}{\sqrt{2\pi}\sigma}e^{-\left\{\frac{(x-\mu)^2}{2\sigma^2}\right\}}$$

此處，π 是圓周率，e 是自然對數之底（2.718...）。

常態分配是由 μ 與 σ 所決定的分配，μ 是分配的平均值（期待值），σ 是標準差。標準差的平方（σ^2）即為變異數。像 μ 與 σ 如可指定其值時，分配即可確定之定數（此情形是 μ 與 σ）稱為母數。

平均值 μ，變異數 σ^2 的常態分配以 $N(\mu, \sigma^2)$ 表示。當 X 服從常態分配時，設

$$u=\frac{x-\mu}{\sigma}$$

則 X 可以變換成 $N(0, 1^2)$，稱此為標準化。

$\mu=0$，$\sigma=1$ 的常態分配稱為標準常態分配，標準常態分配的雙邊機率 α 之點以 $u(\alpha)$ 表示。

例題 2-3

① 在標準常態分配中，求 -1.645 以下的機率 α。

② 在標準常態分配中，求 -1.645 以上的機率 α。

③ 求 $u(\alpha)=2.58$ 的機率 α。

④ 求 $u(0.05)$ 之值（% 點）。

⑤ 在平均 50，標準差 10 的常態分配中，求 65 以上的機率。

⑥ 在平均 50，標準差 10 的常態分配中，求 65 以下的機率。

■ EXCEL 的解法

	A	B	C	D	E	F	G
1	C			u(α)	機率 α	u(α)	
2	-1.645	P(X≦C)	0.05	2.58	0.1		
3	1.645	P(X≧C)	0.05		0.05	1.96	
4							
5							
6							
7							

【儲存格的內容】

C2；＝ NORMSDIST(A2)

E2；＝ (1－NORMSDIST(D2))*2

C3；＝ 1－NORMSDIST(A3)

F3；＝ ABS(NORMSINV(E3/2))

	A	B	C
1	平均	50	
2	標準差	10	
3	65	0.0668	
4	40	0.1587	
5			

【儲存格的內容】

B1；50

B2；10

B3；＝ 1－NORMDIST(A3, B1, B2,TRUE)

B4；＝ NORMDIST(A4, B1, B2,TRUE)

A4；＝ 40

■ NORMSDIST

函數 NORMSDIST 是在平均 0，標準差 1 的常態分配（標準常態分配）中，求某值以下之機率所使用之函數。

[格式] ＝ NORMSDIST(某值 X)

例

NORMSDIST(1, 96)=0.975002

NORMSDIST(－1, 96)=0.024998

NORMSDIST(1, 65)=0.950529

NORMSDIST(－1, 65)=0.049471

■ NORMSINV

函數 NORMSINV 是在平均 0，標準差 1 的常態分配（標準常態分配）中，求某值以下的機率爲 p 之點所使用的函數。

[格式] = NORMSINV (機率 p)

例

NORMSINV (0.975)=1.9600

NORMSINV (0.95)=1.6449

NORMSINV (0.025)=－1.9600

NORMSINV (0.05)=－1.6449

■ NORMDIST

函數 NORMDIST 在平均 m，標準差 s 常態分配中，求某值 X 以下的機率所使用的函數。

[格式] = NORMDIST (X，平均，標準差，函數形式)

X　　　→指定代入函數的數值

平均　　→指定常態分配的平均值

標準差　→指定常態分配的標準差

函數形式 →指定 TRUE 時可計算累積分配函數之值。

　　　　　指定 FALSE 時可計算機率密度函數之值。

二、計算值資料的分配

1. 二項分配

在某大袋中，裝有許多紅球與白球。此袋中，假定紅球的比率是 10%。此時，好好將袋中攪拌後，取出 10 顆球，此 10 顆球之中，紅球有幾顆的可能性是最高的呢？

設袋中的紅球的比率是 P。從此袋中抽出 n 顆球時，紅球有 r 顆的機率 Pr，可以如下求之。

$$\mathrm{Pr} = \frac{n!}{r!(n-r)!} P^r (1-P)^{n-r}$$

由此知，當抽出 10 顆球時，紅球有 2 顆之機率 P_2，可以如下求之。

$$P_2 = \frac{10!}{2!8!} \times 0.1^2 \times 0.8^8$$

一般來說，有兩個事件（此情形是紅球與白球），其中一方的事件 A（紅球）發生之機率設爲 P 時，事件 A 在 n 次中發生 r 次的機率 Pr，可用如下的公式求之。

$$\Pr = \frac{n!}{r!(n-r)!} P^r (1-P)^{n-r}$$

r 是有可能由 0 到 n，因之可由 P_0 求到 P_n，機率由 P_0 變化至 P_n 之情形，稱爲形成二項分配。

從不良率 P 的母體抽出 n 個樣本其中不良品的個數，服從二項分配。二項分配的平均是 np，變異數是 $np(1-p)$。平均或變異數均依 n、p 而改變。

例題 2-4

在不良率爲 0.1 的產品工程中檢查所生產的產品 30 個。

① 試求此 30 個產品之中，不良品剛好 5 個的機率。

② 試求此 30 個產品之中，不良品剛好 5 個以下的機率。

■ EXCEL 的解法

	A	B	C
1	P	0.1	
2	n	30	
3	r	5	
4	P(X=r)	0.1023	
5	P(X≦r)	0.9268	
6			

【儲存格的內容】

B4；＝ BINOMDIST(B3, B2, B1 , FALSE)

B5；＝ BINOMDIST(B3, B2, B1 , TRUE)

■ BINOMDIST

函數 BINOMDIST 是計算二項分配的機率所使用的函數。

[格式] = BINOMDIST (發生數，試行數，發生機率，函數形式)

函數形式 → 指定 TRUE 時，即爲累積分配函數。

指定 FALSE 時，即爲機率密度函數。

例題 2-5 在例題 2-4 中，當不良品的個數爲 r 時，試求 r 從 0 變化至 10 之機率，以長條圖表示之。

EXCEL 的解法

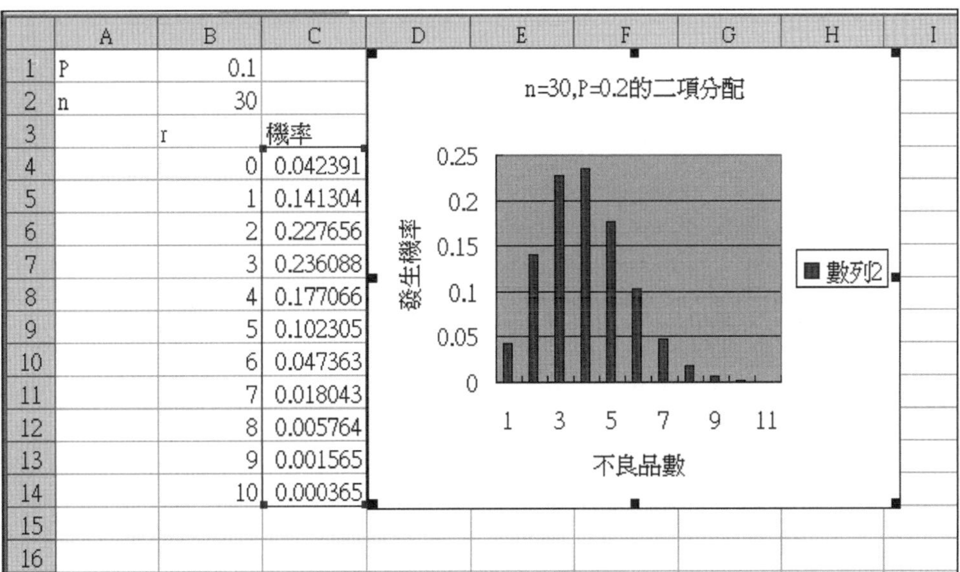

	A	B	C
1	P	0.1	
2	n	30	
3		r	機率
4		0	0.042391
5		1	0.141304
6		2	0.227656
7		3	0.236088
8		4	0.177066
9		5	0.102305
10		6	0.047363
11		7	0.018043
12		8	0.005764
13		9	0.001565
14		10	0.000365
15			
16			

【儲存格的內容】

以手動輸入 A 行、B 行的資料。

C4；= BINOMDIST(B4, \$B\$2, \$B\$1 , FALSE)

（從 C5 到 C14 複製 C4）

從 B4 到 C14 當作資料的範圍指定，再去製作長條圖。

卜氏分配

$X = 0, 1, 2 \cdots, n$ 之值出現之機率 P_x，以如下所設定之分配。

$$p_x = \frac{e^{-\lambda}\lambda^x}{x!}$$

稱為卜氏分配。在一定大小的樣本中缺點數的分配，如製程安定時，即服從卜氏分配。卜氏分配的平均與變異數均為 λ。

■ POISSON

函數 POISSON 是求卜氏分配的機率所使用的函數。

[格式] = POISSON (事件數，平均，函數形式)

事件數　→ 指定發生事件之次數

函數形式 → 指定 TRUE 時，即為累積分配函數。

　　　　　指定 FALSE 時，即為機率分配函數。

使用例

	A	B	C
1	平均λ	10	
2	發生次數	3	
3	機率	0.0076	
4	累積機率	0.0103	
5			
6			

【儲存格的內容】

B3；= POISSON (B2, B1 , FALSE)

B4；= POISSON (B2, B1 , TRUE)

■ 期待值與變異數

機率變數 X 的平均值稱為期待值，以 $E(X)$ 表示，常態分配、二項分配、卜氏分配的期待值，分別如下。

常態分配 → $E(X) = \mu$

二項分配 → $E(X) = np$

卜氏分配 → $E(X) = \lambda$

設 a 與 b 為常數時，機率變數 X 與 Y 之期待值，有如下關係。

$$E(aX+bY)=a\,E(X)+b\,E(Y)$$

X 與 Y 獨立時，有如下之關係。

$$E(XY)=E(X)E(Y)$$

機率變數 X 的變異數以 $V(X)$ 表示，標準差以 $D(X)$ 表示。各分配的變異數與標準差，分別為如下。

常態分配 → $V(X)=\sigma^2$　　$D(X)=\sigma$

二項分配 → $V(X)=np(1-p)$　　$D(X)=\sqrt{np(1-p)}$

卜氏分配 → $V(X)=\lambda$　　$D(X)=\sqrt{\lambda}$

X 與 Y 獨立時，有如下之關係。

$$V(aX+bY)=a^2\,V(X)+b^2\,V(Y)$$

三、統計量的分配

1. 平均值之分配

從 $N(\mu，\sigma^2)$ 隨機抽取出 n 個樣本，其平均值 $\overline{X}$ 的期待值與標準差，即為如下。

$$E(\overline{X})=\mu \qquad D(\overline{X})=\sigma/\sqrt{n}$$

當母體為常態分配時，$\overline{X}$ 的分配也是常態分配，而且，隨 n 的變大，母體即使不是常態分配，$\overline{X}$ 的分配也近乎常態分配。

2. 中位數之分配

從 $N(\mu，\sigma^2)$ 隨機抽取出 n 個樣本，其中位值 $\tilde{X}$ 的期待值與標準差，即爲如下。

$$E(\tilde{X}) = \mu \qquad D(\tilde{X}) = m_3 \cdot \sigma/\sqrt{n}$$

3. 全距之分配

從 $N(\mu，\sigma^2)$ 隨機抽取出 n 個樣本，其全距 R 的期待值與標準差即爲如下。

$$E(R) = d_2\sigma \qquad D(R) = d_3\sigma$$

d_2, d_3 是依 n 而定的常數。

4. 標準差之分配

從 $N(\mu，\sigma^2)$ 隨機抽取出 n 個樣本，其標準差 s 的期待值與標準差即爲如下。

$$E(s) = c_2\sigma \qquad D(s) = c_3\sigma$$

5. 變異數之分配

從 $N(\mu，\sigma^2)$ 隨機抽取出 n 個樣本，其變異數 $V = S/(n-1)$ 的期待值與標準差即爲如下。

$$E(V) = \sigma^2 \qquad D(V) = \sqrt{\frac{2}{n-1}}\sigma^2$$

6. 卡方分配

從 $N(\mu，\sigma^2)$ 隨機抽取出 n 個樣本，其平方和 S 除以 σ^2，即是服從自由度 $\phi = n-1$ 的卡方分配。

$$\chi^2 = \frac{S}{\sigma^2}$$

自由度中的 χ^2 分配的上側機率 α 的點是以 $\chi^2(\phi, \alpha)$ 表示。

7. *t* 分配

從 $N(\mu，\sigma^2)$ 隨機抽取出 n 個樣本，將平均值 $\overline{X}$ 以下式變換後的 t 即服從自由度 ϕ 的 t 分配。

$$t = \frac{\overline{x} - \mu}{\sqrt{\frac{v}{n}}}$$

自由度 ϕ 的 t 分配的雙邊機率 α 的點以 $t(\phi, \alpha)$ 表示。

8. F 分配

從變異數相等的 2 個常態分配 $N(\mu_1，\sigma^2)$ 及 $N(\mu_2，\sigma^2)$ 分別隨機抽出 n_1 及 n_2，所得到的變異數設為 V_1 及 V_2 時，則

$$F = \frac{V_1}{V_2}$$

即服從第 1 自由度 ϕ_1，第 2 自由度 ϕ_2 的 F 分配的上側機率 α 的點，以 $F(\phi_1, \phi_2, \alpha)$ 表示。

例題 2-6

① 在自由度 10 的 t 分配中，試求 2.3 以上的機率 α。

② 在自由度 10 的 t 分配中，試求 –2.3 以上的機率 α。

③ 試求 $t(20, \alpha) = 2.58$ 的機率 α。

④ 試求 $t(15, 0.05)$ 之值。

⑤ 試求 $\chi^2(15, \alpha) = 30.5$ 之機率 α。

⑥ 試求 $\chi^2(20, 0.05)$ 之值。

⑦ 試求 $F(9, 10；\alpha) = 2.9$ 之機率。

⑧ 試求 $F(9, 10；0.05)$ 之值。

■ EXCEL 的解法

	B	C	D	E	F	G	H	I	J	K	L
1	自由度				分配	自由度		%點	機率α	%點	
2	10	P(X≧c)	0.022		t	20		2.58	0.01788		
3	10	P(X≦c)	0.022		t	15			0.05	2.1315	
4					χ2	15		30.5	0.01024		
5					χ2	20			0.05	31.4104	
6					F	9	10	2.9	0.05628		
7					F	9	10		0.05	3.02038	
8											

【儲存格的內容】

D2；＝ TDIST (A2, B2, 1)

D3；＝ TDIST (ABS(A3), B3, 1)

J2；＝ TDIST (I2, G2, 2)

J4；＝ CHIDIST (I4, G4)

J6；＝ FDIST (I6, G6, H6)

U3；＝ TINV (J3, G3)

K5；＝ CHINV (J5, G5)

K7；＝ FINV (J7, G7, H7)

■ TDIST

函數 TDIST 是在 t 分配中，求某值以上之機率所使用的函數。

[格式] ＝ TDIST (某值，自由度，尾部)

尾部 → 1= 單邊機率　2= 雙邊機率

例

TDIST(1.5,19,1)=0.075024

TDIST(1.5,19,2)=0.150049

TDIST(－1.5,19,1)= #NUM(指定負值時即為有誤)

（註）對自由度指定小數點以下之值也會被割捨。

■ TINV

函數 TINV 是在 t 分配中求雙邊機率為 p 所使用的函數。

[格式] ＝ TINV (機率 p，自由度)

■ CHIDIST

函數 CHIDIST 是在 χ^2 分配中，求某值以上之機率（單邊上側機率）所使用的函數。

[格式] = CHIDIST (某值，自由度)

■ CHINV

函數 CHINV 是在 χ^2 分配中，某值 c 以上的機率（單邊上側機率）爲所指定之機率時，求 c 所使用之函數。

[格式] = CHINV (機率，自由度)

■ FDIST

函數 FDIST 是在 F 分配中，求某值以上的機率（單邊上側機率）所使用之函數。

[格式] = FDIST (某值，第 1 自由度，第 2 自由度)

■ FINV

函數 FINV 是在 F 分配中，某值 c 以上的機率 (單邊上側機率) 爲所指定之機率時，求 c 所使用之函數。

[格式] = FINV (機率，第 1 自由度，第 2 自由度)

■ 計算機率所使用之統計函數的總整理

1. 在標準常態分配中，出現某值以下之數值的機率 = NORMDIST (K)
2. 在標準常態分配中，某值以下的機率爲 p 的點 = NORMSINV (P)
3. 在自由度 ϕ 的 χ^2 分配中，出現某值以上之數值的機率 = CHIDIST(K, ϕ)
4. 在自由度 ϕ 的 χ^2 分配中，某值以上的機率爲 P 的點 =CHINV(P, ϕ)
5. 在自由度 ϕ 的 t 分配中，出現某值 K 以上之機率 = TDIST((K, ϕ ,1)
6. 在自由度 ϕ 的 t 分配中，出現某值｜ K ｜以上之機率 = TDIST((K, ϕ ,2)
7. 在自由度 ϕ 的 t 分配中，某值以上及以下的機率爲 P 的點 =TINV(P, ϕ)
8. 在第 1 自由度 ϕ_1，第 2 自由度 ϕ_2 的 F 分配中，出現某值 K 以上的數值之機率 = FDIST F(K, ϕ_1 , ϕ_2)
9. 在第 1 自由度 ϕ_1，第 2 自由度 ϕ_2 的 F 分配中，某值以上的機率爲 P 的點 =FINV(P, ϕ_1 , ϕ_2)

第二篇　QC七工具篇

第3章 QC七工具簡介

第一次南極探險隊隊長，也是戴明獎個人獎得獎人西堀榮三郎博士，在「品質管理心得」中，說了以下這番話：

「人的個性是無法改變的，可是能力卻可改變。能力就像氣球一樣，體積總是能改變的。認爲「那傢伙是鄉下人所以不行」或斷定「那人未從學校畢業所以差勁」像此種的認定是非常不對的。由於可以改變，所以無法武斷的下斷言。」

我們談到能力或創造性時，很容易認爲這僅是特殊的人所擁有的天賦能力，事實不然。「能力」是一件一件行動的累積，經由「經驗」與「學習」的重複而得以形成。

以往我們所尊重的是博識多聞的人，但現代社會所需要的理想人才是具有「發現問題能力」與「解決問題能力」的人。能根據新的資訊、迅速展開行動、掌握眞正原因的人才是最理想的。

所謂「問題解決的步驟」，即爲「爲了有效率、合理、有效果的解決問題所應依循的步驟。若能按此步驟去著手問題，不管是哪一種困難的問題，不管由誰或由哪一小組，均能合理且合乎科學的解決，此稱爲問題解決的法則。」問題解決的步驟也可稱爲「改善的步驟」。

分成以下七步驟來說明。

步驟1　問題點的掌握與主題的決定

掌握問題點，即著眼以下幾點：

1. 與過去的實績比較，看看傾向的改變方式是否有問題。
2. 與應有的形態與理想相比較，找出弱點，及應改善、提高的地方。
3. 調查是否達成上位方針的目標。
4. 查檢規格或規範，調查是否有不良。
5. 檢討是否或影響後工程，是否充份履行任務。
6. 與相同立場的佈署，其他分店、其他公司的狀況相比較，找出過程或結果的優、缺點。
7. 檢討在進行工作方面有何困難的地方。
8. 以重點導向的想法，從許多的問題點中決定主題。
   (1) 對於問題點決定重要度的順位。

(2) 預測所能期待的效果後決定之。

步驟 2　組織化與活動計畫的作成

1. 決定解決問題小組與負責人。
2. 決定解決問題活動的期間。
3. 分擔協力體制、任務。
4. 製作問題解決的活動計畫書。

步驟 3　現狀分析

明確特性值，就此蒐集過去的數據，掌握現狀。

1. 特性值的實績如何？
2. 不良的造成是最近的傾向，或是數個月或數年程序的呢？
3. 平均值有問題嗎？變異是否過大？

步驟 4　目標的設定

1. 設定想達成的目標。
2. 明確衡量問題解決效果的尺度（特性值）。
3. 重估活動計畫，是需要加以修正，並決定活動的詳細內容，且分配任務。

步驟 5　要因解析

1. 藉著技術上、經驗上的知識考察特性與要因之關係，整理成特性要因圖。
2. 使用查核表收集有關事實的資料、數據。
3. 使用 QC 手法解析特性與要因之關聯。

使用過去的數據、已加層別的日常數據、利用實驗所得之數據等，使用統計圖、直方圖、管制圖、散佈圖、推定與檢定、變異數分析、迴歸分析等的手法加以解析。將解析結果加以分析整理。

步驟 6　改善案的檢討與實施

1. 收集創意、構想，對有問題的要因檢討對策案。
2. 決定改善案。
   (1) 評價對目標有無效果。
   (2) 能否比以往更快、更方便、更正確的評價。
3. 製作臨時標準、作業標準、或加以改訂。
4. 就新的作法實施教育與訓練。
5. 基於臨時標準實施改善案。

步驟 7　確認改善效果

1. 使用 QC 手法查核改善效果。
   (1) 比較目標與實績並加以評價。
   (2) 比較改善前與改善後並加以評價。
   (3) 掌握改善所需要的費用。
   (4) 調查前後工程的影響。
   (5) 查核對其他的管理特性是否會產生負面影響。
2. 確認效果，掌握有形的效果、無形的效果。
3. 效果不充份時回到步驟 5 或步驟 6，再重複解析與對策。

步驟 8　標準化與管理的落實

1. 效果經確認後即加以標準化。
   (1) 將臨時標準當成正式的標準。
   (2) 將工作的方法納入作業標準中。
   (3) 修訂規格、圖面等的技術標準。
   (4) 修訂管理作法的管理標準。
   (5) 將正確的作法予以教育訓練。
2. 維持標準，查核是否照標準進行工作，是否維持在管制狀態。
3. 就問題解決的進行方法加以反省，將優點、缺點加以整理。
4. 改善的結果整理成報告書，謀求技術的儲存。

表 3.1　問題解決所使用的 QC 七工具

QC 手法（QC 七工具）	問題解決步驟 / 主要用途	掌握問題點	解析要因	查核改善結果	查核管制的維持與落實
特性要因圖	將要因鉅細靡遺的找出並予以整理	◎	○		
柏拉圖	從許多問題點掌握真正問題	◎	○	○	
圖表	使之能用眼睛觀察數據	○	○	○	○

QC 手法（QC 七工具）	問題解決步驟 / 主要用途	掌握問題點	解析要因	查核改善結果	查核管制的維持與落實
查核表	簡單的蒐集數據，防止查檢遺漏	○	○	○	○
管制圖	調查工程是否處於穩定狀態	○	◎	◎	◎
直方圖	掌握分配的形狀，與規格比較	○	◎	◎	
散佈圖	用成對的兩組數據掌握數據的關係		◎		

品管七大手法是常用的統計管制方法，又稱爲初級統計管制方法。它主要包括圖表、特性要因圖（因果圖）、直方圖、柏拉圖、查核表、散佈圖、管制圖等所謂的 QC 七工具（簡稱 Q7）。

其實，品質管制的方法可以分爲兩大類：一是建立在全面品質管制思想之上的組織性的品質管制；二是以數理統計方法爲基礎的品質控制。

組織性的品質管制方法是指從組織結構，業務流程和人員工作方式的角度進行品質管制的方法，它建立在全面品質管制的思想之上，主要內容有制定品質方針，建立品質保證體系，開展 QC 小組活動，各部門品質責任的分擔，進行品質診斷等。

進行資料分析之前需要先將數據分層。分層法又稱爲層別法，就是將性質相同的，在同一條件下收集的數據歸納在一起，以便進行比較分析。因爲在實際生產中，影響品質變動的因素很多，如果不把這些因素區別開來，則難以得出變化的規律。數據分層可根據實際情況按多種方式進行。例如，按不同時間，不同班次進行分層，按使用設備的種類進行分層，按原材料的進料時間，按原材料成分進行分層，按檢查手段，按使用條件進行分層，按不同缺陷項目進行分層等等。數據分層法經常與上述的統計分析表結合使用。

數據分層法的應用，主要是一種系統概念，即在於要處理相當複雜的資料，就得懂得如何把這些資料有系統、有目的地加以分門別類的歸納及統計。

科學管理強調的是以管制的技法，來彌補以往靠經驗、靠視覺判斷的管制的不足。而此管制技法，除了建立正確的理念外，更需要有數據的運用，才有辦法進行工作解析及採取正確的措施。

如何建立原始的數據及將這些數據依據所需要的目的進行集計，也是諸多品管手法的最基礎工作。舉例來說，我國航空市場近幾年隨著開放而競爭日趨激烈，航空公司爲了爭取市場除了加強各種措施外，也在服務品質方面下工夫。我們也可以經常在飛機上看到客戶滿意度的調查。此調查是通過調查表來進行。調查表的設計通常分爲地面的服務品質及航機上的服務品質。地面又分爲訂票、候機；飛機又分爲空服態度、餐飲、衛生等。透過這些調查，將這些數據予以集計，就可得到從何處加強服務品質了。

以下簡略說明各手法的性質，詳細情形請參第二篇的以下各章。

1. 查核表（Checklist）

爲了有效地把握發明創造的目標和方向，促進想像的形成，哈佛大學教授狄奧提出了查核表法（Checklist），也有的將它譯成「查檢表法」，「對照表法」，也有人稱它爲「分項檢查法」。

查核表法是在實際解決問題的過程中，根據需要創造的對象或需要解決的問題，先列出有關的問題，然後逐項加以討論、研究，從中獲得解決問題的方法和創造發明的設想。這種方法可以有意識地爲我們的思考提供步驟。

在第一次世界大戰期間，英國軍隊已經成功地使用這種方法明顯地改善了許多兵工廠的工作。他們首先提出要思考的題目或問題，然後，就題目或問題各個階段提出一系列問題，譬如：它爲什麼是必要的（Why），應該在哪裡完成（Where），應該在什麼時候完成（When），應該由誰完成（Who），究竟應該做些什麼（What），應該怎樣去做它（How）。

查核表法實際上是一種多方向思維的方法，人們根據檢查項目，可以一條一條地想問題。這樣，不僅有利於系統和周密地想問題，使思維更帶條理性，也有利於較深入地發掘問題和有針對性地提出更多的可行設想。

這種方法後來被人們逐漸充實發展，並引入了爲避免思考和評論問題時發生遺漏的「5W2H」檢查法，最後逐漸形成了今天的「查核表法」。

有人認爲，查核表法幾乎適用於各種類型和場合的創造活動，因而可把它稱作「創造技法之母」。目前，創造學家們已創造出許多種各具特色的查核表法，但其中最受人歡迎，既容易學會又能廣泛應用的，首推奧斯本的查核方法（最早由美國作家，廣告學專家 Alexander Osborn 提出，世稱奧斯本法）。

查核表法給予人們一種啓示，考慮問題要從多種角度出發，不要受某一固定角度的局限；要從問題的多個方面去考慮，不要把視線固著在個別問題上或個別的方面。這種思考問題的方法，對於企業、事業單位和國家機關的管理者來說，也都富有啓發意義。

查核表法在我們的企業中，看來是大有用武之地。我們的企業在提高產品質量，降低生產成本，改善經營管理方面，都存在著很大的潛力，如果企業領導能根據本企業存在的情況、特點和問題，制訂出相應的檢查單，讓廣大員工都能動腦筋、提設想、獻計策，透過群策群力，必定可以取得顯著成效。

查核表是利用統計表對數據進行整理和初步原因分析的一種工具，其格式可多種多樣，這種方法雖然較簡單，但實用有效，主要作爲記錄或者點檢所用。

2. 圖表（Graph）

圖表代表了一張圖像化的數據，並經常以所用的圖像命名，例如圓餅圖是主要使用圓形符號，長條圖或直方圖則主要使用長方形符號。折線圖，意味著使用線條符號。

圖表一字的用法，前面不一定永遠都會帶有統計一稱，下列的圖表帶有統計的意含，但名稱並沒有統計一詞：

- 數據圖可以是一組圖解（Diagram）或數理上的圖形（Graph），同時帶有量化的數據，或質性的資訊。
- 海圖或航圖，帶有額外指引等數據的地圖，也是圖表之一。
- 英語裡的樂譜符號圖（Chord Chart）或排行榜（Record Chart），在英語世界，也常被認爲是圖表的一種，但中文使用並沒有將其視爲圖表的習慣。

總之，圖表或統計圖表，通常用來方便理解大量數據，以及數據之間的關係。讓人們透過視覺化的符號，更快速的讀取原始數據。現今圖表已經被廣泛用於各種領域，過去是在座標紙或方格紙上手繪，現代則多用電腦軟體產生。特定類型的圖表有特別適合的數據。例如，想要呈現不同群體的百分比？圓餅圖就很適合。同時，水平狀的條形圖也很適合。但如果想要呈現有時間概念的數據？折線圖或直方圖，就會比圓餅圖來得適合。

世界上有各種形式，多元呈現的圖表，有些非常的龐大，有些則非常複雜，但基本上圖表都有下列的一致特點。用來使數據更有意義，使解讀能力更爲提升。

圖表的特點就是文字成分很少，通常不會像文章寫作一樣，以文字描述或文本鋪陳作爲整體。圖表中的文字往往只用來詮釋或標注數據、出處等，或是更重要的標題。以下是圖表中常有的表示法。

- 標題：圖表的標題通常要是簡潔的描述，使人一目了然地知道是何種數據。標題通常會顯示在主圖形的上方。
- 座標標籤：較小的文字則用來標示水平軸（X 軸）或垂直軸（Y 軸）上的數據或分類，這些文字經常被稱爲座標標籤，且經常帶有單位，例如「行駛距離（公尺）」。
- 數據標籤：而圖表中顯示的數據，不論以點狀、線狀呈現在雙軸座標系統（Grid）裡，也會有文字標示，稱爲數據標籤（Label）。方便觀看者解讀和比對它在兩座標之間的位置和關係。
- 圖例：如果圖表當中包括兩組以上的數據，則往往還需要圖例（Legend 或簡稱爲 Key）解釋兩組的稱呼。且往往會使用不同的顏色來區分。

3. 柏拉圖（Pareto chart）

柏拉圖又稱爲重點分析圖或 ABC 分析圖，由此圖的發明者 19 世紀義大利經濟學家柏拉圖（Pareto）的名字而得名。柏拉圖最早用排列圖分析社會財富分佈的狀況，他發現當時義大利 80% 財富集中在 20% 的人手裡，後來人們發現很多場合都服從這一規律，於是稱之爲 Pareto 定律。後來美國品質管制專家朱蘭博士運用柏拉圖的統計圖加以延伸將其用於品質管制。柏拉圖是分析和尋找影響品質主原因素的一種工具，其形式用雙直角座標圖，左邊縱座標表示次數（如件數金額等），右邊縱座標表示頻率（如百分比表示）。分折線表示累積頻率，橫座標表示影響品質的各項因素，按影響程度的大小（即出現次數多少）從左向右排列。通過對排列圖的觀察分析可抓住影響品質的主原因素。這種方法實際上不僅在品質管制中，在其他許多管制工作中，例如在庫存管制中，都十分管用。

在品質管制過程中，要解決的問題很多，但往往不知從哪裡著手，但事實上大部分的問題，只要能找出幾個影響較大的原因，並加以處置及控制，就可解決問題的 80% 以上。柏拉圖是根據歸類的數據，以不良原因，不良狀況發生的現象，有系統地加以項目別（層別）分類，計算出各項目別所產生的數據（如不良率、損失金額）及所占的比例，再依照大小順序排列，再加上累積值的圖形。在工廠或辦公室裡，把低效率、缺損、制品不良等損失按其原因別或現象別，也可換算成損失金額的 80% 以上的項目加以追究處理，這就是所謂的柏拉圖分析。

柏拉圖使用以層別法的項目別（現象別）爲前提，依經順位調整過後的統計表才能制成柏拉圖。

柏拉圖分析的步驟：

(1) 將要處置的事物，以狀況（現象）或原因加以層別；

(2) 縱軸雖可以表示件數，但最好以金額表示比較強烈；

(3) 決定搜集資料的期間，自何時至何時，作爲柏拉圖資料的依據，期限間盡可能定期；

(4) 各項目依照合半之大小順位左至右排列在橫軸上；

(5) 繪上柱狀圖；

(6) 連接累積曲線。

4. 直方圖（Histogram）

在品質管制中，如何預測並監控產品品質狀況？如何對品質波動進行分析？直方圖就是一目了然地把這些問題圖表化處理的工具。它通過對收集到的貌似無序的數據進行處理，來反映產品品質的分佈情況，判斷和預測產品品質及不合格率。

直方圖又稱品質分佈圖，它是表示資料變化情況的一種主要工具。用直方圖可以解析出資料的規則性，比較直觀地看出產品品質特性的分佈狀態，對於資料分佈狀況一目了然，便於判斷其總體品質分佈情況。在制作直方圖時，牽涉統計學的概念，首先要對資料進行分組，因此如何合理分組是其中的關鍵問題。分組數和組距是成功製作直方圖的關鍵點。它是一種幾何形圖表，根據從生產過程中收集來的品質數據分佈情況，畫成以組距爲底邊、以頻數爲高度的一系列連接起來的直方型矩形圖。

製作直方圖的目的就是透過觀察圖的形狀，判斷生產過程是否穩定，預測生產過程的品質。具體來說，製作直方圖的目的有：

①判斷一批已加工完畢的產品；

②驗證工序的穩定性；

③爲計算工序能力搜集有關數據。

直方圖將數據根據差異進行分類，特點是明察秋毫地掌握差異。

(1) 直方圖的作用

①顯示品質波動的狀態；

②較直觀地傳遞有關過程品質狀況的訊息；

③通過研究品質波動狀況之後，就能掌握過程的狀況，從而確定在什麼地方集中力量進行品質改進工作。

(2) 直方圖法在應用中常見的錯誤和注意事項

①抽取的樣本數量過小，將會產生較大誤差，可信度低，也就失去了統計的意義。因此，樣本數不應少於 50 個。

②組數 k 選用不當，k 偏大或偏小，都會造成對分佈狀態的判斷有誤。

③直方圖一般適用於計量值數據，但在某些情況下也適用於計數值數據，這要看繪制直方圖的目的而定。

④圖形不完整，標註不齊全，直方圖上應標註：公差範圍線、平均值的位置（點畫線表示）不能與公差中心 M 相混淆；圖的右上角標出：N、S、C_P 或 C_{PK}。

5. 特性要因圖（Cause-Effect diagram）

特性要因圖是以結果作爲特性，以原因作爲因素，在它們之間用箭頭連繫表示因果關係。特性要因圖是一種充分發動員工動腦筋，查原因，集思廣益的好辦法，也特別適合於工作小組中實行民主的品質管制。當出現了某種品質問題，未搞清楚原因時，可針對問題發動大家尋找可能的原因，使每個人都暢所欲言，把所有可能的原因都列出來。

所謂特性要因圖，就是將造成某項結果的衆多原因，以系統的方式圖解，即以圖來表達結果（特性）與原因（因素）之間的關係。其形狀像魚骨，又稱魚骨圖。

某項結果之形成，必定有原因，應設法利用圖解法找出其因。首先提出了這個概念的是日本品管權威石川馨博士，所以特性要因圖又稱「石川圖」。特性要因圖，可使用在一般管制及工作改善的各種階段，特別是樹立意識的初期，易於使問題的原因明朗化，從而設計步驟解決問題。

特性要因圖提供的是抓取重要原因的工具，所以參加的人員應包含對此項工作具有經驗者，才易奏效。

6. 散佈圖（Scatter diagram）

散佈圖又叫相關圖，它是將兩個可能相關的變量數據用點畫在座標圖上，用來表示一組成對的數據之間是否有相關性。這種成對的數據或許是特性－原因，特性－特性，原因－原因的關係。通過對其觀察分析，來判斷兩個變量之間的相關關係。這種問題在實際生產中也是常見的，例如熱處理時淬火溫度與工件硬度之間的關係，某種元素在材料中的含量與材料強度的關係等。這種關係雖然存在，但又難以用精確的公式或函數關係表示，在這種情況下用相關圖來分析就很方便。假定有一對變量 x 和 y，x 表示某一種影響因素，y 表示某一品質特徵值，通過實驗或收集到的 x 和 y 的數據，可以在座標圖上用點表示出來，根據點的分佈特點，就可以判斷 x 和 y 的相關情況。

在我們的生活及工作中，許多現象和原因，有些成規則的關聯，有些成不規則的關聯。我們要了解它，就可借助散佈圖統計手法來判斷它們之間的相關關係。

7. 管制圖（Control chart）

管制圖是美國的貝爾電話實驗所的休哈特（W.A. Shewhart）博士在 1924 年首先提出，管制圖使用後，就一直成爲科學管制的一個重要工具，特別在品質管制方面成了一個不可或缺的管制工具。它是一種有控制界限的圖，用來區分引起品質波動的原因是偶然的還是系統的，可以提供系統原因存在的訊息，從而判斷生產過程是否處於管控狀態。管制圖按其用途可分爲兩類，一類是供分析用的管制圖，用管制圖分析生產過程中有關品質特性值的變化情況，看工序是否處於穩定受控狀；再一類是供管制用的管制圖，主要用於發現生產過程是否出現了異常情況，以預防產生不合格品。

統計管制方法是進行品質管制的有效工具，但在應用中必須注意以下幾個問題，否則的話就得不到應有的效果。這些問題主要是：

(1) 數據有誤。數據有誤可能是兩種原因造成的，一是人爲的使用有誤數據，二是由於未眞正掌握統計方法。

(2) 數據的蒐集方法不正確。如果抽樣方法本身有誤則其後的分析方法再正確也無用。

(3) 數據的記錄，抄寫有誤。

(4) 異常值的處理。通常在生產過程取得的數據中總是含有一些異常值，它們會導致分析結果有誤。

以上概要介紹了七種常用初級的統計品質管制七大手法，即所謂的「QC 七工具」，這些方法集中體現了品質管制的「以事實和數據爲基礎進行判斷和管制」的特點。最後仍需指出的是，這些方法看起來都比較簡單，但能夠在實際工作中正確靈活地應用並不是一件簡單的事。

以下從第 4 章到第 10 章分別詳述 QC 七工具的用法與利用 EXCEL 的作法。

第 4 章　特性要因圖

4.1　特性要因圖的作法

所謂特性要因圖是將目前視為問題的特性（結果）與被認為對它有影響之要因（原因）之關連加以整理，有系統的整理成如魚骨般的圖形之謂（參照圖 4.1）。特性要因圖是進行工程的管制與改善的有效工具。

似乎很簡單，但難的是特性要因圖的作法。作出能使用的良好特性要因圖其祕訣在於與問題有關人員的參加，明確目的相互提出許多的意見來製作。可是，不熟練是無法順利進展的，因之按以下步驟進行會必較好。

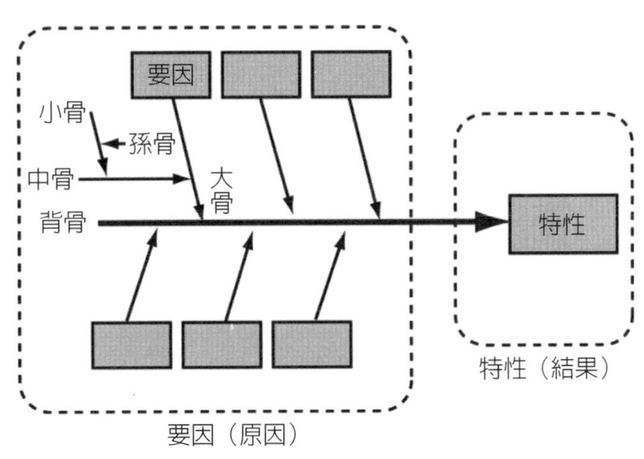

圖 4.1　特性要因圖的形狀

一、大骨展開法

步驟 1　明確問題特性，特性的例子有以下幾種：

- 品質：尺寸、重量、純度、不良率、缺點數。
- 效率：工數、所需時間、使用率、操作率、生產量。
- 成本：收率、損失、材料費不良率、用人費。
- 安全：災害率、事故件數、無事故期間。
- 人際關係：參加率、缺勤人數。

此處取「作業失誤」爲特性，製作特性要因圖。

步驟 2　於右端以長方形圍著特性，然後從左畫一條粗的橫線，並加上箭頭。

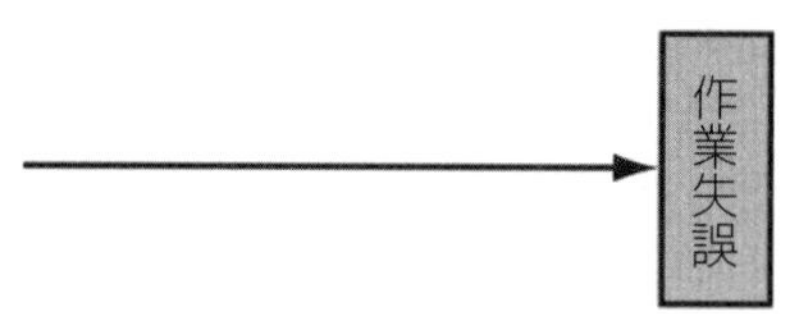

圖 4.2　特性與骨幹

步驟 3　將要因大致分成 4～8 類。然後向著骨幹由左斜著畫大骨。於骨的先端記入這些要因再以長方形圍著。

要因的大分類一般可就 4M（作業員、機械、作業方法、材料）或 7 要素（除 4M 之外加治工具、測量、搬運）來考慮。與「作業失誤」有關之大要因列舉作業員、機械設備、作業方法、材料零件等 4 者。

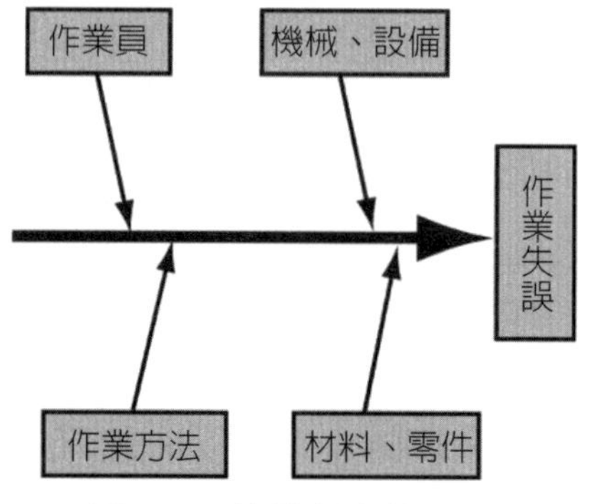

圖 4.3　特性與大的要因

步驟 4　探討大骨的原因，找出中骨，再向小骨細分。將骨的名稱記入，最末端記入能採取對策之原因非常重要。

步驟 5　檢查要因有無遺漏。

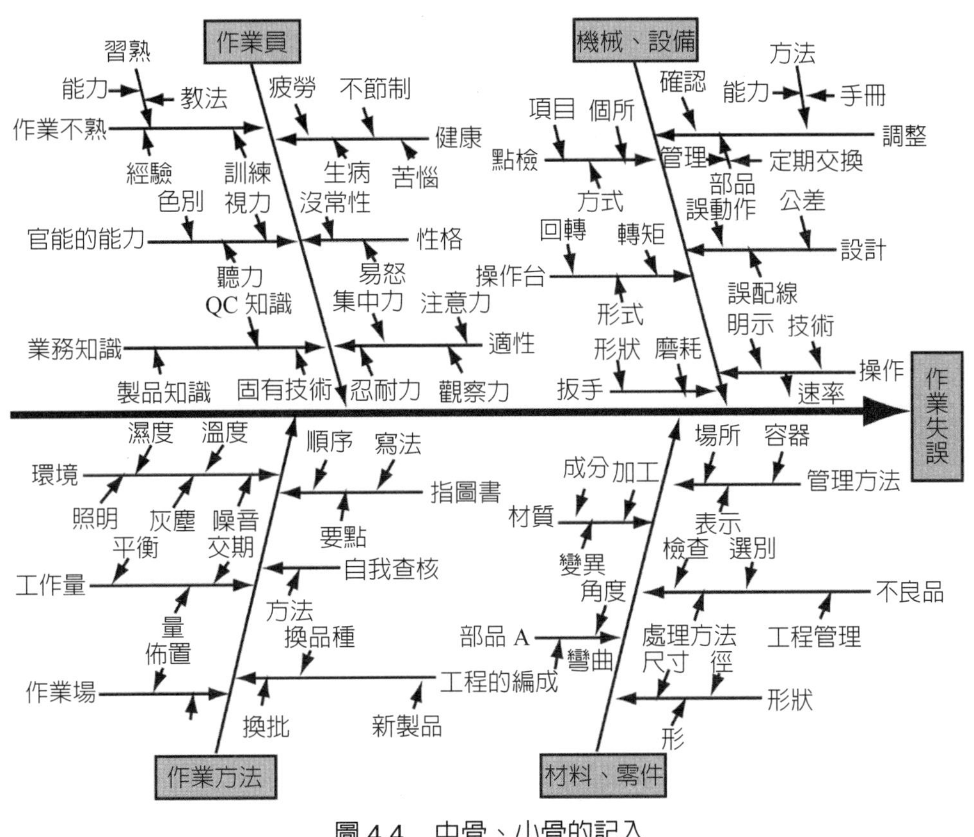

圖 4.4 中骨、小骨的記入

步驟 6 就各要因之影響度設定權重。於設定權重時，要好好討論，經由數據解析、柏拉圖、自由討論利用舉手來進行，對於重要要因以長方形圍起來，或加上紅圓圈來識別。另外，按重要度來決定順位。

步驟 7 記入關連事項。記入標題、產品名、工程名、製作單位、製作小組、參加者、製作年月日、製作時之資訊。

以上就特性要因圖的作法加以說明，不妨嘗試看看。選出簡單的主題，譬如「維護健康」、「尋找好的結婚對象」等，由大家想想。在牆壁上貼著大模造紙，把所提出的意見以色筆記入。提出項目結束之後，整理特性要因圖之形式。

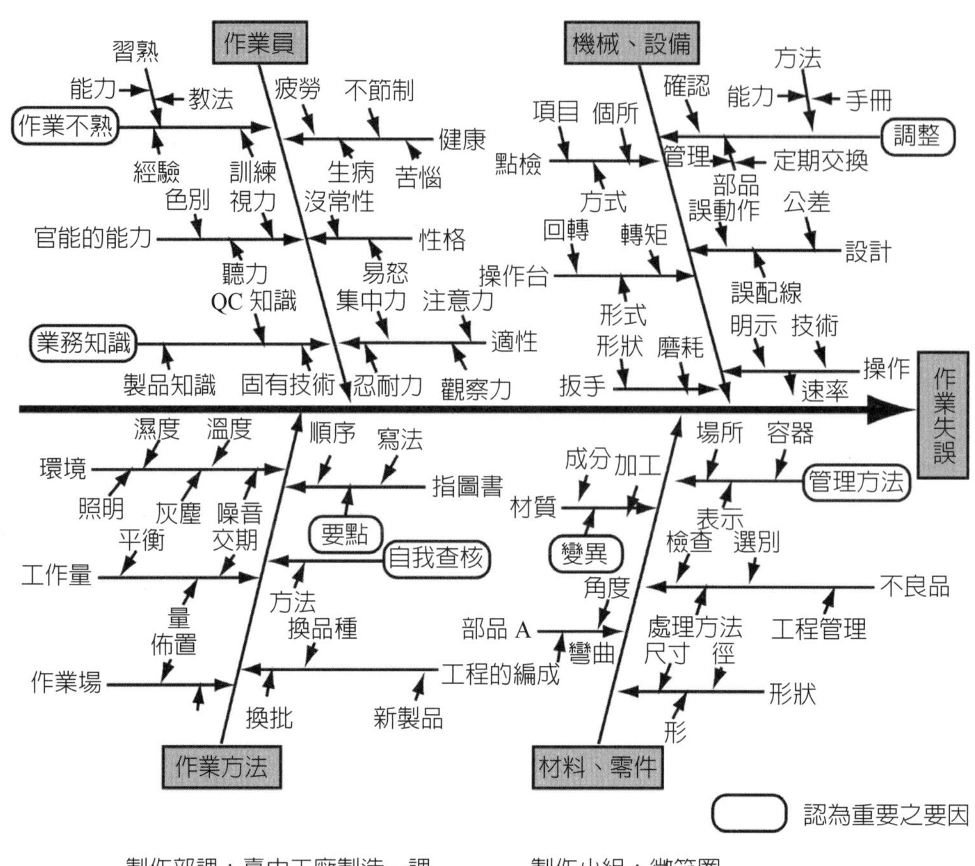

圖 4.5　作業失誤的特性要因圖

二、製作有用的特性要因圖的注意事項

在製作特性要因圖時，要注意以下幾點：

1. 集合衆智來製作

在製作特性要因圖時，現場的幕僚、領班、作業員當然要參加，就是前後工程的人、檢查或採購等有關人員大家集合在一起，自由提出意見，依據全員的意見來製作特性要因圖是非常重要的。

認爲無聊的原因有時也是很重要的，因之積極的收集意見，就是小意見也不要遺漏的寫進去。

2. 篩選所有的要因

只是拉雜地記入要因，如此作成的特性要因圖並沒有幫助。記入不是目的，目的在於使用，必須要能浮現出問題點或改善案才行。因此，魚的骨不是像比目魚那樣簡單，而是連小骨、孫骨都要填入的「恐龍骨」才行。

3. 經常檢討改善

特性要因圖並非畫完就不管了，像貼在現場等要放在身旁的地方，出現新意見或問題產生時加以檢討，經常要加上新的資訊。經過好幾次的討論，累積事實重複修正，然後才能做出好的特性要因圖。

4. 特性要儘量可能具體的表示

是針對什麼畫特性要因圖的呢？須明確其目的亦即特性。要避免「好的產品」、「產品的品質」等抽象的表現，應具體的表現像是「A 零件的不良率」、「B 零件的修改工時」、「產品 C 之尺寸變異」。

5. 視需要每一特性也可製作數張

爲了解決一個主題，很少能以一張特性要因圖就能全部解決。每一個特性製作幾張特性要因圖是很重要的。譬如，僅僅談到「不良品」，依其不良內容其行動也會有所不同，因之要分成「尺寸不良」，「瑕疵不良」、「加工不良」、「修整不良」等來想。

6. 在重要的要因地方加上記號

將大骨、中骨、小骨填入特性要因圖之後，認爲特別有影響之重要要因要加上記號。這樣一來，對異常原因的追究或改善活動就能更爲有效。

7. 不用想像應到現場收集事實

光在腦海中想就會流於抽象，而變成沒有用的特性要因圖了。一面活用過去的數據與現在的數據，一面依據事實來製作是非常需要的。

8. 查檢是否是好的特性要因圖

完成的特性要因圖應針對以下 10 點再度全員查檢是否有問題。

(1) 要因之提出是否有遺漏？

(2) 就末端的要因而言，是否已仔細地提出到能採取具體行動的地步（能收集數據，改變條件）呢？

(3) 大骨、中骨、小骨是否有系統的加以整理呢？

(4) 要因之大小有無顛倒呢？

(5) 是否列出與特性無關之要因呢？

(6) 要因之重要度與解析或對策之優先順位決定了嗎？

(7) 要因有無抽象的表現？

(8) 計量性要因與計數性要因是否明確？

(9) 能收集數據之要因明確嗎？

(10) 可標準化者與未能標準化者明確區分嗎？

三、製作特性要因圖須知

像圖 4.6 那樣以特性要因圖來說，有存在一些問題。

它並非是特性要因圖，反而變成「特性水準圖」了。乍見似乎是有中骨、小骨的特性要因圖，卻將水準當作要因列舉著。譬如以大骨的「上司」來看，變成「熱誠」的「有」、「無」，「教育」的「有」、「無」，「助成」之「有」、「無」等。這些都是水準，所以整理出來就變成了圖 4.7。

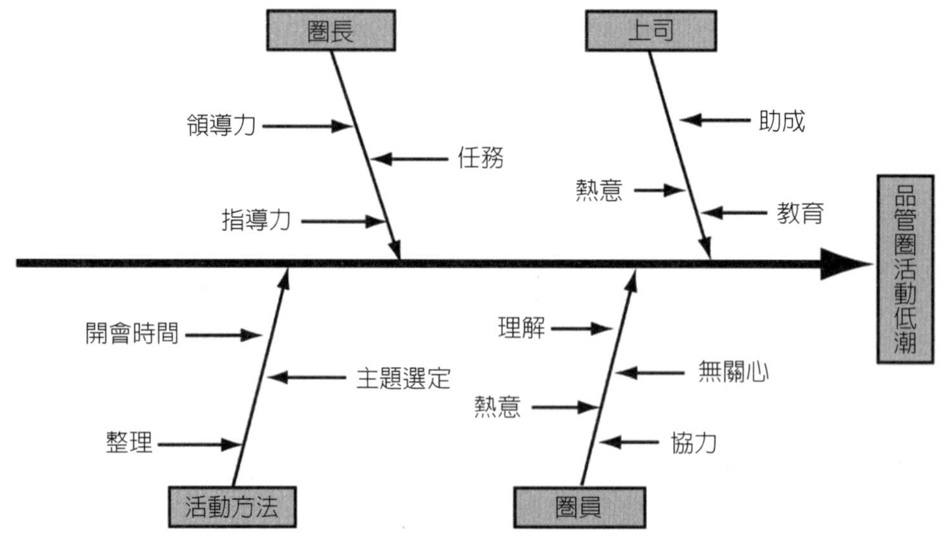

圖 4.6　骨少的特性要因圖

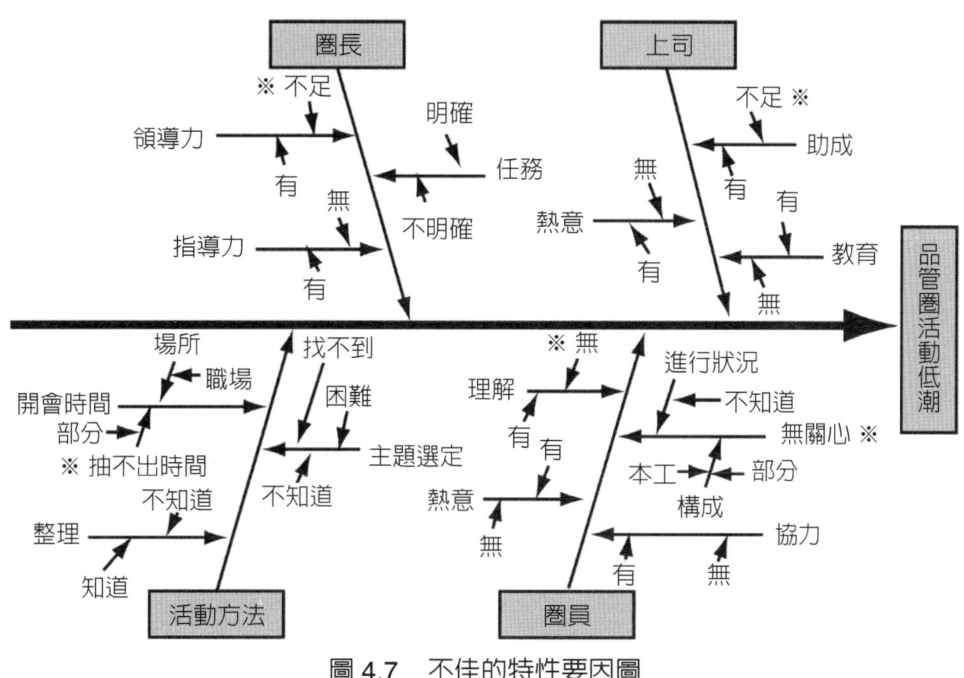

圖 4.7 不佳的特性要因圖

在這方面，要因的過濾不能說很充分。特性水準圖雖然不能說是「錯誤的」，但陷入找出許多要因之錯覺中想來是可能的，請再深入討論，增加骨數，骨數要有 50 個以上。

特意過濾出來的水準也不要丟棄，把它整理成表，對日後想必有所助益。

今將形成了「特性水準圖」的一個例子，說明在圖 4.8 中，請自行參考。

四、特性要因圖的類型

特性要因圖的用途有許許多多，但好好考慮其目的，製作合乎目的的特性要因圖非常重要。如前述，依照基本製作特性要因圖雖然比什麼都重要，但有時也需要試著思考稍許改變的特性要因圖。以下介紹幾個實例。

【實例 1】併記圖形之特性要因圖

在卡車裝配工程的所有不良當中，油漏或氣漏占全體的 62%，爲了消除此不良，進行腦力激盪所作成的即爲圖 4.9 的特性要因圖。

此特性要因圖的特徵，是大骨的要因其時間上的變化以折線圖來表示，像這樣將數據加以圖形化，不僅可以掌握各要因之動向，對提高作業員的品質意識與改善意識都有幫助，特別是當作揭示用，效果更好。

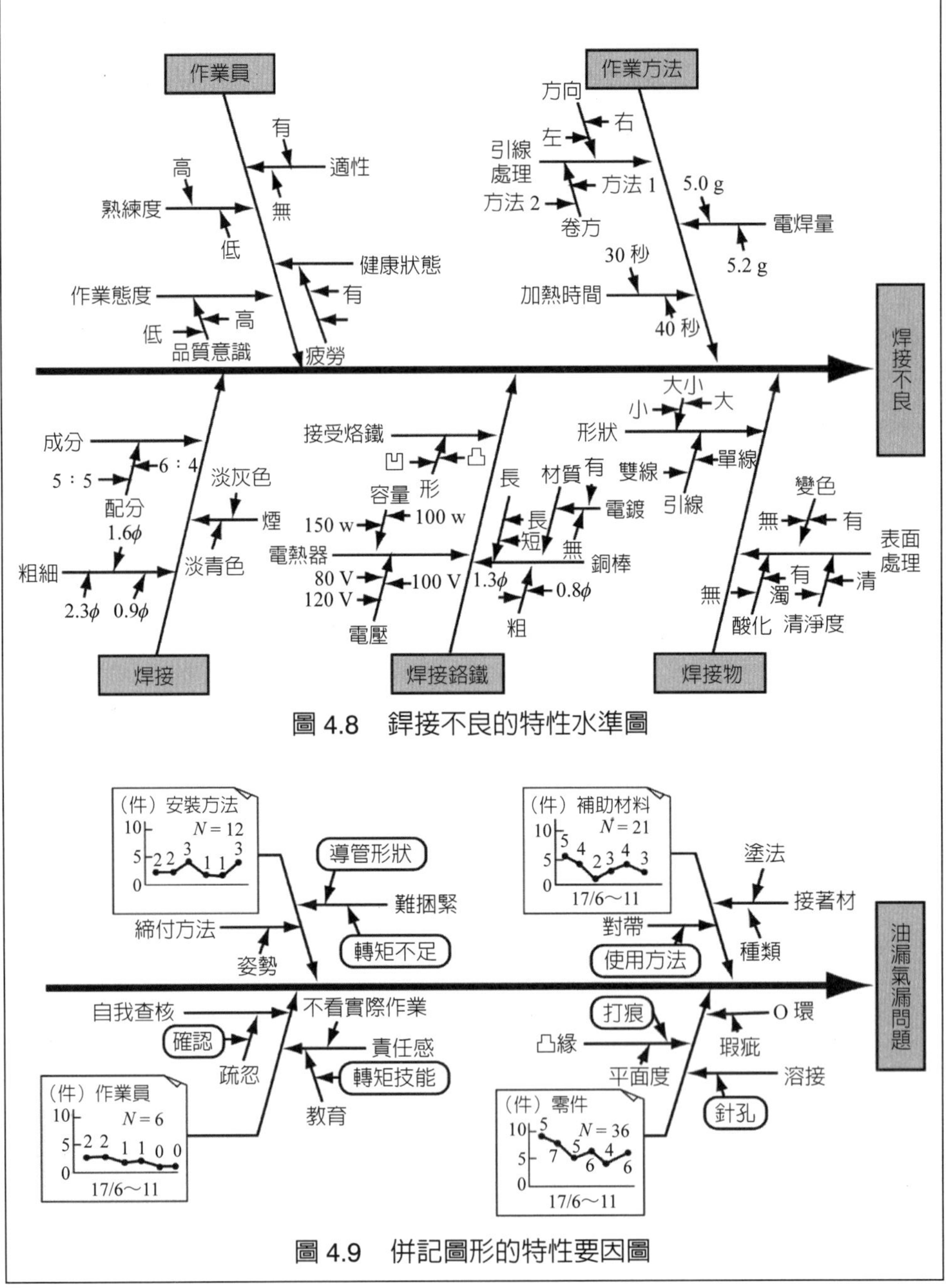

圖 4.8　銲接不良的特性水準圖

圖 4.9　併記圖形的特性要因圖

【實例 2】漫畫化之特性要因圖

女性圈「大家面帶微笑來工作（smile for）」是從事巧克力的包裝作業，對包裝作業的改善想嘗試以章魚圖來表現要因，所作成的特性要因圖即爲圖 4.10。此後，該圈對特性要因圖感到親切，乃從圖 4.10 選擇「治具的射出棒不佳」、「在目前的作業方法裡手套難以接近」、「瓦楞紙盒的橡皮輪彈出」等三個問題，檢討這些問題之改善案，終於成功的減少不良及提高效率。

要能很愉快的來進行品管圈活動，如果看到索然無味的特性時，就要像這樣嘗試各種方法，才可能令人產生興趣。

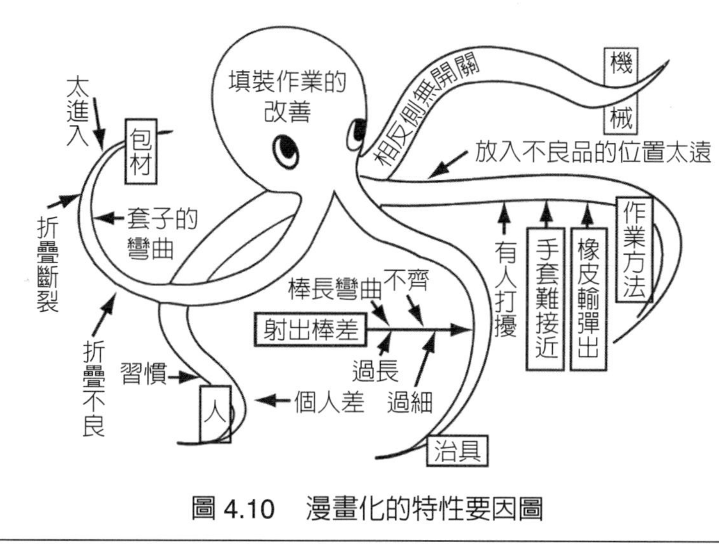

圖 4.10 漫畫化的特性要因圖

【實例 3】現狀分析圖兼特性要因圖

胡先生所屬的團隊負責將電視零件安裝在基板上之作業。爲了分析安裝不良的現狀，進行了腦力激盪，作成了如圖 4.11 的特性要因圖。

光是列出項目名，不易了解其詳細情形，因之將有問題的要因以具體的圖形來表現。如此一來，要因調查之重點就變得明確，從不良的調查分析結果，即可發掘以下的問題點。

(1) 因爲基板的孔太大，熱槽傾斜了。

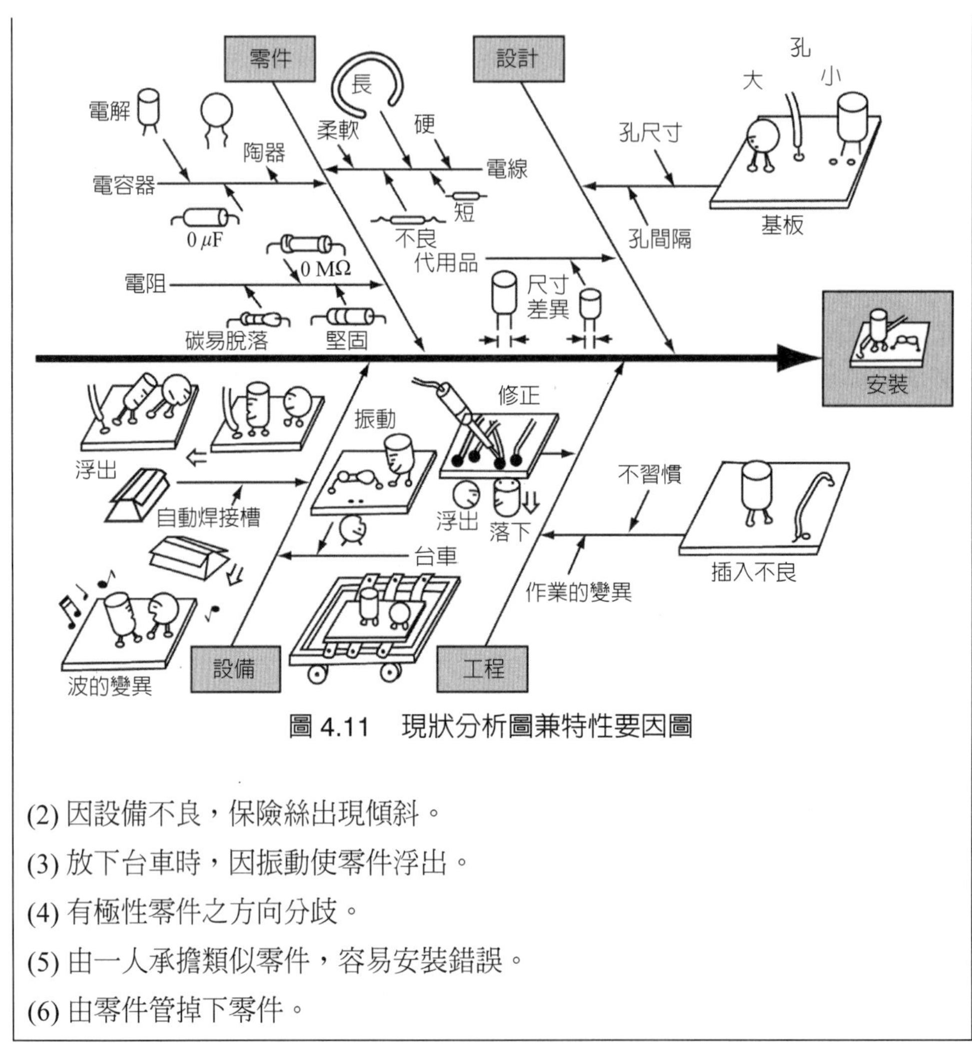

圖 4.11　現狀分析圖兼特性要因圖

(2) 因設備不良，保險絲出現傾斜。

(3) 放下台車時，因振動使零件浮出。

(4) 有極性零件之方向分歧。

(5) 由一人承擔類似零件，容易安裝錯誤。

(6) 由零件管掉下零件。

以上說明了三個實例，各位可以參考這些再下功夫，試製作出能讓人感到親切的特性要因圖。雖然有些畫蛇添足，但這些都是變形的使用方法，因之請勿太受制於它，畢竟依據前面所敘述之步驟，作成如圖 4.4 之正確特性要因圖是第一要務。

4.2 利用 EXCEL 製作特性要因圖

一、特性、大骨、箭線的製作

從插入工具列的［圖案］、［文字方塊］製作特性要因圖。

步驟 1 執行插入→圖例中的圖案→矩形。

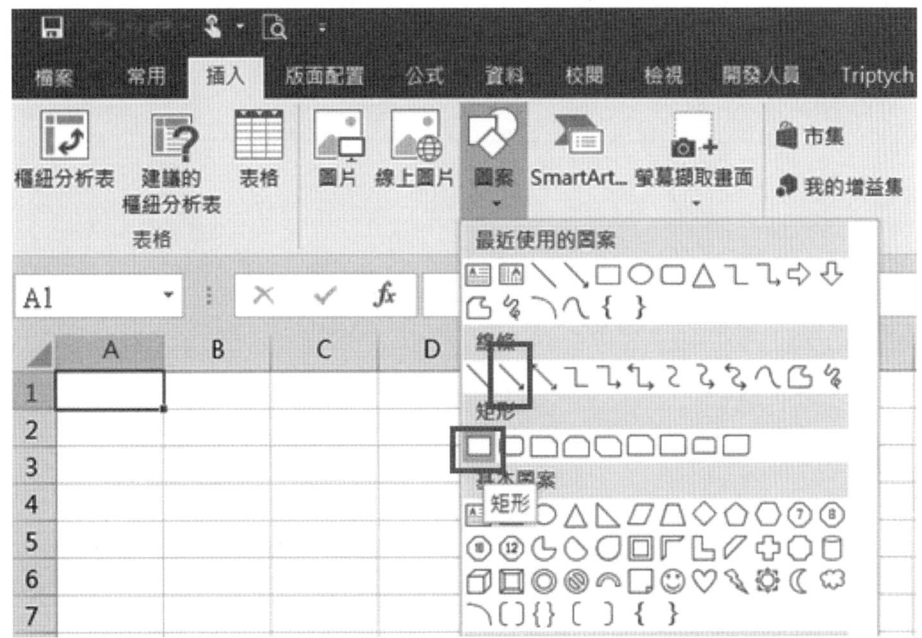

步驟 2 在表示問題（特性）的位置畫上矩形。大骨也同樣製作，執行插入→圖例中的圖案→箭線。

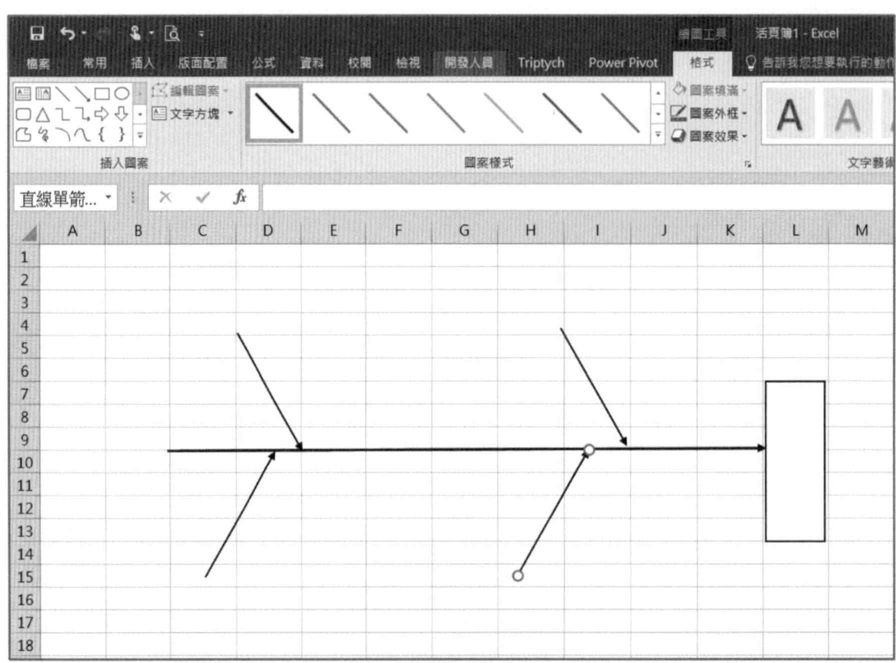

步驟 3 於做成的矩形按滑鼠右鍵再執行［編輯文字 (X)］。輸入「傳票的錯誤多」。

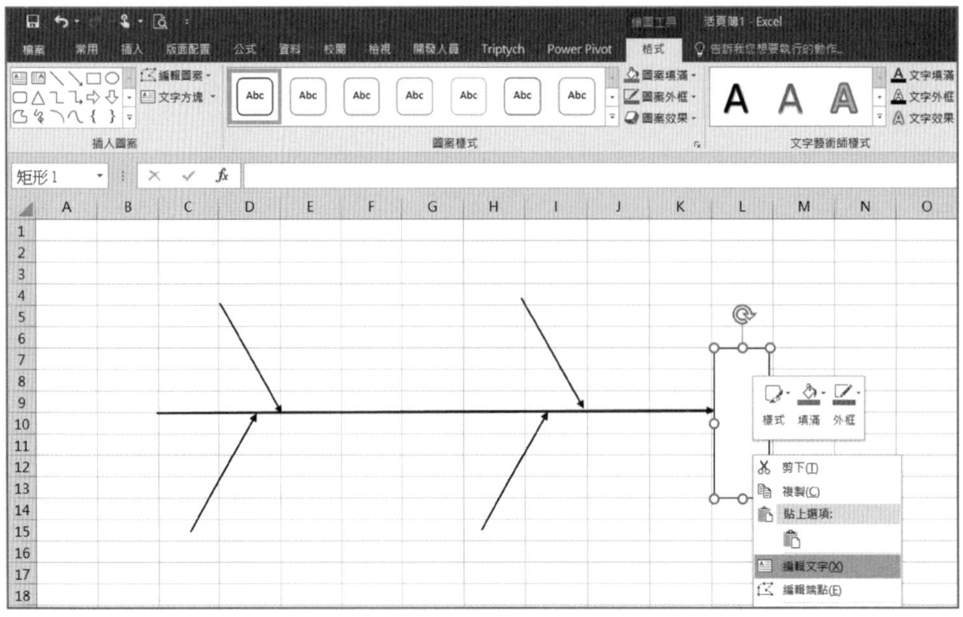

步驟 4　執行插入→圖例的圖案→箭線。繪製背骨、大骨。

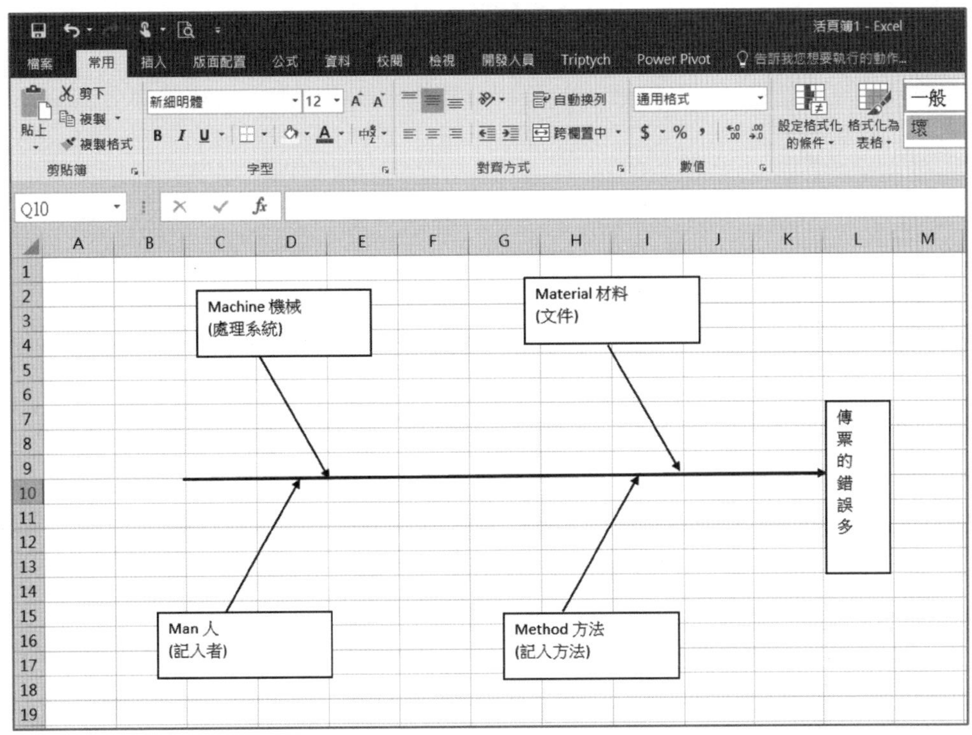

二、要因的記入

步驟 5　執行［插入］→文字群組的［文字方塊］。

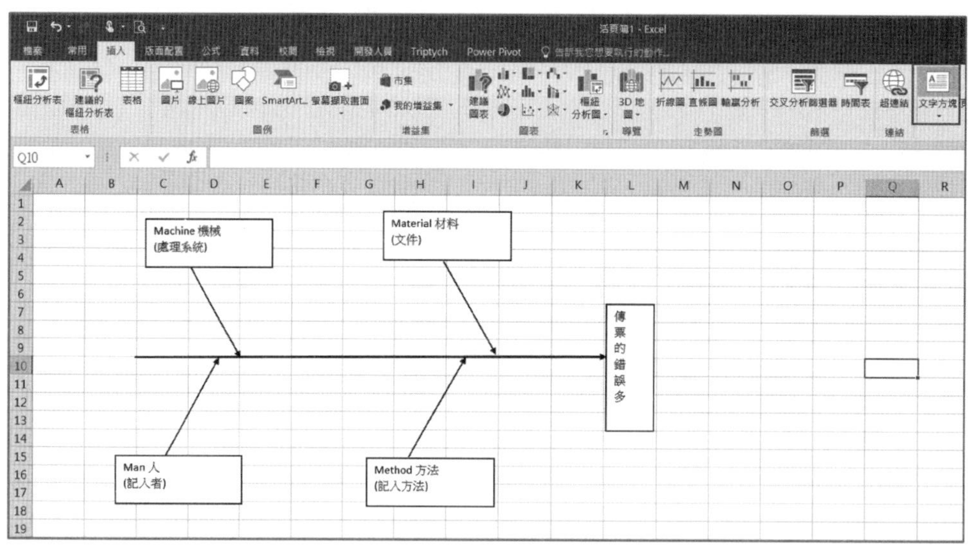

步驟 6　記入要因。於需要的位置畫出文字方塊，記入中骨、小骨到孫骨的的標記（要因標記）。在特性要因圖的所需處畫出文字方塊再記入要因。字體大小容易看即可。

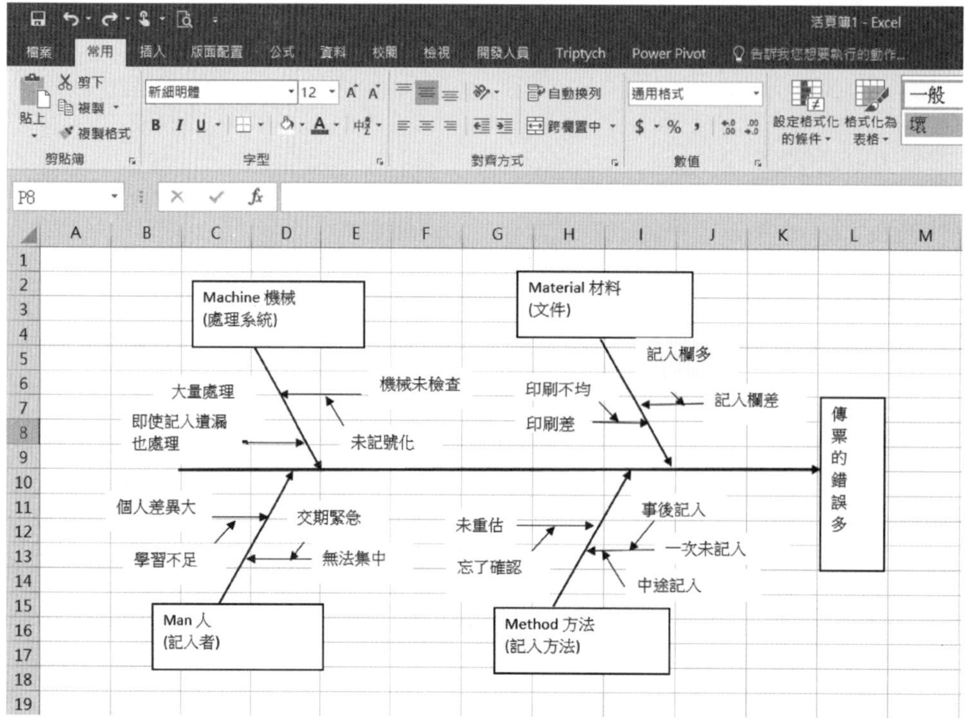

步驟 7 重要要因以圓圈圈出，執行插入→圖案→圓形，右方出現〔設定圖案格式〕，將透明度改成 60，選擇顏色後即完成特性要因圖。

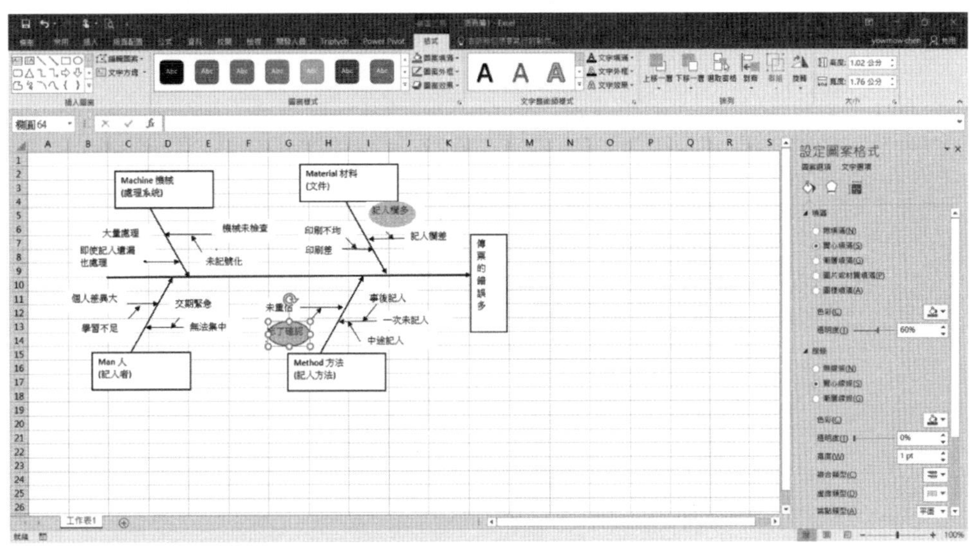

第5章 查核表

5.1 何謂查核表

爲了製作產品的不良原因別的柏拉圖，或者調查零件尺寸與規格之關係而制作直方圖，此時必須收集數據相當麻煩，並且所收集的數據的整理也相當費時，常容易誤失行動的機會。

所謂「查核表」是事先設計好的式樣，能簡單收集數據，而且數據也容易整理。使用此表，只要簡單的查核，即可收集並整理所需要的資訊。

另外，也有一個好處就是能毫無遺漏的查核「點檢、確認項目」。

1. 查核表的種類

查核表有以下幾種：

(1) 不良項目調查用查核表

(2) 不良要因調查用查核表

(3) 工程分佈調查用查核表

(4) 缺點位置調查用查核表

(5) 點檢、確認用查核表

2. 查核表的活用方法

將查核表的用途大略來分時，可分成記錄用與點檢用。

(1) 記錄用：這是爲了掌握分配的形狀，或收集何種缺點或不良項目有多少、在何處發生等數據。

(2) 點檢用：事先決定應點檢的項目，依此進行點檢確認。

3. 查核表活用的步驟

圖 5.1 是說明查核表的活用步驟，以下按步驟說明。

步驟 1　目的明確化

爲了什麼才收集呢？要查明收集數據的目的。

步驟 2　選擇查核表

查核表有步驟 2 中所述的五種。決定利用哪一種。「數據容易收集，容易整理」此爲選擇的重點。

步驟 3 製作查核表

要具體地設計查核表。於製作時要儘可能多收集現場的心聲，並且使之樣式化，以利數據的收集及整理。「誰」、「什麼」、「何時」、「何處」、「以何種方法」此五個要素，不要忘了當作項目列進去。

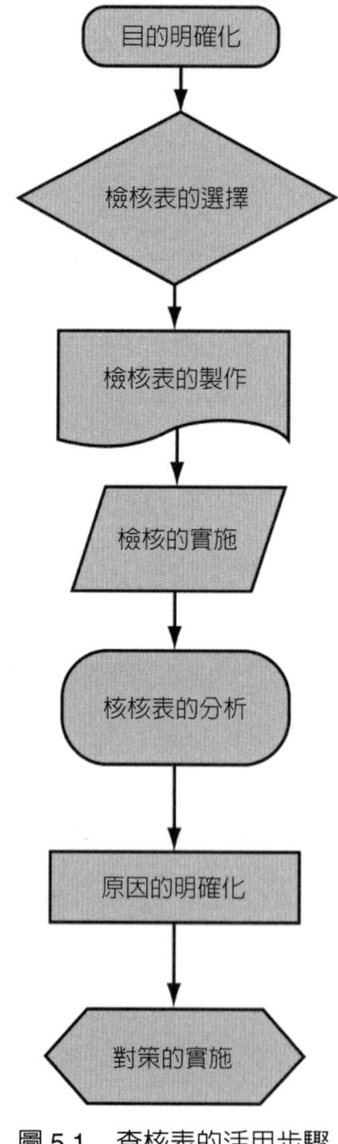

圖 5.1　查核表的活用步驟

步驟 4 檢核的實施

使用查核表，好好觀察現物。

步驟 5 查核表的分析

累計查核表進行分析。於分析時可活用 QC7 工具，亦即柏拉圖、統計圖、直方圖、管制圖及散佈圖等。

步驟 6 原因的明確化

從查核表的分析結果，找出數據所帶來的變異，或使不良或缺點發生之原因。

步驟 7 對策的實施

思考對策方案，並加以實施。就對策後的效果也可使用 QC 手法來掌握。

5.2 查核表的「活用要點」

爲了好好活用查核表，遵守以下要點非常重要。

1. 製作合乎目的的查核表

查核表雖有幾種，但應好好思考它的使用目的，譬如「什麼是問題呢？」、「想了解不良的內容嗎？」、「想調查缺點的發生部位嗎？」等，必須製作符合目的的查核表才行。

2. 儘可能簡單

「數據能簡單收集，所收集的數據能很容易掌握全體的形態」這是查核表的使命。記入複雜時，就會喪失查核表的機能，因之要整理記入項目或記入方法且能簡單檢核，避免文字或數字的塡記，最好以○、×、ˇ、卌 等記號來圈選。

3. 不斷檢討點檢項目

若項目一成不變時，查核表就無法發揮作用，因之要經常檢討點檢項目，視需要改訂非常重要。

三個月以上未變更的查核表要注意，作爲點檢項目來說，是否要追加或減少應加以檢討。基於此意，查核表要避免活版印刷或拷貝。

4. 將檢核的方式規定化

應決定「誰」、「在何時」、「何處」、「用什麼方法」來塡記記號。並且，將這些事項事先印刷在用紙之中。另外關於查核表的改廢，也要明確它的規則。

5. 點檢項目要配合作業的步驟

點檢用查核表，如能配合點檢順序排列項目時，就會很方便。

6. 要查明數據的履歷

要先製作記入欄，毫無遺漏地記入產品名、工程名、日時、測量者等所需事項。

7. 在未喪失時機下採取處置

以查核表所獲得的數據，使用柏拉圖、統計圖、管制圖、直方圖等，在適當的時機進行分析，使所獲得的資訊有助於管制、改善。

8. 數據每次收集均要檢核

疏忽檢核就有流於形式上的危險。作業結束之後才一併檢核之作法，即爲疏忽或檢核錯誤的原因。因之每次要設法正確的檢核。

以上針對查核表的活用要點加以敘述，但在各自現場中仍要下工夫才行。

此處以「向日葵圈」爲例來說明。該圈是由男性二名、女性七名所構成。該圈負責的工作是製造手錶的外殼。爲了要減少以往存在的問題即「外觀缺點」，乃就外觀缺點進行了現狀分析。

一面進行研磨作業、一面蒐集數據相當麻煩。經大家思考的結果，製作實物大的手錶模型，其中放入米糠。然後在擦傷的部位決定插入別針。以別針的圓珠顏色分成擦傷、一般瑕疵、鏡面模糊、研磨不足、折痕色澤等分類，像這樣，對於哪一部分發生較多的哪種缺點，即可獲得正確且有助益的數據，而獲得甚大的改善效果。

一、何謂不良項目調查用查核表

想減少不良時，有需要調查那種不良發生的比率有多少。以及調查占全體的比率最大的項目，然後採取處置。

所謂「不良項目調查用查核表」是事先將認爲會發生的主要不良項目記入到用紙，每當不良發生時在所屬內容的不良項目欄上以記號ˇ或 ⫻ 塡入。將此查核表利用累計即可了解那一不良項目發生的情形，進而掌握改善的線索。

一個產品有二個項目以上的不良，或二種以上的改點時，要如何查檢應事先決定好，並向查檢的人貫徹執行。

另外，爲了觀察時間上的傾向，按時間順序準備好幾張查核表，再按時間順序去檢核，或有好幾組的作業班時，可按各作業班附上查核表。

表 5.1 是不良項目調查用查核表例，這是調查汽車風扇所使用的 V 皮帶的不良項目所使用的查核表。不良項目有過粗、過細、回轉不良、山形、高壓外洩、模具、其他等 12 個項目。各批按型式、大小、式樣判定良品或不良品，再就不良品分析不良內容後記入。

這是爲了能讓製造工程與檢查工程對應的記入所設計。另外，用紙因使用能簡單拷貝的薄紙，所以製造工程檢核後取得一份拷貝，再將原紙交給檢查部門。

表 5.1　不良項目調查用檢核表

錄名：MKS　　　V 皮帶不良項目調查用　　　1 月 28 日

形式	大小	規格	脫耳		過粗		過細		回轉不良		山形		高壓外洩		有雜質		模具		卡住		破裂		折疊		其他		合計		備考
			加硫	檢查	加硫	檢查	加硫	檢查	加硫	檢查	加硫	檢查	加硫	檢查	加硫	檢查	加硫	檢查	加硫	檢查	加硫	檢查	加硫	檢查	加硫	檢查	加硫	檢查	
H	39	S																//			//// /						6	2	
H	305	GT			///	/// ///																					3	8	
H	32	G				/										/												2	
H	149	SM						/							/										/		2	1	
H	1221	S																											
M	185	S						/													////						4	1	
M	21	S					/														/						2		
M	22	S																											
M	39	GT				卌 /														卌								11	
HM	1310	G																											
HM	1450	T						//																		/		3	
HM	1321	G				/														/						/		3	
M	98	G				/																						1	
M	555	G																				//						2	
M	432	T																		/								1	
M	1038	GT			//// //	//// //												///									7	10	
K	1450	S																		/								1	
K	1370	SM				//// ////			/						/					//// /							2	15	
K	1005	G																											
N	215	S											/							//								3	
N	18	SM													/												1		
N	82	G				///																						3	
H	57	GT			/	//														/							1	3	

形式	大小	規格	脫耳		過粗		過細		回轉不良		山形		高壓外洩		有雜質		模具		卡住		破裂		折疊		其他		合計		備考
			加硫	檢查	加硫	檢查	加硫	檢查	加硫	檢查	加硫	檢查	加硫	檢查	加硫	檢查	加硫	檢查	加硫	檢查	加硫	檢查	加硫	檢查	加硫	檢查	加硫	檢查	
HM	1100	G																											
H	1030	G				/														/								2	
H	150	T																											
H	850	GT			/	//// /														/							1	7	
H	720	S														//												2	
合計			0	0	12	45	1	4	1	0	0	1	0	0	3	3	0	5	0	19	11	2	0	0	1	2	29	81	

(1) 加硫支數 20.425　(2) 不良率 0.54%

(3) 不良支數 110　(4)（加硫工廠內）發現率 26.4%

配布途徑　各線→生 2 工程→檢查

二、何謂不良原因調查用查核表

這是從不良項目調查查核表再進一步加以使用的表。將各不良項目的發生狀況按機械別、作業員別、作業方法別、材料別、時間別分層，來掌握不良發生要因時所使用者。

在某一編織物的編織工廠中，四位作業員使用兩台機械製造無縫緊身衣。在編織時因出現相當多的碎布，從成本面來看是問題所在。針對「減少緊身衣編織碎布」的主題，首先調查編織碎布的內容，經由品管圈的集眾智所做成的查核表即爲表 5.2。

由此查核表作成柏拉圖，即可了解「斷線不良最多」、「H 型機最會發生」「作業員之間有差異」「星期一的上午最會發生」等。

表 5.2　不良原因調查用查核表

---- 無縫緊身衣服編織碎布的要因調查查核表 ----

課名：緊身衣服課　期間：4 月 7 日～12 日

機械	作業者	星期一		星期二		星期三		星期四		星期五		什星期六		計	
		午前	午後	午前	午後	午前	午後	午前	午後	午前	午後	午前	午後		
H 型械	張三	○○○○○○○○ ○○○○ ××××× ●● △	○○○○ ×××× ●●	○○○○ ×× ●	○○○ ××	○ ●	○○○ × △	○○○ ×× ●● △	○○○○ × ●	○○○○○○ ○ ×	○○ × △	○○○○○○ ○ ××× ● △	○○○○○○ × ● △ □	93	148
	李四	○○○○○○ ××	○○ ×	○○	○○○○	○ × △	○	○○○○	○○○○ × ●	○○ ×× ● △	○○○ ××× ● △ □	○○○ ××× ●	○○○○○	55	
K 型機	王五	○○○○○ × △	○○○ × ● △	○○○	●	× □	○○	○○○○ ×	○○ ●	○○	○○	○	○	35	98
	陸六	○○○○○○○○ ○○○ × ●●●	○○○○○ ×× ●	○○ ××	○ ×× ● △	○	○○ × △	○○ ×	○ □	○ × ● △	○○ × ● △△△	○○ × △△	○○ × ● △△	63	
計		46	25	16	15	8	12	20	17	18	21	26	22	246	
		71		31		20		37		39		48			

記號：○斷線　× 打結　●線不對　△針斷　□其他

三、何謂工程分配調查用查核表

在產品的尺寸或重量等成爲管理項目的工程中，有需要知道「分配的形狀」、「平均值或變異數的情形」、「與規格之關係如何」。並且，在解析要因時，按作業員別、材料別等分層，以便調查「這些之間是否有差異」之情形也有。而用於此種情形的最方便表即爲此查核表。

所謂工程分配調查用查核表，乃是所測量的數據不需逐一地以數值記入，而是事先將特性值區分，每當得到數據時就以 /、//、///、卌 之記號填入，測量結束時即可得出直方圖。此例說明於表 5.3 中。

課長	組長	班長
陸六	王五	李四

表 5.3　工程分配調查用查核表

工程分配調查查核表

品名：AH 部品内徑尺寸　　課　名：生產 3 課　　日期：6 月 10 日（全）

規格：±0.05　　測定者：張三

No.	尺寸	次數的檢核																計
		5	10	15	20	25	30	35	40	45	50	55	60	65	70	75	80	
1	–0.07																	
2	–0.06																	
3	–0.05																	
4	–0.04	////																4
5	–0.03	卌	//															7
6	–0.02	卌	卌	卌														15
7	–0.01	卌	卌	卌	卌	卌	卌	卌	//									37
8	±0	卌	卌	卌	卌	卌	卌	卌	卌	卌								45
9	+0.01	卌	卌	卌	卌	卌	卌	卌	卌	卌	////							49
10	+0.02	卌	卌	卌	卌	卌	卌	/										31
11	+0.03	卌	卌	/														11
12	+0.04	/																1
13	+0.05																	
14	+0.06																	
15	+0.07																	
記事		總生產數 14,379 個															合計	200

四、何謂缺點位置調查用查核表

一般是備妥產品的草圖，在此草圖上查檢缺點的位置，按缺點的種類別，一眼即可了解其位置。因此，在要因分析時，著眼缺點的發生場所，爲何該處缺點會如此集中呢？藉著追根究柢即可查明其原因。

表 5.4 是就乘車用的塗裝不良所進行的調查。由此知缺點項目之中色差占第一位，缺點大多發生在側面部，特別是車門的地方發生最多。

表 5.4　缺點位置調查用查核表

缺點位置調查用查核表		調查期間：7 月 1 日～7 月 15 日	
車種：AL23	檢查部位：H 點	調查目的：塗裝不良	
工程：B 線	檢查者：張三	調查台數：2139 台	合格章：李二

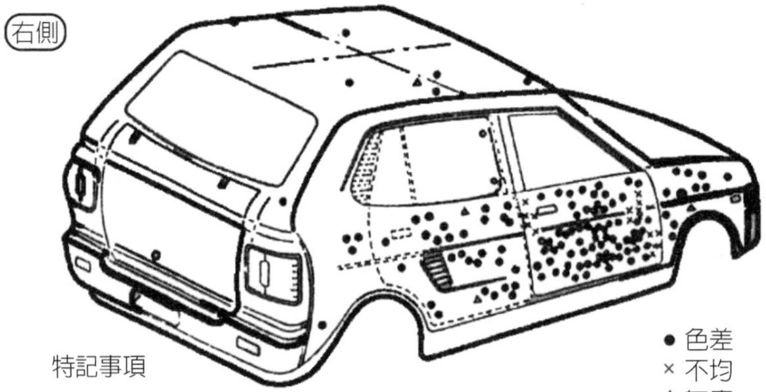

特記事項

(1) 7 月 10 日　塗裝線清掃
(2) 7 月 13 日　壓縮機故障

五、何謂點檢、確認用查核表

這是爲了毫無遺漏地查核「點檢、確認項目」所使用的表，事先將應點檢的項目全部記入到用紙上，每當點檢項目時即加以使用之查核表。

1. 點檢汽車的作業所用之查核表

在汽車的交通事故所發生之原因中，因車子的維護不良或故障造成者出乎意外的多。爲了防止每日一次事故，在開車前進行作業點檢，早期發現車子異常的徵候或輕微的故障是有需要的。談到作業點檢，點檢項目也多，點檢有遺漏就會出現差錯。表 5.5 是汽車作業點檢的查核表。以粗字表示重要項目，一張可使用 10 次。

2. 點檢現場的問題所用之查核表

發現現場中的問題點有幾種方法，而事先準備好查核表對此一面自問自答，一面加上記號也是一種方法。此方法因已將問題點列出，所以可以避免疏忽真正的問題點。

表 5.5　點檢、確認用查核表

作定點檢表

良好：V
不良：×
尚經得起使用：△

點檢內容		9/5	9/6	9/8	9/9	/	/	/	/	/	/
1 的點檢	冷卻水的量與遺漏	V		V	V						
	風扇皮帶的損傷與打撓	V		V	V						
	引擎機油的量與污濁	V		V	V						
	二次細線的接線	V		V	V						
	煞車油的量	V		V	V						
	電瓶次的量與端點的連接	V		V	V						
2 的點檢	輪胎的氣壓與摩損	V		V	×						
	避震器的損傷	V	V	V	V						
	下部的次、油漏洩	V	V	V	V						
3 的點檢	工具數的有無	V	V	V	V						
	備胎的氣壓	V		V	V						
4 的檢點	引擎的起動情形	V		V	V						
	方向盤的操縱情形	V		V	V						
	煞車的靈敏情形	V	V	V	V						
	手煞車的鬆緊	V	V	V	V						
	手煞車的作用	V	V	V	V						
	離合器的變速情形	△	△	△	△						
	方向指示器的作用	V		V	V						
	警告器	V	V	V	V						
	後視鏡的青晰度	V	V	V	V						
	門鎖的正常性	V	V	V	V						
	門鎖正常	V		V	V						
	緊急信號用具之有無	V		V	V						
	駕駛證、車輛檢查證	V		V	V						

	點檢內容	9/5	9/6	9/8	9/9	/	/	/	/	/	/
5的點檢	各燈光的污損與點燈情形	V	V	V	V						
	臨時標籤的污損	V	V	V	V						
	反射器的污損	V	V	V	V						
	排氣的顏色	V	V	V	V						
走行中	各計器的作用	V	V	V							
	方向盤的振動、重量	V	V	V							
	煞車的靈敏度	V	V	V							
	加速器的起動	V	V	V							

常說「工作上如出現不合理就會出現不勻，不勻一出現就會出現浪費」，關於此不合理、不勻、浪費的查核表，即爲表 4.6(a)。另外，有關「現場 4M」所做成之查核表，即爲表 4.6(b)。

六、點檢、確認用查核表

1. 現場的 3 不

	項目	檢查
(1)不合理	·人員有不合理嗎？ ·技能有不合理嗎？ ·方法有不合理嗎？ ·時間有不合理嗎 ·設備有不合理嗎？ ·治工具有不合理嗎？ ·資材有不合理嗎？ ·生產量有不合理嗎？ ·庫存量有不合理嗎？ ·場所有不合理嗎？ ·想法有不合理嗎？	
(2)不均勻	·人員有不均勻嗎？ ·技能有不均勻嗎？ ·方法有不均勻嗎？ ·時間有不均勻嗎？ ·設備有不均勻嗎？ ·治工具有不均勻嗎？ ·資材有不均勻嗎？	

2. 現場的 4M

	項目	檢查
(1)作業者	·遵守標準嗎？ ·作業效率好嗎？ ·有問題意識嗎？ ·責任感旺盛嗎？ ·技能足夠嗎？ ·經驗足夠嗎？ ·配置適切嗎？ ·有提高意願嗎？ ·人際關係好嗎？ ·健康狀態好嗎？	
(2)設備、治工具	·生產能力夠嗎？ ·工程能力夠嗎？ ·添油適切嗎？ ·點檢充分嗎？ ·有無故障停止嗎？ ·精度不足嗎？ ·有異常音出現嗎？ ·配適適切嗎？	

項目		檢查
	・生產量有不均勻嗎？ ・庫存量有不均勻嗎？ ・場所有不均勻嗎？ ・想法有不均勻嗎？	
(3)不充足	・人員有不充足嗎？ ・技能有不充足嗎？ ・方法有不充足嗎？ ・時間有不充足嗎？ ・設備有不充足嗎？ ・治工具有不充足嗎？ ・資材有不充足嗎？ ・生產量有不充足嗎？ ・庫存量有不充足嗎 ・場所有不充足嗎？ ・想法有不充足嗎？	

項目		檢查
	・配置足夠嗎？ ・數量足夠嗎？ ・整理、整頓了嗎？	
(3)原材料	・數量有差異嗎？ ・等級有差異嗎？ ・品牌有差異嗎？ ・有異材混入嗎？ ・庫存量適切嗎 ・浪費使用嗎？ ・處理良好嗎？ ・在製品已放妥嗎？ ・配置好嗎？ ・品質水準好嗎？	
(4)方法	・作業標準的內容好嗎？ ・作業標準已改訂否？ ・能安全的執行嗎？ ・能作出好產品的方法嗎？ ・有效率的方法嗎？ ・順序適切嗎？ ・準備良好嗎？ ・溫度、濕度適切嗎？ ・照明、通風良好嗎？ ・前後工程的連結好嗎？	

七、品管圈活動的自我評價查核表

以 QCC 的自主性、自發性活動的一環來說，自己查檢自己的活動，轉動計畫、實施、檢討、處置的循環是非常重要的。在表 4.7 中利用填上○記號，即可以點數來掌握，可以客觀的進行評價，有助於對今後的活動訂出方向來。

表 5.7　點檢、確認用查核表

QCC 活動自我查核表（例）

<table>
<tr><th>評價項目</th><th colspan="3">評價要素</th><th>評點</th></tr>
<tr><td>1. 主題的選定
（20 點）</td><td colspan="3">(1) 所有圈員充分檢討了嗎
(2) 已充分掌握主題的背景、問題嗎
(3) 效果的程度大嗎</td><td>20
10
0</td></tr>
<tr><td>2. 動員數
（20 點）</td><td colspan="3">(1) 圈員協力參加嗎
(2) 每次需要時間順利地向有關部署請求協助嗎
(3) 有關部署積極協助嗎</td><td>20
10
0</td></tr>
<tr><td rowspan="6">3. 進行方法的適切性
（40 點）</td><th>評價項目</th><th>評價要素</th><th></th><td rowspan="6">40
30
0
10
0</td></tr>
<tr><td>(1) 活動目標之達成
（10 點）</td><td>(1) 能充分達成當初的目標嗎
(2) 目標的設定方法適切嗎</td><td>10
5
0</td></tr>
<tr><td>(2) 解析
（10 點）</td><td>(1) 充分掌握過去的數據嗎
(2) 解析的作法有深入探討嗎
(3) 充分活用 QC 手法嗎</td><td>10
5
0</td></tr>
<tr><td>(3) QC 活動
（5 點）</td><td>(1) 團隊合作良好嗎
(2) 獲得積極的協助嗎</td><td>5
3
0</td></tr>
<tr><td>(4) 確認
（5 點）</td><td>(1) 結果的確認全部進行了嗎
(2) 確認之同時明確地掌握問題點了嗎</td><td>5
3
0</td></tr>
<tr><td>(5) 標準化
（10 點）</td><td>在管制的落實上需要的工作全部進行嗎</td><td>10
5
0</td></tr>
<tr><td>4. 管制手法的利用度
（10 點）</td><td colspan="3">(1) 在各步驟中使用適切的手法進行解析嗎
(2) 充分活用 QC、IE 等手法嗎
(3) 使用了有特色的手法嗎</td><td>10
5
0</td></tr>
<tr><td>5. 上司的滿意度
（10 點）</td><td colspan="3">(1) 上司充分認同效果嗎
(2) 認同品管圈活動的內容充分嗎
(3) 圈長對圈的著手方式滿意嗎</td><td>10
5
0</td></tr>
</table>

5.3 利用 EXCEL 製作查核表

要製作交叉累計（縱軸與橫軸配置累計項目），可以製作矩陣資料型式（在行與列配置資料的表），活用 EXCEL 的樞紐分析表（製作交叉累計的功能）。

以樞紐分析表製作交叉累計的步驟如下。

步驟 1 製作資料表。資料不管是數值或是字串都行。[ID] 的資料不要當作 01,02,... 當作字串像是 A01,A02,...。

步驟 2　執行［插入］→表格中的［樞紐分析表 (T)］。

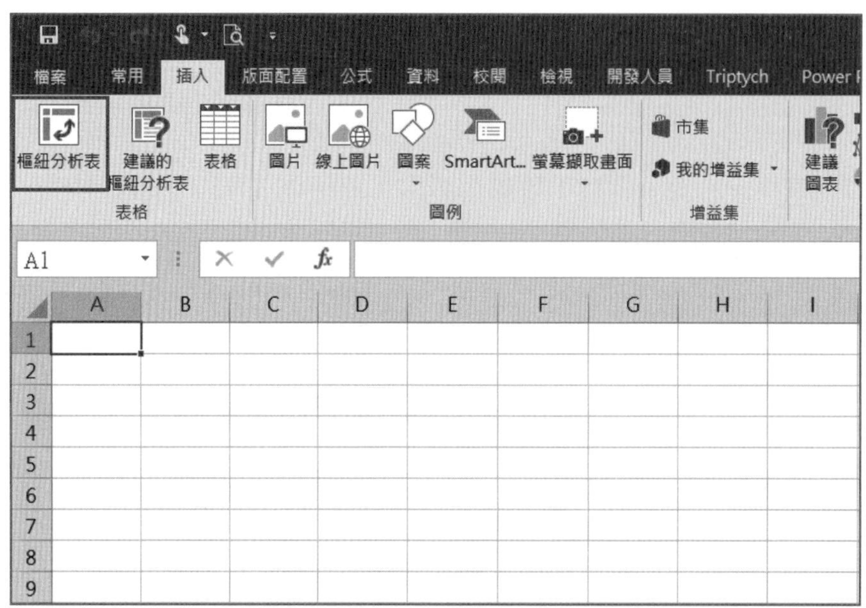

步驟 3　在建立樞紐分析表的對話框中設定以下的①②，然後按 確定 。

① 點選［選取表格或範圍 (S)］，於［表格或範圍 (T)］中框選 [B3:F13]。

② 點選［已經存在的工作表 (E)］，於［位置 (L)］中選擇 [C16]。

其次，設計要輸出的交叉累計的布置。

步驟 4　將樞紐分析表欄位中的 ID 拖移到 Σ 值的欄位中。

步驟 5　將樞紐分析表欄位中的運動拖移到列。

步驟 6　將樞紐分析表欄位中的乳酪拖移到欄。

步驟 7　按一下樞紐分析表欄位旁的 ×。

完成交叉累計表。此處顯示出運動與嗜好的交叉累計。

第6章 柏拉圖

6.1 柏拉圖的概要

一、何謂柏拉圖

當有數個問題時，從重要的問題去解決的態度，或導致問題的原因有數個時，從對問題的影響度高的原因去採取對策之態度，稱爲重點導向。柏拉圖是實踐此重點導向甚有助益的圖形。

義大利的經濟學者柏拉特（V. Pareto），發表了如下有關所謂得分配之法則。

設 x 表所得額，y 表所得在 x 以上的累積人數時，則成立如下之關係。

$$y = Ax^{-x}$$

此式意指所得爲 x 的人數，比所得低於 x 的人數還少，此說明所得的分配偏向於低所得層。

另一方面，美國的經濟學者羅倫茲（M.O. Lorenz）以稱爲羅倫茲曲線的圖形說明所得分配的不均勻度。此圖形的橫軸是依所得額的高低順序排列後的人數取其累積比率，縱軸是取所得額的累積比率。發現全體的所得額的比率，太多由少數的高所得者所占有。

將此種柏拉特的思想與羅倫茲的圖法由美國的經營顧問裘蘭（Juran）博士引進到品質管理的領域，即爲柏拉圖的肇始。

（註）柏拉圖的正式名稱應為柏拉特圖，但因品管界中有前人誤用，以至今日習以為常了。

柏拉圖是組合直條圖與折線圖的複合圖形。以直條圖表示絕對數（譬如，不良品的個數或事故的件數），以折線圖表示各項目占總體的多少 %（累積比率）。對應直條圖的軸刻度，即爲左側的縱軸，對應折線圖的軸刻度，即爲右側的縱軸。

二、柏拉圖例

某產品的不良是問題所在，決定著手其降低活動。調查不良內容之後，有外觀不良、割傷不良、碎片不良、動作不良、特性不良等 5 個不良。此時，考慮進行如下的累計作業。

1. 累計各不良數，依其數的大小順序排列。
2. 計算各不良占全體不良的多少 %。

由上述的 1，可以發現哪一個不良較多。並且，由 2，如將某一個不良項目變成 0 時，它可讓全體的不良減少多少 %，即可發現。

柏拉圖示以圖形表現①與②的結果。柏拉圖的實例如下所示。

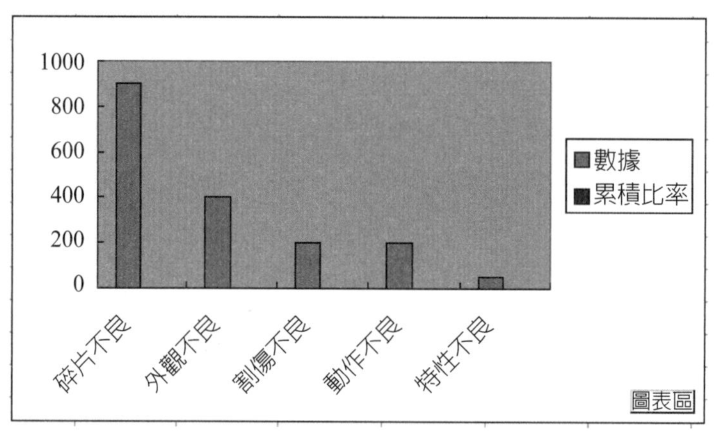

三、柏拉圖的看法

如觀察以上的柏拉圖時，知碎片不良最多，占全體不良的 50% 以上。並且，第 2 多的是外觀不良，與第 1 的碎片不良合計，知近乎占全體的 80% 以上。因此，以有效率地減少此產品的不良的活動方針來說，是只要著眼於碎片不良呢？或是著眼於碎片不良與外觀不良呢？即可導出思考對策之結論。

一般來說，一面觀察

1. 占全體的 70～80% 之項目
2. 上位 1～3 位的項目

一面去鎖定可以看成是重要的項目。

6.2 柏拉圖的操作

一、柏拉圖的製作步驟

柏拉圖的一般製作步驟如以下所示。

步驟 1 資料的收集與累計。

收集資料，按項目別累計。

不良內容	數據
外觀不良	400
割傷不良	200
碎片不良	900
動作不良	200
特性不良	50

步驟 2 資料的重排

將資料按值的大小順序重排。

不良內容	數據
碎片不良	900
外觀不良	400
動作不良	200
割傷不良	200
特性不良	50

步驟 3 求出合計

求出所有數據的合計。

不良內容	數據
碎片不良	900
外觀不良	400
動作不良	200
割傷不良	200
特性不良	50
合計	1750

步驟 4 求出累積數

從第 1 位的項目依序相加，求出累積數。

不良內容	數據	累積數
碎片不良	900	→ 900
外觀不良	400	900+400=1300
動作不良	200	1300+200=1500
割傷不良	200	1500+200=1700
特性不良	50	1700+50 =1750
合計		

步驟 5　求出累積比率

針對全體的合計求出累積數的比率。

不良內容	數據	累積數	
碎片不良	900	900	900÷1750=0.5143
外觀不良	400	1300	1300÷1750=0.7429
動作不良	200	1500	1500÷1750=0.8571
割傷不良	200	1700	1700÷1750=0.9714
特性不良	50	1750	1750÷1750=1.0000
合計			

步驟 6　圖形的製作

以直條圖表示資料的數值，以折線圖表示累積比率。

對應直條圖的軸刻度取在左側的縱軸。

對應折線圖的軸刻度取在右側的縱軸上。

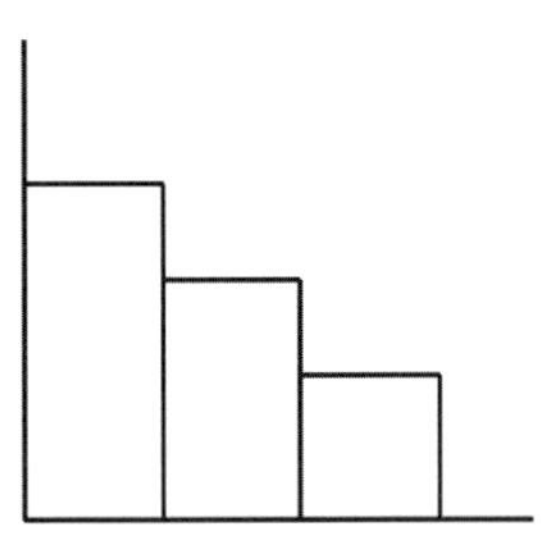

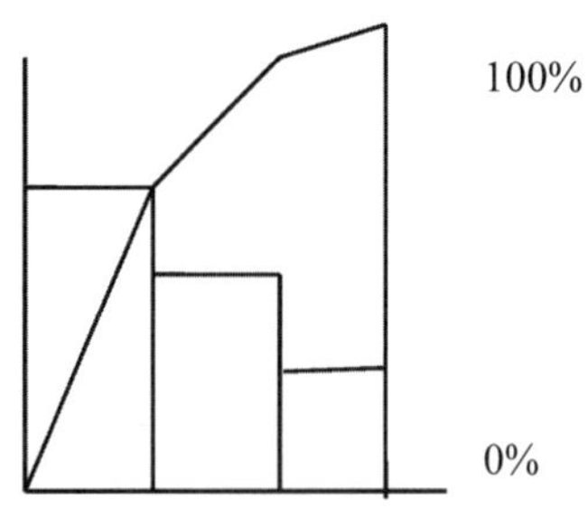

6.3 柏拉圖的實際

一、柏拉圖的製作

例題 6-1　試以柏拉圖表示如下的資料。

不良內容	不良品數
外觀不良	400
割傷不良	200
碎片不良	900
動作不良	200
特性不良	50

■ 利用 EXCEL 製作柏拉圖

介紹使用 EXCEL 製作柏拉圖的步驟。

步驟 1 資料的輸入

從儲存格 A1 到 B6 輸入資料。

	A	B
1	不良內容	數據
2	外觀不良	400
3	割傷不良	200
4	碎片不良	900
5	動作不良	200
6	特性不良	50

步驟 2 資料的排序

(1) 從 A1 拖移到 B6。

	A	B
1	不良內容	數據
2	外觀不良	400
3	割傷不良	200
4	碎片不良	900
5	動作不良	200
6	特性不良	50

(2) 從清單選擇【常用】→【排序與篩選】→【自訂排序】

出現如下的對話框，【排序方式】選擇【數據】，【排序方式】選擇【值】，順序選擇【最大到最小】。

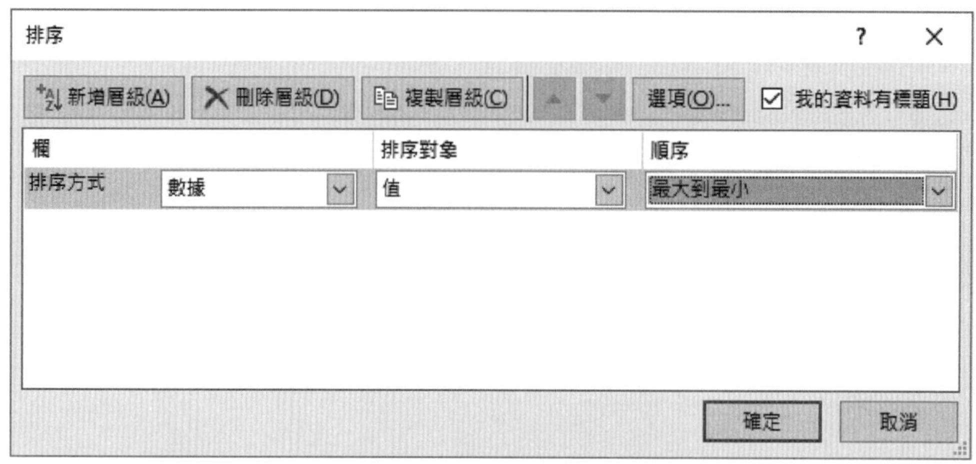

按一下 確定 。資料即可重排，變成如下。

	A	B
1	不良內容	數據
2	碎片不良	900
3	外觀不良	400
4	割傷不良	200
5	動作不良	200
6	特性不良	50

步驟 3　計算累積比率

於儲存格 B7 求出合計值。

從儲存格 C2 到 C6 求出累積比率。

	A	B	C	D
1	不良內容	數據	累積比率	
2	碎片不良	900	0.514286	
3	外觀不良	400	0.742857	
4	割傷不良	200	0.857143	
5	動作不良	200	0.971429	
6	特性不良	50	1	
7		1750		

【儲存格的內容】

B7;=SUM(B2:B6)

C2;=SUM($B$2:B2)/$B$7（從 C3 到 C6 複製 C2）

步驟 4 圖形的製作

(1) 從儲存格 A1 拖移至 C6

(2) 插入→圖表→建議圖表

(3) 出現【群組直條圖】。

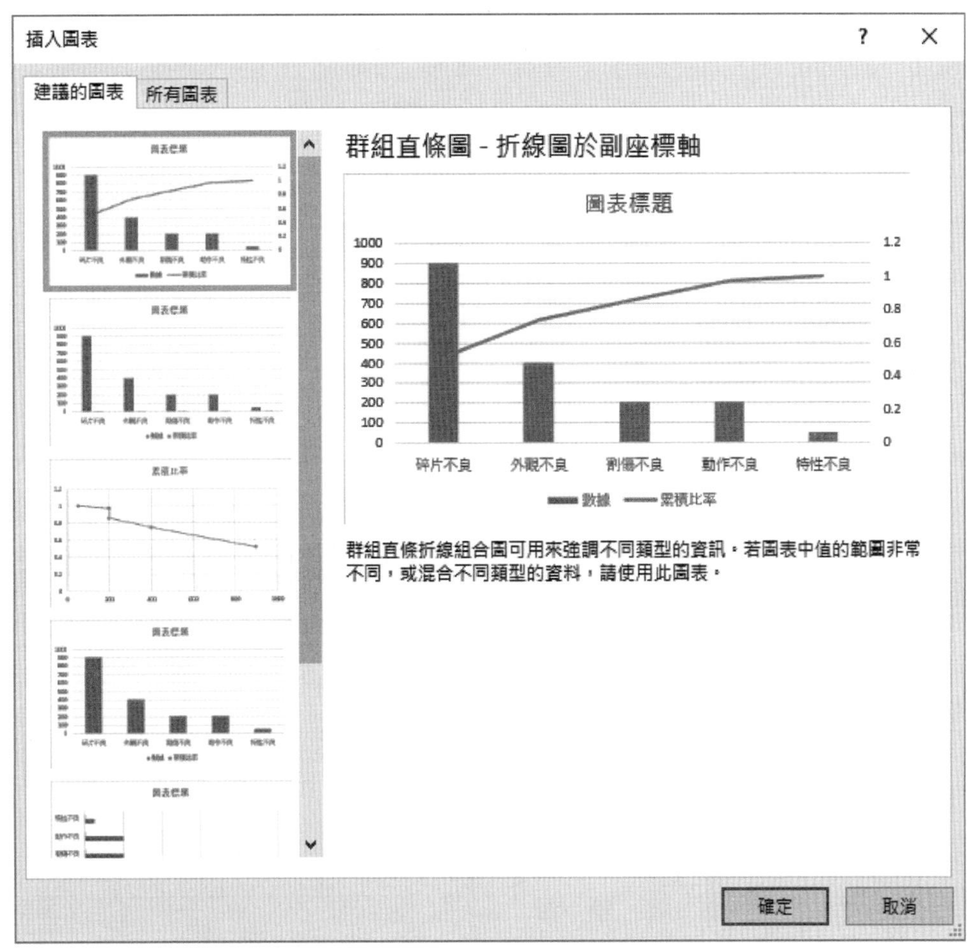

(4) 按一下 確定，即可做出如下的圖形。

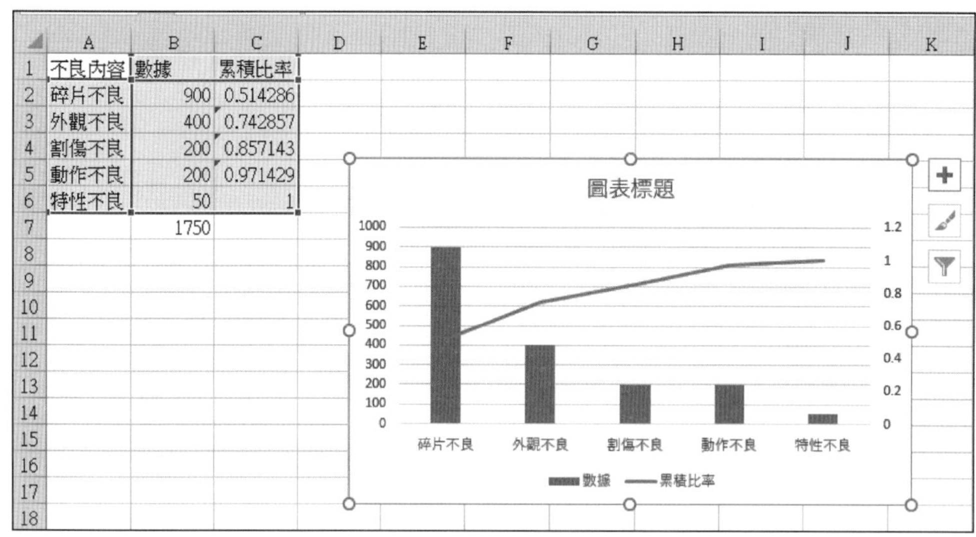

步驟 5　圖形的修正

修正所作成的直條之間隔與刻度，修飾柏拉圖。

(1) 修正直條的間隔

右鍵按一下所做成之圖形中的任意直條。

出現［資料數列格式］對話框。

此處，將【類別間距】當成 0。

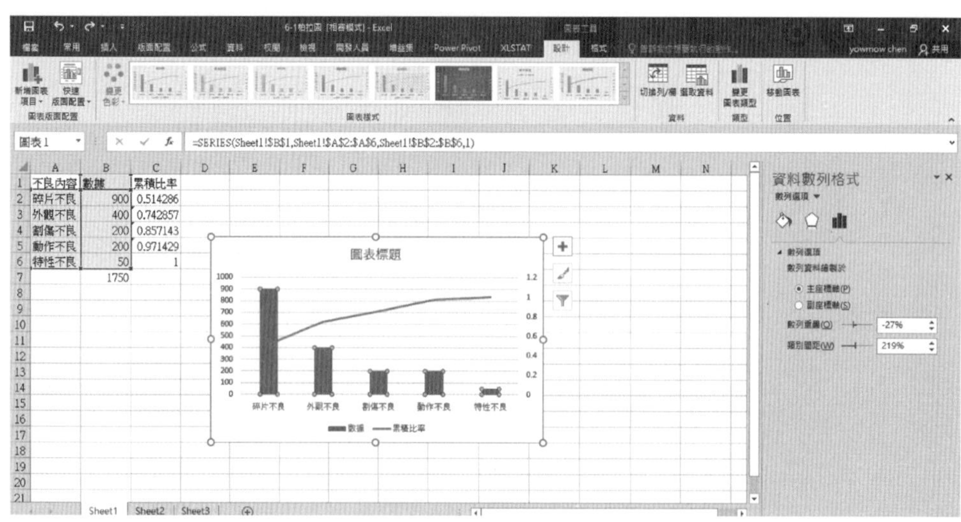

按一下 確定 。

(2) 修正左側縱軸的刻度

按兩下左側縱軸的任意數值，出現【座標軸格式】的對話框。

選擇【座標軸選項】。

此處【最小值】當成 0，【最大值】當成資料的合計值 1750。

(3) 修正右側縱軸的刻度

按兩下右側縱軸的任意數值，出現【座標軸格式】設定對話框。

選擇【座標軸選項】。

此處【最小值】當成 0，【最大值】當成 1。

另外，如將顯示形式改成 % 時會變得容易看。

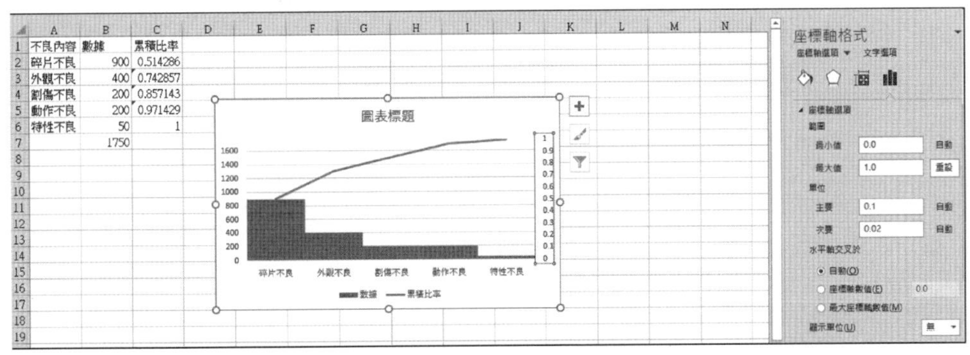

不良內容	數據	累積比率
碎片不良	900	0.514286
外觀不良	400	0.742857
割傷不良	200	0.857143
動作不良	200	0.971429
特性不良	50	1
	1750	

按照這樣，即可做出如下的柏拉圖。

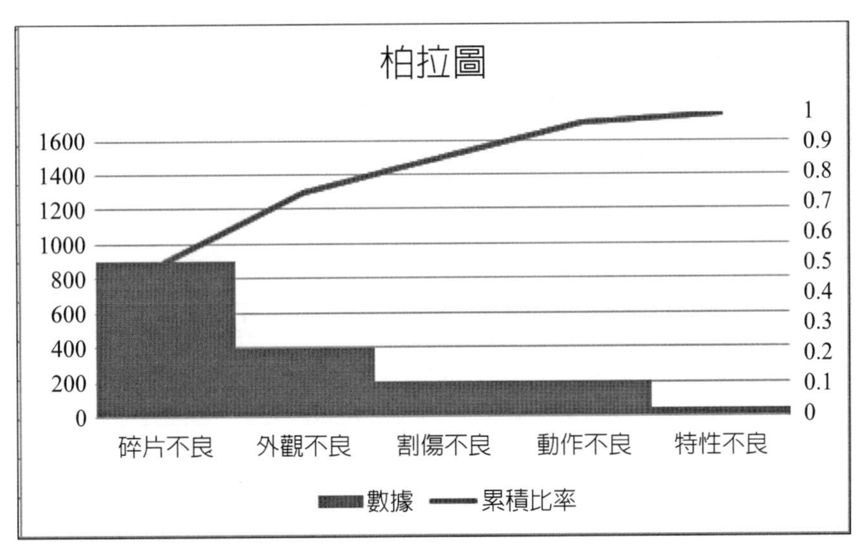

二、利用其他方法製作柏拉圖

■ 正式柏拉圖的製作方法

介紹讓柏拉圖中的折線的各點對應直條的右上角之方法。

步驟 1　資料的輸入（與 2-1 節的步驟 1 同）

步驟 2　資料的重排（與 2-1 節的步驟 2 同）

步驟 3　累積比率之計算（與 2-1 節的步驟 3 同）

步驟 4　累積比率再輸入

將 C 行的累積比率於 D 行中挪下一格輸入。並且，儲存格 D2 輸入 0。

	A	B	C	D
1	不良內容	數據	累積比率	累積比率
2	碎片不良	900	0.514286	0
3	外觀不良	400	0.742857	0.514286
4	割傷不良	200	0.857143	0.742857
5	動作不良	200	0.971429	0.857143
6	特性不良	50	1	0.971429
7		1750		1

【儲存格的內容】

D2;0

D3;=C2（從 D3 到 D7 複製 D2）

步驟 5　圖形的製作

(1) 從儲存格 A1 拖曳到 B6。並且，一面按 Ctrl 鍵，一面從 D1 拖曳到 D7。

	A	B	C	D
1	不良內容	數據	累積比率	累積比率
2	碎片不良	900	0.514286	0
3	外觀不良	400	0.742857	0.514286
4	割傷不良	200	0.857143	0.742857
5	動作不良	200	0.971429	0.857143
6	特性不良	50	1	0.971429
7		1750		1

(2) 插入→圖案→平面直條圖，按確定，出現如下圖形。

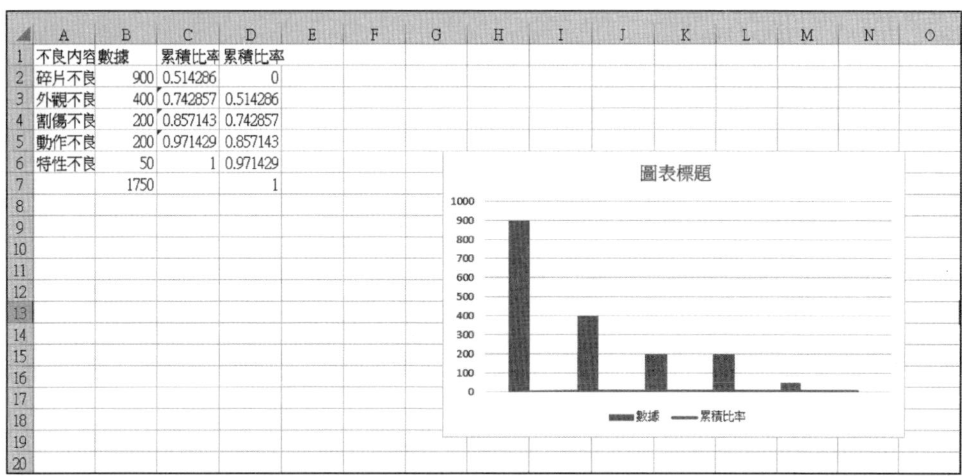

	A	B	C	D
1	不良內容	數據	累積比率	累積比率
2	碎片不良	900	0.514286	0
3	外觀不良	400	0.742857	0.514286
4	割傷不良	200	0.857143	0.742857
5	動作不良	200	0.971429	0.857143
6	特性不良	50	1	0.971429
7		1750		1

(3) 點一下下方的紅線，出現資料數列格式。

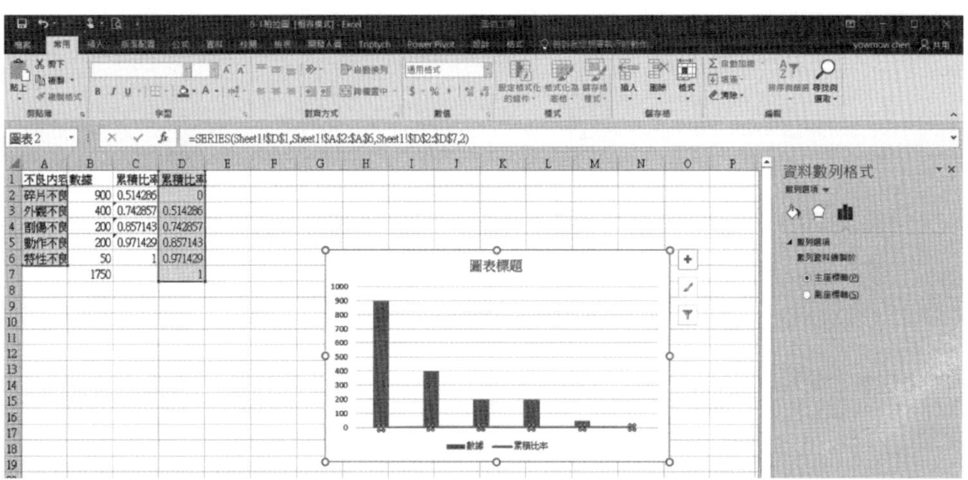

(4) 於數列選項中勾選［副座標軸］。出現含有紅色累計曲線的直條圖。

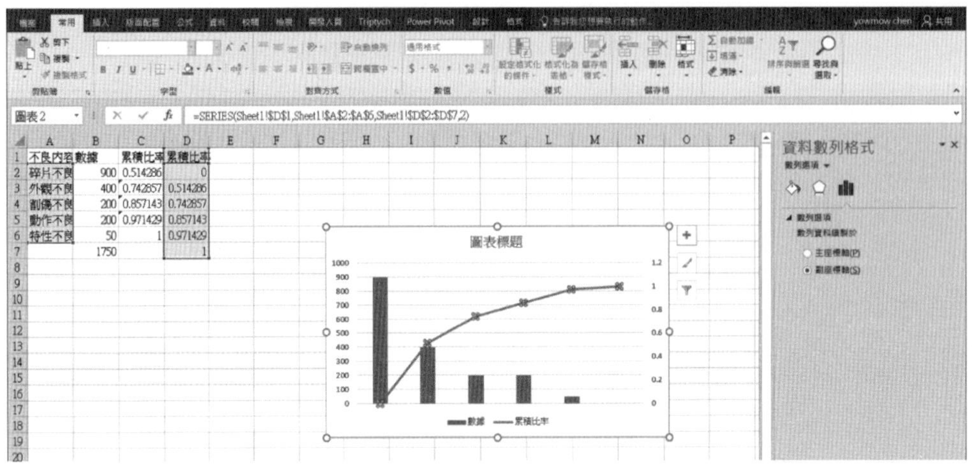

(5) 點選圖中任一直條，出現［資料書列格式］。將［類別間距］改成 0。

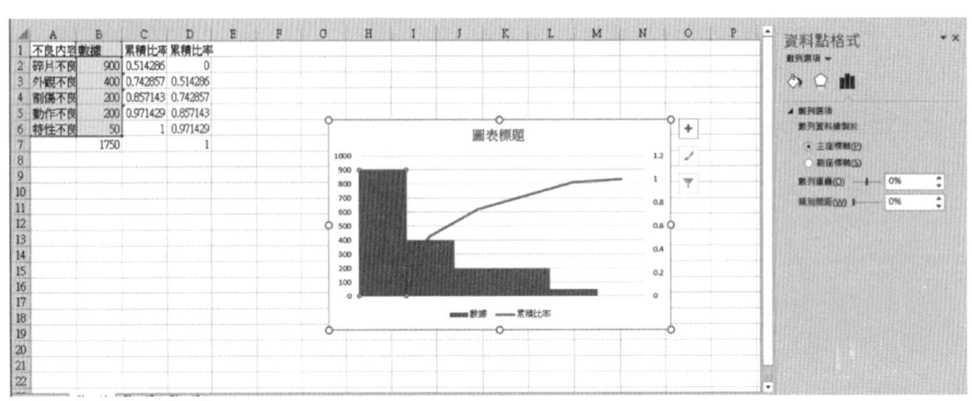

(6) 或於步驟 5 的 (2)，隨處於圖中按一下，出現圖表工具，選擇［變更圖表類型］，於所有圖表中選擇組合式，數據選擇［群組直條圖］，累積比率選擇［折線圖］。

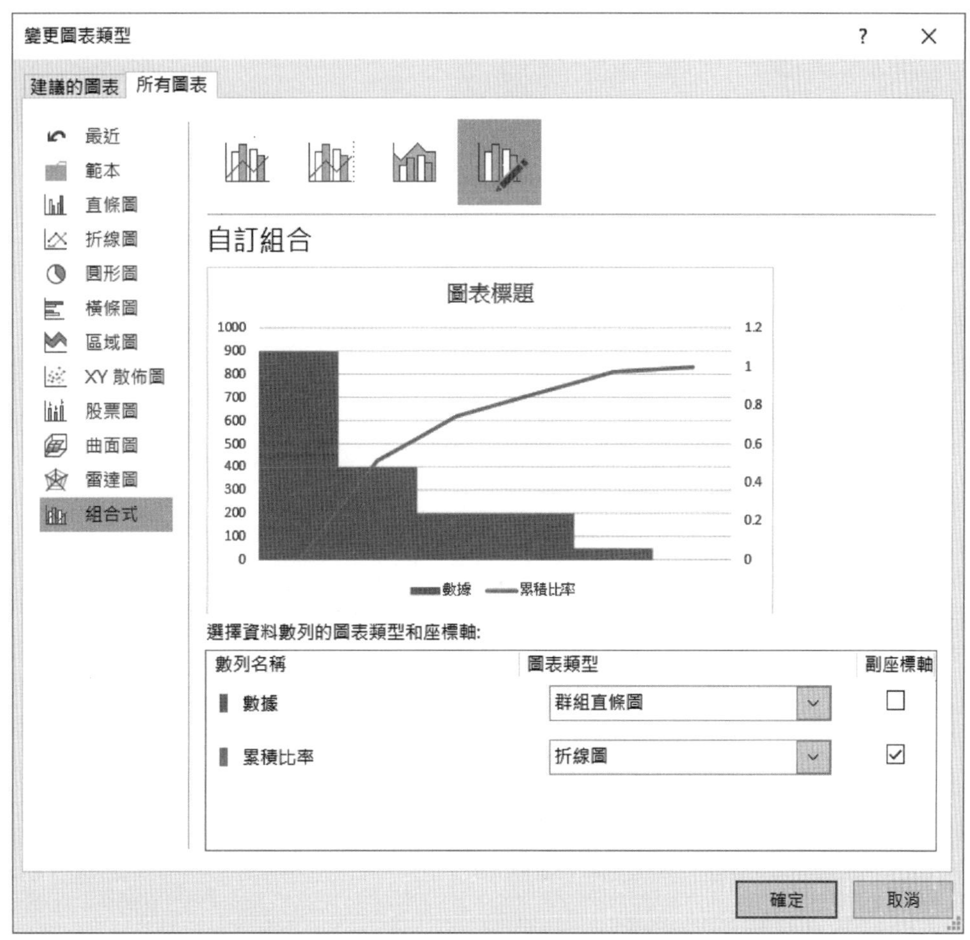

步驟 6　圖形的修正

(1) 修正左方座標。點兩下左方座標，出現座標軸格式，將最大值改成 1750。

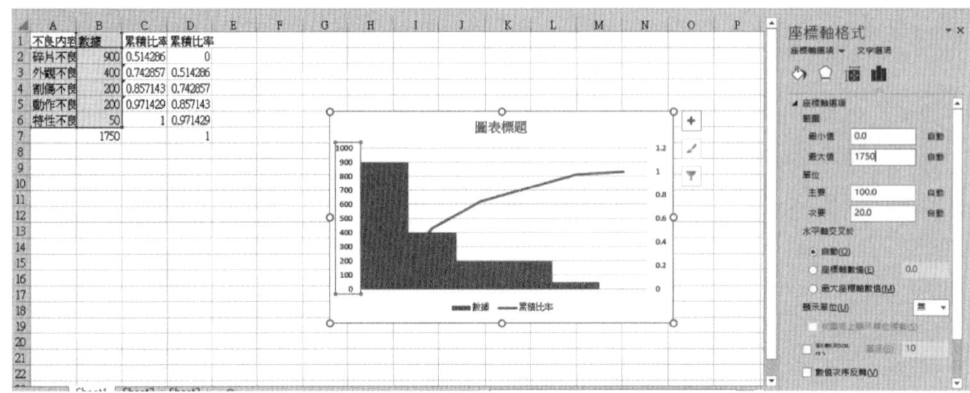

(2) 修正右方座標。點兩下右方座標，出現座標軸格式，將最大值改成 1。

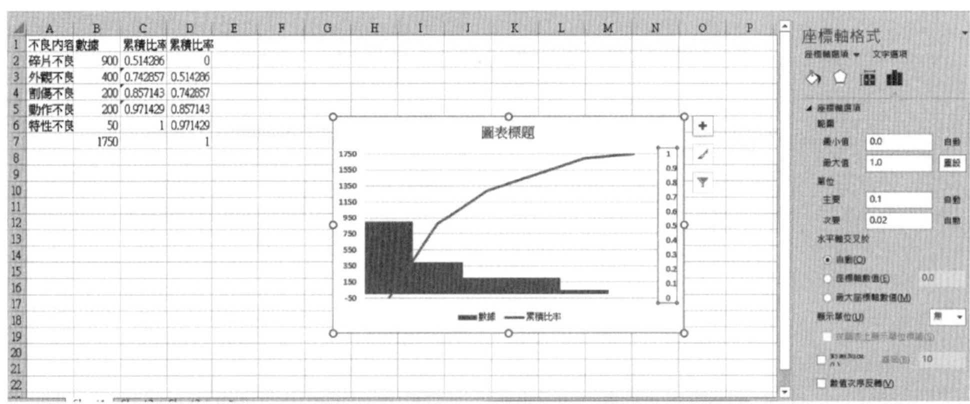

(3) 修正圖表標題。

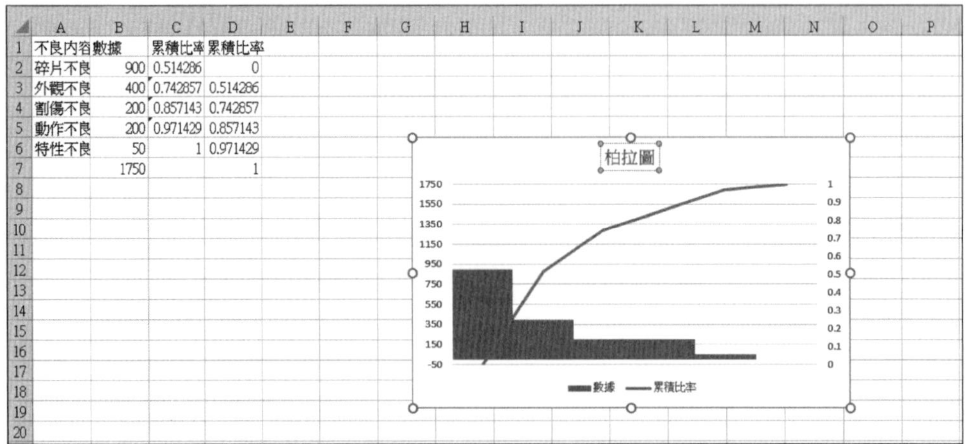

(4) 完成後的圖形。

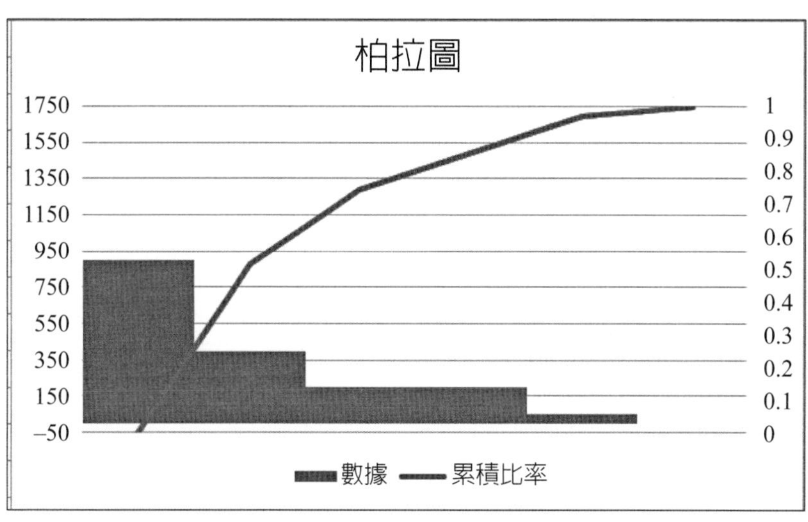

（註）

- 相對位址：如指標移到任何一個儲存格，譬如 B2 時，當複製指令時，將隨對應儲存格更改其位址。
- 絕對位址：如 $B$2，當複製指令時，將不隨對應儲存格更改其位址。
- 混合位址：如 $B2，當複製指令時，其相關名不改，而列號隨對應儲存格更改其位址。
- 區塊位址：多格儲存格組成的矩形範圍稱為區塊，由 A2 至 C3 的區塊即為 (A2：C3)。

三、製作層別柏拉圖

例題 6-2 試以柏拉圖表示改善前與改善後的資料。

遺失物	改善前	遺失物	改善後
袋物	1384	袋物	687
衣物	714	衣物	634
錢包	407	錢包	327
行動電話	270	行動電話	187
其他	225	其他	165

步驟 1 數據輸入及排序後如下表。

	A	B	C	D	E	F	G
1	遺失物	改善前				遺失物	改善後
2	袋物	1384				袋物	687
3	衣物	714				衣物	634
4	錢包	407				錢包	327
5	行動電話	270				行動電話	187
6	其他	225				其他	165
7		3000					2000
8							

步驟 2 計算累積比率。

	A	B	C	D	E	F	G	H	I
1	遺失物	改善前	累積比率			遺失物	改善後	累積比率	
2	袋物	1384	0.461333			袋物	687	0.3435	
3	衣物	714	0.699333			衣物	634	0.6605	
4	錢包	407	0.835			錢包	327	0.824	
5	行動電話	270	0.925			行動電話	187	0.9175	
6	其他	225	1			其他	165	1	
7		3000					2000		
8									
9									

步驟 3 分別框選範圍後，從［插入］點選［直條圖］得出下圖。

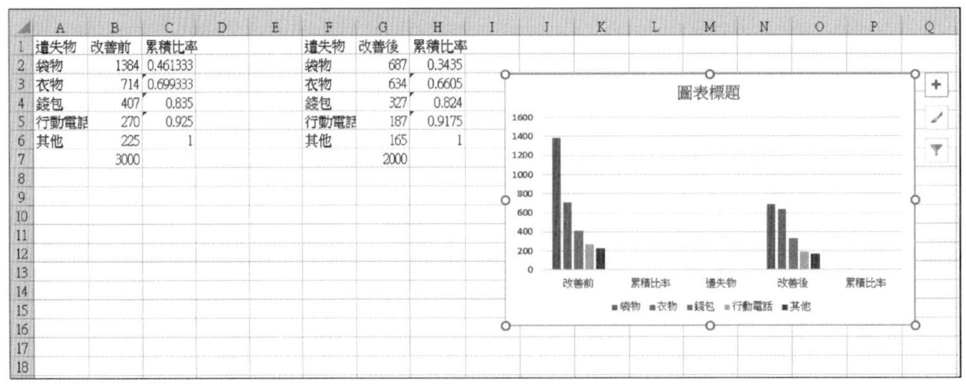

	A	B	C	D	E	F	G	H
1	遺失物	改善前	累積比率			遺失物	改善後	累積比率
2	袋物	1384	0.461333			袋物	687	0.3435
3	衣物	714	0.699333			衣物	634	0.6605
4	錢包	407	0.835			錢包	327	0.824
5	行動電話	270	0.925			行動電話	187	0.9175
6	其他	225	1			其他	165	1
7		3000					2000	

步驟 4 先製作左圖，右圖作法同。

先按任一直條再按△（或↑）鍵即可選擇累計比率。

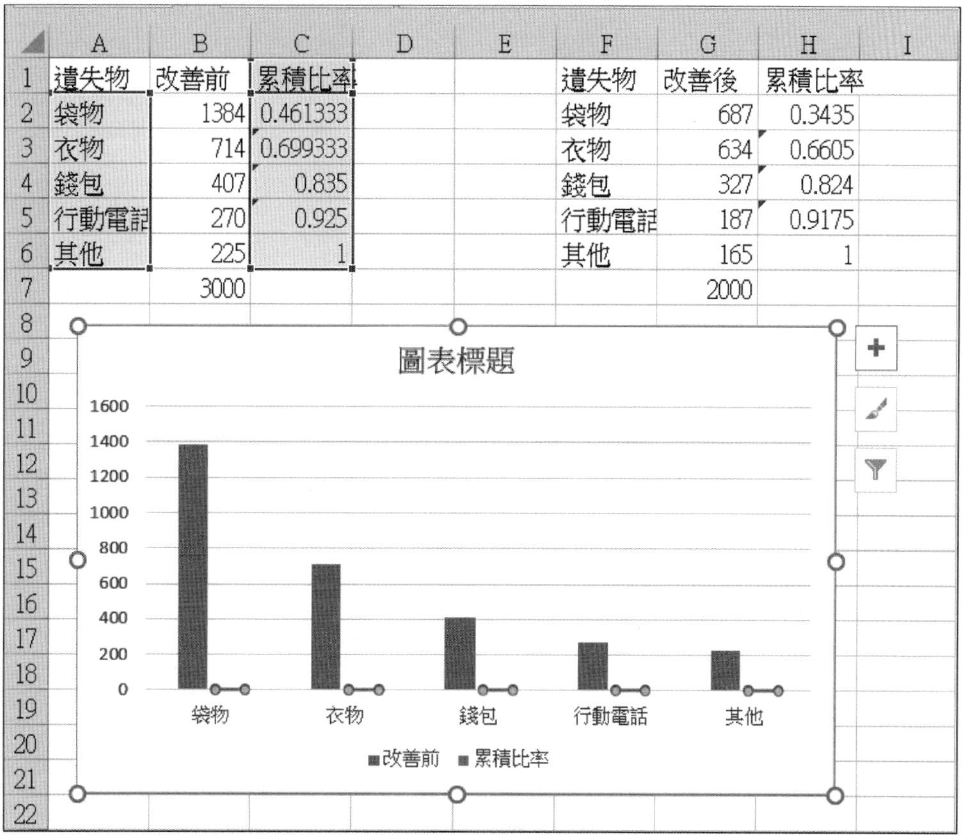

	A	B	C	D	E	F	G	H	I
1	遺失物	改善前	累積比率			遺失物	改善後	累積比率	
2	袋物	1384	0.461333			袋物	687	0.3435	
3	衣物	714	0.699333			衣物	634	0.6605	
4	錢包	407	0.835			錢包	327	0.824	
5	行動電話	270	0.925			行動電話	187	0.9175	
6	其他	225	1			其他	165	1	
7		3000					2000		

圖表標題

1600 1400 1200 1000 800 600 400 200 0

袋物 衣物 錢包 行動電話 其他

■改善前 ■累積比率

步驟 5 再從［設計］中點選［變更圖表類型］。從所有圖表選擇［組合式］。數據選擇［群組直方圖］，將累積比率的圖表類型改成［折線圖］，並勾選［副座標軸］。

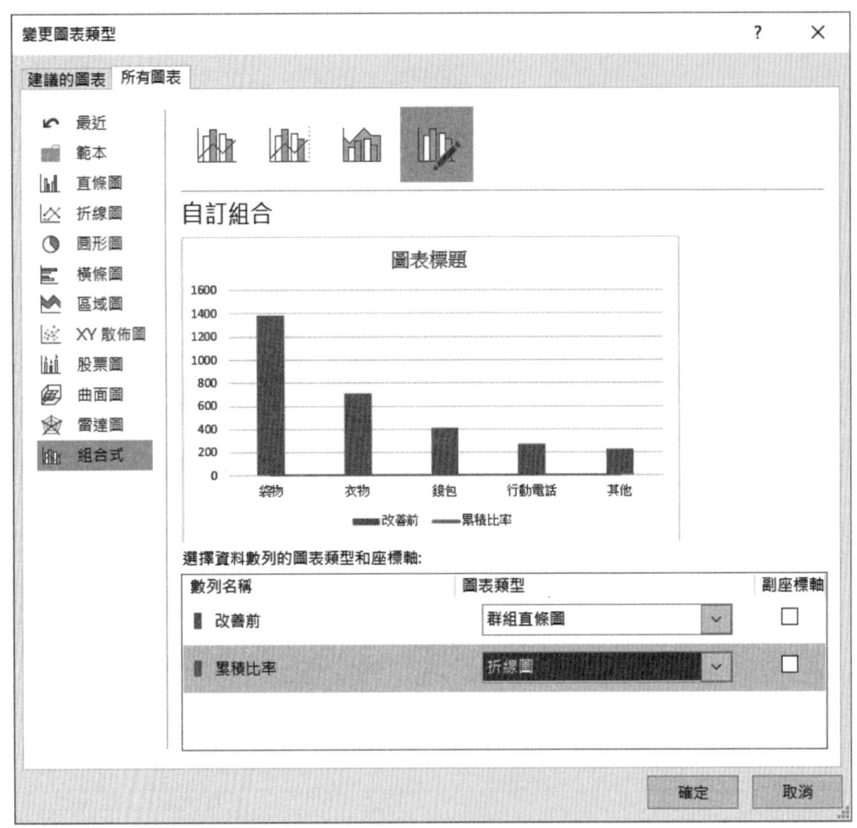

步驟 6 出現具有累積曲線的柏拉圖。

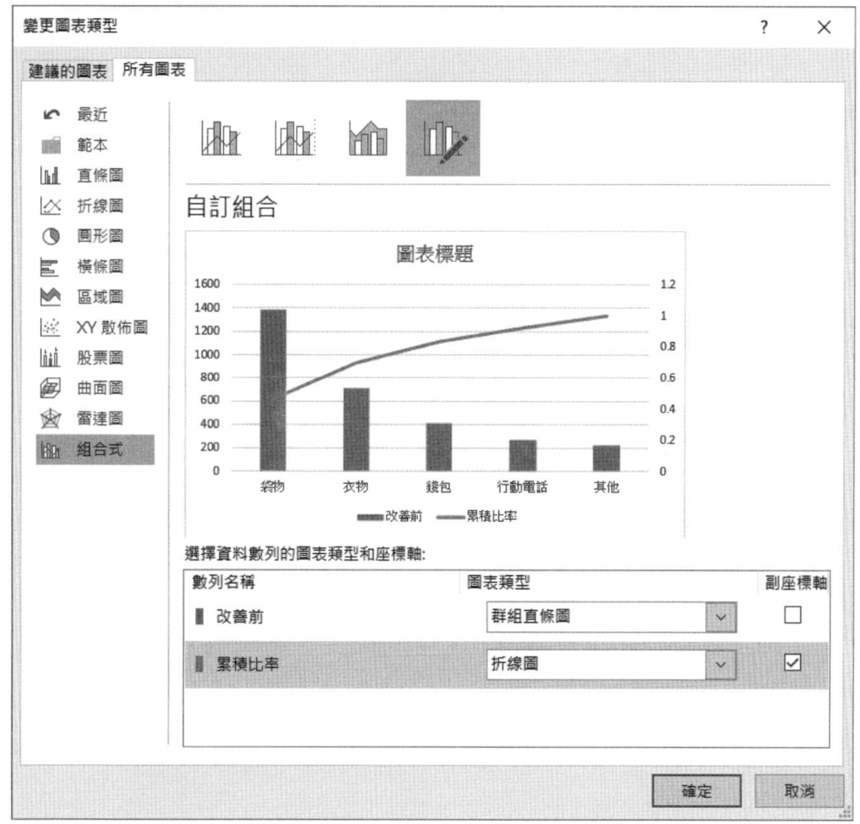

步驟 7 以下座標的修正、間距的調整、圖表標題與前面的做法相同，改善前的圖形得出如下。

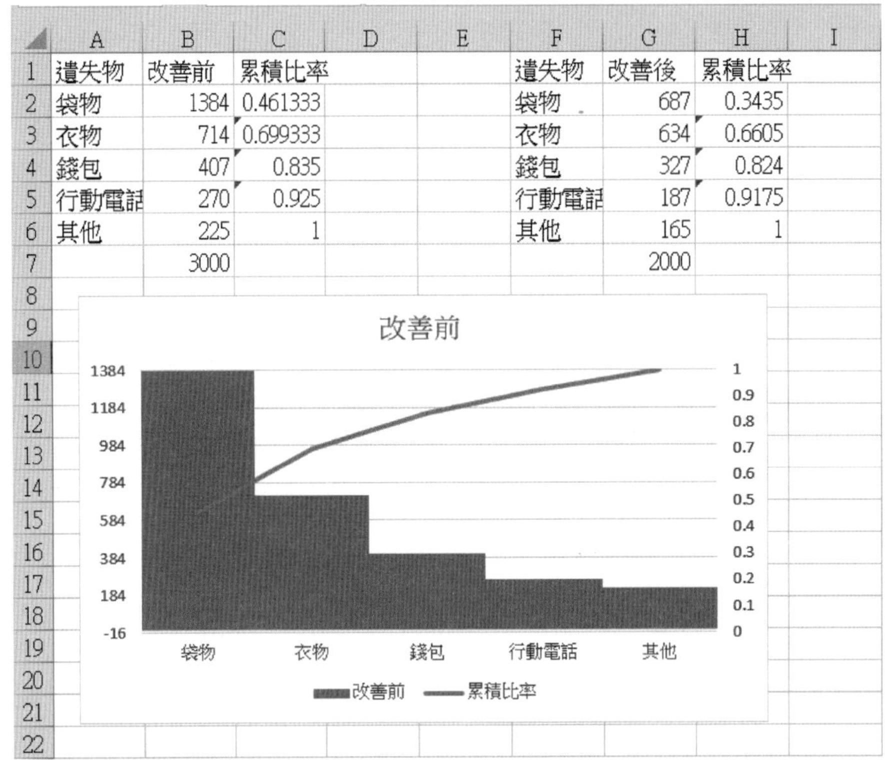

	A	B	C	D	E	F	G	H	I
1	遺失物	改善前	累積比率			遺失物	改善後	累積比率	
2	袋物	1384	0.461333			袋物	687	0.3435	
3	衣物	714	0.699333			衣物	634	0.6605	
4	錢包	407	0.835			錢包	327	0.824	
5	行動電話	270	0.925			行動電話	187	0.9175	
6	其他	225	1			其他	165	1	
7		3000					2000		

步驟 8 同樣改善後的作法得出如下。

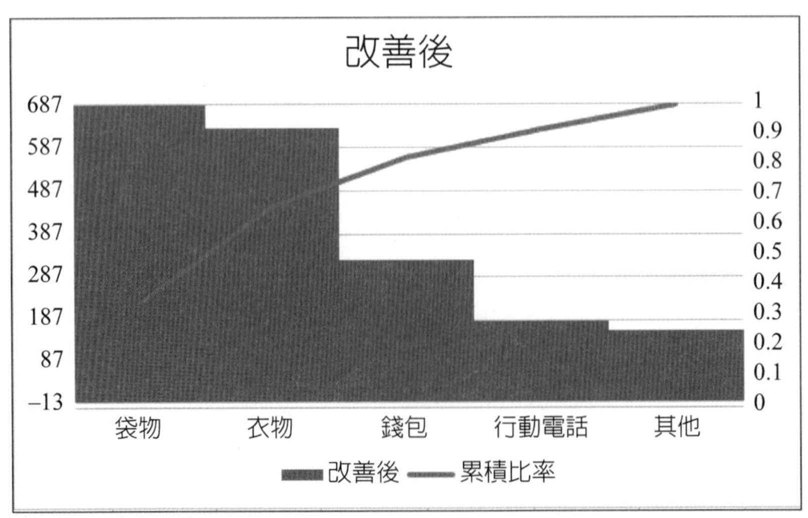

步驟 9 改善前與改善後所完成的圖形顯示如下。

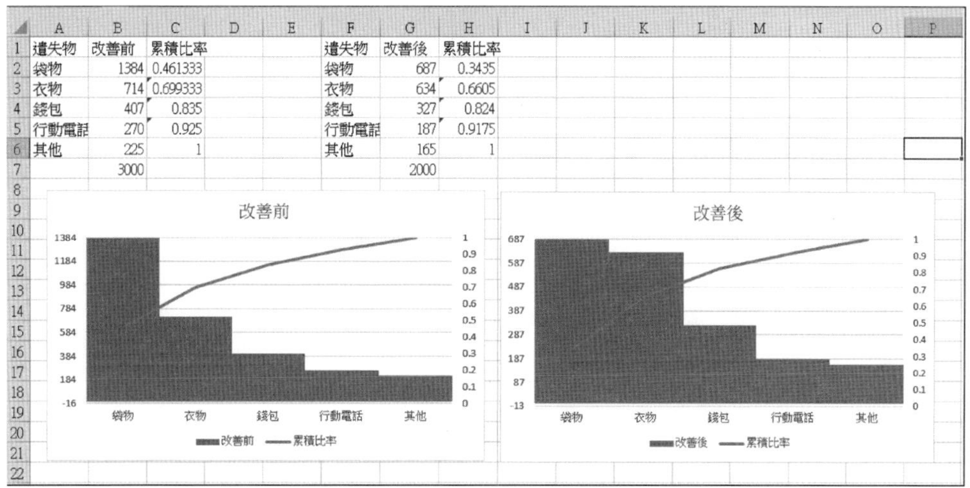

	A	B	C	D	E	F	G	H
1	遺失物	改善前	累積比率			遺失物	改善後	累積比率
2	袋物	1384	0.461333			袋物	687	0.3435
3	衣物	714	0.699333			衣物	634	0.6605
4	錢包	407	0.835			錢包	327	0.824
5	行動電話	270	0.925			行動電話	187	0.9175
6	其他	225	1			其他	165	1
7		3000					2000	

第7章 直方圖

7-1 直方圖的概要

1. 何謂直方圖

爲了調查產品的品質，有需要收集有關產品的資料，掌握何種値的資料出現較多，在何種程度的範圍下呈現變異。關於此，要製作稱爲次數分配表的累計表。次數分配表是將資料的範圍分割成適當的區間，累計各區間存在資料的個數（次數）所形成的表。

直方圖（Histogram）是將此次數分配表的次數取成縱軸、橫軸取成區間的一種長條圖。

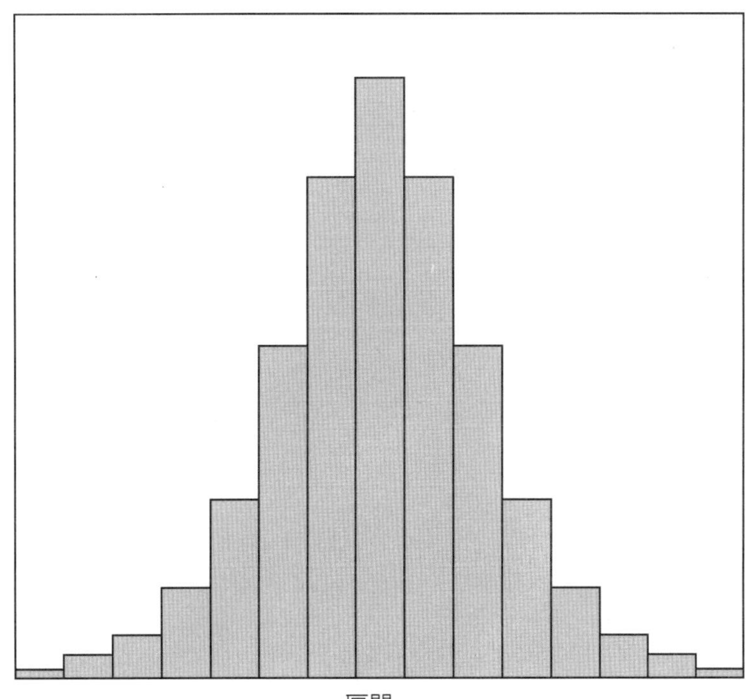

2. 直方圖的看法

製作直方圖，即可以視覺的方式掌握

① 中心的位置

② 變異

③ 分配的形狀

④ 偏離值之有無

當觀察分配的形狀時，如事先知道幾種類型就會非常方便。

此處，介紹經常出現的代表類型。

一般型

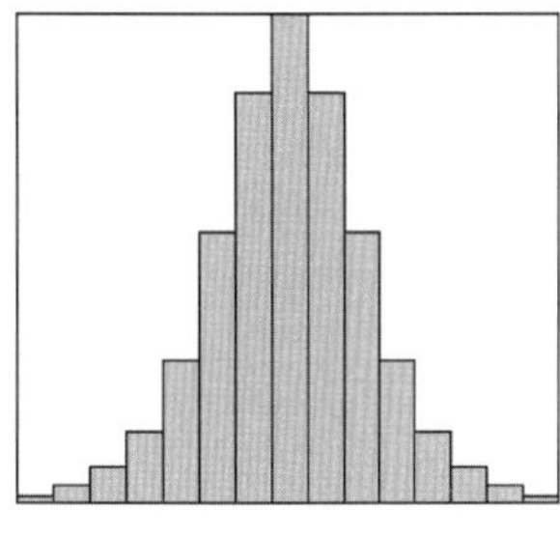

中心附近的長條最高，愈偏離中心長條愈低，以最高的長條為中心形成左右對稱。形成此種形狀的分配稱為常態分配。

缺齒型

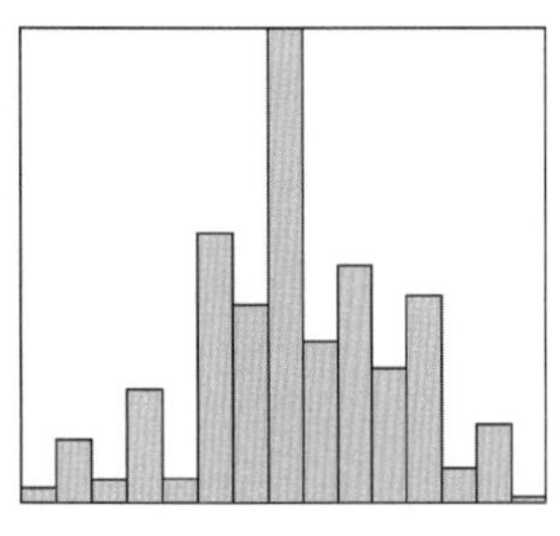

每隔一個區間，長條的高度就變低，區間的單位不是測量單位的整數倍時，經常出現的形狀。

右偏型

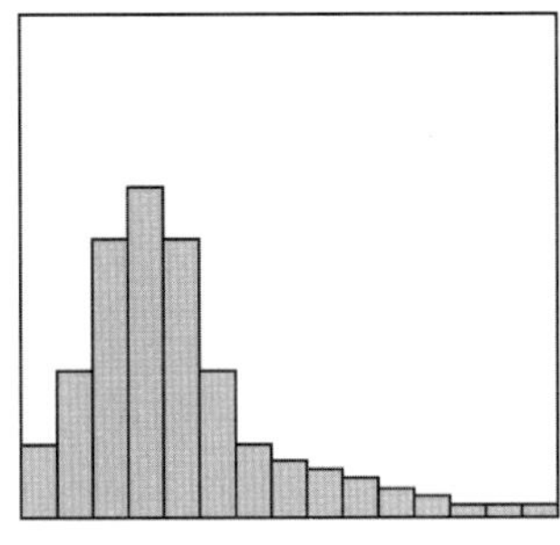

最高長條位於分配中央的左側，向右側長條的高度慢慢變低。當收集原本形成此種分配的資料，或基於規格值的關係，未收集比某值小的資料時，就會出現。

離島型

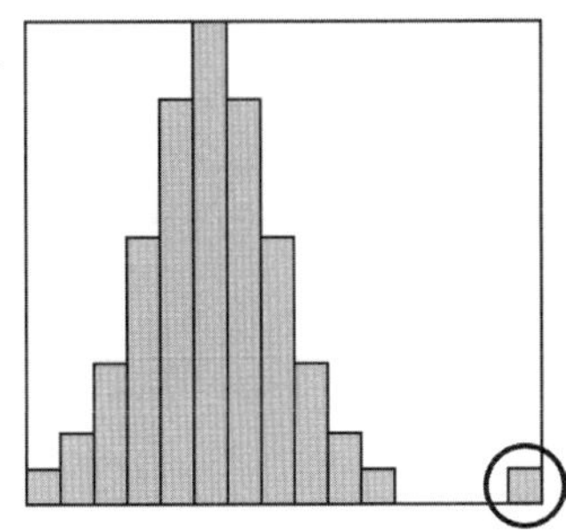

偏離值出現在分配的一端。

雙峰型

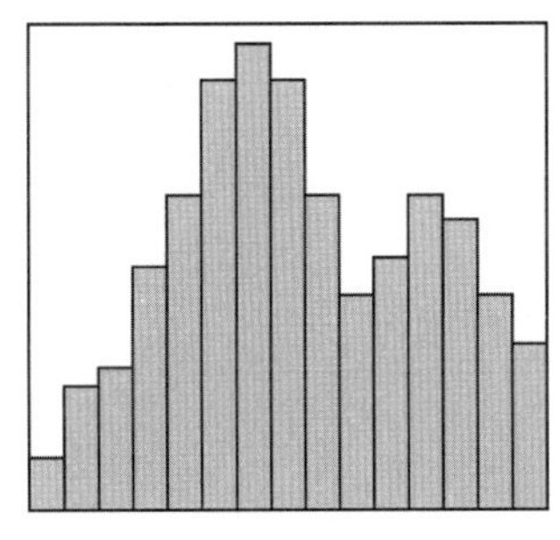

在分配的中央附近左側與右側分別有較高的長條。未區分不同質的 2 組資料製作直方圖時，容易出現此種形狀。

關於中心位置與變異來說，最好與品質規格（良否的判定基準）相比較，再觀察直方圖。

變異大發生不良的類型

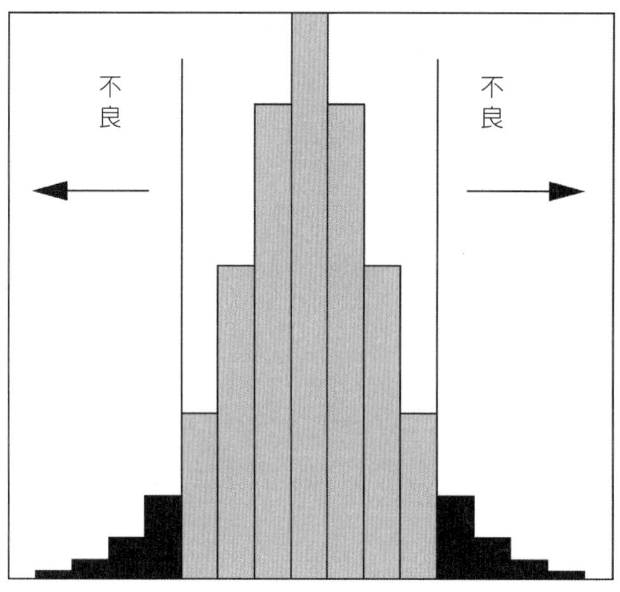

中心位置偏移發生不良的類型

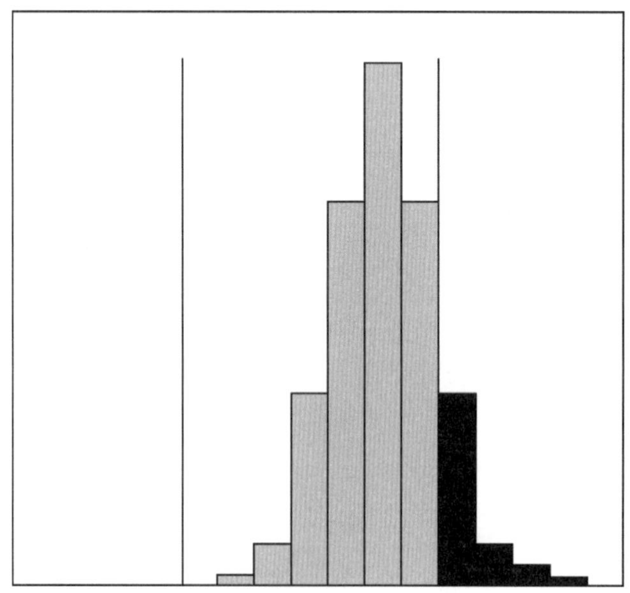

7.2 直方圖的製作步驟

■ 直方圖的製作步驟

直方圖的一般製作步驟如以下所示。

步驟 1 資料的收集

步驟 2 資料數 n 的累計

步驟 3 全距尺的計算

R = 最大值－最小值

步驟 4 區間數（長條數）k 的決定

k 最好是接近 $\sqrt{n}$ 的整數。

步驟 5 區間寬度（長條寬度）h 的計算

$$h = \frac{R}{k}$$

此處將 h 化整使之為資料之測量單位的整數倍。

步驟 6 決定最初區間的下側境界值 A_0。

A_0 = 最小值－（測量單位 /2）

步驟 7 決定最初區間的上側境界值 A_1。

$A_1 = A_0 + h$

A_1 也是下一個區間的下側境界值。

以下，依序加上寬度 h，直到包含最大值的區間為止。

步驟 8 製作次數分配表

計數各區間的次數，製作次數分配表。

步驟 9 直方圖的製作

將次數分配的表表現成圖形。

次數分配表

區間	下側境界值	上側境界值	中心值	次數
1	A_0	$A_0 + h$	$(2A_0 + h)/2$	f_1
2	$A_0 + h$	$A_0 + 2h$	$(2A_0 + 3h)/2$	f_2
3	$A_0 + 2h$	$A_0 + 3h$	$(2A_0 + 5h)/2$	f_3

區間	下側境界值	上側境界值	中心值	次數
·	·	·	·	·
·	·	·	·	·
·	·	·	·	·
·	·	·	·	·
·	·	·	·	·

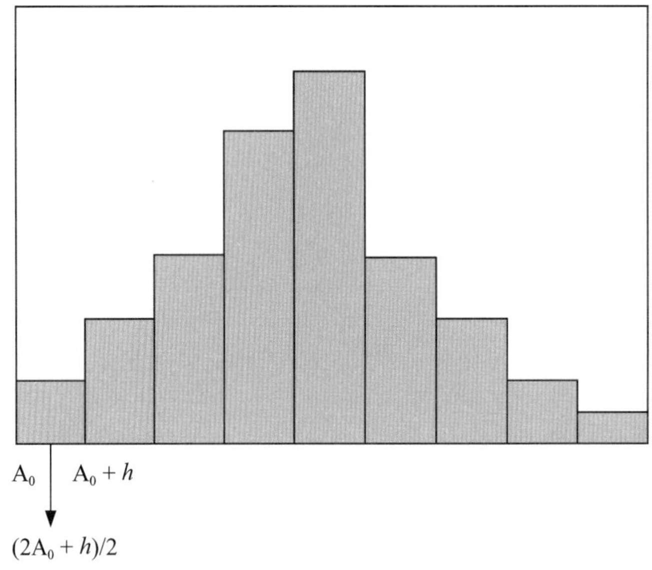

7.3 直方圖的實際

一、直方圖的製作

例題 7-1 以下的資料是選出某產品 100 個，就其重量進行測量而得。試以直方圖表現此資料。

資料

47.7	53.8	50.7	52.7	55.8	53.3	47.5	47.9	52.2	45.0	46.2	52.0
54.8	53.1	49.9	51.4	47.1	51.6	54.1	47.6	51.9	52.3	51.4	50.5

50.5	49.2	53.8	51.4	48.6	48.5	50.9	49.3	52.7	46.8	51.1	50.1
52.3	51.7	49.2	50.0	46.0	43.9	53.3	49.9	47.8	50.3	50.4	52.1
51.4	49.3	48.9	41.8	49.2	55.4	48.0	50.3	49.1	51.3	50.8	48.4
49.3	54.2	50.7	52.1	47.9	52.9	49.9	52.3	48.8	49.3	53.7	52.7
48.0	52.6	38.7	50.5	47.9	48.1	51.2	50.3	49.9	49.7	51.9	47.4
50.2	48.4	49.6	45.2	49.8	48.3	44.0	49.0	46.0	53.8	49.5	46.1
49.2	50.6	55.0	51.5								

1. 利用 EXCEL 製作直方圖

介紹使用 EXCEL 製作直方圖的步驟。

步驟 1　資料的輸入

從儲存格 A1 到 A101 輸入資料。

	A	B
1	資料	
2	47.4	
3	53.8	
4	50.7	
5	52.7	
6	55.8	
7	53.3	
8	47.5	
9	47.9	
10	52.2	
11	45	
12	46.2	

13	52	
14	54.8	
15	53.1	
16	49.9	
17	51.4	
18	47.1	
19	51.6	
20	54.1	
21	47.6	
22	51.9	
23	52.3	
24	51.4	
25	50.5	

26	50.5	
27	49.2	
28	53.8	
29	51.4	
30	48.6	
31	48.5	
32	50.9	
33	49.3	
34	52.7	
35	46.8	
36	51.1	
37	50.1	
38	52.3	

…

90	49.8	
91	48.3	
92	44	
93	49	
94	46	
95	53.8	
96	49.5	
97	46.1	
98	49.2	
99	50.6	
100	55	
101	51.5	

步驟 2　準備

	A	B	C	D	E	F
1	資料					
2	47.4			測量單位	0.1	
3	53.8			數據數	100	
4	50.7			最大值	55.8	
5	52.7			最小值	38.7	
6	55.8			全距R	17.1	
7	53.3			n的平方根	10	
8	47.5			臨時區間數	10	
9	47.9			臨時區間寬度	1.71	
10	52.2			區間寬度	2	
11	45					

於 E2 輸入測量單位。

於 E3 求出資料數。

於 E4 求出最大值。

於 E5 求出最小值。

於 E6 求出全距。

於 E7 求出資料數的平方根。

於 E8 輸入區間的個數。

於 E9 求出臨時的區間寬度。

於 E10 輸入將 E9 的數值化整成測量單位的整數倍之值。

（本例將 1.71 化整成 2）

【儲存格的內容】

E2;0.1　E3;=COUNT(A:A)　E4;=MAX(A2:A101)

E5;=MIN(A2:A101)　E6;=E4－E5　E7=SQRT(E3)

E8;10　E9;=E6/E8　E10;2

步驟 3　製作次數分配表 (1)

求出區間的境界值與中心值。

	A	B	C	D	E	F	G	H	I
1	資料					區間			
2	47.4			測量單位	0.1	下側境界值	上側境界值	中心值	
3	53.8			數據數	100	38.65	40.65	39.65	
4	50.7			最大值	55.8	40.65	42.65	41.65	
5	52.7			最小值	38.7	42.65	44.65	43.65	
6	55.8			全距R	17.1	44.65	46.65	45.65	
7	53.3			n的平方根	10	46.65	48.65	47.65	
8	47.5			臨時區間數	10	48.65	50.65	49.65	
9	47.9			臨時區間寬度	1.71	50.65	52.65	51.65	
10	52.2			區間寬度	2	52.65	54.65	53.65	
11	45					54.65	56.65	55.65	
12	46.2								

【儲存格的內容】

F3;=E5-E2/2

F4;=F3+$E$10（從 F5 到 F11 複製 F4）

G3;=F2+$E$10（從 G4 到 G11 複製 G4）

H3;=(F3+G3)/2（從 H4 到 H11 複製 H3）

步驟 4 製作次數分配表 (2)

於 I3 中輸入 =FREQUENCY(A2:A101, G3:G11)

	A	B	C	D	E	F	G	H	I	J
1	資料					區間				
2	47.4			測量單位	0.1	下側境界值	上側境界值	中心值	次數	
3	53.8			數據數	100	38.65	40.65	39.65	1	
4	50.7			最大值	55.8	40.65	42.65	41.65		
5	52.7			最小值	38.7	42.65	44.65	43.65		
6	55.8			全距R	17.1	44.65	46.65	45.65		
7	53.3			n的平方根	10	46.65	48.65	47.65		
8	47.5			臨時區間數	10	48.65	50.65	49.65		
9	47.9			臨時區間寬度	1.71	50.65	52.65	51.65		
10	52.2			區間寬度	2	52.65	54.65	53.65		
11	45					54.65	56.65	55.65		
12	46.2									
13	52									

從 I4 到 I11，配列複製 I3。此步驟如下。

① 從 I3 拖曳到 I11。

② 於 I3 數式對話框所顯示的「=FREQUENCY(A2:A101, G3:G11)」的 = 之前的空白處按一下。

③ 同時按下 Ctrl 與 Shift 鍵，再按 Enter 鍵。

即可如下顯示各區間的次數。

進行配列複製時，像 {=FREQUENCY(A2:A101, G3:G11)} 那樣會加上 { }。

此時，I3 到 I11 的內容即為相同。

	A	B	C	D	E	F	G	H	I	J
1	資料					區間				
2	47.4			測量單位	0.1	下側境界值	上側境界值	中心值	次數	
3	53.8			數據數	100	38.65	40.65	39.65	1	
4	50.7			最大值	55.8	40.65	42.65	41.65	1	
5	52.7			最小值	38.7	42.65	44.65	43.65	2	
6	55.8			全距R	17.1	44.65	46.65	45.65	6	
7	53.3			n的平方根	10	46.65	48.65	47.65	18	
8	47.5			臨時區間數	10	48.65	50.65	49.65	31	
9	47.9			臨時區間寬度	1.71	50.65	52.65	51.65	24	
10	52.2			區間寬度	2	52.65	54.65	53.65	13	
11	45					54.65	56.65	55.65	4	
12	46.2									

步驟 5 圖形的製作

(1) 已輸入中心值與次數後從 H3 拖曳到 I11。

	A	B	C	D	E	F	G	H	I	J
1	資料					區間				
2	47.4			測量單位	0.1	下側境界值	上側境界值	中心值	次數	
3	53.8			數據數	100	38.65	40.65	39.65	1	
4	50.7			最大值	55.8	40.65	42.65	41.65	1	
5	52.7			最小值	38.7	42.65	44.65	43.65	2	
6	55.8			全距R	17.1	44.65	46.65	45.65	6	
7	53.3			n的平方根	10	46.65	48.65	47.65	18	
8	47.5			臨時區間數	10	48.65	50.65	49.65	31	
9	47.9			臨時區間寬度	1.71	50.65	52.65	51.65	24	
10	52.2			區間寬度	2	52.65	54.65	53.65	13	
11	45					54.65	56.65	55.65	4	
12	46.2									
13	52									

(2) 插入→圖表→建議圖表。出現群組直條圖，按確定。

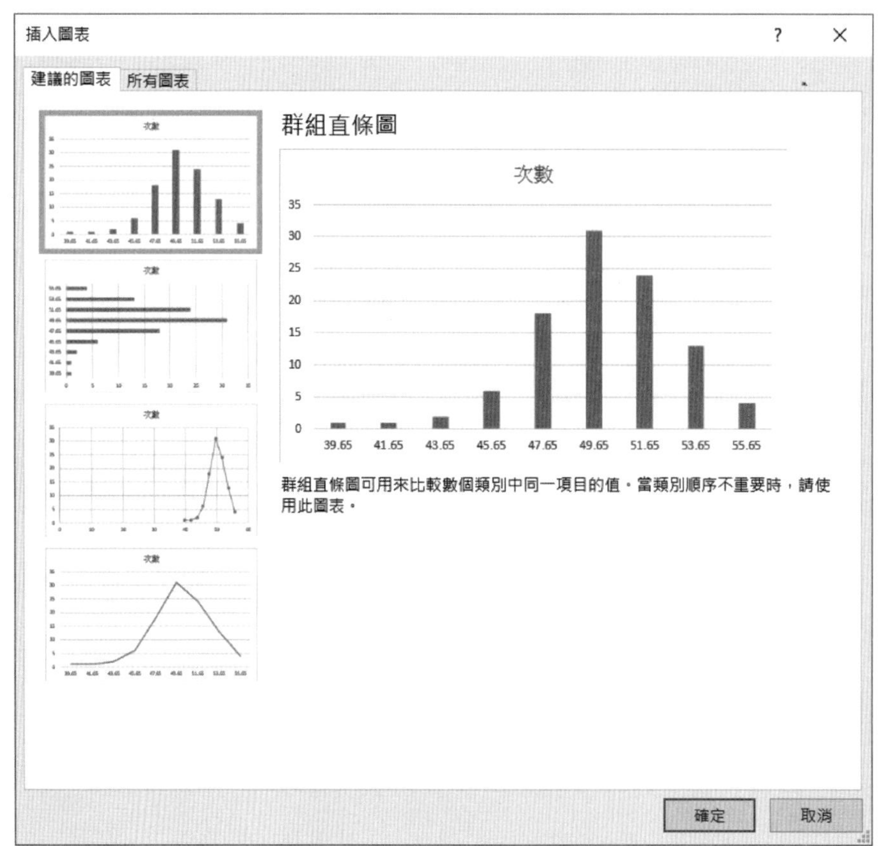

(3) 出現下圖。點一下 X 軸，右方出現［座標軸格式］，座標軸選項點選數值，類別選擇數值，小數位數改成 1 位，

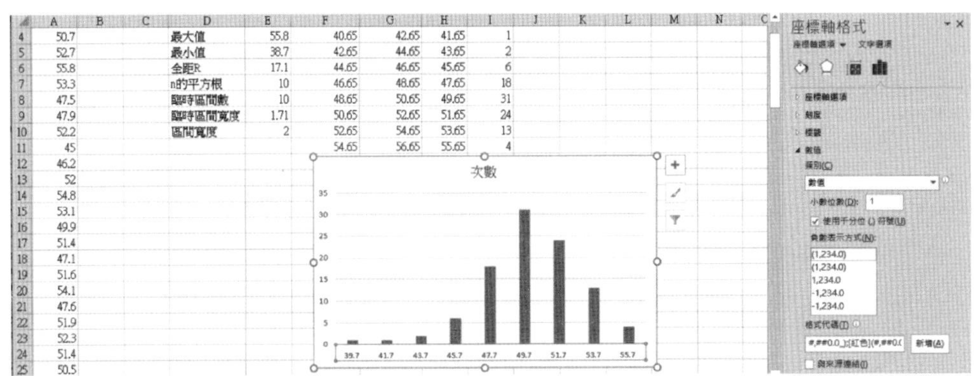

此處，為了不讓【圖例】顯示，而且也不讓【次要格線】顯示，於圖中按一下，出現 ＋ ，於圖表項目中如下取消設定。

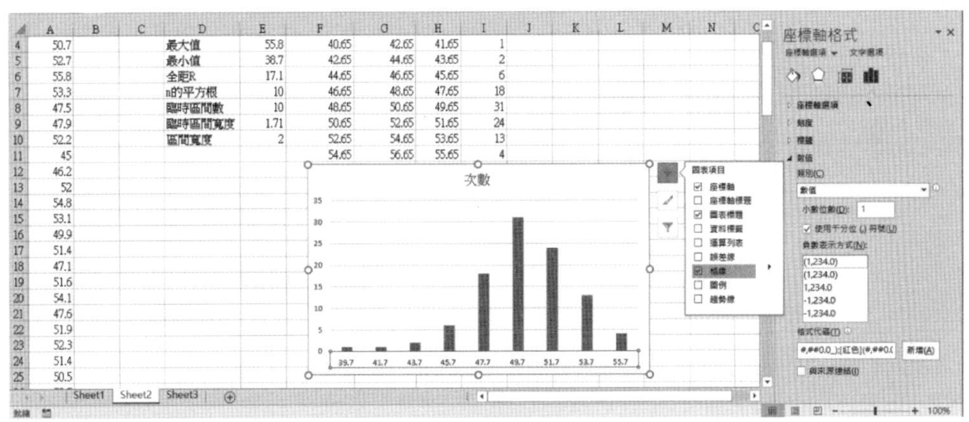

按一下［關閉］時，即可做出如下的圖形。

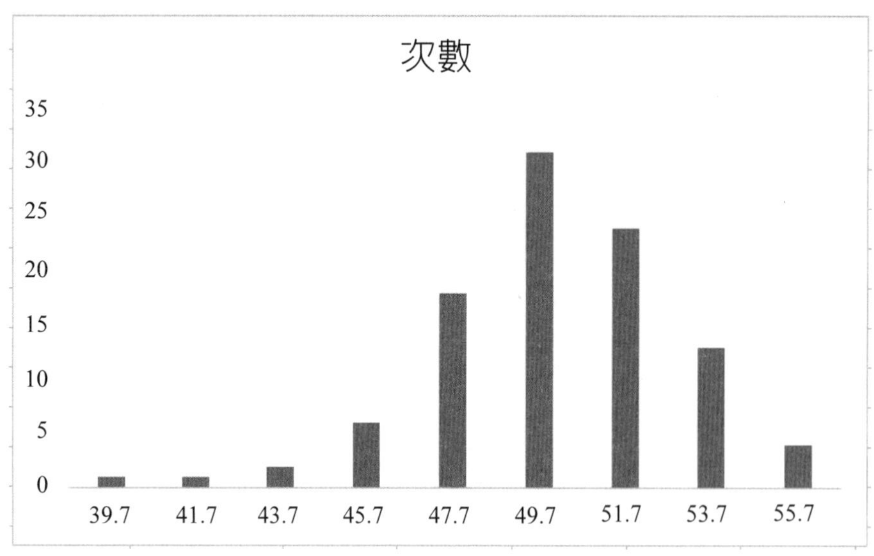

步驟 6 圖形的修正

在所作成的圖形之中的任意直條中按兩下。出現如下的對話框。

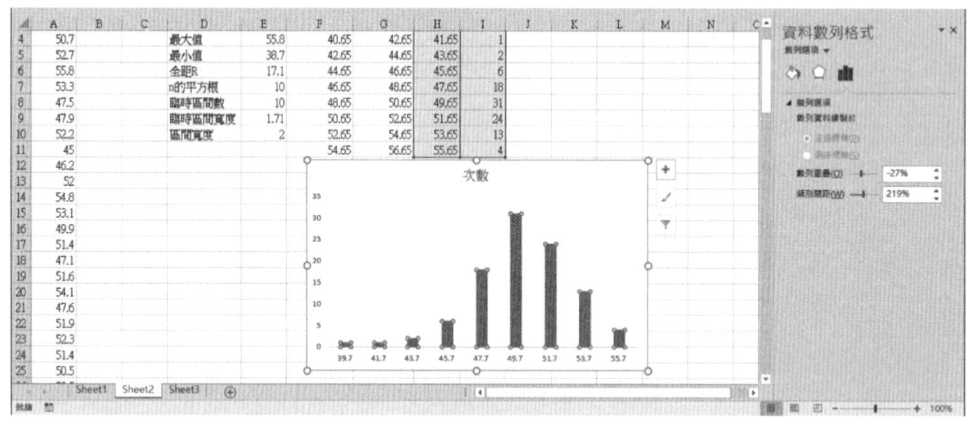

此處將【類別間隔】當作 0，將圖形標題更改為直方圖。按確定。

即可作出如下的直方圖。

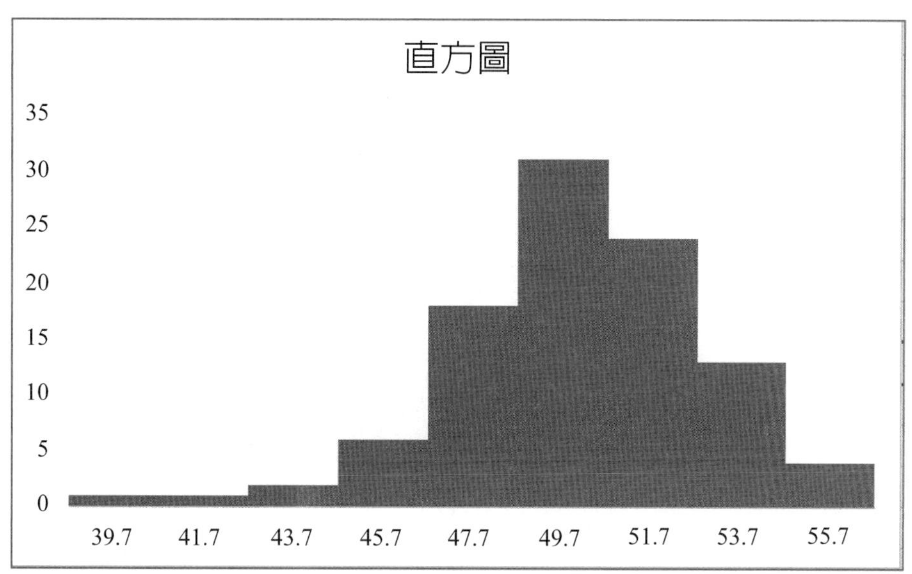

步驟 7 於圖中按一下，右方出現資料數列格式，點選框線中的 [實心線條]，顏色選紅色。之後按關閉。

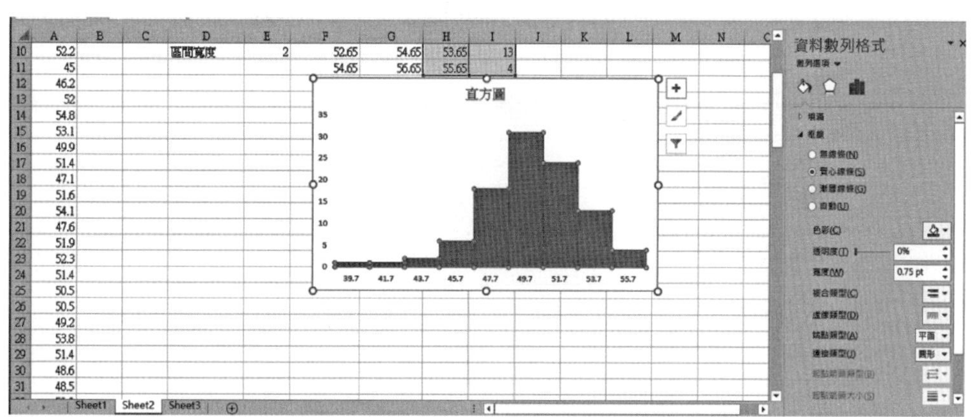

完成的圖形即為如下。

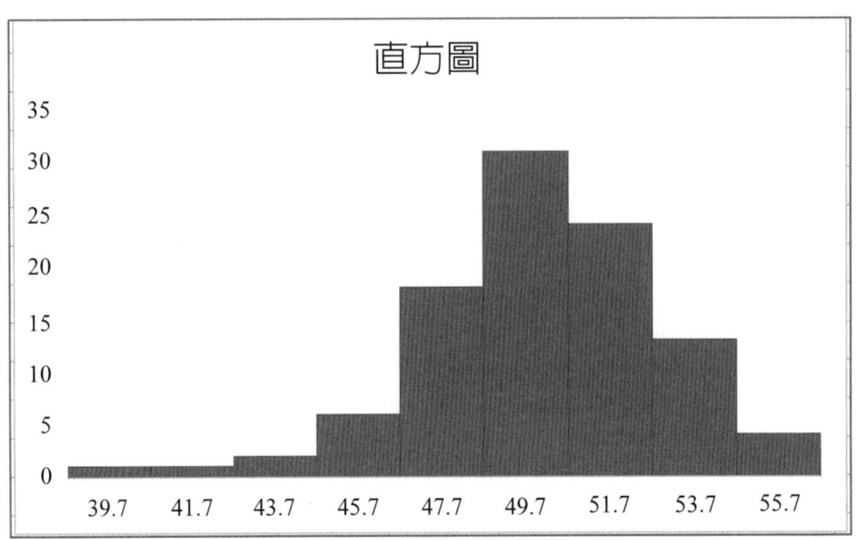

■ FREQUENCY

就計算次數所使用的函數 FREQUENCY 進行解說。FREQUENCY 是將資料的次數分配改成縱方向的數值配列的一種函數。

【格式】FREQUENCY（資料配列，區間配列）

資料配列→指定成為次數調查對象之資料範圍。

區間配列→將區間的上側當作範圍指定。

二、層別直方圖的製作

例題 7-2 以下的資料是測量某碳製品 100 個的伸縮強度。
其中 50 個是使用原料 A 製造，剩下的 50 個是使用原料 B 製造。
試製作以原料層別後的直方圖。

資料	原料	資料	原料	資料	原料	資料	原料
52	A	44	A	57	B	55	B
46	A	48	A	56	B	61	B
48	A	48	A	53	B	54	B
50	A	50	A	56	B	53	B
52	A	55	A	54	B	57	B
54	A	56	A	50	B	60	B

資料	原料	資料	原料	資料	原料	資料	原料
50	A	47	A	55	B	63	B
52	A	44	A	56	B	57	B
52	A	50	A	58	B	59	B
54	A	48	A	53	B	60	B
48	A	46	A	58	B	56	B
48	A	54	A	58	B	50	B
51	A	47	A	53	B	53	B
49	A	49	A	57	B	55	B
50	A	56	A	57	B	53	B
50	A	52	A	54	B	56	B
52	A	52	A	61	B	50	B
45	A	52	A	53	B	58	B
50	A	50	A	58	B	59	B
51	A	52	A	56	B	55	B
50	A	48	A	52	B	55	B
47	A	50	A	53	B	59	B
48	A	55	A	63	B	54	B
55	A	53	A	56	B	62	B
51	A	53	A	60	B	63	B

■ 利用 EXCEL 製作層別直方圖

介紹使用 EXCEL 製作層別直方圖的步驟。

步驟 1 資料輸入

從儲存格 A1 到 A51 輸入原料 A 的資料。

從儲存格 B1 到 B51 輸入原料 B 的資料。

	A	B	C	D
1	A	B		
2	52	57		
3	46	56		
4	48	53		
5	50	56		
6	52	54		
7	54	50		
8	50	55		
9	52	56		
10	52	58		
11	54	53		
12	48	58		
13	48	58		
14	51	53		
15	49	57		
16	50	57		

步驟 2　製作次數分配表

與 2-1 節的相同步驟製作次數分配表。此時，區間數、寬度、境界值不分 A 與 B 當作全體來想。

	A	B	C	D	E	F	G	H	I	J	K
1	A	B				區間					
2	52	57		測量單位	1	下側境界值	上側境界值	中心值	次數A	次數B	
3	46	56		數據數n	100	43.5	45.5	44.5	3	0	
4	48	53		最大值	63	45.5	47.5	46.5	5	0	
5	50	56		最小值	44	47.5	49.5	48.5	10	0	
6	52	54		全距R	19	49.5	51.5	50.5	13	3	
7	54	50		n的平方根	10	51.5	53.5	52.5	11	9	
8	50	55		臨時區間數	10	53.5	55.5	54.5	6	9	
9	52	56		臨時區間寬度	1.9	55.5	57.5	56.5	2	12	
10	52	58		區間寬度	2	57.5	59.5	58.5	0	8	
11	54	53				59.5	61.5	60.5	0	5	
12	48	58				61.5	63.5	62.5	0	4	
13	48	58									

【儲存格的內容】

E2;1

E3;=COUNT(A:A)+COUNT(B:B)

E4;=MAX(A2:B51)

E5;=MIN(A2:B51)

E6;=E4-E5

E7;=SQRT(E3)

E8;10

E9;=E6/E8

E10; 2

F3;=E5-E2/2

F4;F3+$E$10（從 F5 到 F12 複製 F4）

G3;=F3+$E$10（從 G4 到 G12 複製 G3）

H3;=(F3+G3)/2（從 H4 到 H12 複製 H3）

I3～I12;{=FREQUENCY(A2:A51:G3:G12)}（當作複製配列輸入）

J3～J12;{=FREQUENCY(B2:B51:G3:G12)}

步驟 3 圖形製作

A 與 B 的直方圖分別製作。直方圖的製作方法與 2-1 節相同。

對 A 製作直方圖時，資料範圍的指定是從 H3 拖曳到 I12。對 B 製作直方圖時，資料範圍的指定是從 H3 拖曳到 H12 以及從 J3 拖曳到 J12。

此時，由於範圍不連續，因之以如下的步驟拖曳。

① 從 H3 拖曳到 H12

② 一面按 CTRL 一面從 J3 拖曳到 J12。

如此一來即可如以下畫面進行非連續的範圍指定。

	A	B	C	D	E	F	G	H	I	J	K
1	A	B				區間					
2	52	57		測量單位	1	下側境界值	上側境界值	中心值	次數A	次數B	
3	46	56		數據數n	100	43.5	45.5	44.5	3	0	
4	48	53		最大值	63	45.5	47.5	46.5	5	0	
5	50	56		最小值	44	47.5	49.5	48.5	10	0	
6	52	54		全距R	19	49.5	51.5	50.5	13	3	
7	54	50		n的平方根	10	51.5	53.5	52.5	11	9	
8	50	55		臨時區間數	10	53.5	55.5	54.5	6	9	
9	52	56		臨時區間寬度	1.9	55.5	57.5	56.5	2	12	
10	52	58		區間寬度	2	57.5	59.5	58.5	0	8	
11	54	53				59.5	61.5	60.5	0	5	
12	48	58				61.5	63.5	62.5	0	4	
13	48	58									

分別作成的 2 個直方圖縱向排到地加以配置。

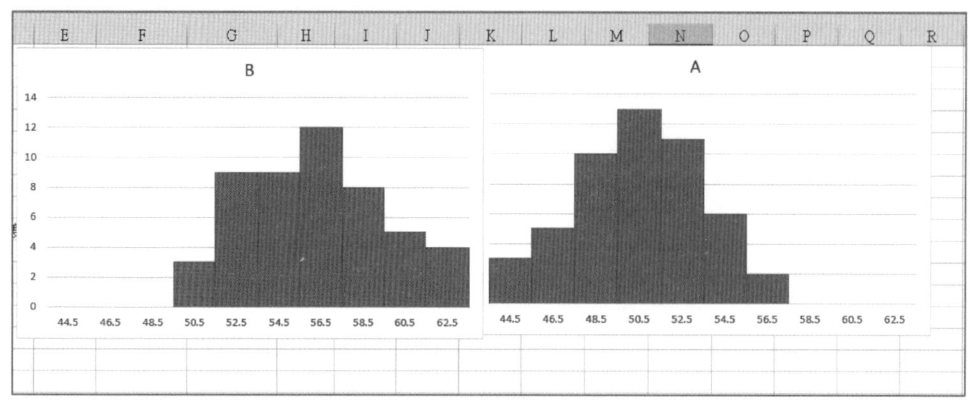

三、直方圖的代用圖形

利用函數 REPT 製作直方圖

使用 REPT 的函數，可以作出如下取代直方圖的圖形。

F	G	H	I	J	K	L	M
區間							
下側境界值	上側境界值	中心值	次數				
38.65	40.65	39.65	1	*			
40.65	42.65	41.65	1	*			
42.65	44.65	43.65	2	**			
44.65	46.65	45.65	6	******			
46.65	48.65	47.65	18	******************			
48.65	50.65	49.65	31	*******************************			
50.65	52.65	51.65	24	************************			
52.65	54.65	53.65	13	*************			
54.65	56.65	55.65	4	****			

REPT

REPT 是顯示只重複文字行所指定次數的函數。

【儲存格的內容】

J3;=REPT("*", I3)

（從 J4 到 J11 複製 J3）。

第 8 章　散佈圖

8.1 散佈圖的作法

散佈圖是用在想調查二組成對數據之關係，譬如電鍍時間與電鍍厚度，或某成分之含有量與強度，服務年數與薪資，電阻值與保險絲溶斷時間等之關係。收集成對的二組數據 x 與 y，在圖形用紙的橫軸上取數據 x，縱軸上取數據 y，將測量數據描點在用紙上即為「散佈圖」。依散佈圖上的分散情形，即可掌握相關關係之有無。

以下以步驟的方式說明散佈圖的作法。

步驟 1　將欲調查有無相關關係之二種特性值，以成對來收集數據，作成表。

此時，二種特性值之中的一者為原因系，另一者為結果系時，將原因系的特性值當作 x，結果系的特性值當作 y。

數據數若太少有時難以掌握相關關係，收集的數據最好在 30 組以上。

在某種的光化學反應產品中，為了調查照射光中的紫外線量 x（%）與收量 y（kg）之關係，製造了 32 批，得出表 8.1 的數據。試由此製作散佈圖看看。

步驟 2　分別求出數據 x 及 y 的最大值與最小值。

$$x_{\max} = 3.70, x_{\min} = 3.12$$
$$y_{\max} = 58.9, y_{\min} = 55.1$$

表 8.1　數據

No.	x (%)	y (kg)	No.	x (%)	y (kg)
1	3.20	58.5	17	3.51	56.7
2	3.48	56.5	18	3.40	57.3
3	3.32	58.5	19	3.34	57.2
4	3.36	58.0	20	3.31	56.3
5	3.25	57.8	21	3.14	58.1
6	3.55	56.3	22	3.70	55.1
7	3.28	57.0	23	3.34	57.1

No.	x (%)	y (kg)	No.	x (%)	y (kg)
8	3.62	55.9	24	3.46	57.0
9	3.12	58.9	25	3.22	58.0
10	3.64	55.4	26	3.50	56.2
11	3.30	57.7	27	3.13	58.3
12	3.44	56.5	28	3.54	56.2
13	3.38	57.6	29	3.24	57.2
14	3.18	58.2	30	3.46	57.9
15	3.35	57.0	31	3.26	57.4
16	3.60	56.0	32	3.42	56.6

步驟 3　畫出橫軸與縱軸

一般，準備圖形用紙，橫軸取 x，縱軸取 y，使 x 的最大值與最小值之差，與 y 的最大值與最小值之差的長度相等之下，訂出 x 與 y 之數值的刻度，刻度是在橫軸上愈往右值愈大，縱軸上愈向上值愈大。

橫軸……紫外線量（%）

縱軸……收量（kg）

$$x_{max} - x_{min} = 3.70 - 3.12 = 0.58$$
$$y_{max} - y_{min} = 58.9 - 55.1 = 3.8$$

x 之數據範圍 0.58 與 y 之數據範圍 3.8 在圖形用紙上儘可能相等之下來決定刻度。

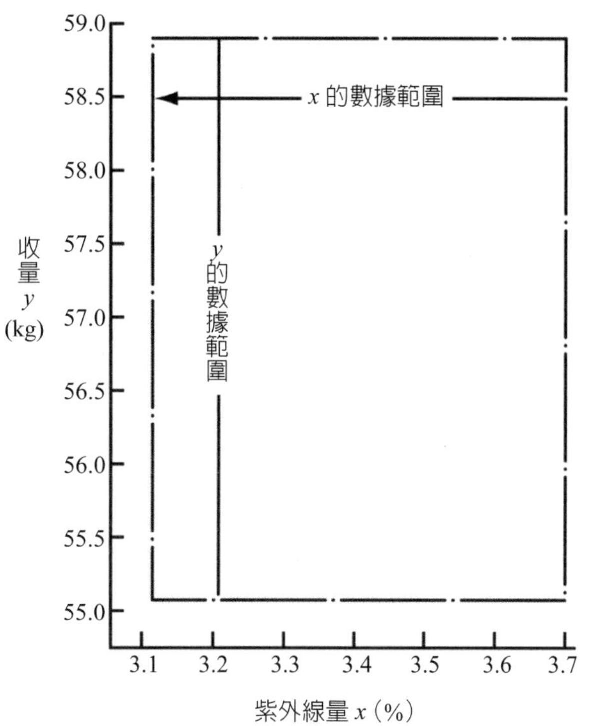

圖 8.1　加入橫軸、縱軸之刻度

步驟 4　將數據描點

從數據表的 No. 1 起按順序取橫軸與縱軸之值，在其交點上描點。

數據相同點重合時，以二重⊙表示，或在右肩上記入數字 $\cdot^{2}$，如有 3 個相同時以三重◎表示，或在右肩上記成 $\cdot^{3}$ 。

步驟 5　記入所需事項

將數據的數目、目的、產品名、工程名、作成部課名、作成者名、作成年月日等記入到空白處。當然，橫軸、縱軸上也不要忘了記入特性值之名稱與單位。

又，計算出相關係數時，與數據數一起記在散佈圖中的左上或右上，又想求迴歸直線時，可在散佈圖中畫入迴歸直線，並記入其式子。

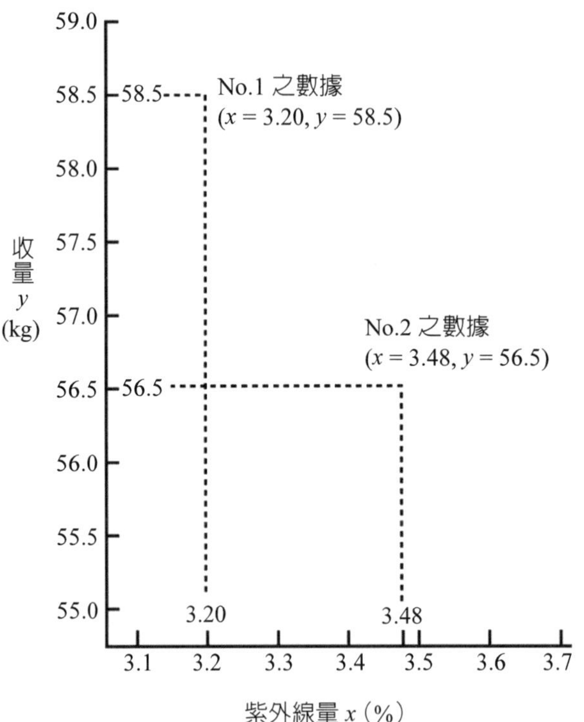

圖 8.2　數據的描點方法

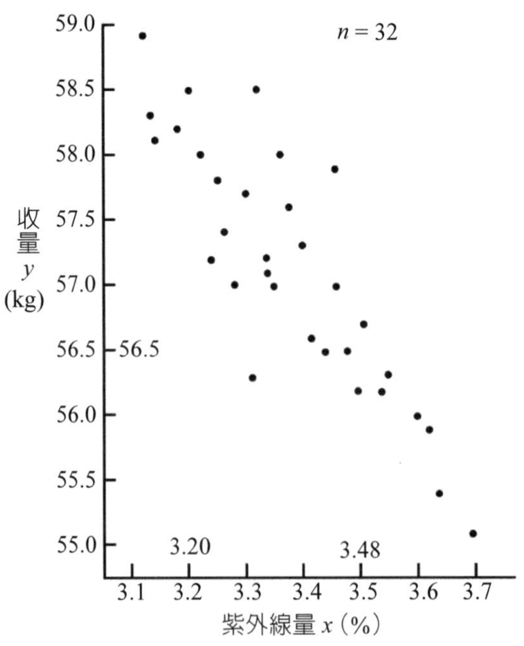

製品名：ABS 產品　　　工程名：B1 生產線
作成者：張三　　　　　作成日：8 月 29 日

圖 8.3　紫外線量與收量之散佈圖

8.2 散佈圖的看法

散佈圖完成時，需要就以下五點進行確認。

1. 有無相關關係？

在成對的二種以上的要因與特性之間有直線的關係時，稱爲「有相關」，依散佈圖上點的分散方式即可調查相關之有無與強度之大小。

(1)有強的正相關時：這是 x 增加 y 也直線增加之情形（參照圖 8.4）。

(2)有弱的正相關時：x 若增加 y 也大致增加，但正相關之程度較弱。除 x 以外，可以認爲仍存在有對 y 有某些影響無法忽略之要因（參照圖 8.4(b)）。

(3)有強的負相關時：這是 x 增加 y 則減少的情形（圖 8.4(c)）。

(4)有弱的負相關時：x 若增加則 y 也大致減少，負相關之程度比 (c) 弱。亦即，除 x 以外，可以認爲仍存在有對 y 有影響無法忽略之原因（參照圖 8.4(d)）。

(5)無相關時：x 與 y 無相關時，點近乎呈現圓形狀（參照圖 8.4(e)）。

(6)具有非直線之關係時：x 與 y 呈現二次曲線或三次曲線之情形（參照圖 8.4(f)）。

2. 有無異常點嗎？

在散佈圖上所描畫的點之中，確認有無從許多點的集團中溢出而被認爲是異常的點（參照圖 8.5）。

異常點大多發生在作業員或材料有改變，亦即作業條件發生變更，或測量有錯誤之特別原因存在時。因此，如有異常點必須徹底追究原因。

又，異常點的處理是原因查明處置完成時，將該點去除再考察 x 與 y 之關係，而原因不明時包含該點一起考慮。

3. 有需要層別嗎？

有直方圖或管制圖同樣，散佈圖也按原料別、裝置別、季節別等分類描點時，透過所層別的要因即可獲得 x 與 y 之關係有所不同等有效資訊。

如圖 8.6(a)，以整體觀察散佈圖的點時，似乎可以認爲沒有相關但分層來看時即有相關，另外，與此相反如圖 8.6(b)，整體來看可以認爲有相關，但分層來看卻無相關之情形也有。因此，畫散佈圖時如果能按一些要因來層別時，改變描點的記號，或以顏色區分均是可行的。

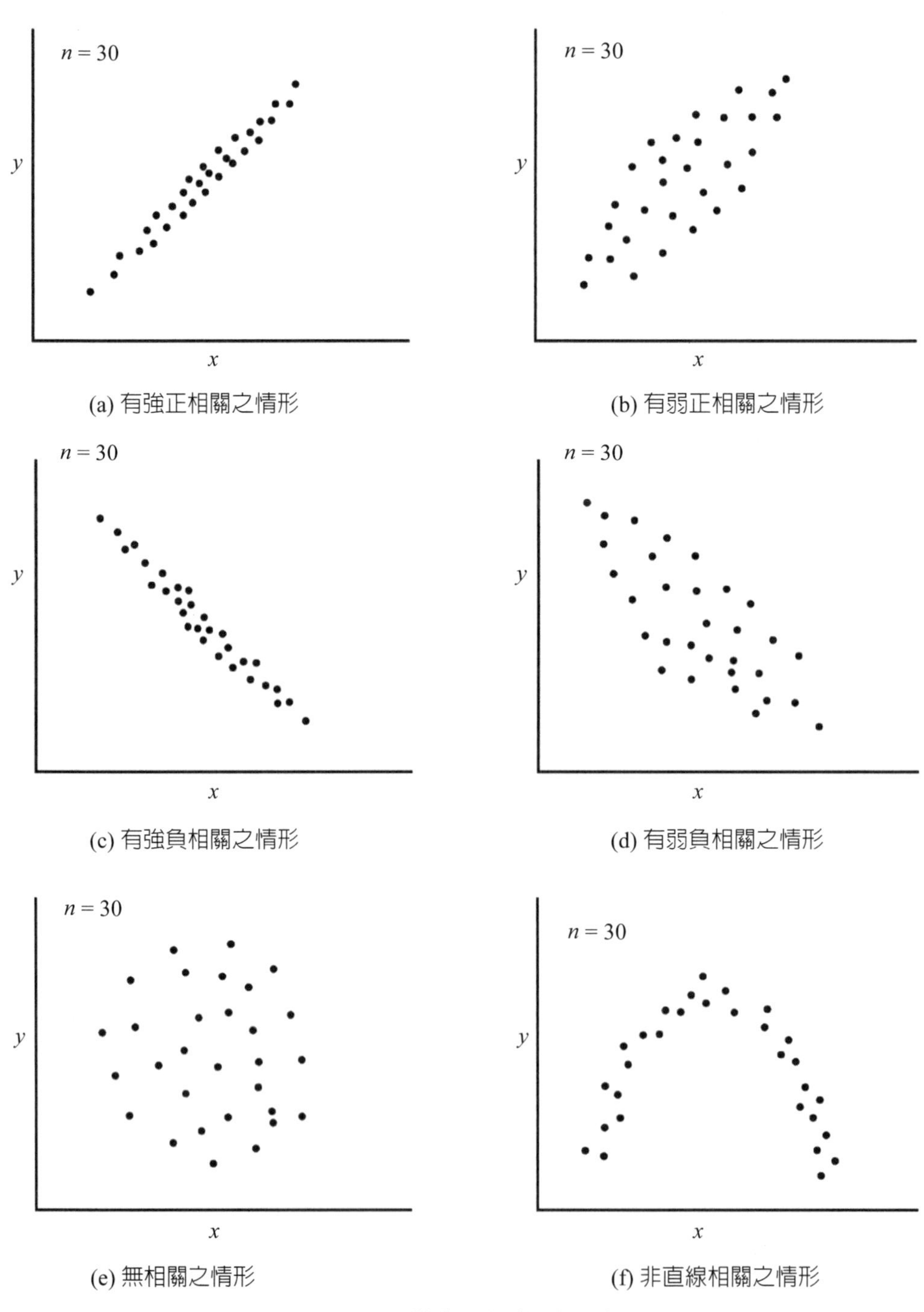

圖 8.4　散佈圖的各種類型

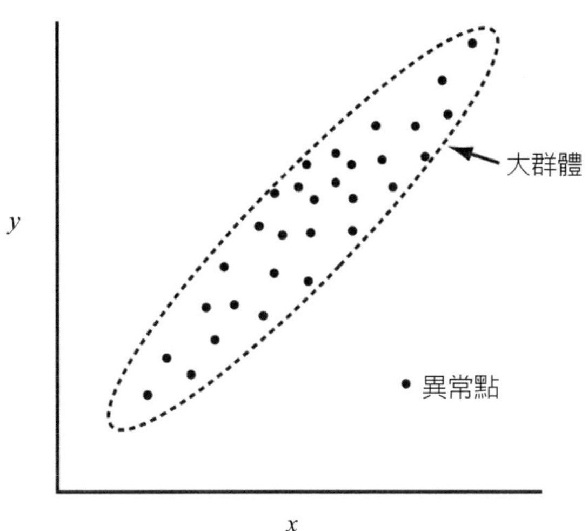

圖 8.5　有異常點的散佈圖

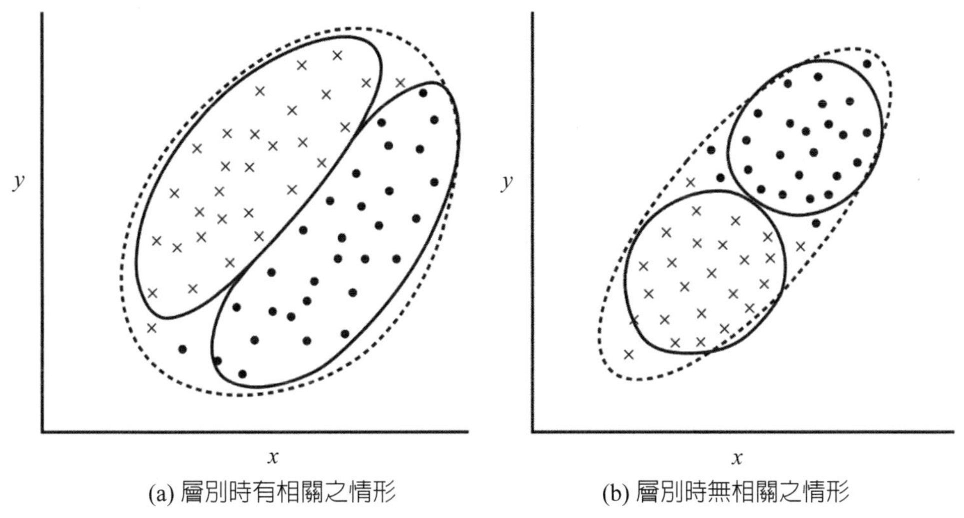

(a) 層別時有相關之情形　　(b) 層別時無相關之情形

圖 8.6　一層別結果即不同之例

4. 是否有假相關呢？

「小孩在滿潮時較容易出生」、「風一吹動木桶店就會賺錢」等有此類的諺語。從技術上來看時，儘管無法想出相關關係，但在散佈圖上卻呈現「有相關」之狀態，此種情形稱爲「假相關」。

譬如，像溫度上升收率就變壞，產品的純度就變好之情形，以數據來說對於收率與純度即出現有「負的相關關係」。此時，收率變壞並非是純度變好的原因，以技術上來看時，其原因在於溫度。像此種收率與純度之關係稱爲「假相關」。

並非就那樣相信從散佈圖得來的結果，對二個數據的關係加上技術上的考察，試著檢討此種關係是否眞的成立是有必要的。

5. 有無外插呢？

超出數據 x 或 y 的測量範圍之部分，來判斷相關之有無或擴張迴歸直線之應用稱爲「外插」。在測量範圍以外，x 與 y 之間存在何種關係完全不明，所以無法外插。

以具體例子來敘述。從圖 8.3 的散佈圖知，紫外線量愈少收量就愈多有負的相關關係，所以儘可能減少紫外線量，以技術上可能之值的 2.9（%）來製造之後，收量卻比原來的低，低於 55 kg 此類例子即是。進行外插時，要再追加實驗進行確認等，有需要充分進行技術上的檢討。

8.3 利用 EXCEL 製作散佈圖

從插入的圖表製作散佈圖。

步驟 1　製作資料表，框選要畫在圖表的資料儲存格 [B3:C13]。

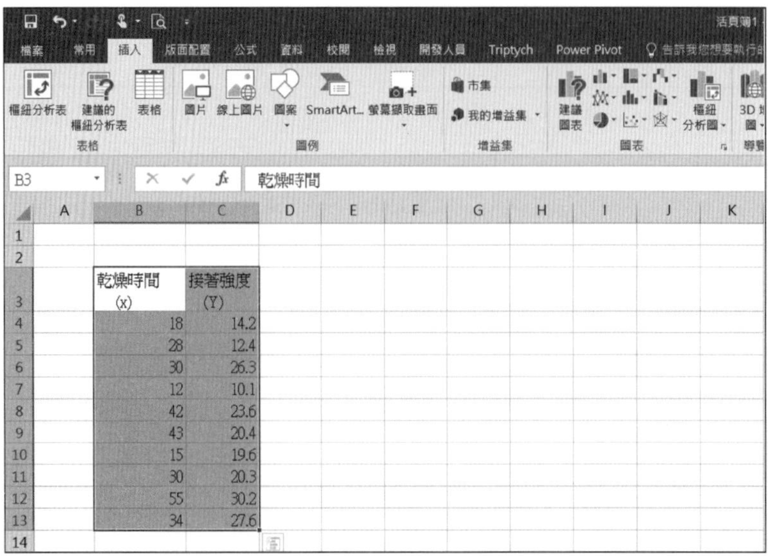

步驟 2 執行［插入］→［圖表］中的散佈圖

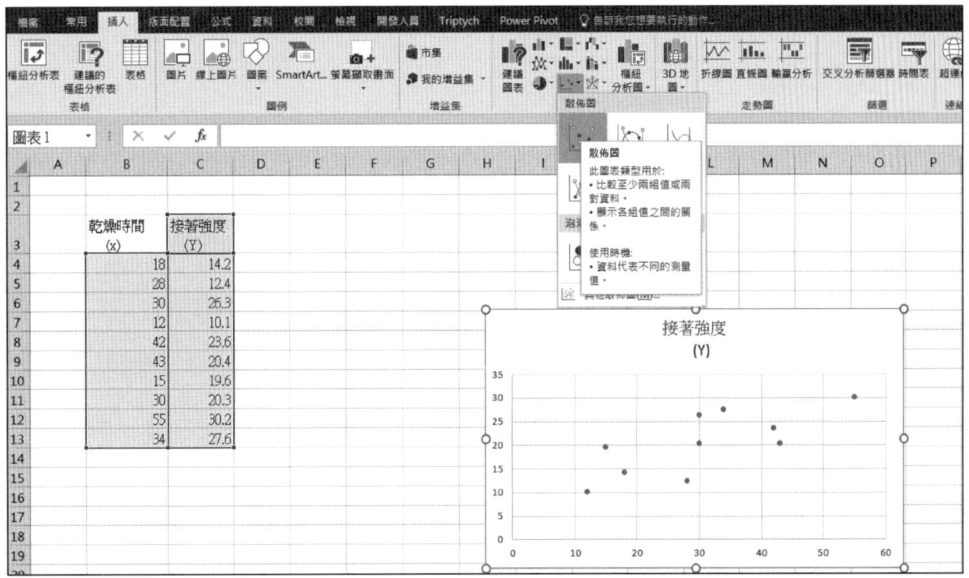

步驟 3 修正成容易看的圖形

①右鍵按一下縱軸刻度，執行［刪除 (D)］。

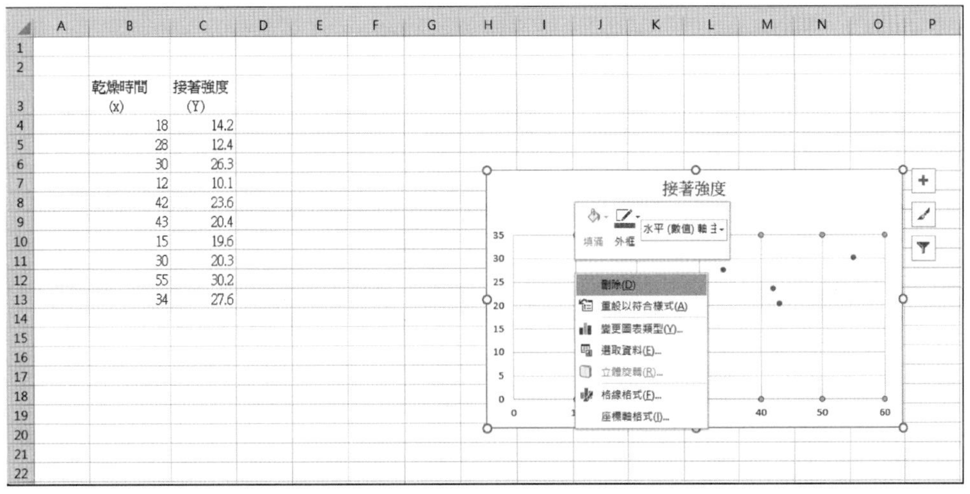

②點選圖表標題，更改名稱為乾燥時間與接著強度。

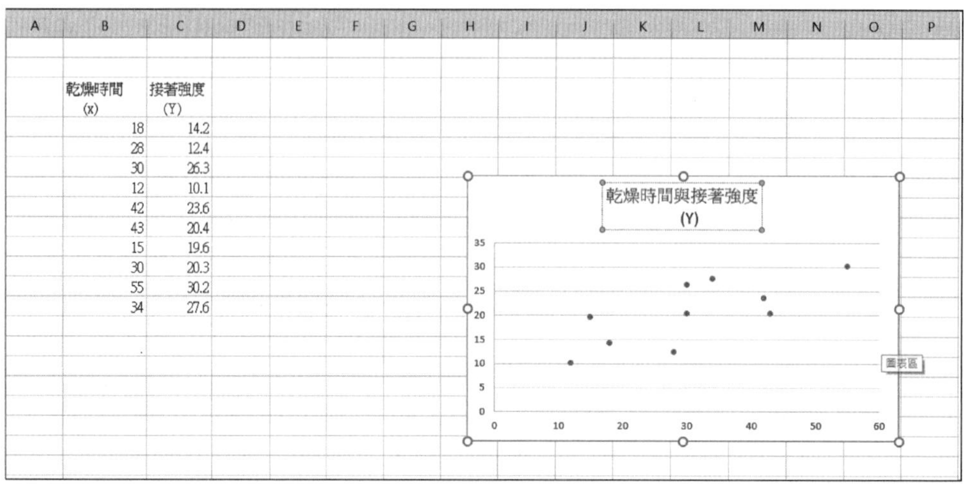

③點一下圖形，右方出現＋，點選座標軸標題，縱軸改成接著強度，橫軸改成乾燥時間。

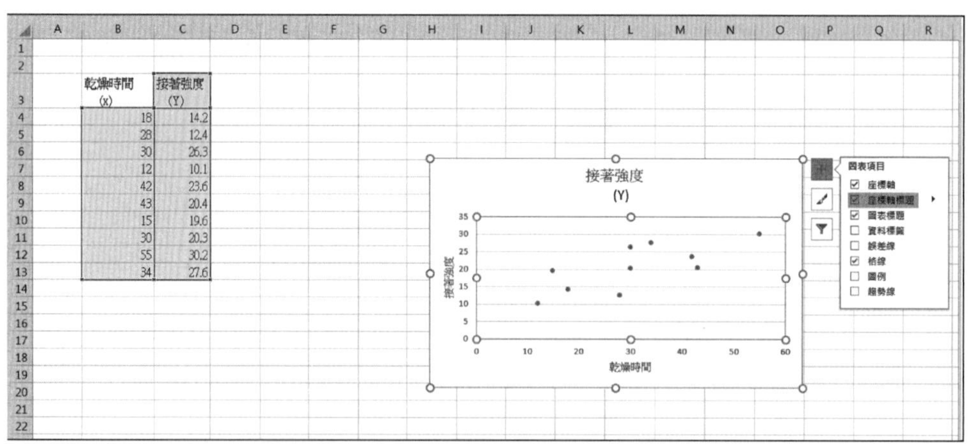

④刻度的變更。雙擊縱軸，於座標軸格式對話框中將最小值設為 5。

以相同作法設定橫軸，此處橫軸的最小刻度設為 10。

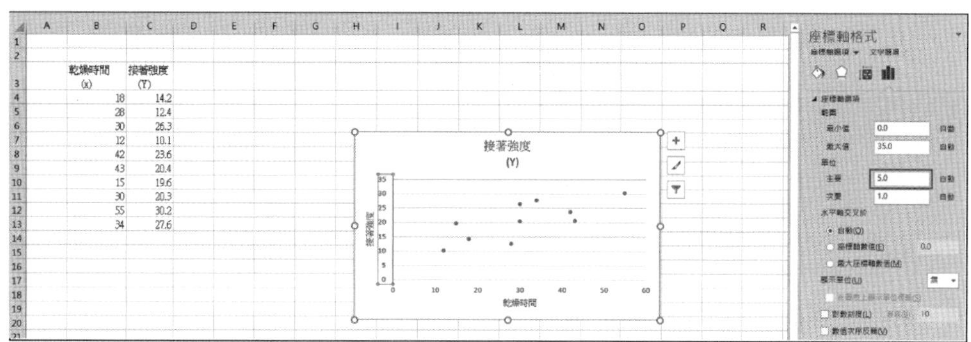

乾燥時間 (x)	接著強度 (Y)
18	14.2
28	12.4
30	26.3
12	10.1
42	23.6
43	20.4
15	19.6
30	20.3
55	30.2
34	27.6

8.4 層別散佈圖的製作

步驟 1 輸入數據。

乾燥時間 (x)	接著強度 (Y)	接著劑種類
18	14.2	接著劑A
28	12.4	接著劑B
30	26.3	接著劑A
12	10.1	接著劑A
42	23.6	接著劑B
43	20.4	接著劑B
15	19.6	接著劑A
30	20.3	接著劑B
55	30.2	接著劑B
34	27.6	接著劑A

步驟 2　執行 [資料] → [排序] → [排序方式]，選擇接著劑種類。

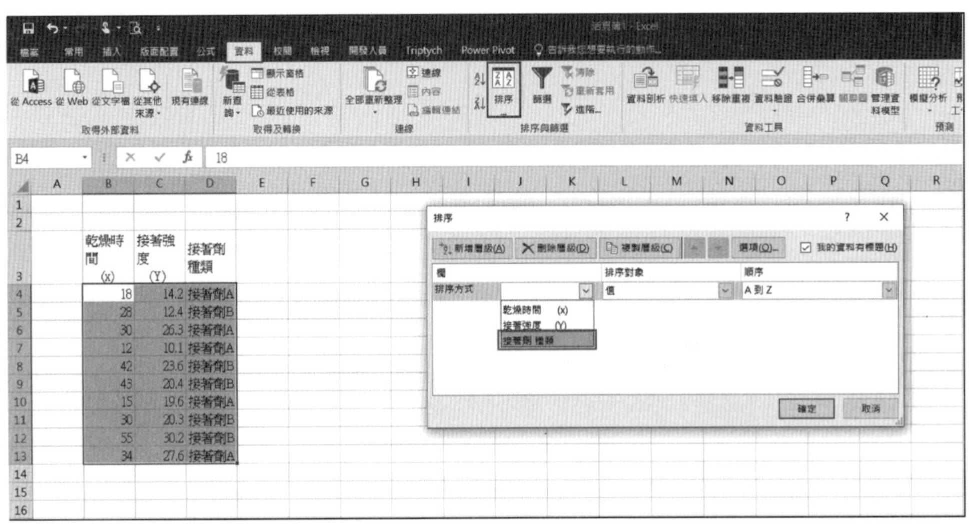

步驟 3　顯示出已重排的資料。

	A	B	C	D	E	F	G	H	I	J
1										
2										
3		乾燥時間 (x)	接著強度 (Y)	接著劑種類						
4		18	14.2	接著劑A						
5		30	26.3	接著劑A						
6		12	10.1	接著劑A						
7		15	19.6	接著劑A						
8		34	27.6	接著劑A						
9		28	12.4	接著劑B						
10		42	23.6	接著劑B						
11		43	20.4	接著劑B						
12		30	20.3	接著劑B						
13		55	30.2	接著劑B						
14										

步驟 4 框選範圍，B13：C13。

	A	B	C	D	E	F	G	H	I	J
1										
2										
3		乾燥時間 (x)	接著強度 (Y)	接著劑種類						
4		18	14.2	接著劑A						
5		30	26.3	接著劑A						
6		12	10.1	接著劑A						
7		15	19.6	接著劑A						
8		34	27.6	接著劑A						
9		28	12.4	接著劑B						
10		42	23.6	接著劑B						
11		43	20.4	接著劑B						
12		30	20.3	接著劑B						
13		55	30.2	接著劑B						
14										
15										

步驟 5 執行［插入］→［圖表］中的散佈圖。圖形的修正與前節同。

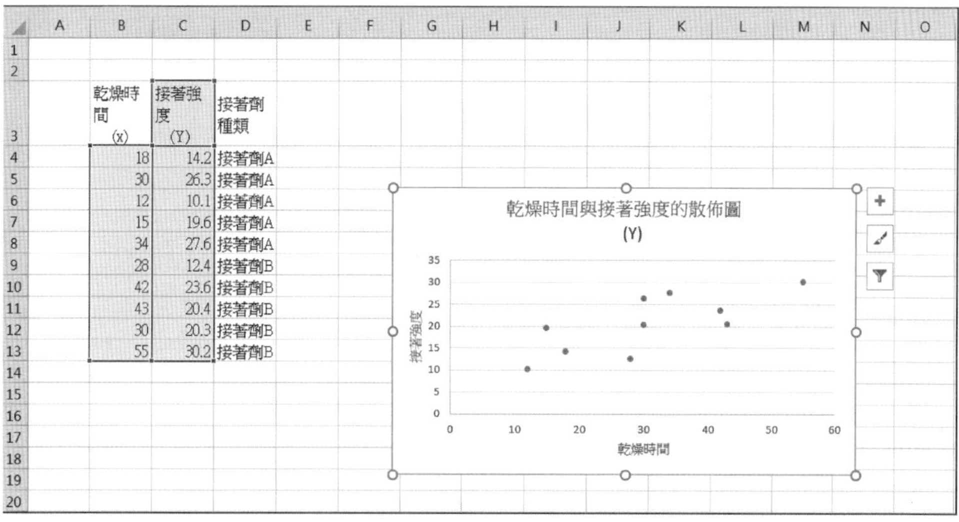

步驟 6　按右鍵點一下圖形中的任一點，執行［選取資料 (E)］。

乾燥時間 (x)	接著強度 (Y)	接著劑種類
18	14.2	接著劑A
30	26.3	接著劑A
12	10.1	接著劑A
15	19.6	接著劑A
34	27.6	接著劑A
28	12.4	接著劑B
42	23.6	接著劑B
43	20.4	接著劑B
30	20.3	接著劑B
55	30.2	接著劑B

步驟 7　出現［選取資料來源］對話框，從［圖例項目 (數列)(S)］中勾選［接著強度 (Y)］後執行［編輯 (E)］。

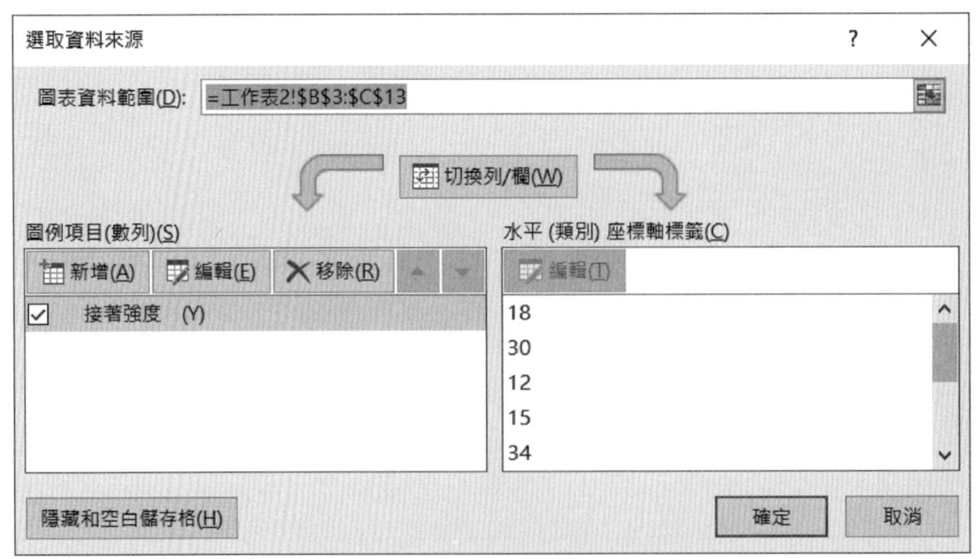

步驟 8　於編輯數列的對話框中如下設定①～④後，按 確定 。

①數列名稱 (N)：選擇能顯示層別特性的任意儲存格 D5（接著劑 A）。

②數列 X 值 (X)：框選 X 軸的資料範圍［B4：B8］。

③數列 Y 值 (Y)：框選 Y 軸的資料範圍［C4：C8］。

步驟 9 於［編輯數列］中，按 確定。再於選取資料來源中按 確定，得出接著劑 A 的散佈圖。

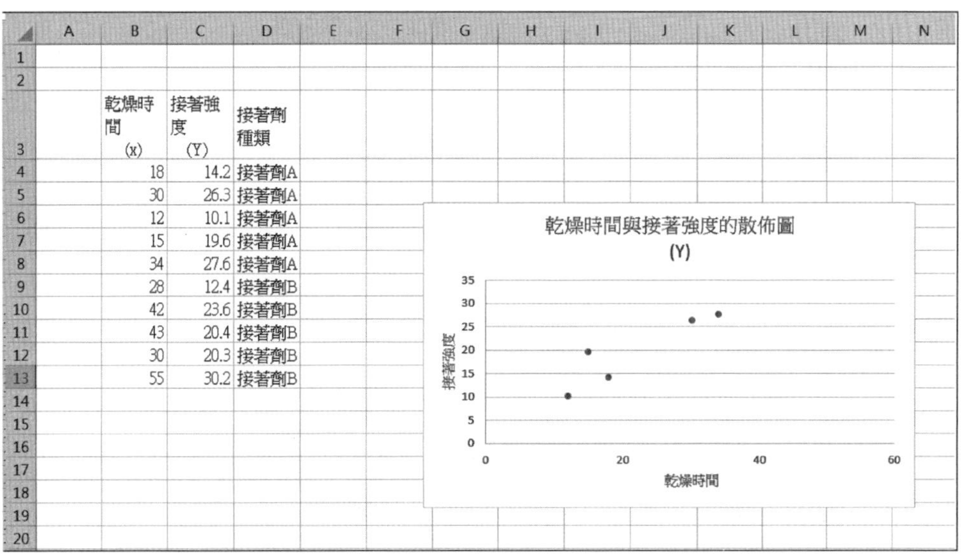

乾燥時間 (x)	接著強度 (Y)	接著劑種類
18	14.2	接著劑A
30	26.3	接著劑A
12	10.1	接著劑A
15	19.6	接著劑A
34	27.6	接著劑A
28	12.4	接著劑B
42	23.6	接著劑B
43	20.4	接著劑B
30	20.3	接著劑B
55	30.2	接著劑B

步驟 10 於散佈圖中的任一點按右鍵，執行〔選取資料 (E)〕。

	A	B	C	D
1				
2				
3		乾燥時間 (x)	接著強度 (Y)	接著劑種類
4		18	14.2	接著劑A
5		30	26.3	接著劑A
6		12	10.1	接著劑A
7		15	19.6	接著劑A
8		34	27.6	接著劑A
9		28	12.4	接著劑B
10		42	23.6	接著劑B
11		43	20.4	接著劑B
12		30	20.3	接著劑B
13		55	30.2	接著劑B

乾燥時間與接著強度的散佈圖
(Y)

接著強度

填滿 外框 數列 "接著劑A"

刪除(D)
重設以符合樣式(A)
變更數列圖表類型(Y)...
選取資料(E)...
立體旋轉(R)...
新增資料標籤(B)
加上趨勢線(R)...
資料數列格式(F)...

步驟 11 於〔選取資料來源〕的對話框中的〔圖例項目 (數列)(S)〕的方框中，執行〔新增 (A)〕。

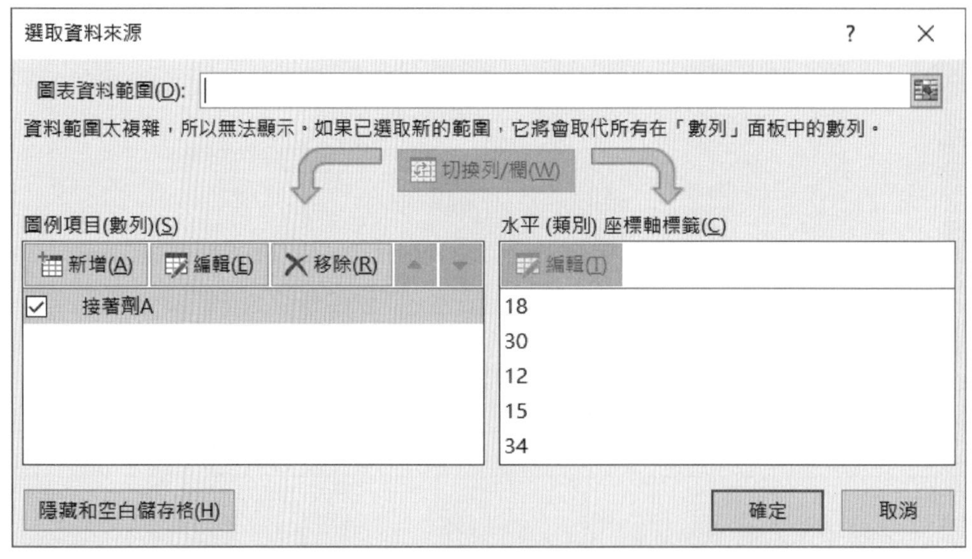

步驟 12 於〔編輯數列〕的對話框中如下設定①～④後，按確定。

④數列名稱 (N)：選擇能顯示層別特性的任意儲存格 D10（接著劑 B）。

⑤數列 X 值 (X)：框選 X 軸的資料範圍 [B9：B13]。

⑥數列 Y 值 (Y)：框選 Y 軸的資料範圍 [C9：C13]。

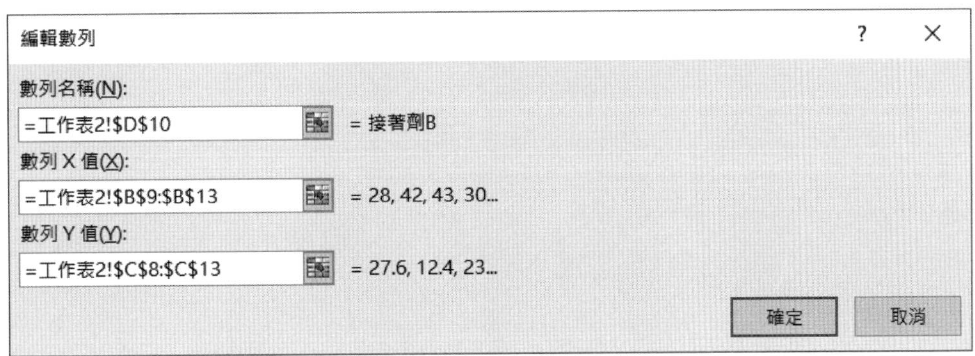

步驟 13 於 [編輯數列] 中按 確定。再於 [選取資料來源] 中，按 確定，得出接著劑 B 的散佈圖。

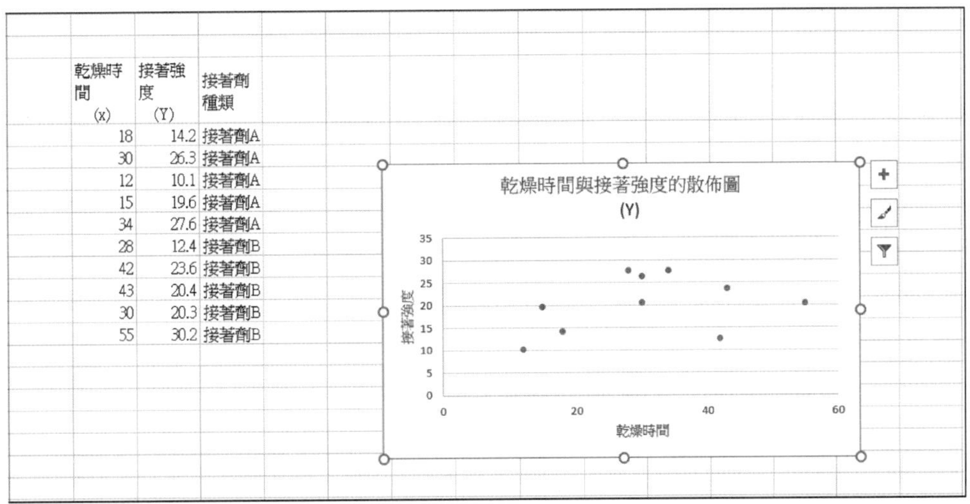

乾燥時間 (x)	接著強度 (Y)	接著劑種類
18	14.2	接著劑A
30	26.3	接著劑A
12	10.1	接著劑A
15	19.6	接著劑A
34	27.6	接著劑A
28	12.4	接著劑B
42	23.6	接著劑B
43	20.4	接著劑B
30	20.3	接著劑B
55	30.2	接著劑B

步驟 14 將接著劑 B 的圓行改成方形。點一下圖形中任意點，出現 [資料數列格式]，「標記」中的「標記選項」，選擇「內建」，將圓點改成方形，框線的色彩改成紅色。

步驟 15 得出層別後的散佈圖。

	A	B	C	D
1				
2				
3		乾燥時間 (x)	接著強度 (Y)	接著劑種類
4		18	14.2	接著劑A
5		30	26.3	接著劑A
6		12	10.1	接著劑A
7		15	19.6	接著劑A
8		34	27.6	接著劑A
9		28	12.4	接著劑B
10		42	23.6	接著劑B
11		43	20.4	接著劑B
12		30	20.3	接著劑B
13		55	30.2	接著劑B

乾燥時間與接著強度的散佈圖
(Y)

接著強度: 0, 5, 10, 15, 20, 25, 30, 35
乾燥時間: 0, 20, 40, 60

第9章 管制圖

9.1 計量值管制圖

一、管制圖的概要

1. 何謂管制圖

製造工程的狀態會出現在由該工程所製造出來的產品品質之中。此時，觀察顯示產品品質的數據（品質特性值），即可掌握製造工程的狀態。此時所使用的工具即爲管制圖。管制圖是爲了判斷製造工程是否處於安定狀態的一種時間數列圖形。

如使用管制圖時，即可判別表示品質之數據的變動，是因偶然原因引起，或是異常原因引起。所謂偶然原因是查明其發生原因後無法去除者，也就是無法避免的原因。所謂異常原因，是指要被查明的原因，它是無法忽略的原因。

管制圖是在折線圖上記入 2 條管制界限（管制上限與管制下限）與 1 條中心線所形成。點的變動如在此 2 條管制界限的領域內，判定是偶然原因所引起，當數據出現在管制界限之外時，工程中有可能發生什麼與平常不同的事情，因之必須探究其原因，採取處置。如無溢出管制界限之數據，數據的變動也無習性時，該製造工程即被判斷爲安全。

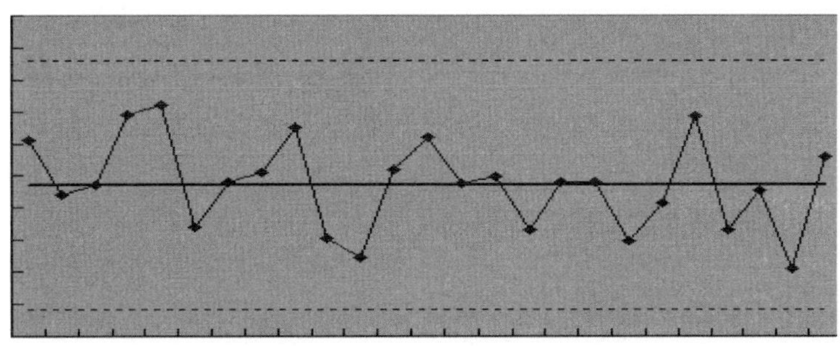

管制圖的中心線以 CL 表示，管制上限以 UCL 表示，管制下限以 LCL 表示。

■ 3σ (sigma) 法

以所描畫的數據平均值當作中心，以數據的 3 倍標準差在中心線的上下記入管制界限稱爲 3σ 界限。

中心線（CL）＝平均值

管制上限（UCL）＝平均值＋ 3 × 標準差

管制下限（LCL）＝平均值－3 × 標準差

使用 3σ 界限之管制圖，此作法稱爲 3σ 法。

2. 管制圖的用途

管制圖的用法可分爲 2 種。

(1) 解析用管制圖

(2) 管制用管制圖

解析用管制圖是爲了調查工程是否處於安定狀態所使用的管制圖，而管制用管制圖是爲了使工程保持在安定狀態所使用的管制圖。

3. 管制圖的種類

依管制圖所描點之數據的性質，準備有不同種類的管制圖，使用者必須選擇適合數據性質的管制圖再去活用。

管制圖可以分爲計量值的管制圖與計數值的管制圖。任一類管制圖也均有幾種。以下顯示其一覽表。

計量值管制圖	計數值管制圖
$\overline{X}$ 管制圖	P 管制圖
$\tilde{X}$ 管制圖	np 管制圖
X 管制圖	C 管制圖
R 管制圖	u 管制圖

(1) $\overline{X}$ 管制圖

利用品質特性的平均值 $\overline{X}$ 管制製程時所使用的管制圖，通常大多與 R 管制圖並用，此時稱爲 $\overline{X}$-R 管制圖。

成爲管制對象的品質特性值爲計量值（重量、長度、時間等）時，將其平均值描點製作管制圖。並非只是以測量器所測量的數據，即使是產品的顏色、臭味等利用管能評價所評分的數據也可以使用。

(2) $\tilde{X}$ 管制圖

利用品質特性值的中央值管制製程所使用的管制圖。也稱爲中位值管制圖。與 $\overline{X}$ 管制圖一樣，與 R 管制圖並用的居多。此時，即稱爲 $\tilde{X}$ -R 管制圖。用途與 $\overline{X}$-R 管制圖相同。

(3) X 管制圖

利用各個數據（測量值）管制製程時所使用的管制圖。

計算平均值或中位值至少需要 2 個數據，但是，像獲得 1 個數據要花時間的情形，等待求出平均值或中位值，再將其值描點會使判斷或應對延誤。此種時候，可將各個數據描點去製作管制圖。

(4) R 管制圖

利用全距來管制製程的變異所使用的管制圖。通常與 $\overline{X}$ 管制圖或 $\tilde{X}$ 管制圖並用。利用 $\overline{X}$ 管制圖或 $\tilde{X}$ 管制圖管制「中心位置」，利用 R 管制圖管制「變異」。另外，X 管制圖時，無法計算 R，因之計算移動距離 Rs，作爲 R 的代用（X-Rs 管制圖）。

(5) p 管制圖

利用不良率 P 管制製程時所使用的管制圖。此外，不限於不良率，只要有合格率、1 級品比率等百分率時，均可利用此管制圖。

(6) np 管制圖

利用不良個數 np 管制製程時所使用的管制圖。但存在有不良的樣本大小不等於 n 時就無法應用。若考慮到不良率時，如果它的分母爲一定時，只要觀察分子的數值即可的想法即爲 p 管制圖。

(7) C 管制圖

利用缺點數管制製程時所使用的管制圖。當調查缺點數時的單位體的大小或量不等時就無法應用。

np 管制圖是以不良品的個數作爲問題，相對的，C 管制是以產品中存在的缺點數作爲問題。譬如，1 張印刷物的瑕疵數有 2 個以上時，定義該印刷物的不良品時，在 np 管制圖（或 p 管制圖）中，不管瑕疵是 2 個或是 5 個均當作「不良」計算。在 C 管制圖中，是將此瑕疵的個數當作數據來製作管制圖。另外，以缺點數來說，雖然經常使用瑕疵、沾污、異物數等，但機械的停止次數或事故的發生件數等，也是與缺點相同處理，使用 C 管制圖。

(8) *U* 管制圖

利用每單位的缺點數管制製程時所使用的管制圖。調查缺點數時的單位體之大小或量不等時，使用變換成每單位的缺點數之數值後再去使用管制圖。

在 *C* 管制圖的地方雖然舉出印刷物的瑕疵為例，而此時的瑕疵數，如若不是印刷物的大小相同者之間的比較是沒有意義的。比較大小為 10cm^2 的印刷物之中的瑕疵數，與 5cm^2 之印刷物之中的瑕疵數並無意義是可以理解的。此時，將一單位定義為 5cm^2，改成每一單位的缺點數再去評估缺點數為宜。將此時的數值作成管制圖即為 *U* 管制圖。

■ 組

當有數個測量值時，收集這些測量值的背後，認為因時間、環境、產品的原料、製造方法等而有不同，想以此區分來分類時，屬於相同區分的測量值的集合稱為組（或群）。一個組所含的測量值的個數稱為組的大小。

在管制圖中的分組，最好是組內的變動只由偶然原因所構成。

二、$\overline{X}-R$ 管制圖的作法

例題 9-1 以下的數據是在製造運動用品的製程中測量產品的伸縮強度而得。以 1 日為 1 組，收集了 25 日份的數據。組的大小是 $n = 8$。
試以 $\overline{X}$ – R 管制圖表現此數據。

no.	X1	X2	X3	X4	X5	X6	X7	X8
1	30	34.9	27.2	32.2	24.3	35	30	33.7
2	28.2	30.6	24.3	33.4	33	31.5	28.2	28.1
3	31.3	34.5	29.3	31	29.3	29.5	26.1	29.9
4	30.3	32.3	34.4	25.7	32.1	31.9	31.9	29.5
5	32.3	33.4	33.4	31.5	30.2	27.4	32.1	32.6
6	27.5	34.5	33.5	26.7	30.5	28.8	28	25.7
7	30.1	27.4	27.6	25.2	30.6	31.4	29.5	31.3
8	28.4	35.8	30.2	30	30.5	29.6	29.5	33.8
9	34	31.1	26.5	37.1	32.6	27.8	31.8	31.2
10	35.2	24.8	32.9	27.3	27.1	28.8	29.5	24.9
11	28.2	28.2	26.3	29	30.8	25.4	26.7	24.6
12	32.5	26.8	33.5	27.5	28	35.8	30.7	29.7
13	30.6	26.1	33.2	31.8	28.3	37.6	21.3	32.9
14	28.4	32.4	27.6	31.4	28.4	26.9	31.1	35.2
15	29.3	29.4	33.1	34.2	32	27.7	27.6	30.6
16	23.9	29.3	34	28.3	28.3	24.7	31	26.7
17	30.4	28.3	27.9	29.2	33.4	31.8	34.7	28.3
18	33.2	28.2	25.4	22.5	33.8	32.3	22.7	31.4
19	27.7	30.8	27.7	26.7	29	28.2	25.4	30.9
20	28.7	30.3	28.5	29.6	26.7	31.5	27.7	33.1
21	28.7	32.7	32.8	30.8	31.3	25.9	33	32.4
22	28.3	27.3	35.9	28.1	27.3	28.3	32	29
23	27.3	31.3	41.5	31.1	36.1	26.7	25	28
24	30.8	24.8	35.3	26.8	27	26.1	30.9	27.2
25	29.7	30.4	30.8	37.1	34.9	29.8	27.8	32.8

1. 利用 EXCEL 製作 $\overline{X}-R$ 管制圖

介紹使用 EXCEL 製作 $\overline{X}-\mathrm{R}$ 管制圖的步驟。

此例題中組的大小是 $n=8$，而 $n=10$ 時也可利用。

步驟 1 資料輸入

從 B3 到 I27 輸入資料。

儲存格 E1 輸入組的大小。

	A	B	C	D	E	F	G	H	I	J	K
1	X-bar-R管制圖		組的大小		8						
2	no.	X1	X2	X3	X4	X5	X6	X7	X8	X9	X10
3	1	30	34.9	27.2	32.2	24.3	35	30	33.7		
4	2	28.2	30.6	24.3	33.4	33	31.5	28.2	28.1		
5	3	31.3	34.5	29.3	31	29.3	29.5	26.1	29.9		
6	4	30.3	32.3	34.4	25.7	32.1	31.9	31.9	29.5		
7	5	32.3	33.4	33.4	31.5	30.2	27.4	32.1	32.6		
8	6	27.5	34.5	33.5	26.7	30.5	28.8	28	25.7		
9	7	30.1	27.4	27.6	25.2	30.6	31.4	29.5	31.3		
10	8	28.4	35.8	30.2	30	30.5	29.6	29.5	33.8		
11	9	34	31.1	26.5	37.1	32.6	27.8	31.8	31.2		
12	10	35.2	24.8	32.9	27.3	27.1	28.8	29.5	24.9		
13	11	28.2	28.2	26.3	29	30.8	25.4	26.7	24.6		
14	12	32.5	26.8	33.5	27.5	28	35.8	30.7	29.7		
15	13	30.6	26.1	33.2	31.8	28.3	37.6	21.3	32.9		
16	14	28.4	32.4	27.6	31.4	28.4	26.9	31.1	35.2		
17	15	29.3	29.4	33.1	34.2	32	27.7	27.6	30.6		
18	16	23.9	29.3	34	28.3	28.3	24.7	31	26.7		
19	17	30.4	28.3	27.9	29.2	33.4	31.8	34.7	28.3		
20	18	33.2	28.2	25.4	22.5	33.8	32.3	22.7	31.4		
21	19	27.7	30.8	27.7	26.7	29	28.2	25.4	30.9		
22	20	28.7	30.3	28.5	29.6	26.7	31.5	27.7	33.1		
23	21	28.7	32.7	32.8	30.8	31.3	25.9	33	32.4		
24	22	28.3	27.3	35.9	28.1	27.3	28.3	32	29		
25	23	27.3	31.3	41.5	31.1	36.1	26.7	25	28		
26	24	30.8	24.8	35.3	26.8	27	26.1	30.9	27.2		
27	25	29.7	30.4	30.8	37.1	34.9	29.8	27.8	32.8		

【儲存格的內容】

E1;=COUNT(B3:K3)

步驟 2 計算各組的平均值與全距

從 L3 到 L27 計算各組的平均值。

從 M3 到 M27 計算各組的全距。

	C	D	E	F	G	H	I	J	K	L	M	N
1	組的大小		8									
2	X2	X3	X4	X5	X6	X7	X8	X9	X10	Xbar	R	
3	34.9	27.2	32.2	24.3	35	30	33.7			30.9125	10.7	
4	30.6	24.3	33.4	33	31.5	28.2	28.1			29.6625	9.1	
5	34.5	29.3	31	29.3	29.5	26.1	29.9			30.1125	8.4	
6	32.3	34.4	25.7	32.1	31.9	31.9	29.5			31.0125	8.7	
7	33.4	33.4	31.5	30.2	27.4	32.1	32.6			31.6125	6	
8	34.5	33.5	26.7	30.5	28.8	28	25.7			29.4	8.8	
9	27.4	27.6	25.2	30.6	31.4	29.5	31.3			29.1375	6.2	
10	35.8	30.2	30	30.5	29.6	29.5	33.8			30.975	7.4	
11	31.1	26.5	37.1	32.6	27.8	31.8	31.2			31.5125	10.6	
12	24.8	32.9	27.3	27.1	28.8	29.5	24.9			28.8125	10.4	
13	28.2	26.3	29	30.8	25.4	26.7	24.6			27.4	6.2	
14	26.8	33.5	27.5	28	35.8	30.7	29.7			30.5625	9	
15	26.1	33.2	31.8	28.3	37.6	21.3	32.9			30.225	16.3	
16	32.4	27.6	31.4	28.4	26.9	31.1	35.2			30.175	8.3	
17	29.4	33.1	34.2	32	27.7	27.6	30.6			30.4875	6.6	
18	29.3	34	28.3	28.3	24.7	31	26.7			28.275	10.1	
19	28.3	27.9	29.2	33.4	31.8	34.7	28.3			30.5	6.8	
20	28.2	25.4	22.5	33.8	32.3	22.7	31.4			28.6875	11.3	
21	30.8	27.7	26.7	29	28.2	25.4	30.9			28.3	5.5	
22	30.3	28.5	29.6	26.7	31.5	27.7	33.1			29.5125	6.4	
23	32.7	32.8	30.8	31.3	25.9	33	32.4			30.95	7.1	
24	27.3	35.9	28.1	27.3	28.3	32	29			29.525	8.6	
25	31.3	41.5	31.1	36.1	26.7	25	28			30.875	16.5	
26	24.8	35.3	26.8	27	26.1	30.9	27.2			28.6125	10.5	
27	30.4	30.8	37.1	34.9	29.8	27.8	32.8			31.6625	9.3	
28												

【儲存格的內容】

L3;=AVERAGE(B3:K3)

M3;=MAX(B3:K3)-MIN(B3:K3)

從 L4 到 M27 複製 L3 到 M3。

步驟 3　計算中心線

於儲存格 N3 計算各組的平均值的平均值（$\overline{\overline{X}}$）。

此值即為 $\overline{X}$ 管制圖的 CL。

於儲存格 Q3 計算各組的全距的平均值（$\overline{R}$）。

此值即為 R 管制圖的 CL。

	M	N	O	P	Q	R	S
1		Xbar管制圖			R管制圖		
2	R	CL	UCL	LCL	CL	UCL	LCL
3	10.7	29.956			8.992		
4	9.1						
5	8.4						
6	8.7						
7	6						

【儲存格的內容】

N3;=AVERAGE(L3:L27)

Q3;=AVERAGE(M3:M27)

步驟 4　計算管制界限

計算 $\overline{X}$ 管制圖與 R 管制圖的 UCL 及 LCL。

計算方法如下。

① $\overline{X}$ 管制圖

$$\mathrm{UCL} = \overline{\overline{X}} + \mathrm{A}_2\overline{R}$$
$$\mathrm{LCL} = \overline{\overline{X}} - \mathrm{A}_2\overline{R}$$

A2 是依組的大小 n 決定的常數，具體的數值以管制圖係數一覽表表示於下頁。

② R 管制圖

$$\mathrm{UCL} = \mathrm{D}_4\overline{R}$$
$$\mathrm{LCL} = \mathrm{D}_3\overline{R}$$

D_4 與 D_3 依組的大小 n 而決定的常數，與先前的 A_2 一樣表示於管制圖係數一覽表中。

由此表知 $\overline{X}$ 管制圖的管制界限如下：

$$\mathrm{UCL} = \overline{\overline{X}} + 0.373 \times \overline{R}$$
$$\mathrm{LCL} = \overline{\overline{X}} - 0.373 \times \overline{R}$$

直接輸入此數值也行，然而即使 n 在 2 到 10 的範圍中改變，但爲了不要改變數式，可以使用函數 VLOOKUP，即可利用對應 n 之值的 A_2。因此，從儲存格 V2 到 Y11 輸入此管制圖係數表。

管制圖係數一覽表

n	A_2	D_4	D_3
2	1.880	3.267	－
3	1.023	2.575	－
4	0.729	2.282	－
5	0.577	2.115	－
6	0.483	2.004	－
7	0.419	1.924	0.076
8	0.373	1.864	0.136
9	0.337	1.816	0.184
10	0.308	1.777	0.223

（註）$n \leqq 6$ 時，D_3 不存在。

T	U	V	W	X	Y
			管制圖係數表		
		n	A2	D4	D3
A2	0.37	2	1.88	3.267	
D4	1.86	3	1.023	2.575	
D3	0.14	4	0.729	2.282	
		5	0.577	2.115	
		6	0.483	2.004	
		7	0.419	1.924	0.076
		8	0.373	1.864	0.136
		9	0.337	1.816	0.184
		10	0.308	1.777	0.223

此表輸入後，儲存格 U3 到 U5 如下輸入時，各儲存格即可輸出對應 n 的 A_2、D_4、D_3 之值。

U3 → =VLOOKUP(E1,V2:W11, 2, FALSE)

U4 → =VLOOKUP(E1,V2:X11, 3, FALSE)

U5 → =IF(E1>6, VLOOKUP(E1,V2:Y11, 4, FALSE), " ")

T	U	V	W	X	Y
			管制圖係數表		
		n	A2	D4	D3
A2	0.37	2	1.88	3.267	
D4	1.86	3	1.023	2.575	
D3	0.14	4	0.729	2.282	
		5	0.577	2.115	
		6	0.483	2.004	
		7	0.419	1.924	0.076
		8	0.373	1.864	0.136
		9	0.337	1.816	0.184
		10	0.308	1.777	0.223

使用此 U3 到 U5 之值計算管制界限。

$\overline{X}$ 管制圖的 UCL 於 Q3 中計算，LCL 於 P3 中計算，

R 管制圖的 UCL 於 R3 中計算，LCL 於 S3 中計算。

	M	N	O	P	Q	R	S	T	U	V	W	X	Y
1		Xbar管制圖			R管制圖						管制圖係數表		
2	R	CL	UCL	LCL	CL	UCL	LCL			n	A2	D4	D3
3	10.7	29.956	33.31002	26.60198	8.992	16.76109	1.222912	A2	0.373	2	1.88	3.267	
4	9.1							D4	1.864	3	1.023	2.575	
5	8.4							D3	0.136	4	0.729	2.282	
6	8.7									5	0.577	2.115	
7	6									6	0.483	2.004	
8	8.8									7	0.419	1.924	0.076
9	6.2									8	0.373	1.864	0.136
10	7.4									9	0.337	1.816	0.184
11	10.6									10	0.308	1.777	0.223
12	10.4												

【儲存格的內容】

O3;=N3+U3*Q3

P3;=N3-U3*Q3

R3;=U4*Q3

S3;=IF(E1>6,U5*Q3," ")

步驟 5 中心線與管制界限的準備

為了讓中心線與管制界限在圖上顯示，以準備來說，CL、UCL、LCL 之值只要準備好組的個數。

具體步驟如下：

①從儲存格 N4 到 S4 如下輸入

N4 → =N3

O4 → =O3

P4 → =P3

Q4 → =Q3

R4 → =R3

S4 → =S3

②從 N5 到 S27 複製儲存格 N4 到 S4。

	M	N	O	P	Q	R	S	T	U	V	W	X	Y
1		Xbar管制圖			R管制圖						管制圖係數表		
2	R	CL	UCL	LCL	CL	UCL	LCL			n	A2	D4	D3
3	10.7	29.956	33.31002	26.60198	8.992	16.76109	1.222912	A2	0.373	2	1.88	3.267	
4	9.1	29.956	33.31002	26.60198	8.992	16.76109	1.222912	D4	1.864	3	1.023	2.575	
5	8.4	29.956	33.31002	26.60198	8.992	16.76109	1.222912	D3	0.136	4	0.729	2.282	
6	8.7	29.956	33.31002	26.60198	8.992	16.76109	1.222912			5	0.577	2.115	
7	6	29.956	33.31002	26.60198	8.992	16.76109	1.222912			6	0.483	2.004	
8	8.8	29.956	33.31002	26.60198	8.992	16.76109	1.222912			7	0.419	1.924	0.076
9	6.2	29.956	33.31002	26.60198	8.992	16.76109	1.222912			8	0.373	1.864	0.136
10	7.4	29.956	33.31002	26.60198	8.992	16.76109	1.222912			9	0.337	1.816	0.184
11	10.6	29.956	33.31002	26.60198	8.992	16.76109	1.222912			10	0.308	1.777	0.223
12	10.4	29.956	33.31002	26.60198	8.992	16.76109	1.222912						
13	6.2	29.956	33.31002	26.60198	8.992	16.76109	1.222912						
14	9	29.956	33.31002	26.60198	8.992	16.76109	1.222912						
15	16.3	29.956	33.31002	26.60198	8.992	16.76109	1.222912						
16	8.3	29.956	33.31002	26.60198	8.992	16.76109	1.222912						
17	6.6	29.956	33.31002	26.60198	8.992	16.76109	1.222912						
18	10.1	29.956	33.31002	26.60198	8.992	16.76109	1.222912						
19	6.8	29.956	33.31002	26.60198	8.992	16.76109	1.222912						
20	11.3	29.956	33.31002	26.60198	8.992	16.76109	1.222912						
21	5.5	29.956	33.31002	26.60198	8.992	16.76109	1.222912						
22	6.4	29.956	33.31002	26.60198	8.992	16.76109	1.222912						
23	7.1	29.956	33.31002	26.60198	8.992	16.76109	1.222912						
24	8.6	29.956	33.31002	26.60198	8.992	16.76109	1.222912						
25	16.5	29.956	33.31002	26.60198	8.992	16.76109	1.222912						
26	10.5	29.956	33.31002	26.60198	8.992	16.76109	1.222912						
27	9.3	29.956	33.31002	26.60198	8.992	16.76109	1.222912						

步驟 6　$\overline{X}$ 管制圖的製作

①折線圖的製作

儲存格 L2 到 L27，N2 到 P27 當作數據的範圍，製作折線圖。

	L	M	N	O	P	Q	R	S
1			Xbar管制圖			R管制圖		
2	Xbar	R	CL	UCL	LCL	CL	UCL	LCL
3	30.9125	10.7	29.956	33.31002	26.60198	8.992	16.76109	1.222912
4	29.6625	9.1	29.956	33.31002	26.60198	8.992	16.76109	1.222912
5	30.1125	8.4	29.956	33.31002	26.60198	8.992	16.76109	1.222912
6	31.0125	8.7	29.956	33.31002	26.60198	8.992	16.76109	1.222912
7	31.6125	6	29.956	33.31002	26.60198	8.992	16.76109	1.222912
8	29.4	8.8	29.956	33.31002	26.60198	8.992	16.76109	1.222912
9	29.1375	6.2	29.956	33.31002	26.60198	8.992	16.76109	1.222912
10	30.975	7.4	29.956	33.31002	26.60198	8.992	16.76109	1.222912
11	31.5125	10.6	29.956	33.31002	26.60198	8.992	16.76109	1.222912
12	28.8125	10.4	29.956	33.31002	26.60198	8.992	16.76109	1.222912
13	27.4	6.2	29.956	33.31002	26.60198	8.992	16.76109	1.222912
14	30.5625	9	29.956	33.31002	26.60198	8.992	16.76109	1.222912
15	30.225	16.3	29.956	33.31002	26.60198	8.992	16.76109	1.222912
16	30.175	8.3	29.956	33.31002	26.60198	8.992	16.76109	1.222912
17	30.4875	6.6	29.956	33.31002	26.60198	8.992	16.76109	1.222912
18	28.275	10.1	29.956	33.31002	26.60198	8.992	16.76109	1.222912
19	30.5	6.8	29.956	33.31002	26.60198	8.992	16.76109	1.222912
20	28.6875	11.3	29.956	33.31002	26.60198	8.992	16.76109	1.222912
21	28.3	5.5	29.956	33.31002	26.60198	8.992	16.76109	1.222912
22	29.5125	6.4	29.956	33.31002	26.60198	8.992	16.76109	1.222912
23	30.95	7.1	29.956	33.31002	26.60198	8.992	16.76109	1.222912
24	29.525	8.6	29.956	33.31002	26.60198	8.992	16.76109	1.222912
25	30.875	16.5	29.956	33.31002	26.60198	8.992	16.76109	1.222912
26	28.6125	10.5	29.956	33.31002	26.60198	8.992	16.76109	1.222912
27	31.6625	9.3	29.956	33.31002	26.60198	8.992	16.76109	1.222912

折線圖的形式選擇如下類型。

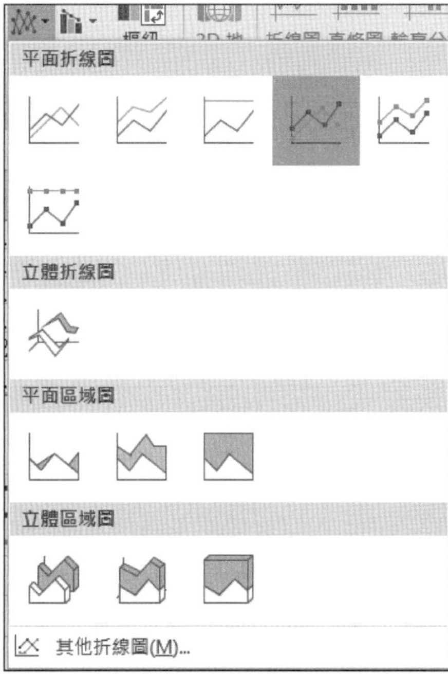

即可作出如下的折線圖。

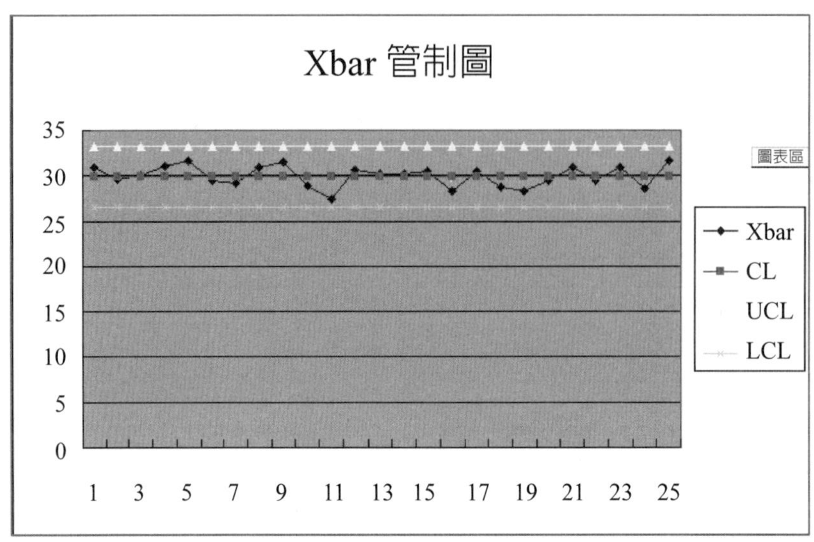

②折線圖的修正

將折線圖如下加以修正：

a. 中心線以實線，界限線以虛線表示。

b. 消去中心線與界限線上的格線。

因此，按兩下想要修正的點，出現［資料數列格式］對話框，於該處變更。

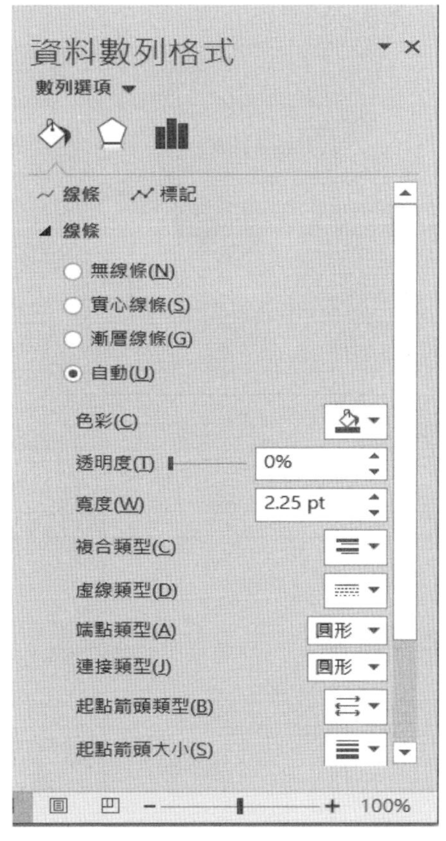

刻度等修正後，即可製作如下的管制圖。

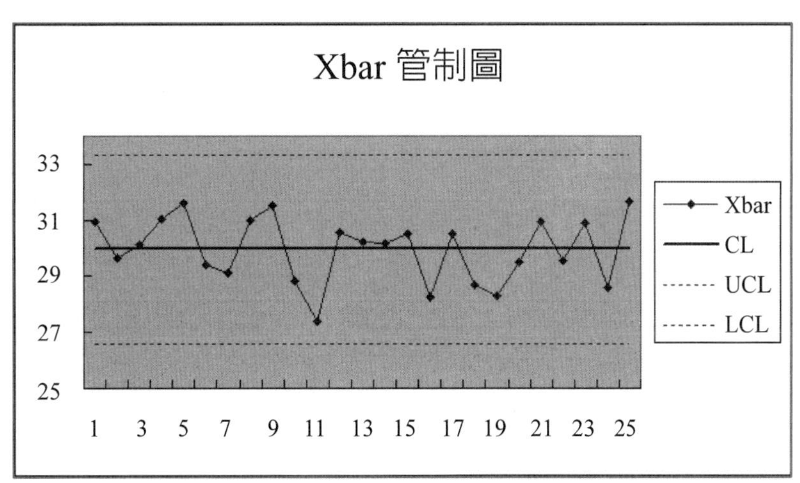

R 管制圖也以同樣的步驟製作即可。

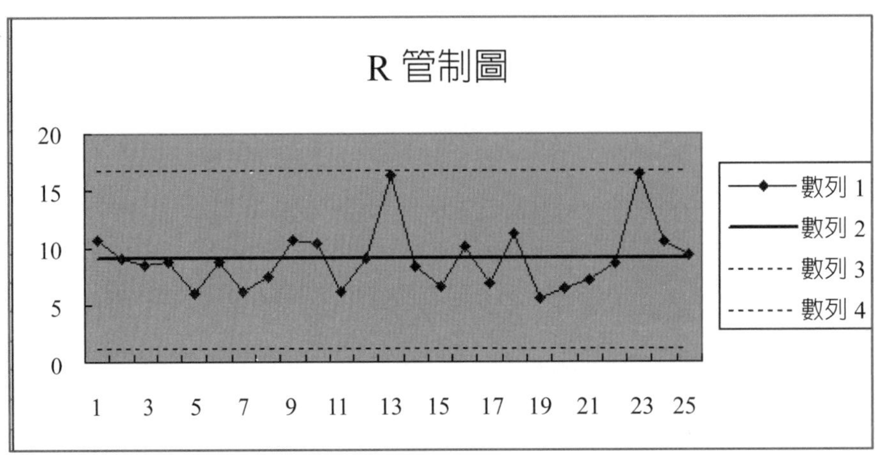

三、$\widetilde{X}-R$ 管制圖的作法

例題 9-2　以 $\widetilde{X}-R$ 管制圖製作例題 9-1 的數據看看。

1. 利用 EXCEL 製作 $\widetilde{X}-R$ 管制圖

與例題 9-1 的情形一樣，先使之可以利用至 $n = 10$ 爲止。

步驟 1　資料的輸入

從儲存格 B3 到 I27 輸入資料。儲存格 E1 輸入組的大小。

	A	B	C	D	E	F	G	H	I	J	K
1	Median-R管制圖		組的大小		8						
2	no.	X1	X2	X3	X4	X5	X6	X7	X8	X9	X10
3	1	30	34.9	27.2	32.2	24.3	35	30	33.7		
4	2	28.2	30.6	24.3	33.4	33	31.5	28.2	28.1		
5	3	31.3	34.5	29.3	31	29.3	29.5	26.1	29.9		
6	4	30.3	32.3	34.4	25.7	32.1	31.9	31.9	29.5		
7	5	32.3	33.4	33.4	31.5	30.2	27.4	32.1	32.6		
8	6	27.5	34.5	33.5	26.7	30.5	28.8	28	25.7		
9	7	30.1	27.4	27.6	25.2	30.6	31.4	29.5	31.3		
10	8	28.4	35.8	30.2	30	30.5	29.6	29.5	33.8		
11	9	34	31.1	26.5	37.1	32.6	27.8	31.8	31.2		
12	10	35.2	24.8	32.9	27.3	27.1	28.8	29.5	24.9		
13	11	28.2	28.2	26.3	29	30.8	25.4	26.7	24.6		
14	12	32.5	26.8	33.5	27.5	28	35.8	30.7	29.7		
15	13	30.6	26.1	33.2	31.8	28.3	37.6	21.3	32.9		
16	14	28.4	32.4	27.6	31.4	28.4	26.9	31.1	35.2		
17	15	29.3	29.4	33.1	34.2	32	27.7	27.6	30.6		
18	16	23.9	29.3	34	28.3	28.3	24.7	31	26.7		
19	17	30.4	28.3	27.9	29.2	33.4	31.8	34.7	28.3		
20	18	33.2	28.2	25.4	22.5	33.8	32.3	22.7	31.4		
21	19	27.7	30.8	27.7	26.7	29	28.2	25.4	30.9		
22	20	28.7	30.3	28.5	29.6	26.7	31.5	27.7	33.1		
23	21	28.7	32.7	32.8	30.8	31.3	25.9	33	32.4		
24	22	28.3	27.3	35.9	28.1	27.3	28.3	32	29		
25	23	27.3	31.3	41.5	31.1	36.1	26.7	25	28		
26	24	30.8	24.8	35.3	26.8	27	26.1	30.9	27.2		
27	25	29.7	30.4	30.8	37.1	34.9	29.8	27.8	32.8		

【儲存格的內容】

E1;=COUNT(B3:K3)

步驟 2　計算各組的中央值與全距

從儲存格 L3 到 L27 計算各組的中央值。

從儲存格 M3 到 M27 計算各組的全距。

	A	B	C	D	E	F	G	H	I	J	K	L	M
1	Median-R管制圖		組的大小		8								
2	no.	X1	X2	X3	X4	X5	X6	X7	X8	X9	X10	Median	R
3	1	30	34.9	27.2	32.2	24.3	35	30	33.7			31.1	10.7
4	2	28.2	30.6	24.3	33.4	33	31.5	28.2	28.1			29.4	9.1
5	3	31.3	34.5	29.3	31	29.3	29.5	26.1	29.9			29.7	8.4
6	4	30.3	32.3	34.4	25.7	32.1	31.9	31.9	29.5			31.9	8.7
7	5	32.3	33.4	33.4	31.5	30.2	27.4	32.1	32.6			32.2	6
8	6	27.5	34.5	33.5	26.7	30.5	28.8	28	25.7			28.4	8.8
9	7	30.1	27.4	27.6	25.2	30.6	31.4	29.5	31.3			29.8	6.2
10	8	28.4	35.8	30.2	30	30.5	29.6	29.5	33.8			30.1	7.4
11	9	34	31.1	26.5	37.1	32.6	27.8	31.8	31.2			31.5	10.6
12	10	35.2	24.8	32.9	27.3	27.1	28.8	29.5	24.9			28.05	10.4
13	11	28.2	28.2	26.3	29	30.8	25.4	26.7	24.6			27.45	6.2
14	12	32.5	26.8	33.5	27.5	28	35.8	30.7	29.7			30.2	9
15	13	30.6	26.1	33.2	31.8	28.3	37.6	21.3	32.9			31.2	16.3
16	14	28.4	32.4	27.6	31.4	28.4	26.9	31.1	35.2			29.75	8.3
17	15	29.3	29.4	33.1	34.2	32	27.7	27.6	30.6			30	6.6
18	16	23.9	29.3	34	28.3	28.3	24.7	31	26.7			28.3	10.1
19	17	30.4	28.3	27.9	29.2	33.4	31.8	34.7	28.3			29.8	6.8
20	18	33.2	28.2	25.4	22.5	33.8	32.3	22.7	31.4			29.8	11.3
21	19	27.7	30.8	27.7	26.7	29	28.2	25.4	30.9			27.95	5.5
22	20	28.7	30.3	28.5	29.6	26.7	31.5	27.7	33.1			29.15	6.4
23	21	28.7	32.7	32.8	30.8	31.3	25.9	33	32.4			31.85	7.1
24	22	28.3	27.3	35.9	28.1	27.3	28.3	32	29			28.3	8.6
25	23	27.3	31.3	41.5	31.1	36.1	26.7	25	28			29.55	16.5
26	24	30.8	24.8	35.3	26.8	27	26.1	30.9	27.2			27.1	10.5
27	25	29.7	30.4	30.8	37.1	34.9	29.8	27.8	32.8			30.6	9.3

【儲存格內容】

L3;=MEDIAN(B3:K3)

M3;=MAX(B3:K3)-MIN(B3：K3)

從 L4 到 M27 複製 L3 到 M3。

步驟 3 計算中心線（CL）

在儲存格 N3 計算各組的中央值的平均值。

此值即爲 $\tilde{X}$ 管制圖的 CL。

在儲存格 Q3 計算各組的全距的平均值。

此值即爲管制圖的 CL。

L	M	N	O	P	Q	R	S
		中位數管制圖			R管制圖		
Median	R	CL	UCL	LCL	CL	UCL	LCL
31.1	10.7	26.726			8.992		
29.4	9.1						
29.7	8.4						
31.9	8.7						
32.2	6						
28.4	8.8						
29.8	6.2						
30.1	7.4						
31.5	10.6						

【儲存格內容】

N3;=AVERAGE(L3:L27)

Q3;=AVERAGE(M3:M27)

步驟 4 計算管制界限

計算 $\tilde{X}$ 管制圖與 R 管制圖的 UCL 及 LCL。

計算方法如下。

①$\tilde{X}$ 管制圖

$UCL = \bar{\bar{X}} + m_3A_2\bar{R}$

$LCL = \bar{\bar{X}} - m_3A_2\bar{R}$

m_3A_2 是依組的大小 n 而決定的常數，具體的數值如管制圖係數一覽表中所示。

② R 管制圖

$UCL = D_4\overline{R}$

$LCL = D_3\overline{R}$

使用函數 VLOOKUP，使之可以求出對應 n 值的 m_3A_2。

與 $\overline{X}-R$ 管制圖的情形一樣，從儲存格 V2 到 Y11 輸入管制係數表。

此表輸入後，儲存格 U3 到 U5 如下輸入時，各儲存格即可輸出對應 n 的 m_3A_2、D_4、D_3 之值。使用此 U3 到 U5 之值計算管制界限。

管制圖係數一覽表

N	m_3A_2	D_4	D_3
2	1.880	3.267	-
3	1.187	2.575	-
4	0.796	2.282	-
5	0.691	2.115	-
6	0.549	2.004	-
7	0.509	1.924	0.076
8	0.432	1.864	0.136
9	0.412	1.816	0.184
10	0.363	1.777	0.223

（註）D_4 與 D_3 與 $\overline{X}-R$ 管制圖的情形相同。

【儲存格的內容】

U3;=VLOOKUP(E1,V2:W11,2,FALSE)

U4;=VLOOKUP(E1,V2:W11,3,FALSE)

U5;=IF(E1>6,VLOOKUP(E1,V2:Y11,4,FALSE)," ")

$\tilde{X}$ 管制圖的 UCL 計算於儲存格 O3 中，LCL 計算於 P3 中。

R 管制圖的 UCL 計算於儲存格 R3 中，LCL 計算於 S3 中。

	M	N	O	P	Q	R	S	T	U	V	W	X	Y
1	組的大小	中位數管制圖			R管制圖								
2	R	CL	UCL	LCL	CL	UCL	LCL			n	m3A2	D4	D3
3	10.7	29.726	33.6105	25.8415	8.992	16.7611	1.22291	A2	0.432	2	1.88	3.267	
4	9.1							D4	1.864	3	1.187	2.575	
5	8.4							D3	0.136	4	0.796	2.282	
6	8.7									5	0.691	2.115	
7	6									6	0.549	2.004	
8	8.8									7	0.509	1.924	0.076
9	6.2									8	0.432	1.864	0.136
10	7.4									9	0.412	1.816	0.184
11	10.6									10	0.363	1.777	0.223
12	10.4												
13	6.2												

【儲存格的內容】

O3;=N3+U3*Q3

P3;=N3-U3*Q3

R3;=U4*Q3

S3;=IF(E1>6,U5*Q3," ")

步驟 5 中心線與管制界限的準備

爲了讓中心線與管制界限顯示在圖上，以準備來說，CL、UCL、LCL 之值只要準備好組的個數即可。

L	M	N	O	P	Q	R	S	T	U	V	W	X
		中位數管制圖			R管制圖							
Median	R	CL	UCL	LCL	CL	UCL	LCL			n	m3A2	D4
31.1	10.7	29.726	33.6105	25.8415	8.992	16.7611	1.22291	A2	0.432	2	1.88	3.267
29.4	9.1	29.726	33.6105	25.8415	8.992	16.7611	1.22291	D4	1.864	3	1.187	2.575
29.7	8.4	29.726	33.6105	25.8415	8.992	16.7611	1.22291	D3	0.136	4	0.796	2.282
31.9	8.7	29.726	33.6105	25.8415	8.992	16.7611	1.22291			5	0.691	2.115
32.2	6	29.726	33.6105	25.8415	8.992	16.7611	1.22291			6	0.549	2.004
28.4	8.8	29.726	33.6105	25.8415	8.992	16.7611	1.22291			7	0.509	1.924
29.8	6.2	29.726	33.6105	25.8415	8.992	16.7611	1.22291			8	0.432	1.864
30.1	7.4	29.726	33.6105	25.8415	8.992	16.7611	1.22291			9	0.412	1.816
31.5	10.6	29.726	33.6105	25.8415	8.992	16.7611	1.22291			10	0.363	1.777
28.05	10.4	29.726	33.6105	25.8415	8.992	16.7611	1.22291					
27.45	6.2	29.726	33.6105	25.8415	8.992	16.7611	1.22291					
30.2	9	29.726	33.6105	25.8415	8.992	16.7611	1.22291					
31.2	16.3	29.726	33.6105	25.8415	8.992	16.7611	1.22291					
29.75	8.3	29.726	33.6105	25.8415	8.992	16.7611	1.22291					
30	6.6	29.726	33.6105	25.8415	8.992	16.7611	1.22291					
28.3	10.1	29.726	33.6105	25.8415	8.992	16.7611	1.22291					
29.8	6.8	29.726	33.6105	25.8415	8.992	16.7611	1.22291					
29.8	11.3	29.726	33.6105	25.8415	8.992	16.7611	1.22291					
27.95	5.5	29.726	33.6105	25.8415	8.992	16.7611	1.22291					

【儲存格的內容】

N4;=N3

O4;=O3

P4;=P3

Q4;=Q3

R4;=R3

S4;=S3

從 N5 到 S27 複製 N4 到 S4。

步驟 6 $\overline{X}$ 管制圖的製作

1. 折線圖的製作（與 $\overline{X}$ 管制圖同）

2. 折線圖的修正（與 $\overline{X}$ 管制圖同）

可以作出如下圖的管制圖。

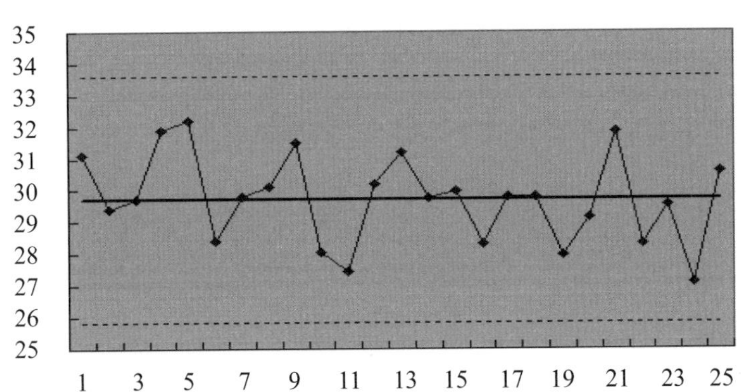

R 管制圖也以同樣的步驟製作即可。

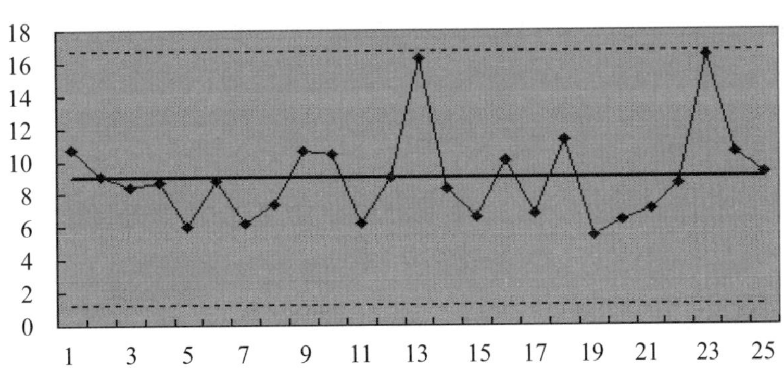

四、X – Rs 管制圖的作法

例題 9-3　以下的數據是花 25 日測量玻璃產品的破壞強度而得者。由於測量會帶來產品的破壞，因之 1 日只能測量 1 個樣本。

將此數據當作 1 日 1 組以 $X-Rs$ 管制圖表現看看。

NO.	X
1	28.1
2	34.7
3	30.2
4	30.5
5	31.4
6	20.2
7	31.0
8	34.2
9	29.4
10	28.9
11	26.6
12	35.0

NO.	X
13	29.9
14	33.4
15	27.6
16	26.9
17	33.4
18	25.8
19	30.9
20	26.8
21	24.8
22	35.3
23	26.8
24	27.0
25	26.1

■ 利用 EXCEL 製作 X – Rs 管製圖

步驟 1 數據輸入

從儲存格 B3 到 B27 輸入數據。

	A	B
1	X-Rs管制圖	
2	NO.	X
3	1	28.1
4	2	34.7
5	3	30.2
6	4	30.5
7	5	31.4
8	6	20.2
9	7	31
10	8	34.2
11	9	29.4
12	10	28.9
13	11	26.6
14	12	35

15	13	29.9
16	14	33.4
17	15	27.6
18	16	26.9
19	17	33.4
20	18	25.8
21	19	30.9
22	20	26.8
23	21	24.8
24	22	35.3
25	23	26.8
26	24	27
27	25	26.1

步驟 2 計算移動全距

從儲存格 C4 到 C27 計算移動全距 Rs。

Rs 的計算方法如下。

$$Rs = |X_{i+1} - X_i|$$

（$i = 1，2，\cdots，k$）

【儲存格的內容】

C4;=ABS(B3-B4)

從 C5 到 C27 複製 C4。

	A	B	C
1	X-Rs管制圖		
2	NO.	X	Rs
3	1	28.1	
4	2	34.7	6.6
5	3	30.2	4.5
6	4	30.5	0.3
7	5	31.4	0.9
8	6	20.2	11.2
9	7	31	10.8
10	8	34.2	3.2
11	9	29.4	4.8
12	10	28.9	0.5
13	11	26.6	2.3
14	12	35	8.4
15	13	29.9	5.1
16	14	33.4	3.5
17	15	27.6	5.8
18	16	26.9	0.7
19	17	33.4	6.5
20	18	25.8	7.6
21	19	30.9	5.1
22	20	26.8	4.1
23	21	24.8	2
24	22	35.3	10.5
25	23	26.8	8.5
26	24	27	0.2
27	25	26.1	0.9

步驟 3 中心線（CL）的計算

平均值 $\overline{X}$ 計算於 D3 中。

此值即為 X 管制圖的 CL。

移動平均的平均值（$\overline{Rs}$）計算在儲存格 G3 中。

此值即為 Rs 管制圖的 CL。

	A	B	C	D	E	F	G	H	I
1	X-Rs管制圖			X管制圖			Rs管制圖		
2	NO.	X	Rs	CL	UCL	LCL	CL	UCL	LCL
3	1	28.1		29.396			4.75		
4	2	34.7	6.6						
5	3	30.2	4.5						
6	4	30.5	0.3						
7	5	31.4	0.9						
8	6	20.2	11.2						
9	7	31	10.8						

【儲存格的內容】

D3;=AVERAGE(B3:B27)

G3;=AVERAGE(C4:C27)

步驟 4 計算管制界限

計算 X 管制圖與 Rs 管制圖的 UCL 及 LCL。

① X 管制圖

UCL = $\overline{X}$ + 2.66*$\overline{Rs}$

LCL = $\overline{X}$ – 2.66*$\overline{Rs}$

② R 管制圖

UCL = 3.27*$\overline{Rs}$

LCL = –

X 管制圖的 UCL 計算在 E3，LCL 計算在 F3 中。

Rs 管制圖的 UCL 計算在 H3 中。

	A	B	C	D	E	F	G	H
1	X-Rs管制圖			X管制圖			Rs管制圖	
2	NO.	X	Rs	CL	UCL	LCL	CL	UCL
3	1	28.1		29.396	42.031	16.761	4.75	15.5325
4	2	34.7	6.6					
5	3	30.2	4.5					
6	4	30.5	0.3					
7	5	31.4	0.9					

【儲存格的內容】

E3;=D3+2.66*G3

F3;=D3-2.66*G3

H3;=3.27*G3

步驟 5 中心線與管制界限的準備

爲了讓中心線與管制界限顯示於圖上，以準備來說，只要備妥各組的 CL、UCL、LCL 之值即可。

	A	B	C	D	E	F	G	H
1	X-			X管制圖			Rs管制圖	
2	NO.	X	Rs	CL	UCL	LCL	CL	UCL
3	1	28.1		29.396	42.031	16.761	4.75	15.5325
4	2	34.7	6.6	29.396	42.031	16.761	4.75	15.5325
5	3	30.2	4.5	29.396	42.031	16.761	4.75	15.5325
6	4	30.5	0.3	29.396	42.031	16.761	4.75	15.5325
7	5	31.4	0.9	29.396	42.031	16.761	4.75	15.5325
8	6	20.2	11.2	29.396	42.031	16.761	4.75	15.5325
9	7	31	10.8	29.396	42.031	16.761	4.75	15.5325
10	8	34.2	3.2	29.396	42.031	16.761	4.75	15.5325
11	9	29.4	4.8	29.396	42.031	16.761	4.75	15.5325
12	10	28.9	0.5	29.396	42.031	16.761	4.75	15.5325
13	11	26.6	2.3	29.396	42.031	16.761	4.75	15.5325
14	12	35	8.4	29.396	42.031	16.761	4.75	15.5325
15	13	29.9	5.1	29.396	42.031	16.761	4.75	15.5325
16	14	33.4	3.5	29.396	42.031	16.761	4.75	15.5325
17	15	27.6	5.8	29.396	42.031	16.761	4.75	15.5325
18	16	26.9	0.7	29.396	42.031	16.761	4.75	15.5325
19	17	33.4	6.5	29.396	42.031	16.761	4.75	15.5325
20	18	25.8	7.6	29.396	42.031	16.761	4.75	15.5325
21	19	30.9	5.1	29.396	42.031	16.761	4.75	15.5325
22	20	26.8	4.1	29.396	42.031	16.761	4.75	15.5325
23	21	24.8	2	29.396	42.031	16.761	4.75	15.5325
24	22	35.3	10.5	29.396	42.031	16.761	4.75	15.5325
25	23	26.8	8.5	29.396	42.031	16.761	4.75	15.5325
26	24	27	0.2	29.396	42.031	16.761	4.75	15.5325
27	25	26.1	0.9	29.396	42.031	16.761	4.75	15.5325

【儲存格的內容】

D4;=D3

E4;=E3

F4;=F3

G4;=G3

H4;=H3

從 D5 到 H27 複製 D4 到 H4。

步驟 6　X 管制圖的製作

從 B2 到 B27、D2 到 F27 當作數據的範圍製作折線圖，與 $\overline{X}$ 管制圖加上同樣的修正時，即可作出如下的 X 管制圖。

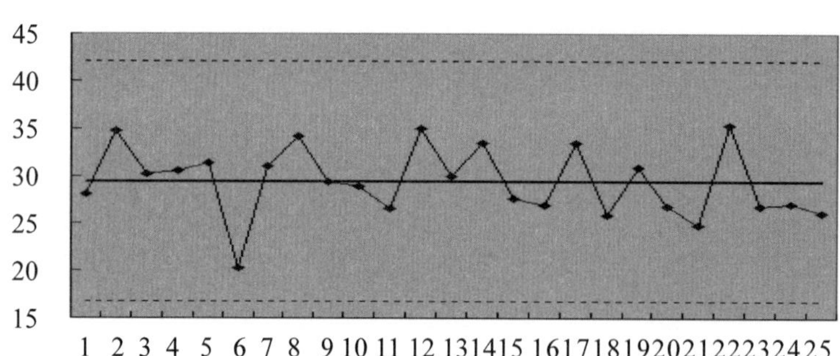

Rs 管制圖也以相同的步驟製作即可。

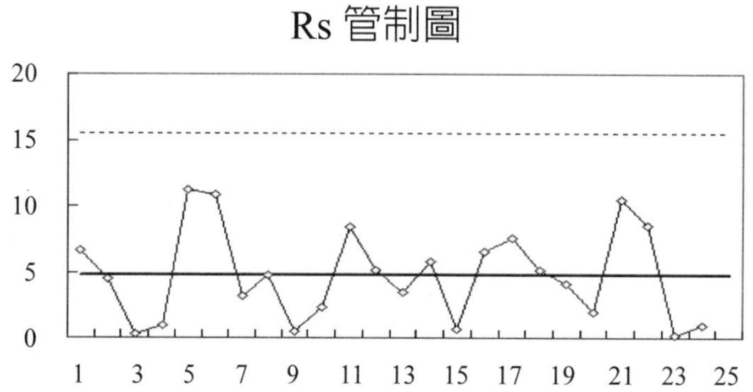

9.2 計數值的管制圖

一、np 管制圖的作法

例題 9-4 以下的資料是歷經 25 日記錄產品的不良個數而得者。爲了進行良、不良的判定每日進行檢查 100 個。

將此數據當作 1 日 1 組試以 np 管制圖表現看看。

NO.	不良個數
1	14
2	6
3	12
4	8
5	11
6	11
7	6
8	13
9	8
10	7
11	9
12	7

NO.	不良個數
14	7
15	4
16	6
17	9
18	7
19	11
20	10
21	11
22	5
23	11
24	12
25	5

■ 利用 EXCEL 製作 np 管制圖

步驟 1 資料輸入

從 B3 到 B27 輸入不良個數。

儲存格 C1 輸入樣本的大小（組的大小）n 之值。

（本例題中，檢查個數即為樣本的大小，因之輸入 100）。

步驟 2 平均不良率的計算

於儲存格 E1 計算平均不良率 $\overline{P}$。

$\overline{P}$ 是將各組的不良個數合計再以樣本的合計（樣本大小乘上組數 k）除之即可求得。

	A	B	C	D	E
1	np管制圖	樣本大小n=	100	pbar=	0.0872
2	no.	不良個數pn			
3	1	14			
4	2	6			
5	3	12			
6	4	8			
7	5	11			
8	6	11			
9	7	6			
10	8	13			
11	9	8			
12	10	7			
13	11	9			
14	12	7			
15	13	8			
16	14	7			
17	15	4			
18	16	6			
19	17	9			
20	18	7			
21	19	11			
22	20	10			
23	21	11			
24	22	5			
25	23	11			
26	24	12			
27	25	5			

【儲存格的內容】

E1;=SUM(B3:B27)/(C1*COUNT(B:B))

（註）COUNT（B：B）是計數輸入於 B 行的所有數值資料的儲存格數量。

步驟 3　中心線（CL）的計算

各組的不良個數的平均值（$\overline{P}n$）計算在 C3 中。

此值即為 np 管制圖的 CL。

	A	B	C	D	E
1	np管制圖	樣本大小n=	100	pbar=	0.0872
2	no.	不良個數pn	CL		
3	1	14	8.72		
4	2	6			
5	3	12			
6	4	8			
7	5	11			
8	6	11			

【儲存格的內容】

C3;=AVERAGE(B3:B27)

步驟 4　計算管制界限

計算 np 管制圖的 UCL 及 LCL。

$$UCL = \overline{P}n + 3\sqrt{\overline{P}n(1-\overline{P})}$$

$$LCL = \overline{P}n - 3\sqrt{\overline{P}n(1-\overline{P})}$$

UCL 計算於 D3，LCL 計算於 E3。

（註）LCL 之數值為負時，E3 保持空欄。

	A	B	C	D	E	F
1	np管制圖	樣本大小n=	100	pbar=	0.0872	
2	no.	不良個數pn	CL	UCL	LCL	
3	1	14	8.72	17.18383743	0.256162572	
4	2	6				
5	3	12				
6	4	8				
7	5	11				
8	6	11				

【儲存格的內容】

D3;=C3+3*SQRT(C3*(1-E1))

E3;=IF(C3-3*SQRT(C3*(1-E1))<0，" "，C3-3*SQRT(C3*(1-E1)))

步驟 5　中心線與管制界限之準備

爲了使中心線與管制界限顯示於圖上，只要備妥各組的 CL、UCL、LCL 之值即可。

【儲存格的內容】

C4;=C3

D4;=D3

E4;=E3

從 C5 到 E27 複製 C4 到 E4。

	A	B	C	D	E
1	np管制圖	樣本大小n=	100	pbar=	0.0872
2	no.	不良個數pn	CL	UCL	LCL
3	1	14	8.72	17.18383743	0.256162572
4	2	6	8.72	17.18383743	0.256162572
5	3	12	8.72	17.18383743	0.256162572
6	4	8	8.72	17.18383743	0.256162572
7	5	11	8.72	17.18383743	0.256162572
8	6	11	8.72	17.18383743	0.256162572
9	7	6	8.72	17.18383743	0.256162572
10	8	13	8.72	17.18383743	0.256162572
11	9	8	8.72	17.18383743	0.256162572
12	10	7	8.72	17.18383743	0.256162572
13	11	9	8.72	17.18383743	0.256162572
14	12	7	8.72	17.18383743	0.256162572
15	13	8	8.72	17.18383743	0.256162572
16	14	7	8.72	17.18383743	0.256162572
17	15	4	8.72	17.18383743	0.256162572
18	16	6	8.72	17.18383743	0.256162572
19	17	9	8.72	17.18383743	0.256162572
20	18	7	8.72	17.18383743	0.256162572
21	19	11	8.72	17.18383743	0.256162572
22	20	10	8.72	17.18383743	0.256162572
23	21	11	8.72	17.18383743	0.256162572
24	22	5	8.72	17.18383743	0.256162572
25	23	11	8.72	17.18383743	0.256162572
26	24	12	8.72	17.18383743	0.256162572
27	25	5	8.72	17.18383743	0.256162572

步驟 6　np 管制圖的製作

B2 到 B27 當作數據的範圍製作折線圖，與 $\overline{X}$ 管制圖的情形一樣加上相同的修正，即可製作如下圖的 np 管制圖。

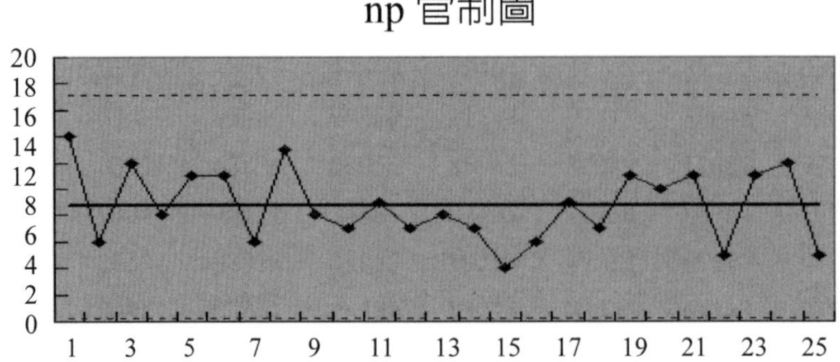

一、P 管制圖的作法

例題 9-5　以下的資料是歷經 25 日記錄產品的不良個數。判定良或不良的檢查個數每日有所不同。

將此資料當作 1 日 1 組以 P 管制圖表現看看。

NO.	檢查個數	不良個數
1	100	9
2	100	7
3	100	14
4	100	12
5	100	7
6	100	7
7	100	6
8	100	12
9	100	11
10	100	9
11	100	17
12	100	18
13	100	19
14	100	21
15	100	17

NO.	檢查個數	不良個數
16	100	16
17	100	18
18	100	20
19	100	26
20	100	17
21	100	24
22	100	19
23	100	15
24	100	17
25	100	19

■ 利用 EXCEL 製作 P 管制圖

步驟 1　資料輸入

從 B3 到 B27 輸入樣本的大小（組的大小）n 之值。

（本例題中檢驗個數即爲樣本的大小）。

從 C3 到 C27 輸入不良個數。

	A	B	C	D
1	p管制圖			
2	NO.	樣本大小	不良個數pn	不良率p
3	1	100	9	0.09
4	2	100	7	0.07
5	3	100	14	0.14
6	4	100	12	0.12
7	5	100	7	0.07
8	6	100	7	0.07
9	7	100	6	0.06
10	8	100	12	0.12
11	9	100	11	0.11
12	10	100	9	0.09
13	11	200	17	0.085
14	12	200	18	0.09
15	13	200	19	0.095
16	14	200	21	0.105
17	15	200	17	0.085
18	16	200	16	0.08
19	17	200	18	0.09
20	18	200	20	0.1
21	19	200	26	0.13
22	20	200	17	0.085
23	21	200	24	0.12
24	22	200	19	0.095
25	23	200	15	0.075
26	24	200	17	0.085
27	25	200	19	0.095

步驟 2　計算各組的不良率

從儲存格 D4 到 D27 計算各組的不良率 P。

P 是利用不良個數除以樣本大小 n 而得。

【儲存格的內容】

D3;=C3/B3

從 D4 到 D27 複製 D3

步驟 3　中心線的計算

於儲存格 E3 計算平均不良率。

P 是將各組的不良個數合計後除以樣本的合計而求得。

此值即爲 P 管制圖的 CL。

步驟 4 管制界線的計算

計算 P 管制圖的 UCL 與 LCL。

$$UCL = \overline{p} + 3\sqrt{\frac{\overline{p}(1-\overline{p})}{n_i}}$$

$$LCL = \overline{p} - 3\sqrt{\frac{\overline{p}(1-\overline{p})}{n_i}}$$

UCL 計算於 F3，LCL 計算於 G3 中

（註）LCL 之數值為負時，E3 保持空欄

	A	B	C	D	E	F	G
1	p管制圖						
2	NO.	樣本大小	不良個數pn	不良率p	CL	UCL	LCL
3	1	100	9	0.09	0.09425	0.181902863	0.006597137
4	2	100	7	0.07			
5	3	100	14	0.14			
6	4	100	12	0.12			
7	5	100	7	0.07			
8	6	100	7	0.07			
9	7	100	6	0.06			

【儲存格的內容】

E3;=SUM(C3:C27)/SUM(B3:B27)

F3;=E3+3*SQRT(E3*(1-E3)/B3)

G3;=IF(E3-3*SQRT(E3*(1-E3)/B3)<0," ",E3-3*SQRT(E3*(1-E3)/B3)))

步驟 5 中心線與管制界限之準備

爲了讓中心線與管制界限顯示於圖上，只要備妥各組的 CL，UCL，LCL 之值即可。

	A	B	C	D	E	F	G
1	p管制圖						
2	no.	樣本大小n	不良個數pn	不良率p	CL	UCL	LCL
3	1	100	9	0.09	0.09425	0.181902863	0.006597137
4	2	100	7	0.07	0.09425	0.181902863	0.006597137
5	3	100	14	0.14	0.09425	0.181902863	0.006597137
6	4	100	12	0.12	0.09425	0.181902863	0.006597137
7	5	100	7	0.07	0.09425	0.181902863	0.006597137
8	6	100	7	0.07	0.09425	0.181902863	0.006597137
9	7	100	6	0.06	0.09425	0.181902863	0.006597137
10	8	100	12	0.12	0.09425	0.181902863	0.006597137
11	9	100	11	0.11	0.09425	0.181902863	0.006597137
12	10	100	9	0.09	0.09425	0.181902863	0.006597137
13	11	200	17	0.085	0.09425	0.156229934	0.032270066
14	12	200	18	0.09	0.09425	0.156229934	0.032270066
15	13	200	19	0.095	0.09425	0.156229934	0.032270066
16	14	200	21	0.105	0.09425	0.156229934	0.032270066
17	15	200	17	0.085	0.09425	0.156229934	0.032270066
18	16	200	16	0.08	0.09425	0.156229934	0.032270066
19	17	200	18	0.09	0.09425	0.156229934	0.032270066
20	18	200	20	0.1	0.09425	0.156229934	0.032270066
21	19	200	26	0.13	0.09425	0.156229934	0.032270066
22	20	200	17	0.085	0.09425	0.156229934	0.032270066
23	21	200	24	0.12	0.09425	0.156229934	0.032270066
24	22	200	19	0.095	0.09425	0.156229934	0.032270066
25	23	200	15	0.075	0.09425	0.156229934	0.032270066
26	24	200	17	0.085	0.09425	0.156229934	0.032270066
27	25	200	19	0.095	0.09425	0.156229934	0.032270066

【儲存格的內容】

E4;=E3

從 E5 到 E27 複製 E4。

對 UCL 與 LCL 來說，從 F4 到 G27 複製 F3 與 G3。

步驟 6 P 管制圖的製作

P2 到 G27 當作數據的範圍製作折線圖，與 X 管制圖一樣加上同樣的修正時，即可作出如下圖的 P 管制圖。

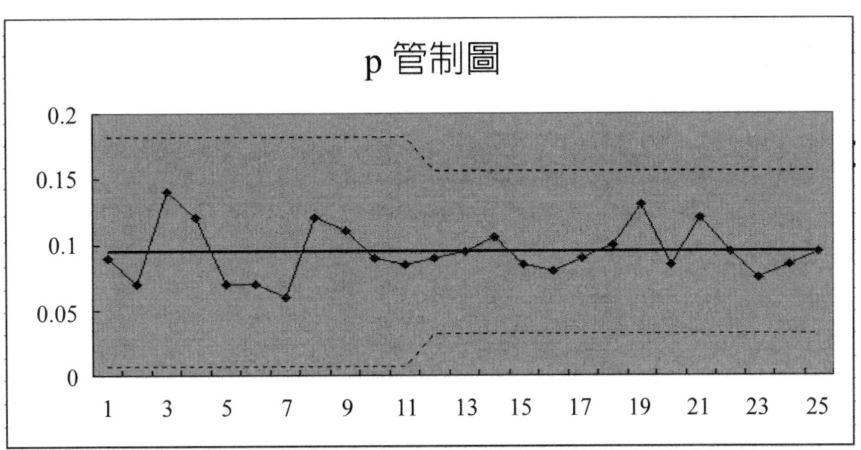

二、C 管制圖的作法

例題 9-6 有一印刷海報的製程。海報的大小是 1m^2，印刷結束後，測量 1 張海報中有多少個瑕疵。以下的數據是針對 25 張海報記錄瑕疵數而得者。將 1 張當作 1 組以 C 管制圖表現此數據看看。

NO.	瑕疵數
1	7
2	12
3	9
4	9
5	14
6	3
7	8
8	10
9	13
10	11
11	9
12	14

NO.	瑕疵數
13	13
14	12
15	8
16	10
17	8
18	9
19	11
20	11
21	12
22	12
23	9
24	9
25	12

■ 利用 EXCEL 製作 C 管制圖

步驟 1 資料輸入

從 B3 到 B27 輸入缺點數。

（本例題瑕疵數即爲缺點數）。

	A	B	C
1	C管制圖		
2	no	缺點數C	CL
3	1	7	10.2
4	2	12	
5	3	9	
6	4	9	
7	5	14	
8	6	3	
9	7	8	
10	8	10	
11	9	13	
12	10	11	
13	11	9	
14	12	14	
15	13	13	
16	14	12	
17	15	8	
18	16	10	
19	17	8	
20	18	9	
21	19	11	
22	20	11	
23	21	12	
24	22	12	
25	23	9	
26	24	9	
27	25	12	

步驟 2 計算平均缺點數

平均缺點數計 $\overline{C}$ 算於 C3。

【儲存格的內容】

C3;=AVERAGE(B3:B27)

步驟 3 中心線（CL）的計算

C3 所求出之值即爲 C 管制圖的 CL。

CL = $\overline{c}$

步驟 4 計算管制界限

計算 C 管制圖的 UCL 與 LCL。

$\text{UCL} = \bar{c} + 3\sqrt{\bar{c}}$

$\text{LCL} = \bar{c} - 3\sqrt{\bar{c}}$

UCL 計算於 D3，LCL 計算於 E3。

（註）LCL 之數值為負時，E3 保持空欄

	A	B	C	D	E
1	C管制圖				
2	no	缺點數C	CL	UCL	LCL
3	1	7	10.2	19.78123165	0.618768346
4	2	12			
5	3	9			
6	4	9			
7	5	14			
8	6	3			

【儲存格的內容】

D3;=C3+3*SQRT(C3)

E3;=IF(C3-3*SQRT(C3)<0," ",C3+3*SQRT(C3))

步驟 5 中心線與界限線的準備

為了讓中心線與管制界限顯示於圖上，只要備妥各組的 CL、UCL、LCL 之值即可。

	A	B	C	D	E
1	C管制圖				
2	no	缺點數C	CL	UCL	LCL
3	1	7	10.2	19.78123165	0.618768346
4	2	12	10.2	19.78123165	0.618768346
5	3	9	10.2	19.78123165	0.618768346
6	4	9	10.2	19.78123165	0.618768346
7	5	14	10.2	19.78123165	0.618768346
8	6	3	10.2	19.78123165	0.618768346
9	7	8	10.2	19.78123165	0.618768346
10	8	10	10.2	19.78123165	0.618768346
11	9	13	10.2	19.78123165	0.618768346
12	10	11	10.2	19.78123165	0.618768346
13	11	9	10.2	19.78123165	0.618768346
14	12	14	10.2	19.78123165	0.618768346
15	13	13	10.2	19.78123165	0.618768346
16	14	12	10.2	19.78123165	0.618768346
17	15	8	10.2	19.78123165	0.618768346
18	16	10	10.2	19.78123165	0.618768346
19	17	8	10.2	19.78123165	0.618768346
20	18	9	10.2	19.78123165	0.618768346
21	19	11	10.2	19.78123165	0.618768346
22	20	11	10.2	19.78123165	0.618768346
23	21	12	10.2	19.78123165	0.618768346
24	22	12	10.2	19.78123165	0.618768346
25	23	9	10.2	19.78123165	0.618768346
26	24	9	10.2	19.78123165	0.618768346
27	25	12	10.2	19.78123165	0.618768346
28					

【儲存格的內容】

C4;=C3

D4;=D3

E4;=E3

從 C5 到 E27 複製 C4

步驟 6　製做 C 管制圖

從儲存格 B2 到 E27 當作資料的範圍製作折線圖，與 X 管制圖一樣加上同樣的修正時，即可作出如下的 C 管制圖。

C 管制圖

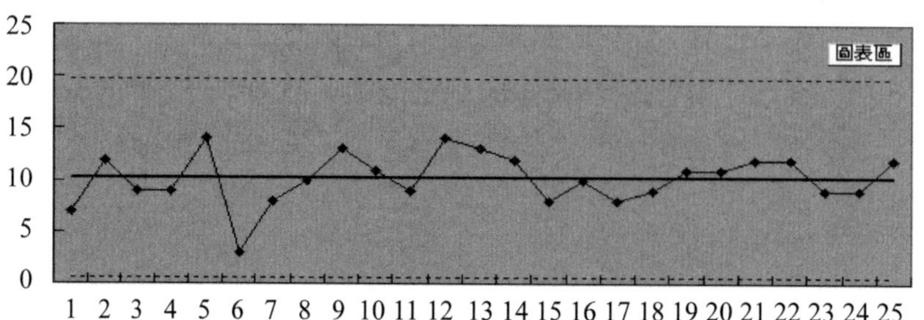

三、u 管制圖的作法

例題 9-7 有一印刷海報的製程。海報的大小有 $1m^2$、$2m^2$、$3m^2$ 3 種類型。印刷結束後，測量 1 張海報中有多少個瑕疵。以下的數據是針對 25 張海報記錄瑕疵數而得者。將 1 張當作 1 組以 C 管制圖表現此數據看看。

NO.	樣本大小	瑕疵數
1	1	11
2	1	7
3	1	13
4	1	5
5	1	9
6	1	6
7	1	6
8	1	13
9	1	8
10	1	17
11	2	16
12	2	26
13	2	14
14	2	18
15	2	22

NO.	樣本大小	瑕疵數
16	2	18
17	2	14
18	2	22
19	2	30
20	2	14
21	4	56
22	4	40
23	4	52
24	4	28
25	4	40

■ 利用 EXCEL 製作 u 管制圖

步驟 1 資料輸入

從 C3 到 C27 輸入缺點數（本例是瑕疵數）。

B3 到 B27 輸入樣本中的單位數。

樣本中的單位數，如 $1m^2$ 當作 1 單位時，$1m^2$ 即為 1，$4m^2$ 即為 4。

從 C3 到 C27 輸入缺點數（本例是瑕疵數）。

步驟 2　計算每單位的缺點數

將缺點數除以單位數，求出每單位的缺點數。

【儲存格的內容】

D3;=C3/B3

從 D4 到 D27 複製 D3。

	A	B	C	D
1	U管制圖			
2	no	樣本中的單位數n	缺點數c	每單位缺點數u
3	1	1	11	11
4	2	1	7	7
5	3	1	13	13
6	4	1	5	5
7	5	1	9	9
8	6	1	6	6
9	7	1	6	6
10	8	1	13	13
11	9	1	8	8
12	10	1	17	17

步驟 3　中心線（CL）的計算

平均缺點數 u 計算於 E3 中。

U 是將各組的缺點數除以單位數的合計求得。

此值即為 u 管制圖的 CL。

	A	B	C	D	E
1	U管制圖				
2	no	樣本中的單位數n	缺點數c	每單位缺點數u	CL
3	1	1	11	11	10.1
4	2	1	7	7	
5	3	1	13	13	
6	4	1	5	5	
7	5	1	9	9	
8	6	1	6	6	
9	7	1	6	6	
10	8	1	13	13	
11	9	1	8	8	
12	10	1	17	17	

【儲存格的內容】

E3;=SUM(C3:C27)/SUM(B3:B27)

步驟 4　管制界限之計算

計算 u 管制圖的 UCL 及 LCL。

$$\text{UCL} = \bar{u} + 3\sqrt{\frac{\bar{u}}{n_i}}$$

$$\text{LCL} = \bar{u} - 3\sqrt{\frac{\bar{u}}{n_i}}$$

UCL 計算於 F3，LCL 計算於 G3 中。

（註）LCL 之數值如為負時 E3 保持空欄

	A	B	C	D	E	F	G
1	U管制圖						
2	no	樣本中的單位數n	缺點數c	每單位缺點數u	CL	UCL	LCL
3	1	1	11	11	10.1	19.634149	0.5658509
4	2	1	7	7			
5	3	1	13	13			
6	4	1	5	5			
7	5	1	9	9			
8	6	1	6	6			
9	7	1	6	6			
10	8	1	13	13			
11	9	1	8	8			
12	10	1	17	17			

【儲存格的內容】

F3;=E3+3*SQRT(E3/B3)

G3;=IF(E3-3*SQRT(E3/B3)<0," ",E3-3*SQRT(E3/B3))

步驟 5　中心線及管制界限的準備

爲了將中心線及管制界限顯示於圖上，只要備妥各組的 CL、UCL、LCL 之值即可。

	B	C	D	E	F	G
2	樣本中的單位數n	缺點數c	每單位缺點數u	CL	UCL	LCL
3	1	11	11	10.1	19.6341491	0.565850851
4	1	7	7	10.1	19.6341491	0.565850851
5	1	13	13	10.1	19.6341491	0.565850851
6	1	5	5	10.1	19.6341491	0.565850851
7	1	9	9	10.1	19.6341491	0.565850851
8	1	6	6	10.1	19.6341491	0.565850851
9	1	6	6	10.1	19.6341491	0.565850851
10	1	13	13	10.1	19.6341491	0.565850851
11	1	8	8	10.1	19.6341491	0.565850851
12	1	17	17	10.1	19.6341491	0.565850851
13	2	16	8	10.1	16.8416615	3.358338484
14	2	26	13	10.1	16.8416615	3.358338484
15	2	14	7	10.1	16.8416615	3.358338484
16	2	18	9	10.1	16.8416615	3.358338484
17	2	22	11	10.1	16.8416615	3.358338484
18	2	18	9	10.1	16.8416615	3.358338484
19	2	14	7	10.1	16.8416615	3.358338484
20	2	22	11	10.1	16.8416615	3.358338484
21	2	30	15	10.1	16.8416615	3.358338484
22	2	14	7	10.1	16.8416615	3.358338484
23	4	56	14	10.1	14.8670746	5.332925425
24	4	40	10	10.1	14.8670746	5.332925425
25	4	52	13	10.1	14.8670746	5.332925425
26	4	28	7	10.1	14.8670746	5.332925425
27	4	40	10	10.1	14.8670746	5.332925425

【儲存格的內容】

E4;=E3

從 E5 到 E27 複製 E4。

對於 UCL 與 LCL 而言，從 F4 到 G27 複製 F3 與 G3。

步驟 6　u 管制圖的製作

D2 到 G27 當作資料的範圍製作折線圖，與 X 管制圖一樣加上相同的修正時，即可作出如下的 u 管制圖。

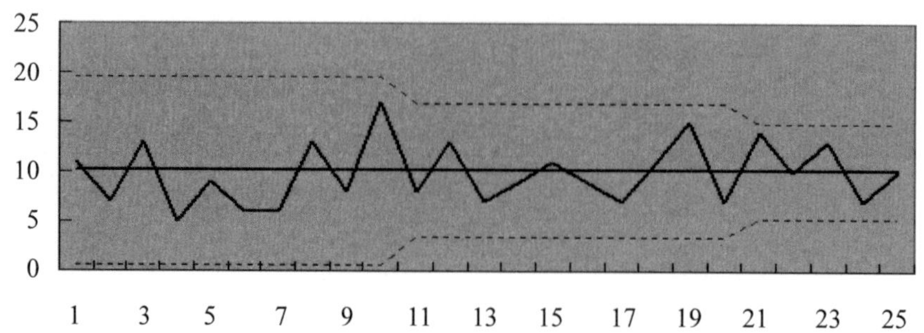

四、管制圖的看法

解說有關計量值與計數值的管制圖的看法。

1. 安定狀態與管制狀態

在管制圖上描出的點全部落在管制界限內，點的排列方式無習性的狀態稱爲安定狀態。

製程如在安定狀態，數據的變動原因是偶然原因所引起，不可忽略的原因可認爲不存在。

處於安定狀態，而且從技術上、經濟上的觀點來看，被認爲是理想的狀態，即稱爲管制狀態。

2. 管制狀態的判定

管制圖上的點處於如下的狀態時，即可判斷製程處於安定狀態。

(1) 點落在管制界限內

(2) 點的排列無習性

關於 (1)

連續 25 點以上在管制界限內。

連續 35 點中溢出界限外的點在一點以下。

3. 點的排列習性

點的排列有習性，是指以下的狀態：

(1) 點在中心線的一方連續出現的狀態

具有相同特徵持續出現的點稱爲連，構成連的點數稱爲連的長度，點在中心線的一方出現長度 7 以上的連時，判定有習性。

(2) 點出現許多在中心線一方的狀態

在中心線的任一方出現：

①連續 11 點中有 10 點

②連續 14 點中有 12 點以上

③連續 17 點中有 14 點以上

④連續 20 點中有 16 點以上

時，判定有習性。

(3) 點接近管制界限出現的狀態

在 2σ 與 3σ 之間出現：

連續 3 點中有 2 點以上

連續 7 點中有 3 點以上

時，判定有習性。

(4) 點顯示上升或下降的傾向之狀態

整體觀察管制圖時，如可看出點有上升（下降）的傾向時，或連續 7 點上升（下降）時，判定有習性。

(5) 具有週期性的狀態

當點可以看出以週期上下變動的情形時，判定有習性。

4. 中心化傾向

在 X 管制圖中，點集中在中心線的附近，而且管制界限比點的變異還寬的狀態也有。此種現象，在由異質的資料構成一個組時，經常可見。此時，有需要重估組的構成（分組）。

第 10 章　圖表

10.1　圖表的基礎

一、統計圖的功用與種類

1. 統計圖的效用

統計圖可大略分成以下 2 個用途：

(1) 資料的解析

(2) 資料的傳達

以統計圖（Graph）表現資料，是資料的解析過程中最基本的、最重要的工作。使用統計圖訴諸於視覺，即可容易掌握從資料表無法讀取的特徵與傾向。

另外，統計圖的另一項優點是可以有效率地進行資訊的傳達。於報告或說明會中，利用適切的圖形，有助於使對方理解。

資料解析所使用的統計圖，是爲了「觀察」資料，所以要製作對解析者而言容易看的圖形。

發表會中所使用的圖形是爲了「呈現」，因之有需要製作讓對方容易看的圖形。因此，有需要留標題或字體的大小。

2. 統計圖的種類

品質管理的領域中經常使用的統計圖，有如下幾種：

(1) 直條圖

(2) 折線圖

(3) 圓餅圖

(4) 百分比堆疊直條圖

(5) 立體圖

(6) 雷達圖

(7) 柏拉圖（QC 七工具）

(8) 直方圖（QC 七工具）

(9) 散佈圖（QC 七工具）

(10) 管制圖（QC 七工具）

(1) 直條圖

直條圖適用於比較數量的大小。

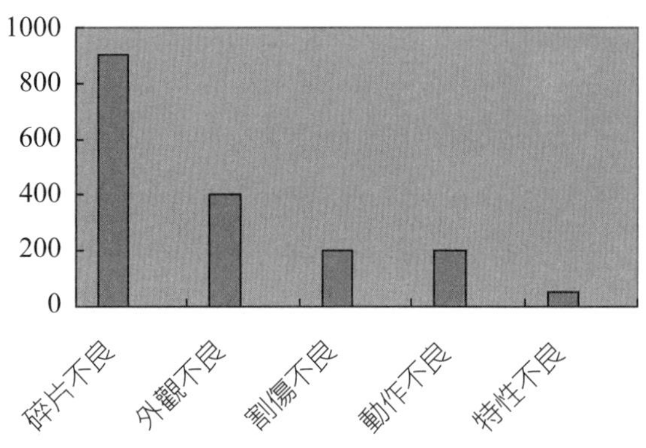

(2) 折線圖

折線圖適用於掌握數值因時間引起的變化。

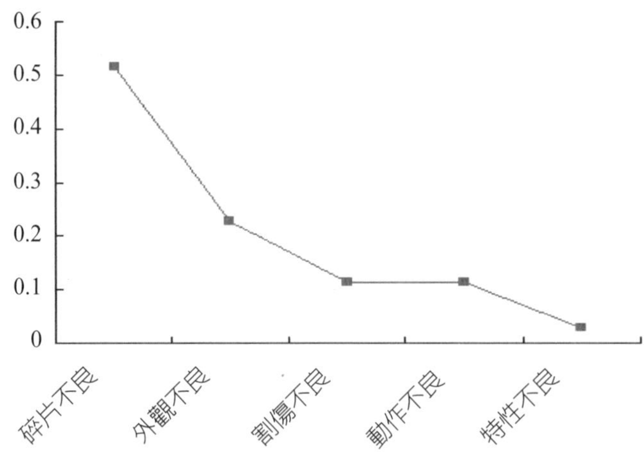

(3) 圓餅圖

圓餅圖適用於掌握構成比率。

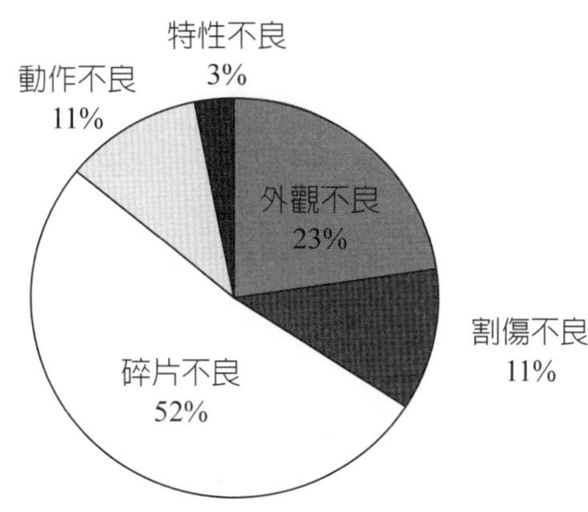

(4) 百分比堆疊直條圖

百分比堆疊直條圖適用於比較比率。

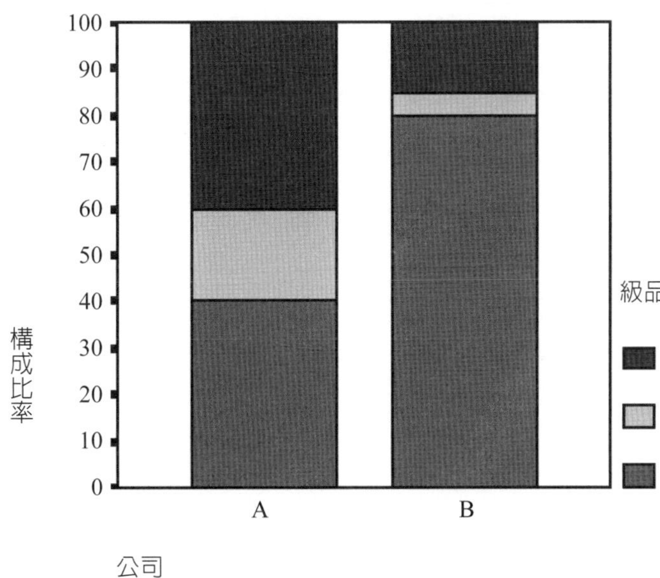

(5) 立體圖

立體圖適用於掌握項目間的關係。

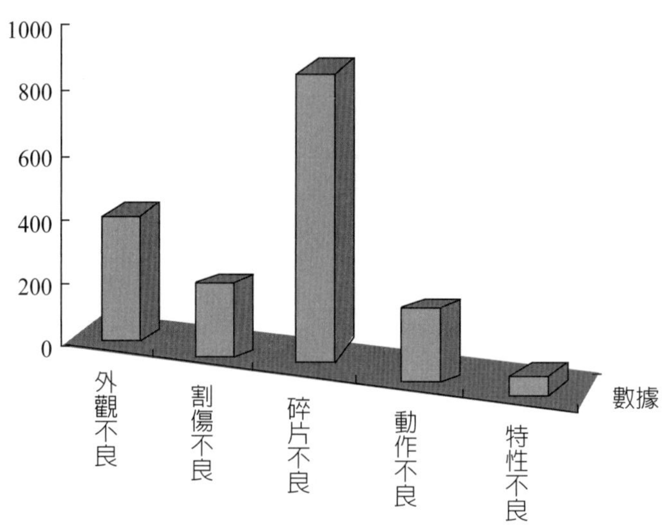

(6) 雷達圖

雷達圖適用於同時比較許多特性。

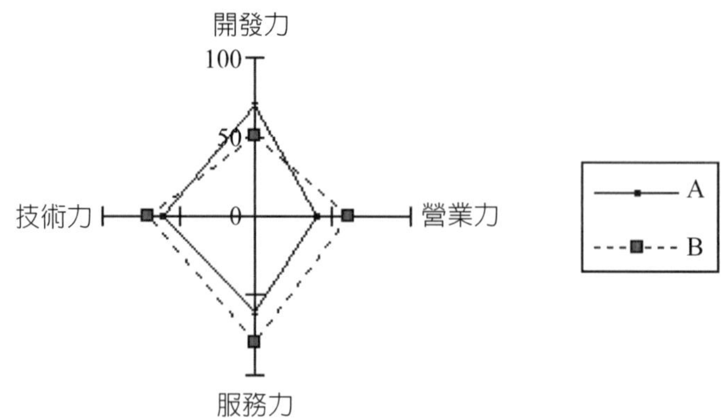

二、EXCEL 的圖形

1. EXCEL 的圖形

EXCEL 可以製作如下所顯示的圖形。

(1) 直條圖

(2) 橫條圖

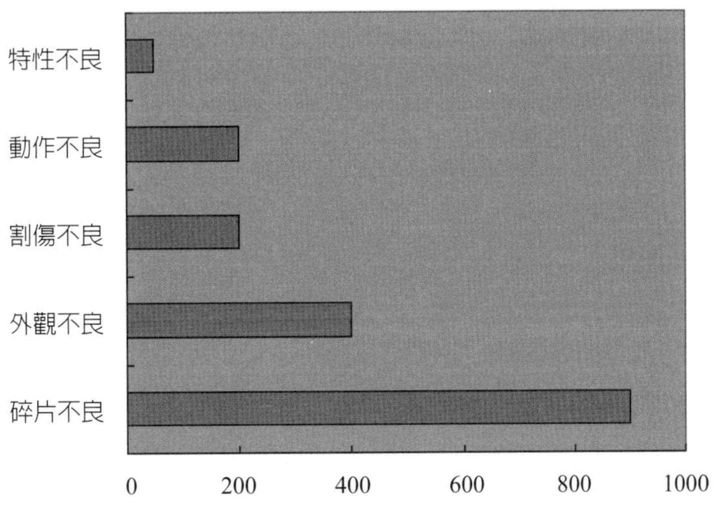

(3) 折線圖

(4) 圓餅圖

(5) 散佈圖

(6) 區域圖

(7) 環圈圖

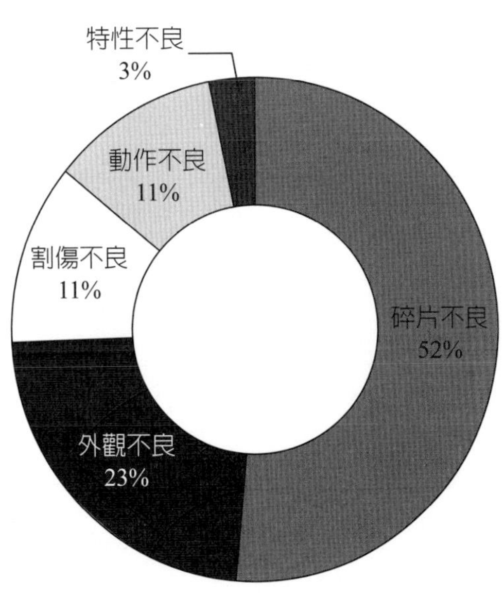

(8) 雷達圖

(9) 曲面圖

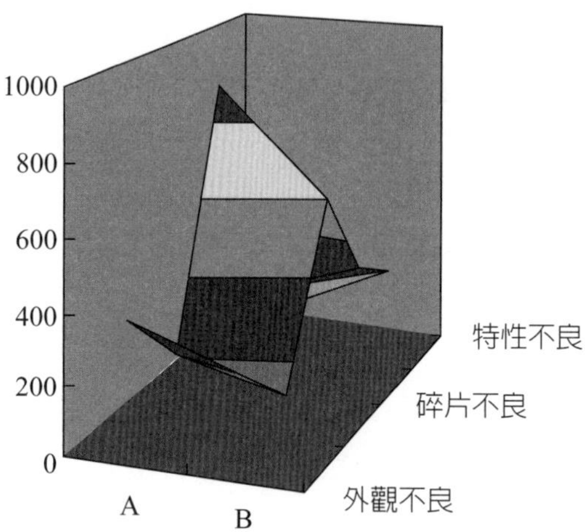

(10) 泡泡圖

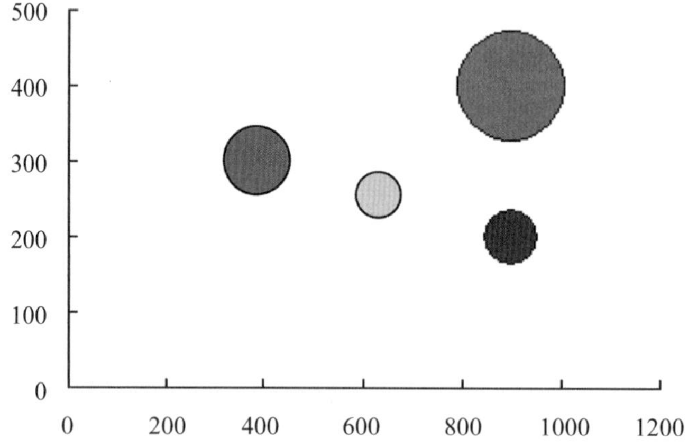

(11) 股票圖

(12) 圓錐圖

這 12 種圖形是以「標準圖形」予以提供。

另外，以「自訂」來說，也可以製作如下圖形。

(1) 平滑曲面圖
(2) 立體直條圖
(3) 折線圖加直條圖

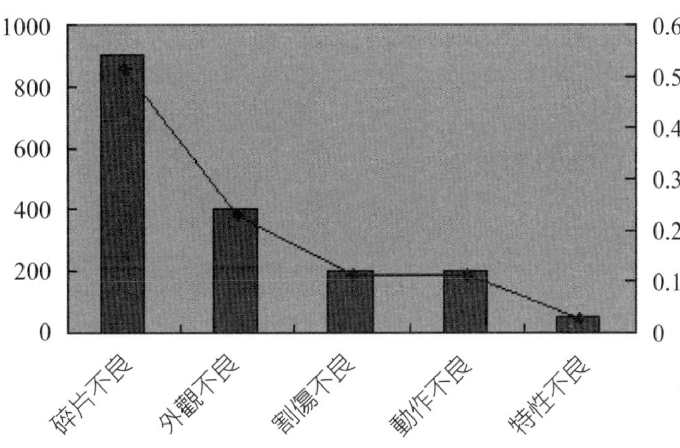

(4) 材質橫條圖
(5) 直條圖加區域圖
(6) 雙軸折線圖
(7) 雙軸折線圖加直條圖
(8) 黑白直條圖
(9) 黑白圓形圖
(10) 漂浮橫條圖
(11) 彩色環節圖
(12) 黑白區域圖
(13) 黑白漸層效果圖
(14) 對數刻度折線圖

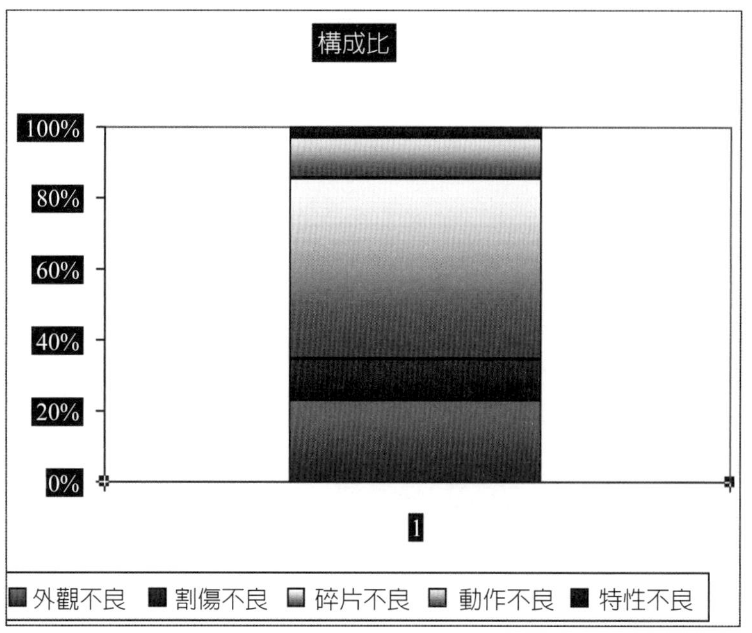

(15) 分割圖

(16) 平滑折線

(17) 圓錐圖

(18) 彩色折線圖

(19) 彩色堆積圖

2. 作圖的進行方式

使用 EXCEL 作圖，是以如下的大略流程去進行。

Step 1 於圖形中，選擇想表現的資料

Step 2 啓動作圖精靈

Step 3 選擇圖形的種類

Step 4 選擇圖形的形式

Step 5 輸入標題、軸名等所需事項

10.2 圖表的實際應用

一、圖表的製作

例題 10-1 以直條圖表現如下的數據。

星期	客訴件數
一	20
二	22
三	19
四	23
五	42
六	10
日	9

以直條圖為例，介紹利用 EXCEL 製作統計圖的步驟。

1. 利用 EXCEL 製作

步驟 1 資料輸入

從儲存格 A1 到 B8 輸入資料。

	A	B	C
1	星期	客訴件數	
2	一	20	
3	二	22	
4	三	19	
5	四	23	
6	五	42	
7	六	10	
8	日	9	

步驟 2　資料指定

從 A1 拖曳至 B8。

	A	B	C
1	星期	客訴件數	
2	一	20	
3	二	22	
4	三	19	
5	四	23	
6	五	42	
7	六	10	
8	日	9	
9			

步驟 3　從［插入圖表］中點選建議圖表，點選［所有圖表］。

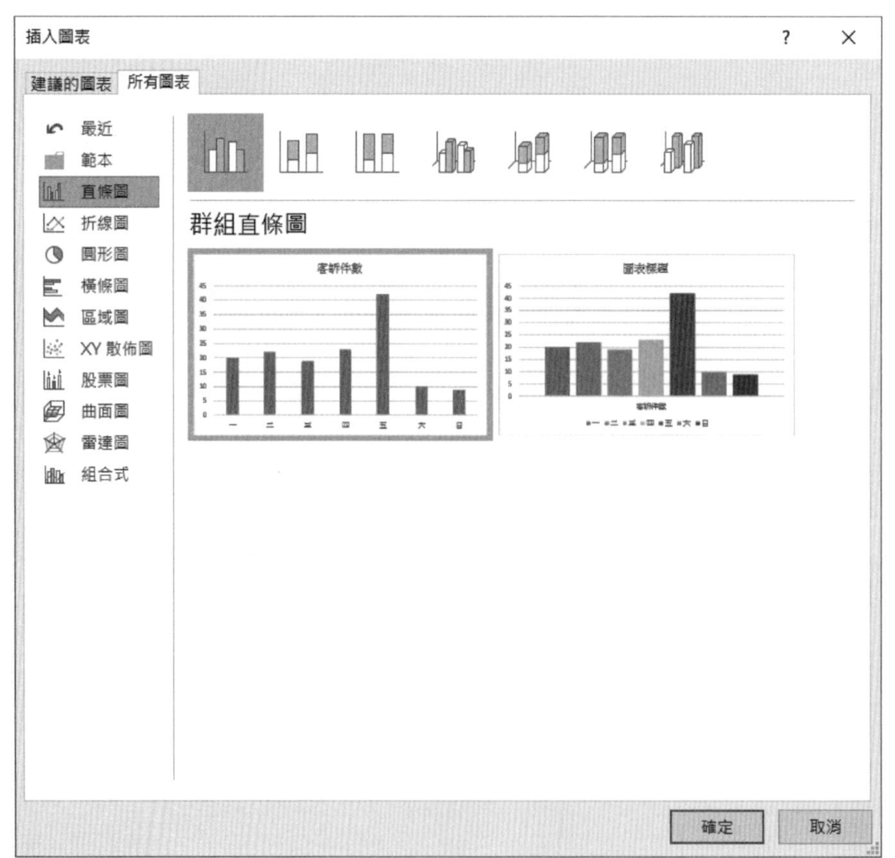

步驟 4 選擇圖形

[圖形類型] 選擇直條圖。

[形式] 選擇如下類型的 [群組直條圖] 。按確定。

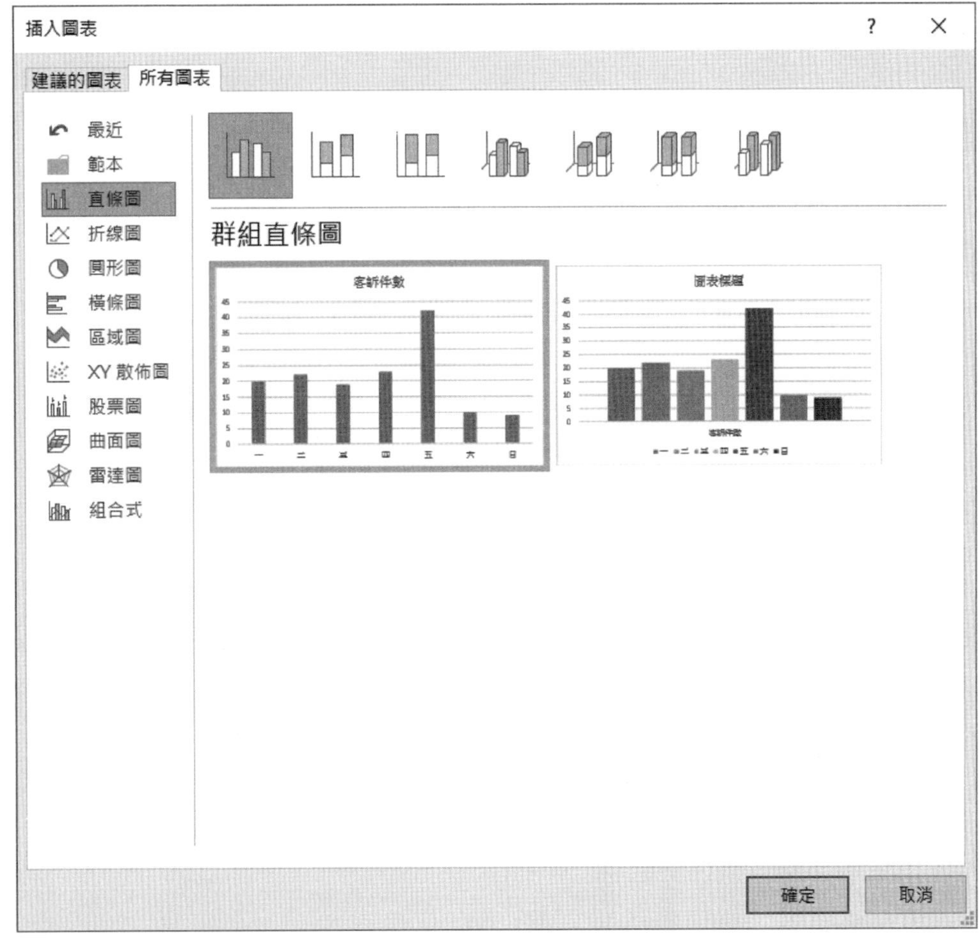

步驟 5　出現如下視窗，按一下圖形，點一下 ＋ 。

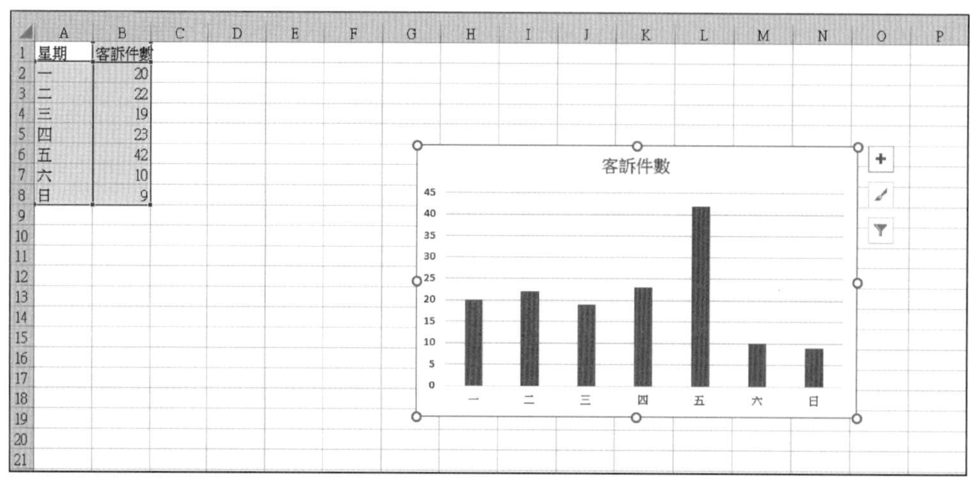

步驟 6　右方出現圖表項目

取消 [圖例] 。

取消 [格線] 。

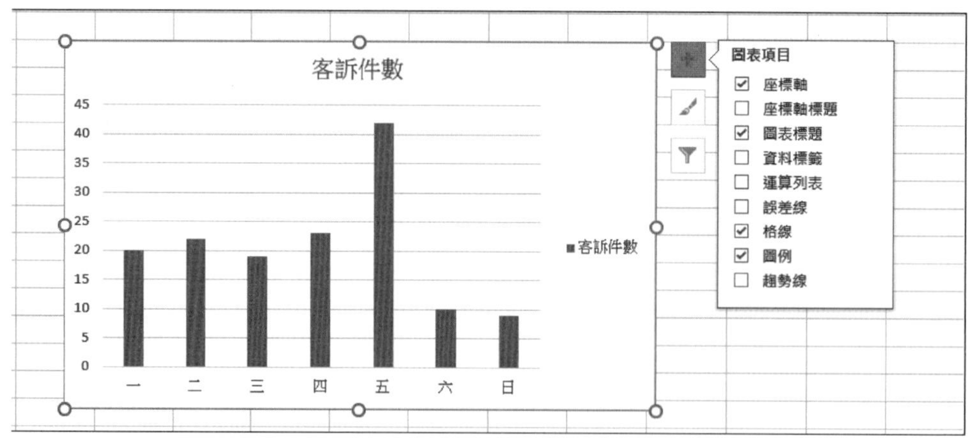

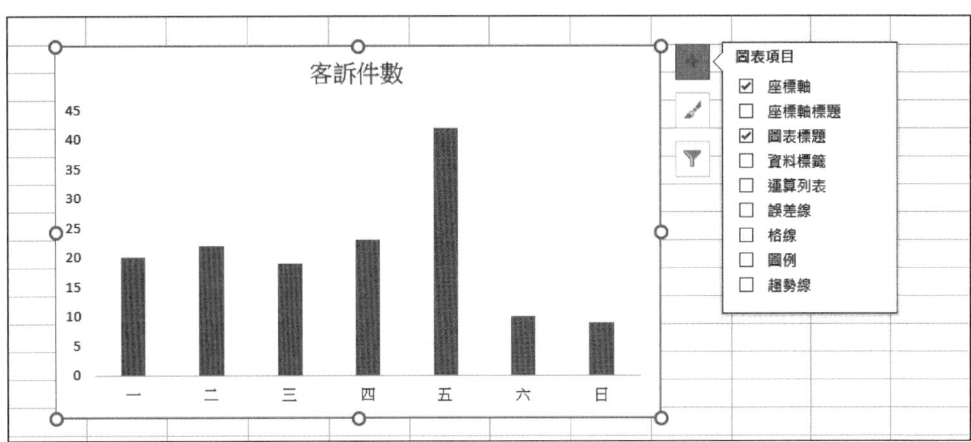

（註）不一定要取消格線。

步驟 7　圖形製作場所的指定

點一下［圖表工具］的［設計］，選擇［移動圖表］。出現選擇讓圖形顯示的場所。

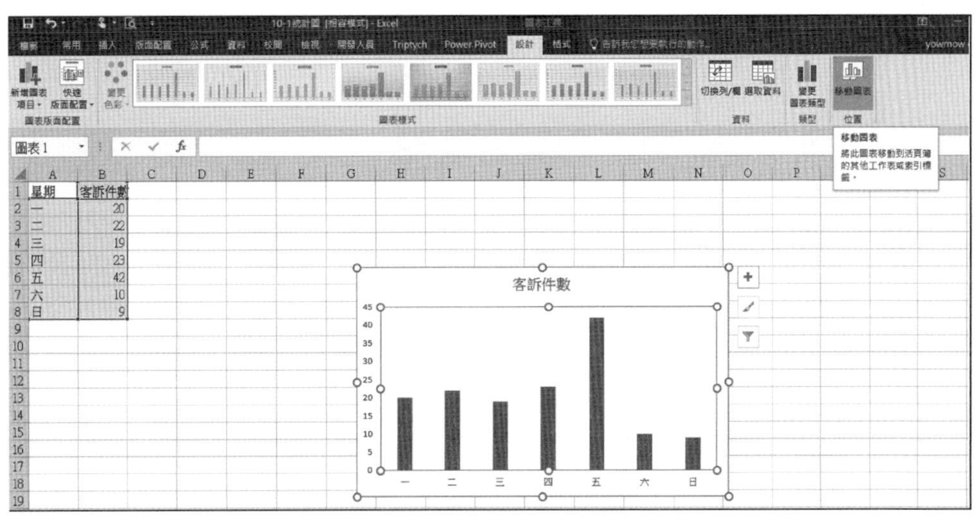

步驟 8　如選擇［工作表中的物件］時，圖形會顯示在輸入資料的表上。

如選擇［新的工作表］時，圖形會顯示在圖形專用的表上。

按一下 確定 。

移動圖表 ? ×

選取您要放置圖表的位置:

◉ 新工作表(S): Chart1

○ 工作表中的物件(O): Sheet1

確定 取消

步驟 9　圖形完成

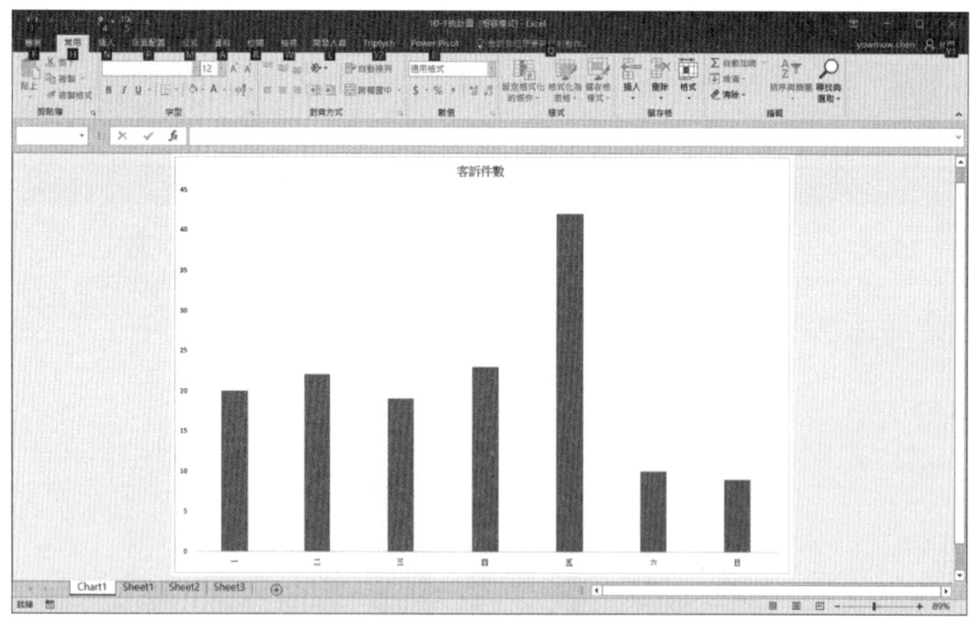

二、圖形的編輯

例題 10-2 例題 10-1 中所作成的直條圖即爲（圖 1）。

試將此變更爲（圖 2）那樣。

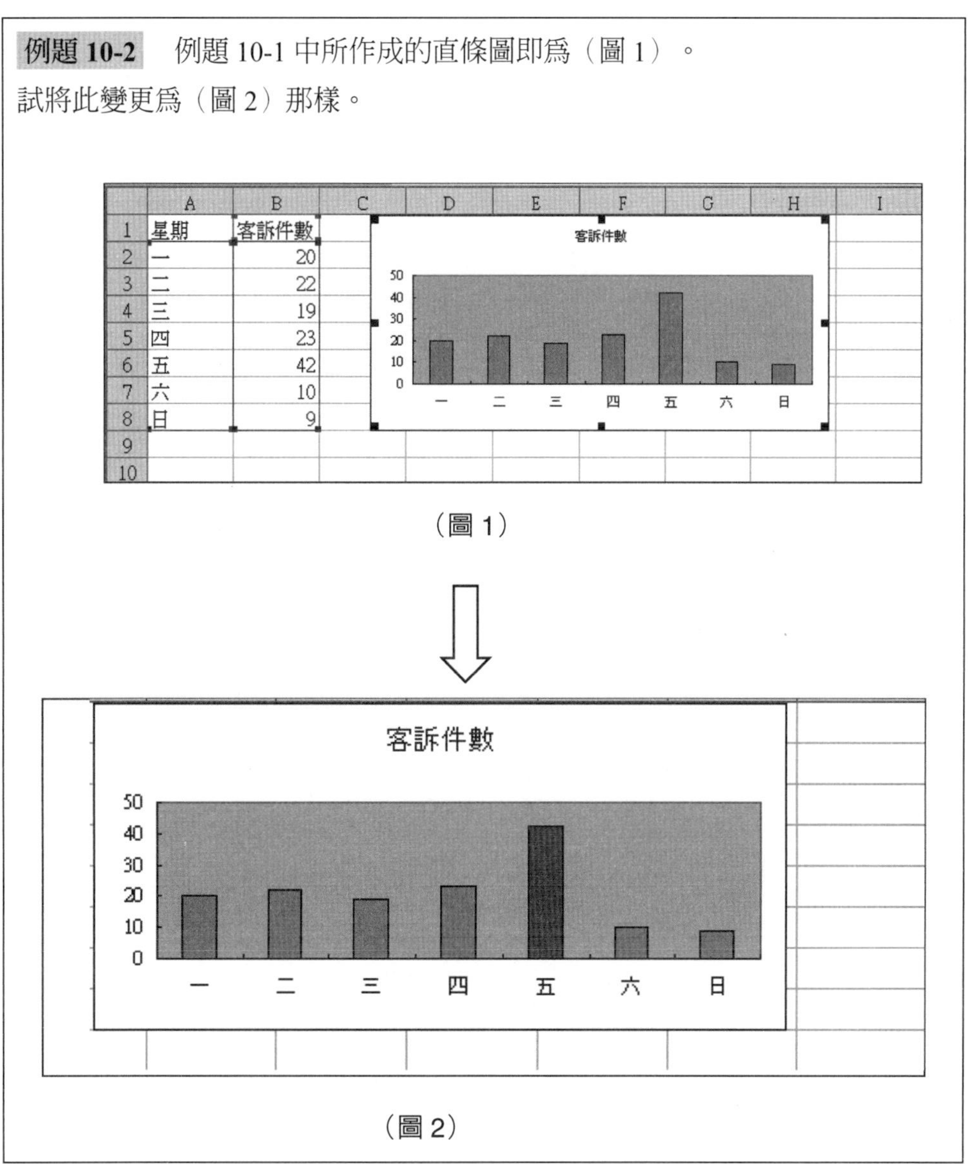

（圖 1）

（圖 2）

1. 圖形上的名稱

圖形在 EXCEL 中的各部位，要如下加上名稱。

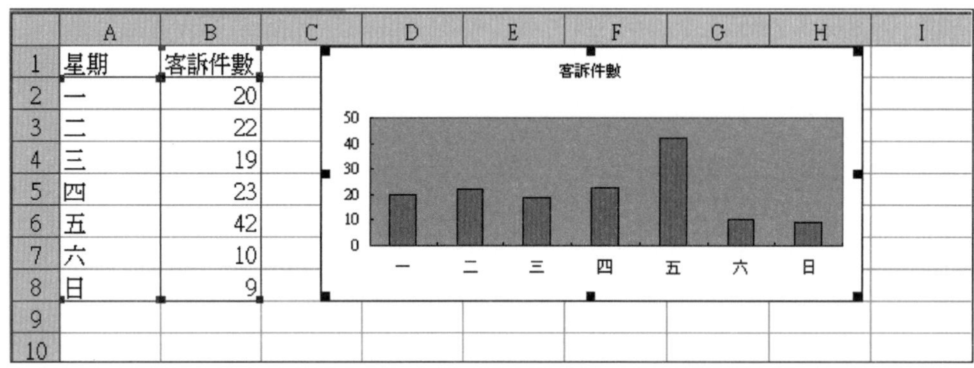

2. 圖形標題的編輯

右鍵點一下圖形的標題，出現如下的對話框。

此處進行 [字型] 的變更。

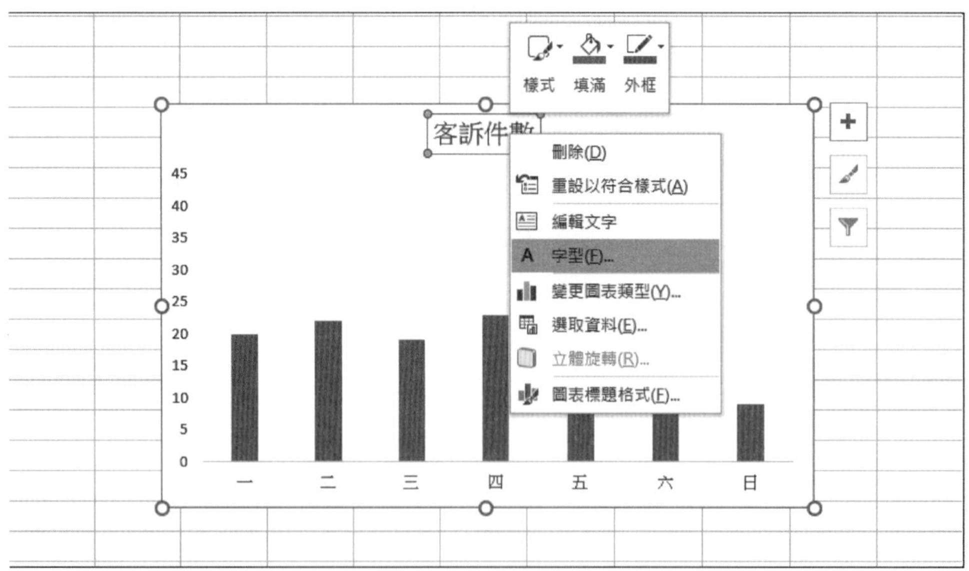

選擇 [字型] 後，可改變英文字型或中文字型，字型樣式及大小。

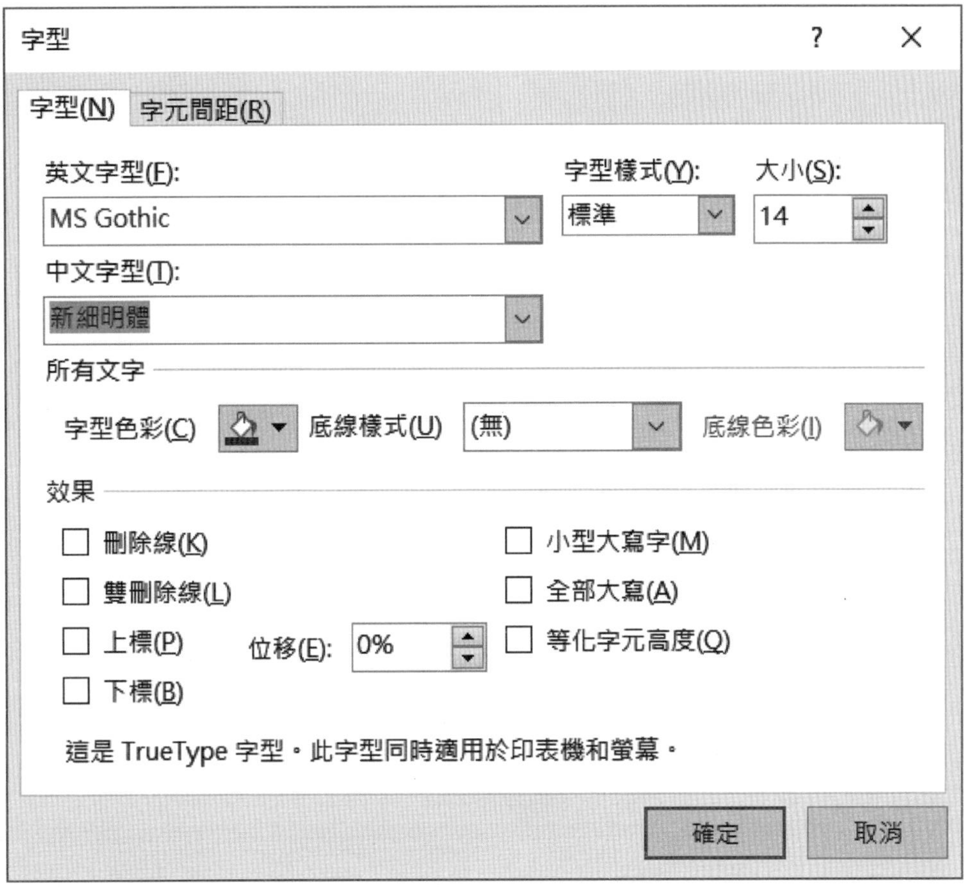

字型 ? ×

字型(N) 字元間距(R)

英文字型(F): MS Gothic
字型樣式(Y): 標準
大小(S): 14
中文字型(T): 新細明體

所有文字
字型色彩(C) 底線樣式(U) (無) 底線色彩(I)

效果
刪除線(K)
雙刪除線(L)
上標(P) 位移(E): 0%
下標(B)
小型大寫字(M)
全部大寫(A)
等化字元高度(Q)

這是 TrueType 字型。此字型同時適用於印表機和螢幕。

確定 取消

3. 軸的編輯

想編輯縱軸時，按兩下數值軸上的任意數值；想編輯橫軸時，按兩下項目軸上任意的文字，於是出現［座標軸格式］設定之對話框。

在此對話框上可以加上軸的刻度或字形等各種修正。

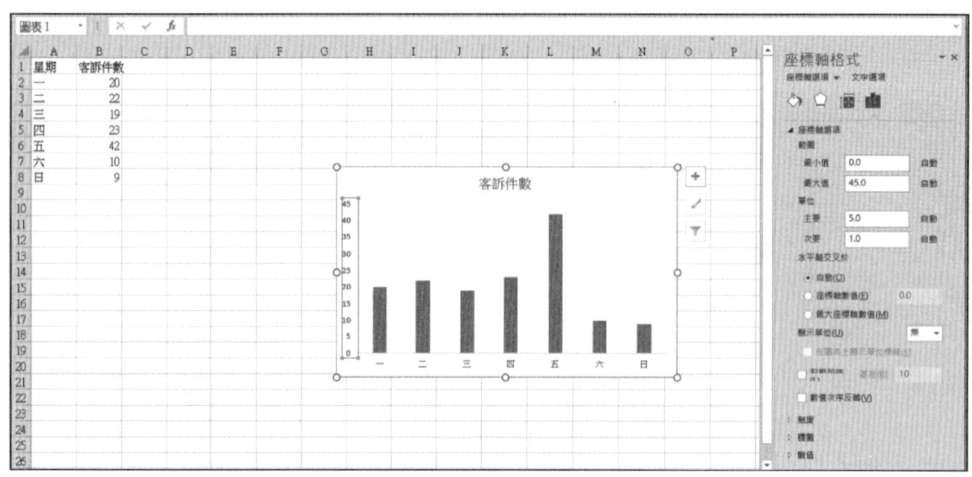

4. 要素的顏色區分

要使某長條與其他的長條有區別，使用不同的顏色時，先按一下想改變顏色的長條，接著再按一下。於是就會變成如下方的狀態。

形成一個長條是被選擇的狀態。接著，將此長條再按兩次，出現［資料點格式］之對話框。

在該對話框上，可以變更長條的顏色。

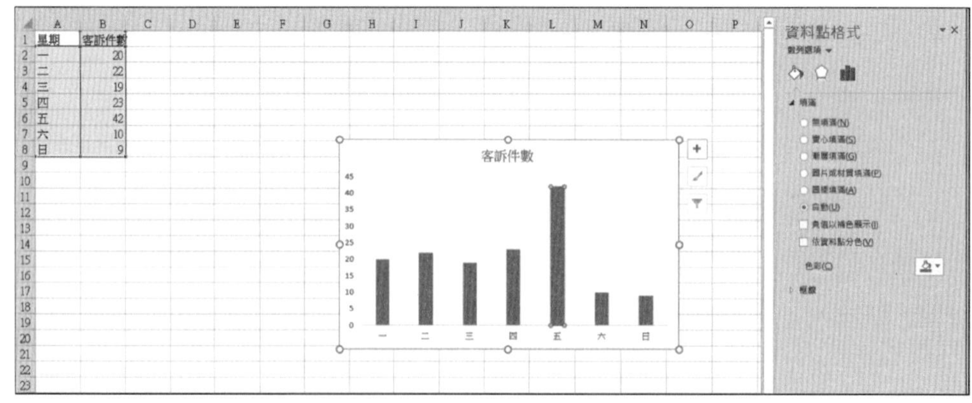

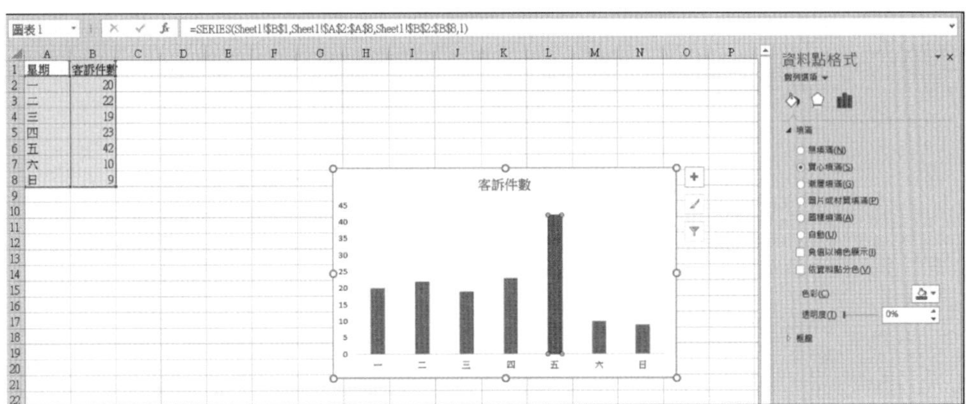

10.3 單純累計

一、單純累計表的製作

例題 10-3 針對 20 人實施如下的意見調查，回答結果如下。
試對各個問題製作單純累計表。

（問 1）回答性別。

1. 男 2. 女

（問 2）回答血型。

1. A 2. B 3. AB 4. O

（問 3）回答最喜歡的顏色（　）色。

（問 4）最初了解此商品是透過何者？

1. 電視 2. 收音機 3. 報紙廣告 4. 店面 5. 友人介紹 6. 其他

（問 5）對此商品的滿意度。

1. 非常不滿 2. 不滿 3. 稍微不滿 4. 稍微滿意 5. 滿意 6. 非常滿意

數據表

回答者	問 1	問 2	問 3	問 4	問 5
1	1	1	紅	3	3
2	1	3	黃	5	4
3	1	2	紅	6	5
4	2	4	藍	1	6
5	2	4	白	1	3
6	2	3	黑	2	4
7	1	2	白	4	5
8	1	1	紅	3	1
9	1	1	綠	2	2
10	1	1	白	3	3
11	2	1	白	3	1
12	1	1	紅	5	2
13	2	2	紅	6	3
14	1	3	紅	3	4
15	2	4	綠	3	3
16	1	1	綠	2	5
17	2	3	綠	1	3
18	1	2	白	1	5
18	2	1	白	2	5
20	2	3	紅	3	4

■ 利用 EXCEL 的製作方法

步驟 1 資料輸入

	A	B	C	D	E	F	G	H
1	回答者	問1	問2	問3	問4	問5		
2	1	1	1	紅	3	3		
3	2	1	3	黃	5	4		
4	3	1	2	紅	6	5		
5	4	2	4	藍	1	6		
6	5	2	4	白	1	3		
7	6	2	3	黑	2	4		
8	7	1	2	白	4	5		
9	8	1	1	紅	3	1		
10	9	1	1	綠	2	2		
11	10	1	1	白	3	3		
12	11	2	1	白	3	1		
13	12	1	1	紅	5	2		
14	13	2	2	紅	6	3		
15	14	1	3	紅	3	4		
16	15	2	4	綠	3	3		
17	16	1	1	綠	2	5		
18	17	2	3	綠	1	3		
19	18	1	2	白	1	5		
20	19	2	1	白	2	5		
21	20	2	3	紅	3	4		

步驟 2 製作編碼一覽表

	J	K	L	M	N	O
1	編碼表	問1	問2	問3	問4	問5
2	1	男	A		電視	
3	2	女	B		收音機	
4	3		AB		報紙	
5	4		O		店面	
6	5				友人	
7	6				其他	
8						
9						

步驟 3　資料表的變換

	R	S	T	U	V	W	X
1	回答者	問1	問2	問3	問4	問5	
2	1	男	A	紅	報紙	3	
3	2	男	AB	黃	友人	4	
4	3	男	B	紅	其他	5	
5	4	女	O	藍	電視	6	
6	5	女	O	白	電視	3	
7	6	女	AB	黑	收音機	4	
8	7	男	B	白	店面	5	
9	8	男	A	紅	報紙	1	
10	9	男	A	綠	收音機	2	
11	10	男	A	白	報紙	3	
12	11	女	A	白	報紙	1	
13	12	男	A	紅	友人	2	
14	13	女	B	紅	其他	3	
15	14	男	AB	紅	報紙	4	
16	15	女	O	綠	報紙	3	
17	16	男	A	綠	收音機	5	
18	17	女	AB	綠	電視	3	
19	18	男	B	白	電視	5	
20	19	女	A	白	收音機	5	
21	20	女	AB	紅	報紙	4	

（註）問 5 是順序尺度，因之照原樣不改。

【儲存格的內容】

R2;=A2

S2;=VLOOKUP(B2,$J$2:$O$7, 2, 0)

T2;=VLOOKUP(C2,$J$2:$O$7, 3, 0)

U2;=D2

V2=VLOOKUP(E2,$J$2:$O$7,5,0)

W2;=F2

步驟 4　累計表的準備

	AA	AB	AC	AD	AE	AF	AG	AH	AI	AJ	AK	AL
1	問1	次數	比率	問2	次數	比率	問4	次數	比率	問5	次數	比率
2	男			A			電視			1		
3	女			B			收音機			2		
4				AB			報紙			3		
5				O			店面			4		
6							友人			5		
7							其他			6		
8												

步驟 5　函數 COUNTIF 的利用

AA	AB	AC	AD	AE	AF	AG	AH	AI	AJ	AK	AL
問1	次數	比率	問2	次數	比率	問4	次數	比率	問5	次數	比率
男	11		A	8		電視	4		1	2	
女	9		B	4		收音機	4		2	2	
			AB	5		報紙	7		3	6	
			O	3		店面	1		4	4	
						友人	2		5	5	
						其他	2		6	1	

【儲存格的內容】

AB2;=COUNTIF(S$2:S$21,AA2)

AE2;=COUNTIF(T$2:T$21,AD2)

AH2;=COUNTIF(V$2:V$21,AG2)

AK2;=COUNTIF(W$2:W$21,AJ2)

步驟 6　累計表的完成

算出次數的合計後，根據它計算比率。

	AA	AB	AC	AD	AE	AF	AG	AH	AI	AJ	AK	AL
1	問1	次數	比率	問2	次數	比率	問4	次數	比率	問5	次數	比率
2	男	11	0.55	A	8	0.4	電視	4	0.2	1	2	0.1
3	女	9	0.45	B	4	0.2	收音機	4	0.2	2	2	0.1
4				AB	5	0.25	報紙	7	0.35	3	6	0.3
5				O	3	0.15	店面	1	0.05	4	4	0.2
6							友人	2	0.1	5	5	0.25
7							其他	2	0.1	6	1	0.05
8	合計	20	1	合計	20	1	合計	20	1	合計	20	1

【儲存格的內容】

AA8; 合計

AB8;=SUM(AB2:AB7)

AC8;=SUM(AC2:AC7)

將 AA8 到 AC8 複製於 AD8 到 AL8

AC2;=AB2/AB$8

（將 AC2 複製到 AC3）

（將 AC2 複製於 AF2 到 AF5）

（將 AC2 複製於 AI2 到 AI7）

（將 AC2 複製於 AI2 到 AI7）

（將 AC2 複製於 AL2 到 AL7）

若要計數空白的儲存格的個數，可使用 COUNTBLANK 函數，格式如下。

=COUNTBLANK（數據範圍）

■ 利用資料驗證輸入清單

步驟 1　選取一個或多個要驗證的儲存格。

	A	B	C	D	E	F
1	回答者	問1	問2	問3	問4	問5
2	1	1	1	紅	3	3
3	2	1	3	黃	5	4
4	3	1	2	紅	6	5
5	4	2	4	藍	1	6
6	5	2	4	白	1	3
7	6	2	3	黑	2	4
8	7	1	2	白	4	5
9	8	1	1	紅	3	1
10	9	1	1	綠	2	2
11	10	1	1	白	3	3
12	11	2	1	白	3	1
13	12	1	1	紅	5	2
14	13	2	2	紅	6	3
15	14	1	3	紅	3	4
16	15	2	4	綠	3	3
17	16	1	1	綠	2	5
18	17	2	3	綠	1	3
19	18	1	2	白	1	5
20	19	2	1	白	2	5
21	20	2	3	紅	3	4

步驟 2 在[資料]索引標籤的[資料工具]群組中，按一下 [資料驗證]。

步驟 3 在 [設定] 索引標籤上，選取 [儲存格內允許] 方塊中的 [清單]。按 確定 。

步驟 4 在 [來源] 方塊中，輸入您的清單值，並以逗號分隔。本例已輸入，可直接框選範圍。按 確定 。

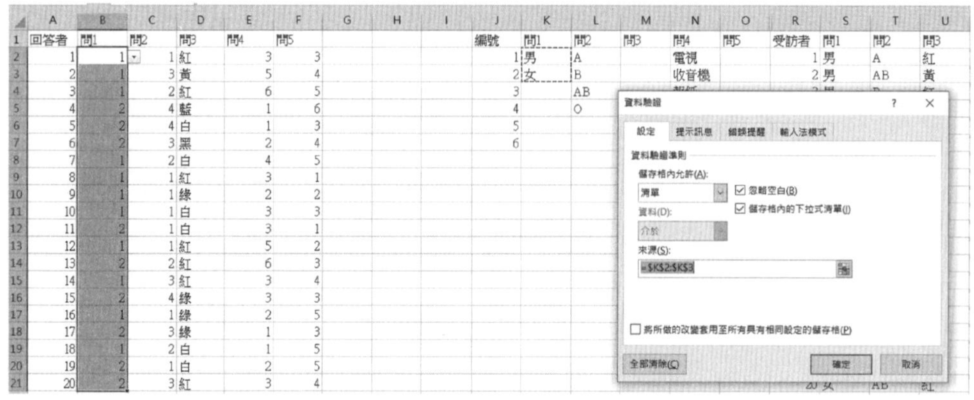

步驟 5　原先所框選的範圍旁邊出現 ▾，按一下出現清單，從中即可進行輸入。

	A	B	C	D	E	F
1	回答者	問1	問2	問3	問4	問5
2	1	1 ▾	1	紅	3	3
3	2	男	3	黃	5	4
4	3	女	2	紅	6	5
5	4	2	4	藍	1	6
6	5	2	4	白	1	3
7	6	2	3	黑	2	4
8	7	1	2	白	4	5
9	8	1	1	紅	3	1
10	9	1	1	綠	2	2
11	10	1	1	白	3	3
12	11	2	1	白	3	1
13	12	1	1	紅	5	2
14	13	2	2	紅	6	3
15	14	1	3	紅	3	4
16	15	2	4	綠	3	3
17	16	1	1	綠	2	5
18	17	2	3	綠	1	3
19	18	1	2	白	1	5
20	19	2	1	白	2	5
21	20	2	3	紅	3	4

■ 交叉表的製作

利用樞紐分析表的製作。

步驟 1 開啓檔案 10-3，從［插入］選擇［樞紐分析表］。

檔案 常用 插入 版面配置 公式 資料 校閱 檢視 開發人員 Triptych Power Pivot 告訴我您想

樞紐分析表 建議的樞紐分析表 表格 圖片 線上圖片 圖案 SmartArt... 螢幕擷取畫面 市集 我的增益集 建議圖表 樞紐分析圖

表格 圖例 增益集 圖表

樞紐分析表

輕鬆地在樞紐分析表中排列和摘要複雜資料。

參考資訊: 您可按兩下值，以查看組成摘要合計的詳細值。

其他資訊

			T	U	V	W	X	Y	Z	AA	AB
			問2	問3	問4	問5				問1	次數
			A	紅	報紙	3				男	11
			AB	黃	友人	4				女	9
			B	紅	其他	5					
5	4	女	○	藍	電視	6					
6	5	女	○	白	電視	3					
7	6	女	AB	黑	收音機	4					
8	7	男	B	白	店面	5				合計	20
9	8	男	A	紅	報紙	1					
10	9	男	A	綠	收音機	2					

步驟 2 框選資料範圍從 R1 到 W21。分析的位置選擇［新工作表］，按 確定 。

步驟 3　右方出現分析欄位，將問1移入欄，問2移入列，將受訪者移入Σ值中。

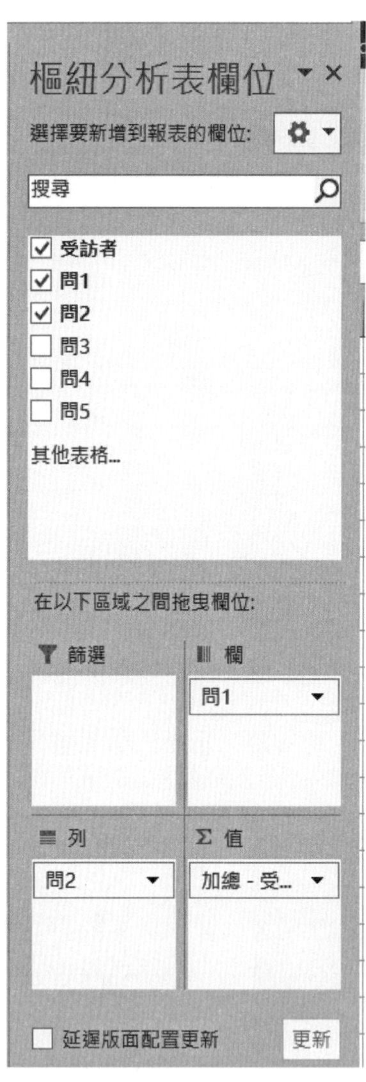

步驟 4　點一下 [加總－受訪者]，出現上拉清單，點選 [值欄位設定]。

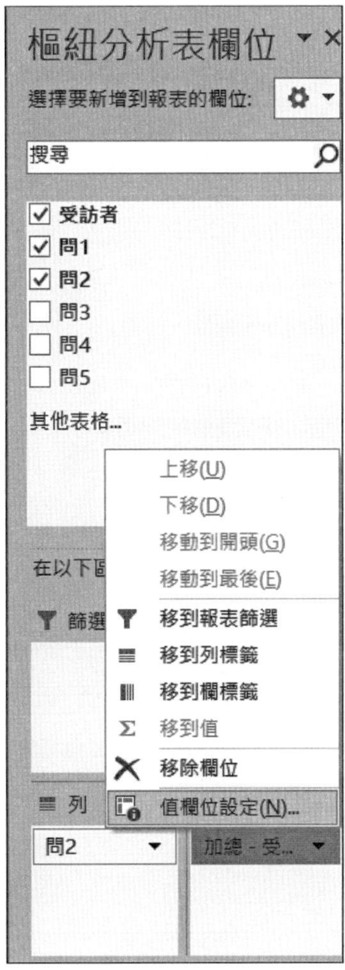

步驟 5　將加總改成 [項目個數]。按 確定 。

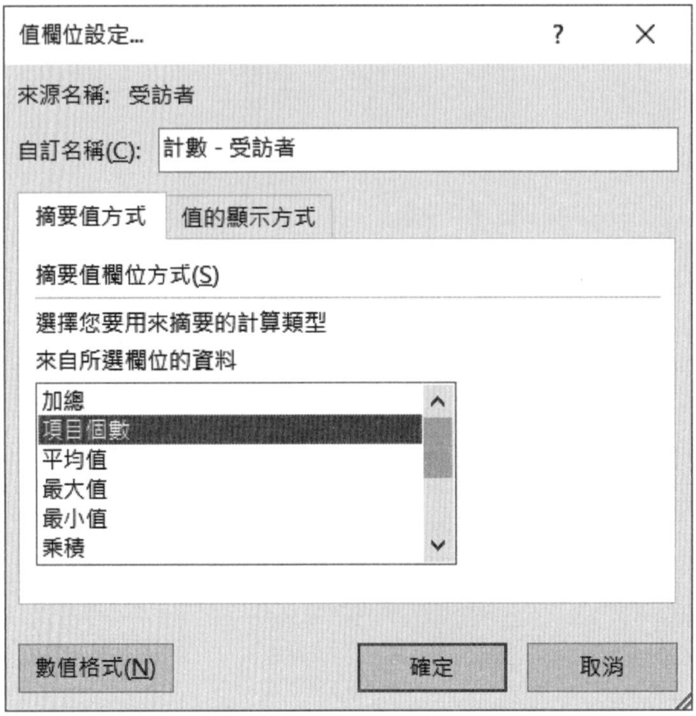

值欄位設定...　?　×

來源名稱:　受訪者

自訂名稱(C):　計數 - 受訪者

摘要值方式　值的顯示方式

摘要值欄位方式(S)

選擇您要用來摘要的計算類型
來自所選欄位的資料

加總
項目個數
平均值
最大值
最小值
乘積

數值格式(N)　確定　取消

步驟 6　左方出現問 1 與問 2 的交叉表。

	A	B	C	D	E
1					
2					
3	計數 - 受訪者	欄標籤			
4	列標籤	女	男	總計	
5	A	2	6	8	
6	AB	3	2	5	
7	B	1	3	4	
8	O	3		3	
9	總計	9	11	20	
10					

其他問項與問項之間的交叉表可參照製作。

步驟 7　問 2 與問 3 的交叉表得出如下。

	A	B	C	D	E	F	G	H
1								
2								
3	計數 - 受訪者	欄標籤						
4	列標籤	白	紅	黃	黑	綠	藍	總計
5	A	3	3			2		8
6	AB		2	1	1	1		5
7	B	2	2					4
8	O	1				1	1	3
9	總計	6	7	1	1	4	1	20

以下介紹樞紐分析圖的製作。

■ 樞紐分析圖的製作

步驟 1　從 [插入] 的圖表群組中選擇 [樞紐分析圖] 。

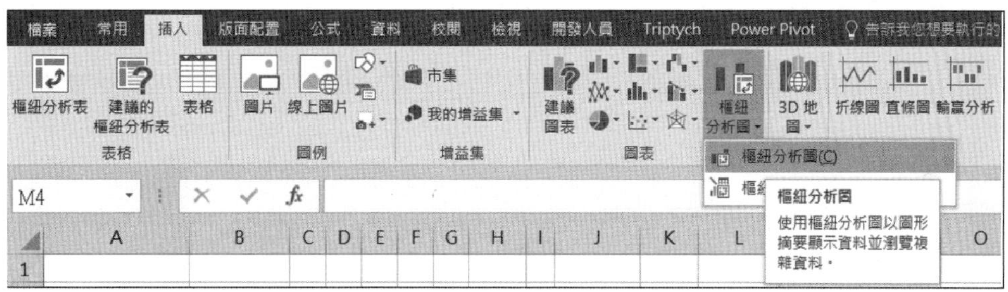

步驟 2　框選範圍並點選輸出到新工作表後，按 確定 。

步驟 3　將列標籤移入座標軸，將總計移入 Σ 值中。

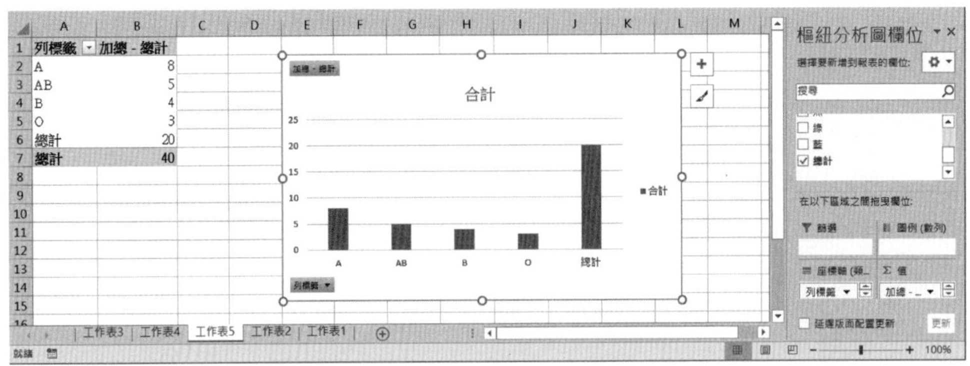

步驟 4　關閉樞紐分析欄位即完成圖形。

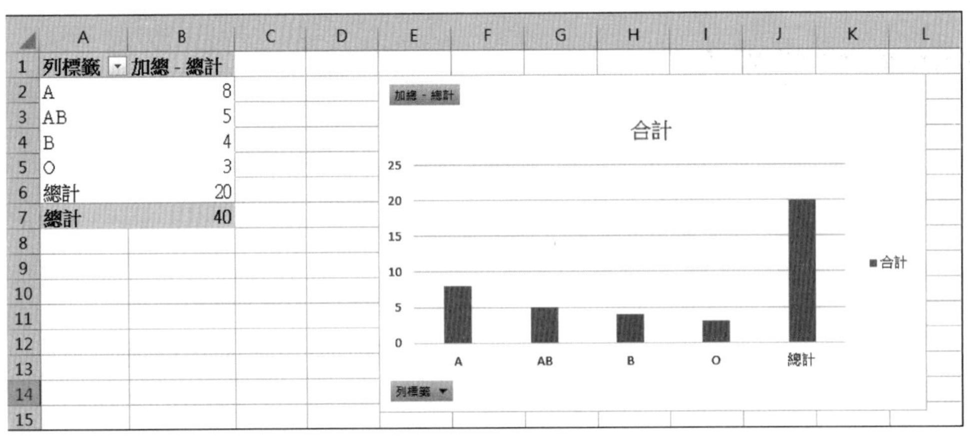

其他情形可參照此作法。

步驟 5 完成的圖表。

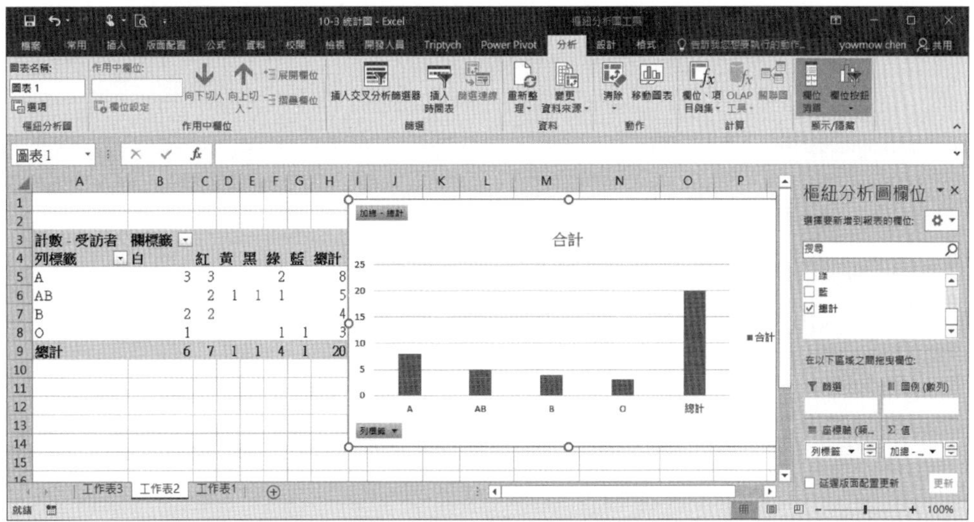

第三篇　新QC七工具篇

第 11 章 新 QC 七工具簡介

11.1 N7 是整理語言資料的工具

QC 的基本乃是藉以事實爲根據的數據來管理。可是，事實不一定能用數值資料來表現。

譬如，考慮洗衣機的新產品的設計時，必須活用消費者對以往產品所抱持的不滿，像「開關的位置不好，難以使用」之類。此種消費者的不滿牽涉到機械的使用方法、設計、色彩等。一般，這些並不一定能用數值資料來表現，僅能以語言來表現的居多。可是，以這些語言加以表現者，在表現「事實」的資料上也毫無差異。基於此意，表示這些事實的語言資訊即稱之爲語言資料。

如果是事實的話，這些語言資料也要應用在品管上。新 QC 七工具 (以下簡稱 N7) 是將這些語言資訊整理成圖形的一種技法。

圖 11.1 正是說明 N7 與 Q7 是互補的，以及活用在 QC 中解決問題的狀況。

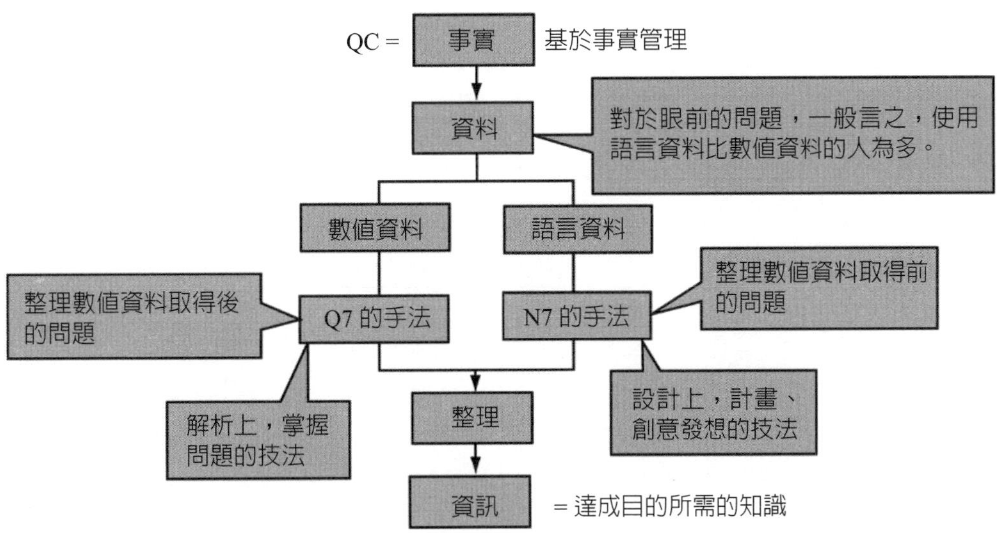

圖 11.1 N7 與 Q7（含統計方法）關係圖

11.2 N7 是解決問題所準備的工具

譬如，有「出納業務的效率化」此種問題。如考慮此問題的改善時，像是效率化的意義是什麼，要謀求哪一種業務的效率化，這些業務的問題點爲何，以及它與內部教育或 OJT 的關連是否良好，與最近的 OA（Office Automation）之關連如何等，問題可無限展開。

像這樣，一般遭遇迷茫繁雜的問題甚多。因之有需要將這些問題與其原因加以整理，找出能解決問題的方式。

如果不知道 N7，則此種迷茫繁雜的問題就會變成像圖 11.2 的右方一樣，變成未能解決的問題，因而挫折失敗的情形甚多。N7 是將問題的複雜關係加以整理的技法。

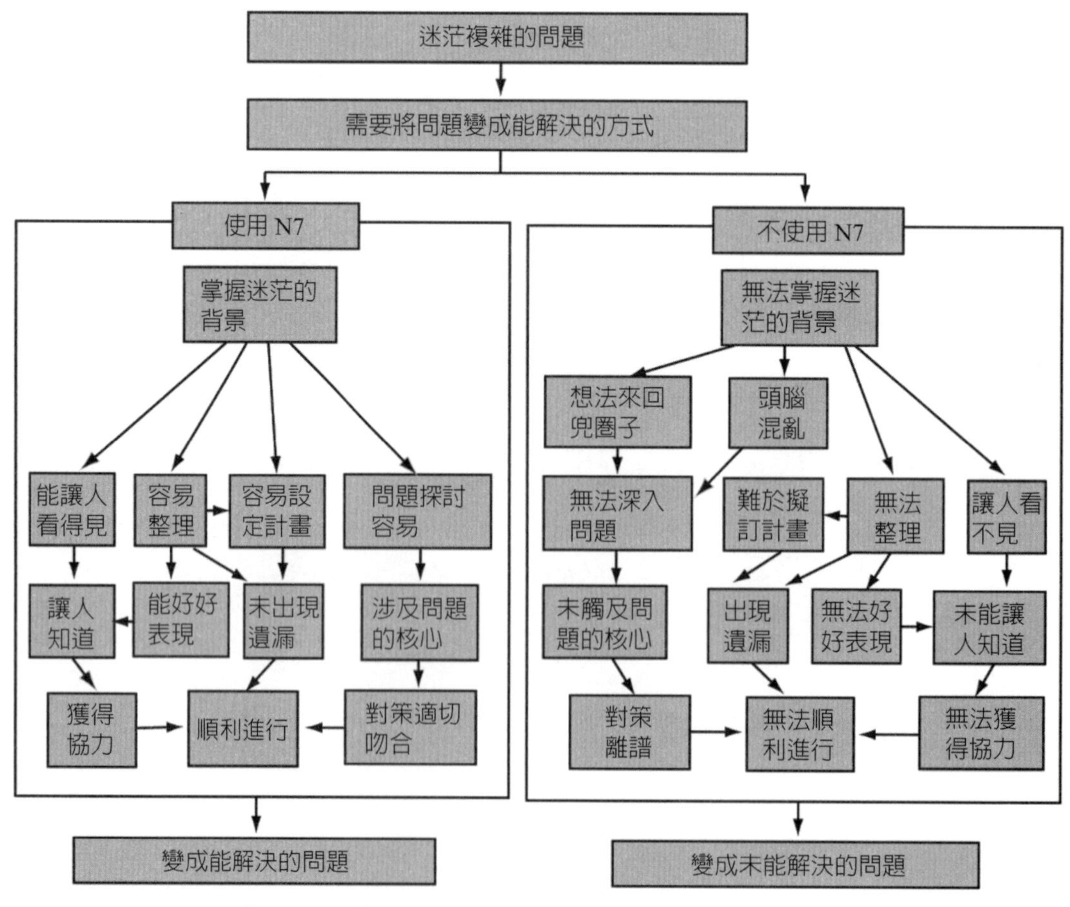

圖 11.2　使用 N7 與未使用之情形比較（關連圖）

使用 N7 即可像圖 11.2 左方一樣，容易整理，容易設定計畫、探討問題，並且深入了解，也就容易取得他人的協助。

11.3 N7 是利用小組充實計畫的工具

在 TQM 中是由有關人員相互協力設法解決問題。是故，大家一起思考，相互提出智慧、表達思想就顯得更爲重要了。包含 N7 的所有 QC 技法在內，不管是語言資料或是數值資料，在資料的整理方面使用圖形則爲其共通特色。

圖 11.3 是說明由小組討論問題解決方案的過程中，共有他人與自己的知識，於解決問題時小組表達思想及創造的情形。

圖 11.3 的左上矩陣圖是爲了說明相互溝通的重要性，由喬瑟夫・魯夫（Joseph Ruf）與哈瑞・英格（Harry Ingam）所想出而稱之爲喬哈利之窗（Joharry's Window）。圖中 (a) 係表示自己與他人都知道的事情，(b) 及 (c) 是自己或他人之任一者所知道的事情，(c) 是誰都不知道的事情。

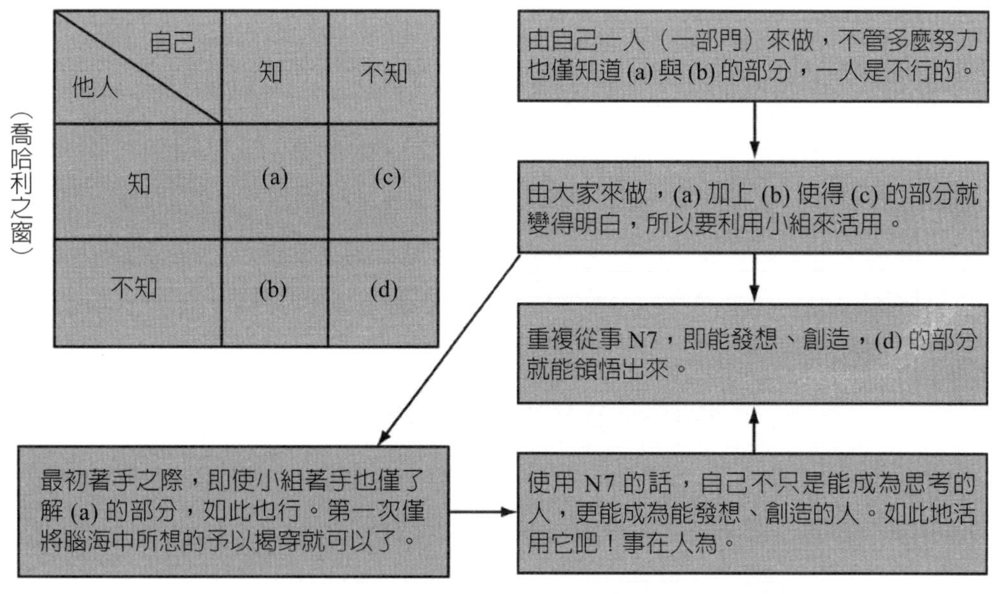

圖 11.3　TQM 的問題解決集合全員的智慧是非常重要的

關於 TQM 中的問題解決，是小組的每一個人收集所具有的資訊，全員藉著

共有 (a)、(b)、(c) 的資訊，期待獲得新的構想，並且，藉著這些資訊的共有化，喬哈利的 (c) 的領域裡的智慧也可產生出來。

N7 是在此過程中將相互的資訊，特別是語言資料以圖來表現，如此有助於資訊的共有化、構想的效率化。其情形以圖 11.3 的右方來說明。

此外，圖 11.4 是說明解決問題時計畫階段的重要性。圖 4 的最下面的水平線是說明在計畫（P）階段多花些時間，如此實施的結果，就可減少重做、修整（C、A）。亦即，「準備八分」，此對應於良好狀態。

最上方的水平線，是說明 P 未在充分時間下進行 D、C、A，即會多花時間。亦即是不好的狀態。

現實的工作，中間的水平線甚多，儘可能向下方移動。N7 由於是包含過去問題點在內的語言資料整理技法，因之有助於充實圖 11.4 中所需的計畫階段。

綜合圖 11.3 及圖 11.4，在推進 TQM 充實小組所執行的計畫階段及方面，N7 非常有幫助。

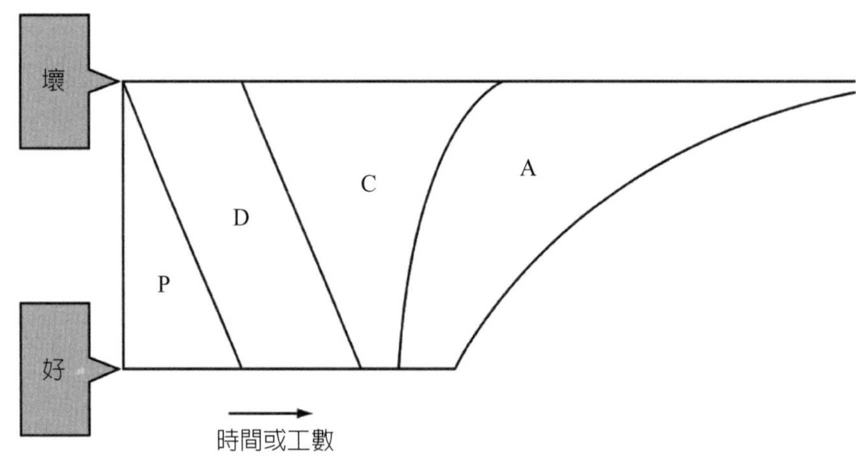

圖 11.4　在解決問題中計畫的重要性

11.4 活用 N7 的四個著眼點

以下簡要地說明活用 N7 的 4 個著眼點。

一、明白問題的所在

在使用 N7 解決問題時，最重要的是要明白自己現在是在解決問題的什麼階段上。

自己目前所面對的問題，它本身是否曖昧不清？此外，雖然應解決的問題明確，但其原因是否不甚清楚？或者，應解決之問題及原因都清楚，卻不知道應以什麼方策來解決？唯有使這些都明確了才能決定使用 N7 的手法。

解決問題的三個層次（階段）：

1. 還不知道應解決之問題是什麼（第一層次）

此層次的問題是很多細微的瑣事都實際發生了，但本質問題爲何？卻還不清楚。換句話說，此階段的問題就是要明確應處理的事端是什麼？

2. 還未能明白主要原因是什麼（第二層次）

此層次的問題是應處理之問題已明確顯現它的形態。但是，至於是因爲什麼原因才導致這個問題的發生，卻不能明確掌握。換言之，這個階段的問題就是要考慮各種要因，是探求原因的一個階段。

3. 未能明白應採取什麼方策（第三層次）

此層次的問題是引起問題的原因已明確，但是還沒有能夠出現具體解決方策。換言之，這個階段的問題是如何展開方策。

二、可以選擇合於分析目的之手法

解決問題最好能夠針對前述的 (1)、(2)、(3) 階段來活用適當的方法。關於這點，請參考圖 11.5。

明白了所應解決的問題是屬於哪個階段之後，就可以使分析的目標明確，決定 N7 手法及其使用方法。

針對前述之問題階段 (1)、(2)、(3)，要判斷應使用 N7 中的什麼手法才好時，可以參考圖 11.5。以下試就針對圖 5 之問題階段，說明有關 N7 手法的使用。

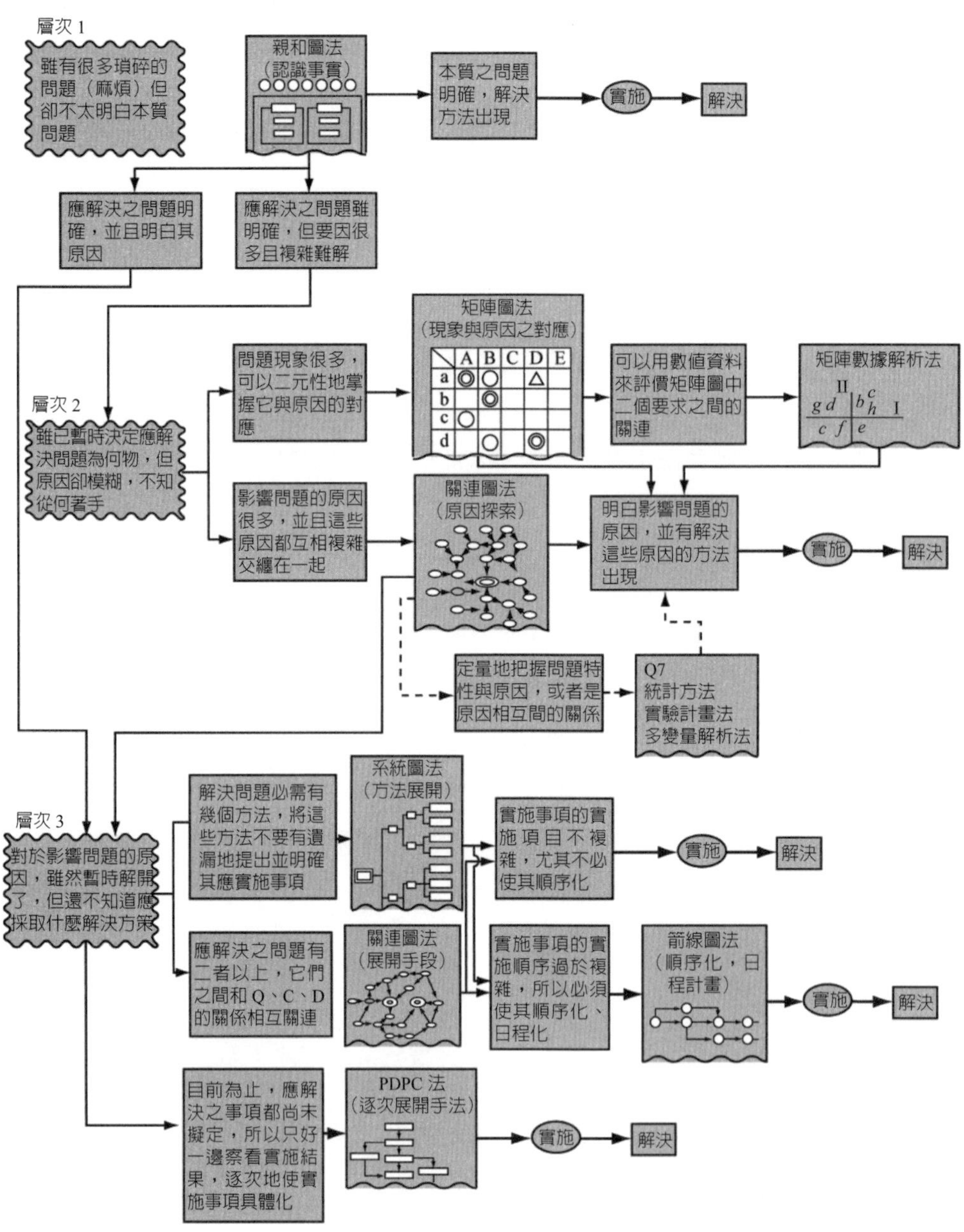

圖 11.5　N7 的使用方式

對於第一階段的問題，可以收集實際發生之各種事情的語言資料，使用親和圖法將其統合起來，如此可以明確應處理的問題。

對於第二階段的問題，只要使用能夠使原因明確的手法就可以了。而特性要因圖就是這類的 N7 手法，可以善加利用。特性要因圖對於表現一個結果、多種原因分岐的構造很有效。但是，當一個結果的許多原因之關係復雜並交纏在一塊時，可以使用關連圖法來解決。此外，當問題的現象（結果）很多時，若想二元性地掌握其結果與原因的關係，則矩陣圖法可以順利解決。

對於第三階段的問題，必須能夠有一個可以分析問題、謀求方策的手法。爲了實現某個目的，找出其實現的方策，可以使用系統圖，一邊針對著眼點，一邊考慮解決手段（構想）。考慮同時達成兩個以上目的之手段時，如根據每個目的去考慮其手段，有時會發生矛盾與背道而馳的情況。此時，可以使用關連圖法來展開手段以順利進行。

根據以上的方法決定了解決問題的手段、方策，換句話說，決定了實施事項之後，實施時還必須使其順序化，在使其順序化或訂定日程計畫的時候，則可以使用箭線圖法。而當解決問題之實施事項尚未完全決定，需一邊實行目的實施事項，一邊再根據其結果來考慮其後應實施之事項的時候，可以使用 PDPC 法來逐次展開方策。

三、獲得適當的語言資料

圖 11.6 是說明語言資料的收集方式。

圖 11.6 中除了 GD 以外也有其他的方法。有興趣的讀者可以參考相關文獻。

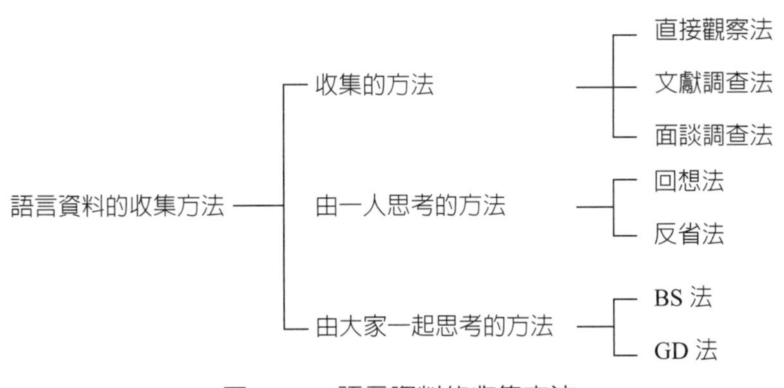

圖 11.6 語言資料的收集方法

以下就 GD（Group Disscussion：小組討論法）加以介紹。

1. 所謂 GD 法

所謂 GD 法是由小組的所有人員，就有關之主題，提供自己所知道的內容，由此一邊收集所需要的語言資料，一邊討論有關之對象問題的一個方法。關於小組成員所不知道的事情，必須作爲「調查」資料來收集。仿照喬哈利之窗（Joharry's Window；請參照圖 3）將 GD 的目標表示在圖 11.7 中。

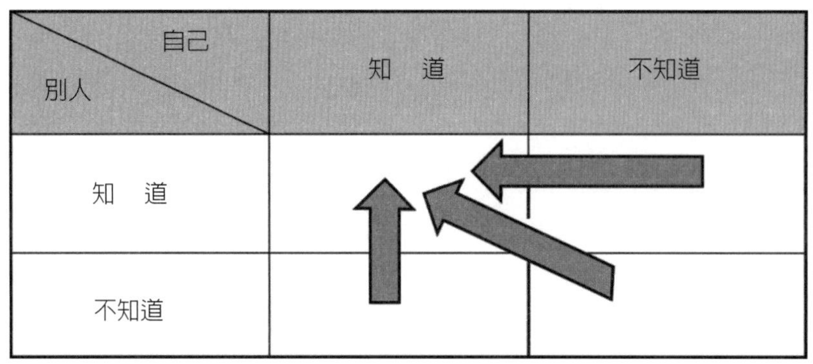

圖 11.7　小組討論之目標

2. 以 GD 法收集語言資料時應注意的地方

(1) 必須對問題有共同的認識。

(2) 收集資料不能偏廢某方。

(3) 取得之資料需合於分析之目的（參表 11.1）。

(4) 靈活運用語言資料。

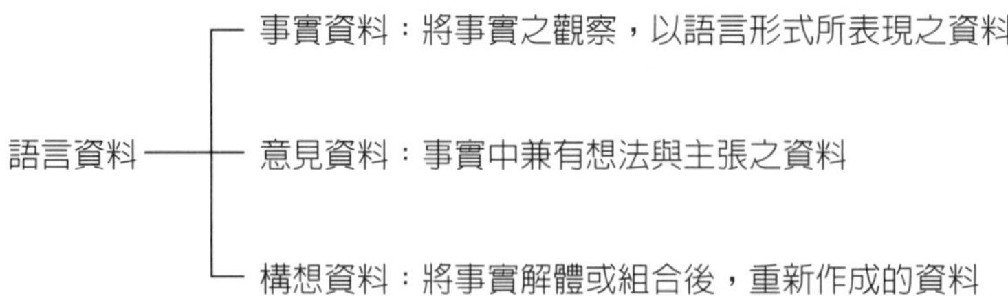

表 11.1　語言資料與解析目的之對應表

分析的目的＼語言資料	事實資料	意見資料	構想資料
形成問題	◎	○	△
探求原因	◎	×	×
展開方法	△	○	◎

(5) 使用語的定義明確。

(6) 資料的表現方式是將所想講的事，適當地表示成文字形式。

(7) 本來的目的逐漸顯現。

3. 由分析結果取得所需的資訊

在使用 N7 各手法作圖的過程或作圖階段，一定要有能夠達成目的所需資訊才行。因此，必須就所得之資料加以考察，這個階段上應注意的事項包括：

(1) 將所得之資訊整理成文章

N7 的各手法，光畫成圖形是不行的。必須從作圖的過程及作圖的結果，將所知道的事情整理成條例或文章形式，記錄下來。尤其在製作親和圖及關連圖時，一定要整理成文章形式。

(2) 確認是否可以得到所需的資訊

必須牢記從使用 N7 的分析結果來確認，是否眞的能夠得到所需要的資訊？如果無法得到所需要之資訊的話，那就是資料不夠，或是分析的方法不好。究明原因之後，必須採取行動。

以下從第 12 章到第 18 章，分別詳述新 QC 七工具的具體用法與利用 EXCEL 的作法。

第 12 章　親和圖

12.1　根據親和圖法形成問題

在製作親和圖法時可分個人製作與團體製作二種方法。管理階層人員在下列情況下，最好由個人來製作親和圖，即 (1) 對於混淆、未知的範疇，想有體系地掌握事實時，(2) 由零出法，想整理自己的想法時，(3) 想打破舊有概念，整理新構想時。另一方面，(4) 品管圈等在爲著共同目的，欲組成小組著手改善時，團體製作方式則很有幫助。這裡先介紹前者的製作程序。其對應圖式如圖 12.1 所示。

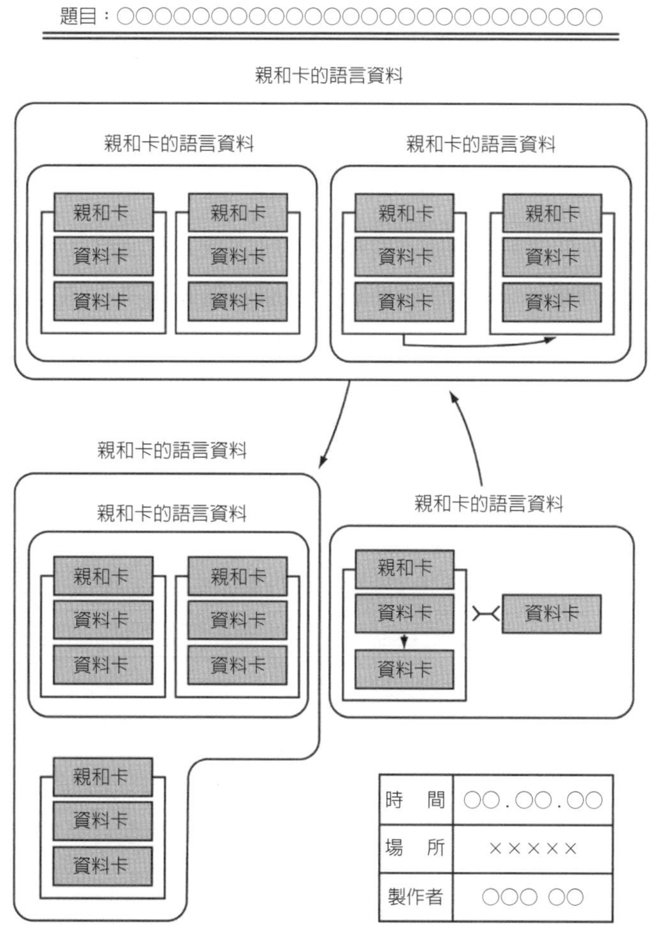

圖 12.1　親和圖之製作

一、個人製作方法

步驟 1　決定題目

步驟 2　就所決定之題目，收集語言資料

爲達成 (1) 之目的收集事實資料；爲 (2)、(3) 之目的收集事實資料、意見資料及構想資料。收集語言資料的方法有直接觀察法、面談閱覽法、腦力激盪 (BS) 法、個人思考法等各種。

語言資料最重要的是要能夠儘可能地具體表現事實或意見，並傳達具體的意象。以具有獨立、最低限度意義之句子（主詞＋述詞）來表現。省略述詞只用名詞的話，容易使表現變得抽象。所以要避免使用「做……」或「○○化」等名詞化的用語來表現。

步驟 3　這種卡片稱爲「資料卡」。一件資料寫在一張卡上。使用資料卡時可以利用附有自由黏貼標籤（市面上有出售，稱爲語言標籤或 KJ 標籤等）。

步驟 4　將資料卡混在一起，以攤牌的方式將之展開，再將這些展開的資料卡大致的看過去，二次、三次重複的看。先直著看再橫著看，以這種方式仔細地閱讀。

在閱讀這些資料卡時就會發覺其中有些「幾乎相同」、「相似」、「類似」，再從這其中挑出二張自己認爲最有親近感的資料卡。

步驟 5　確認這二張卡上的資料是否的確是最相近的。卡片最好能夠自然地類聚在一起。

步驟 6　將二張卡片上所記載的語言資料整理寫在一張卡片上。對於原先二張卡片上的內容不但要充分地傳達，也不可多餘地敘述卡片上所沒有的事項。總之最重要的是要避免抽象化。依這種方式所做成的卡片稱爲「親和卡」。

步驟 7　二張的資料卡之上又加上親和卡，以橡皮筋之類的東西將之束在一起。並將附有親和卡綁在一起的卡片當作一張卡片來處理，放回原來交雜一起的卡片群中。

步驟 8　重複 4～7 的步驟，依照語言資料之間的親近感（我們將這種性質稱之爲親和性：Affinity）將卡片聚在一起並成束整理起來。

隨著卡片整理作業的進展，卡片之間的親和性就會逐漸的疏遠。相互之間的親和性會漸漸由「類似」、「相近」而變成「有關係」、「有些什麼相通之處」，逐漸遠離。

在製作親和圖時，隨著它們之間的親和性的逐漸疏離，還必須逐漸提高抽象的程度。當然，最重要的是要能夠儘可能地保留原資料卡的意義。

在所有資料還未密集到五束之前，必須繼續這種作業。到了最後，甚至會有只剩一張資料卡的情況。不要勉強將之聚在一起，但可以把它當作一束的情形來處理。

步驟 9 將成束整理的卡片配置在紙上。在完成親和圖時，必須使它們在構造上看起來容易了解地決定它們互相的位置關係。

步驟 10 以類聚卡片相反的順序，將卡片的橡圈等解開以決定整體的配置。

步驟 11 根據所決定的配置，將卡片貼在模造紙上，再以適當的記號來表明它們之間的相互關連以完成親和圖。

二、以小組來製作的方法

接著說明小組製作親和圖的方法：

步驟 1 決定題目。

步驟 2 以 BS 法來收集語言資料（BS 法的規則如表 12.1 所示）。

表 12.1 腦力激盪法的基本規則

(1) 禁止批評	不對他人的發言加以批評或反對。
(2) 自由奔放	奔放地發想，自由地發言。
(3) 歡迎多數	構想的點子愈多愈好。
(4) 改善結合	力求改善，集結他人的構想，不可盲目附合他人的發言。

步驟 3 所有人員一起商量討論，務必使大家都能對所收集的資料充分理解。對於表現不夠適切或意義不明、能用各種說詞加以解釋的語言資料，必須加以修正改寫。

步驟 4 小組一邊討論一邊進行個人製作方法中所提到的步驟 3～10，以完成親和圖。

此外，小組製作方法中還包括下列各要項：

(1) 以撲克牌遊戲的要領向成員分發資料卡，(2) 由團體成員中的一人將手持的一張卡片唸出並提出，(3) 其他成員就提出的卡片比較自己手中的卡片，如有類似者則將之提出，依照這種方式來聚集卡片。

這是小組簡易進行聚集卡片的方法之一，但資料的親和性並不是在所有資料之中，它有時只在有限的小組中發生作用而已，品管圈在利用這種牌式時必須知道它包含這些缺點。

以上有關親和圖的作成範例請參圖 12.2。

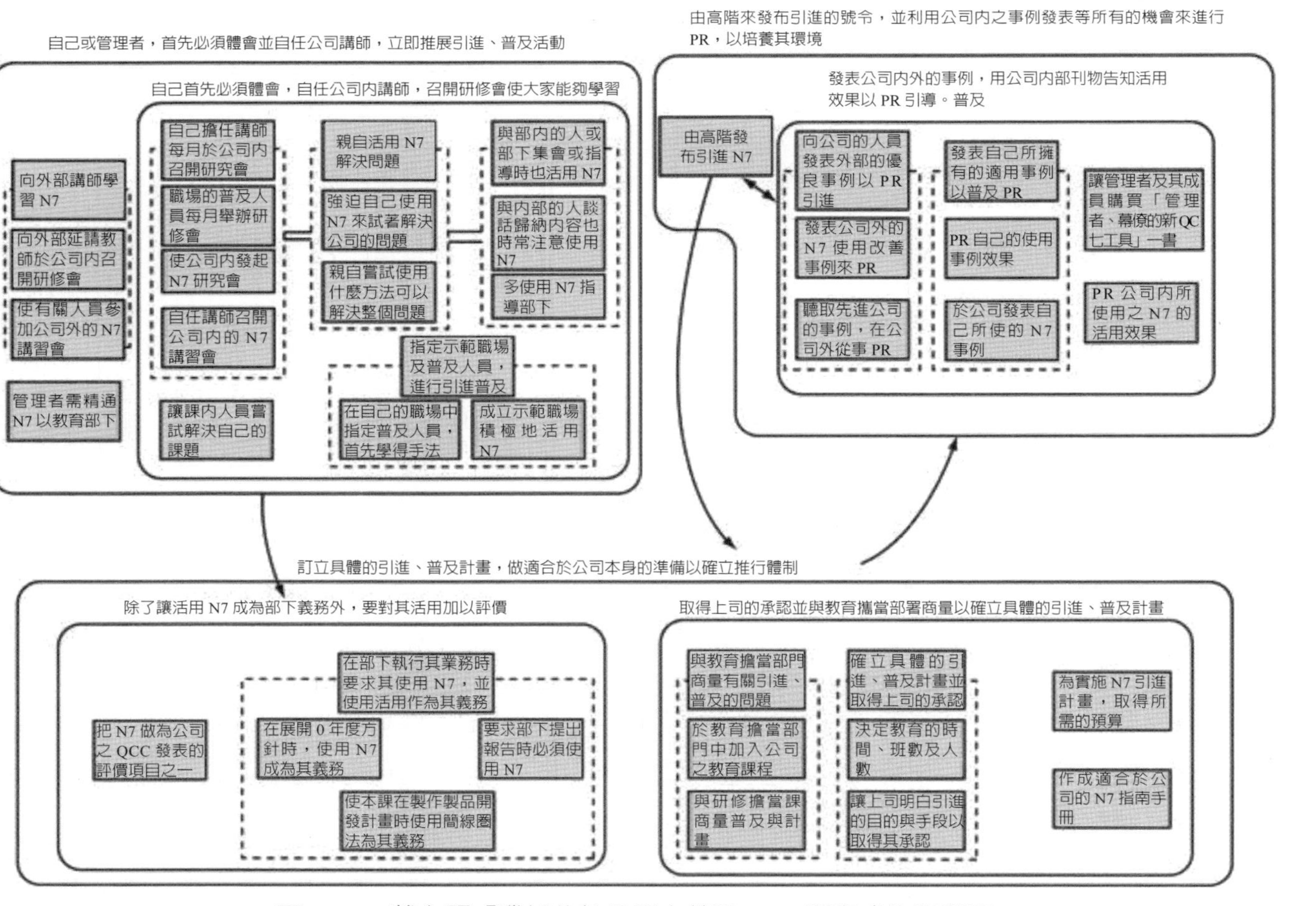

圖 12.2 就主題「我如此於公司內普及 N7」所作成的親和圖

12.2 利用 EXCEL 製作親和圖

從插入的圖例來製作親和圖。

步驟 1 執行插入→圖例中的圖案→圓角矩形。

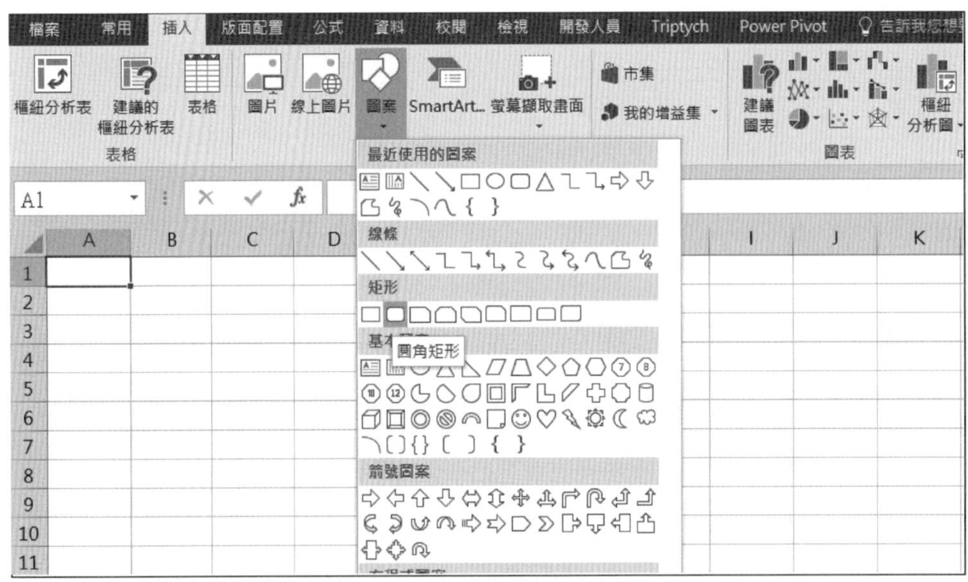

步驟 2 在製作資料卡的位置上繪製圓角矩形。

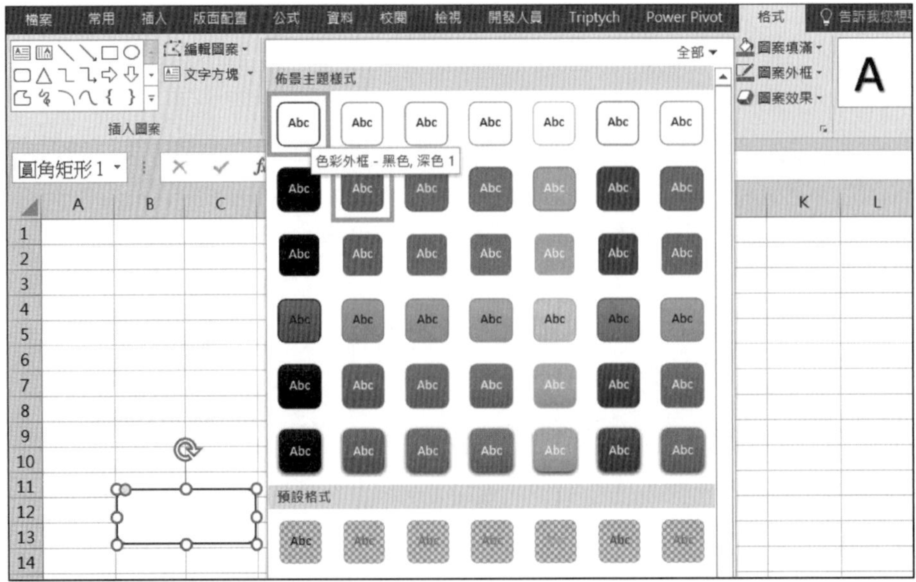

步驟 3 右鍵按一下所做成的矩形，點一下［編輯文字 (X)］。

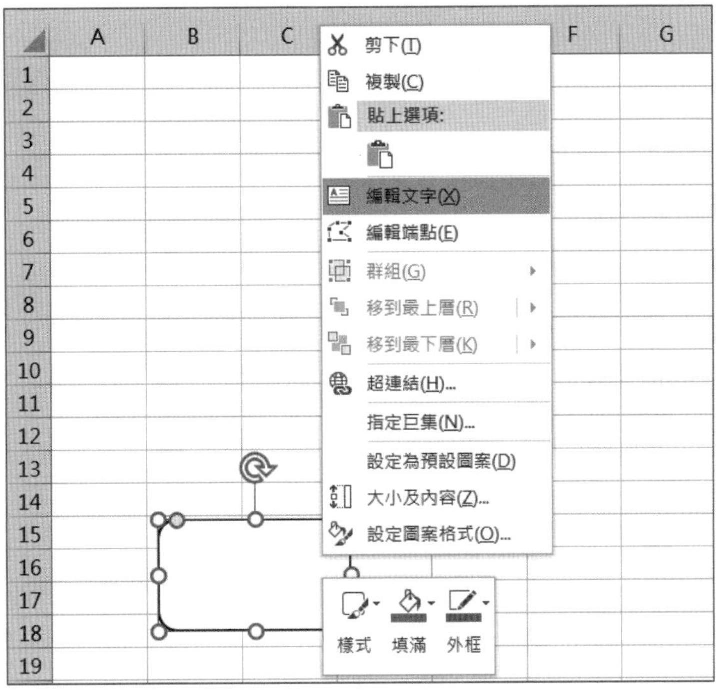

步驟 4 輸入語言資料。

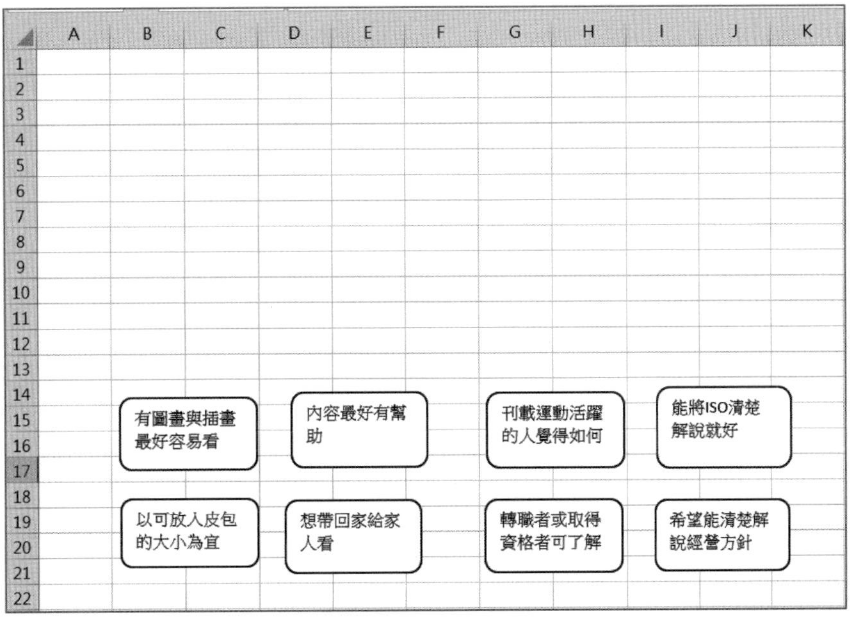

步驟 5 再從［插入］選擇［圓角矩形］，框選資料卡後，從右方［設定圖案格式］中選擇［圖案選項］，點選［無填滿］。

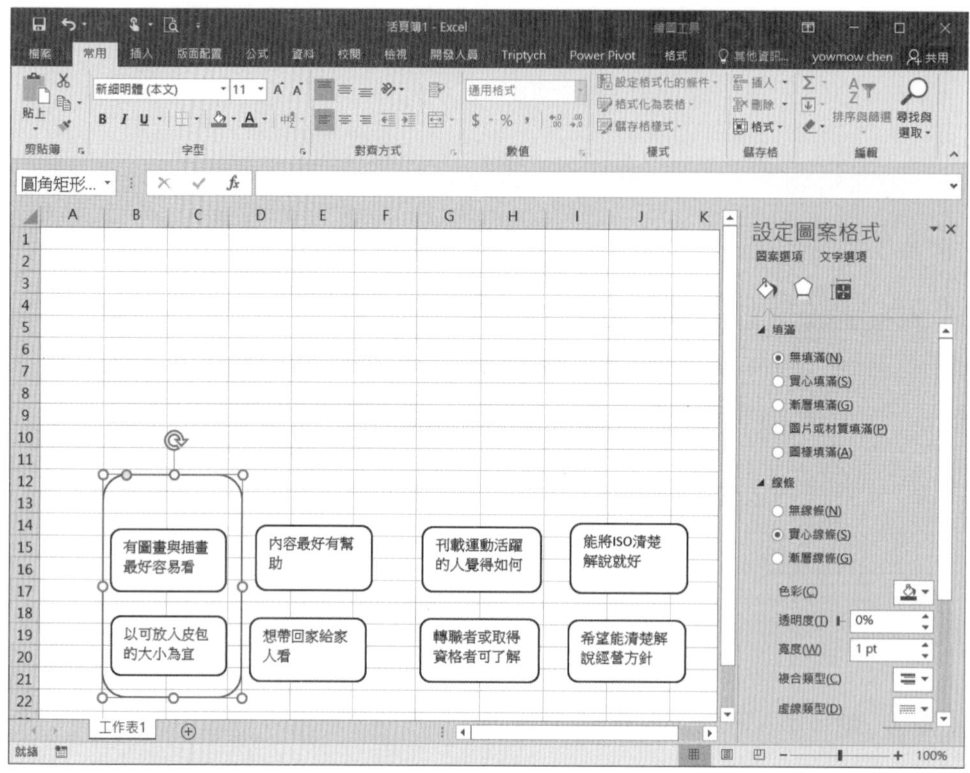

步驟 6 聚集語言卡製作親和卡，再從［插入］選擇［圓角矩形］置於上方。於設定圖案格式中，選擇［文字選項］，從中選擇［實心填滿］，色彩選擇黑色。

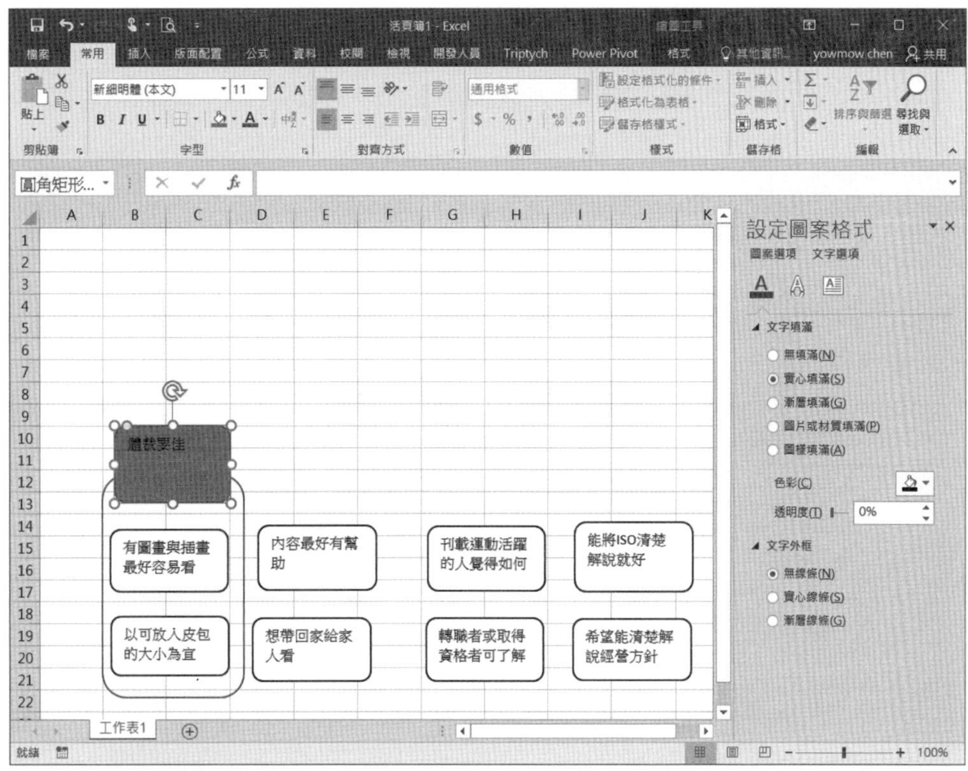

步驟 7 於設定圖案格式中，選擇［圖案選項］，從中選擇［實心填滿］，色彩選擇淺色。

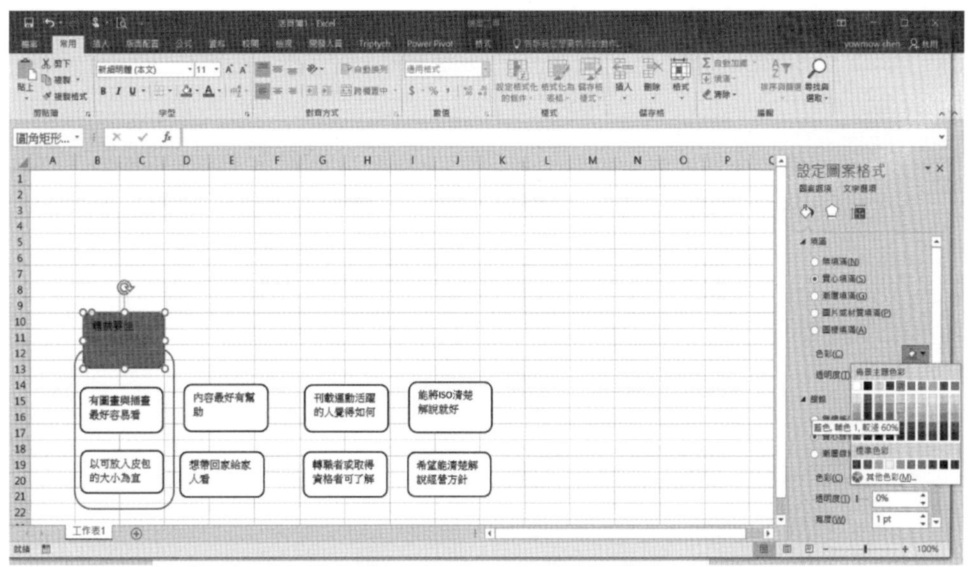

步驟 8　其他以複製拖移即完成如下親和圖。

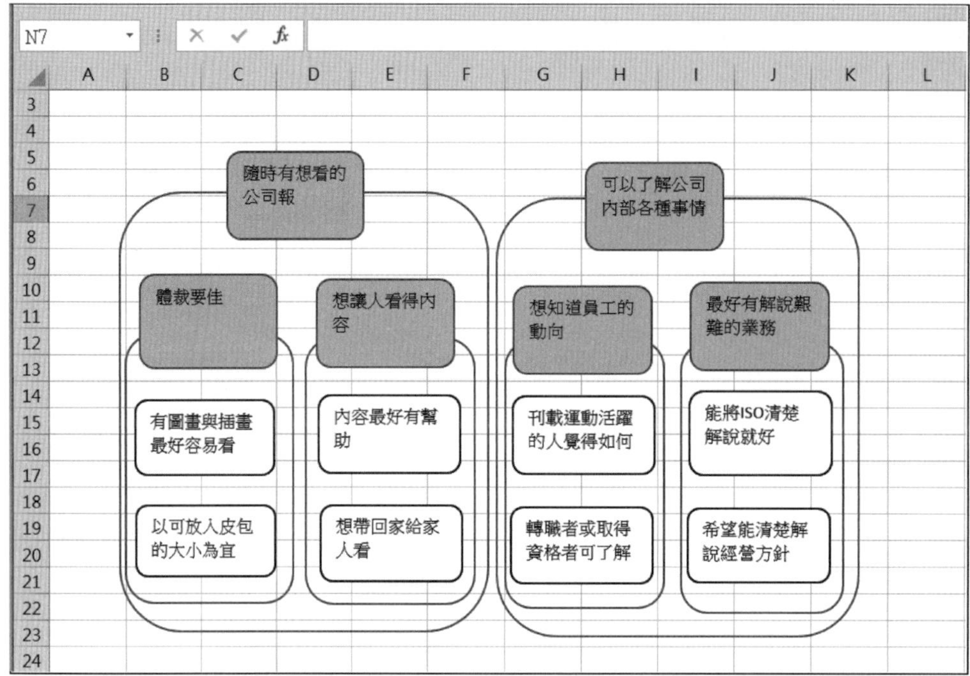

第13章 關聯圖

13.1 根據關聯圖法來探索原因

關聯圖有四種類型，分別是中央集中型、單向集中型、關係表示型、應用型。

這裡要介紹的是製作中央集中型之問題點與要因之關聯圖的一種方法。圖13.1是對應製作步驟的圖示。

步驟1 以紅色字體在標籤上說明「為什麼沒有成為……」，以這種方式來表現所提出之主題為何沒有順利達成其結果的狀態。

步驟2 將影響主題原因以主語和敘語明確表示，使用黑色字體各自寫在標籤上。

步驟3 展開模造紙，將記有主題的標籤放在中央。

步驟4 閱讀每張標籤，仔細體會、斟酌其內容，將內容相似者類聚一起，在模造紙上形成群組。

步驟5 隨著這些群組反覆「為什麼、為什麼」地找出其一次、二次與三次原因，有系統地展開其因果關係，並且一度將所有標籤都連上原因→結果的虛箭線。

步驟6 原因均被提出，所提出之主題的現狀在能掌握以前，所有人員必須再進行討論，追加標籤以修正箭線。

步驟7 原因一旦都掌握住了，再縱覽全體，以查核群組之間的關連性，以箭頭連結有關聯者。

步驟8 將標籤貼在模造紙上，記入主題或成員等必要事項。

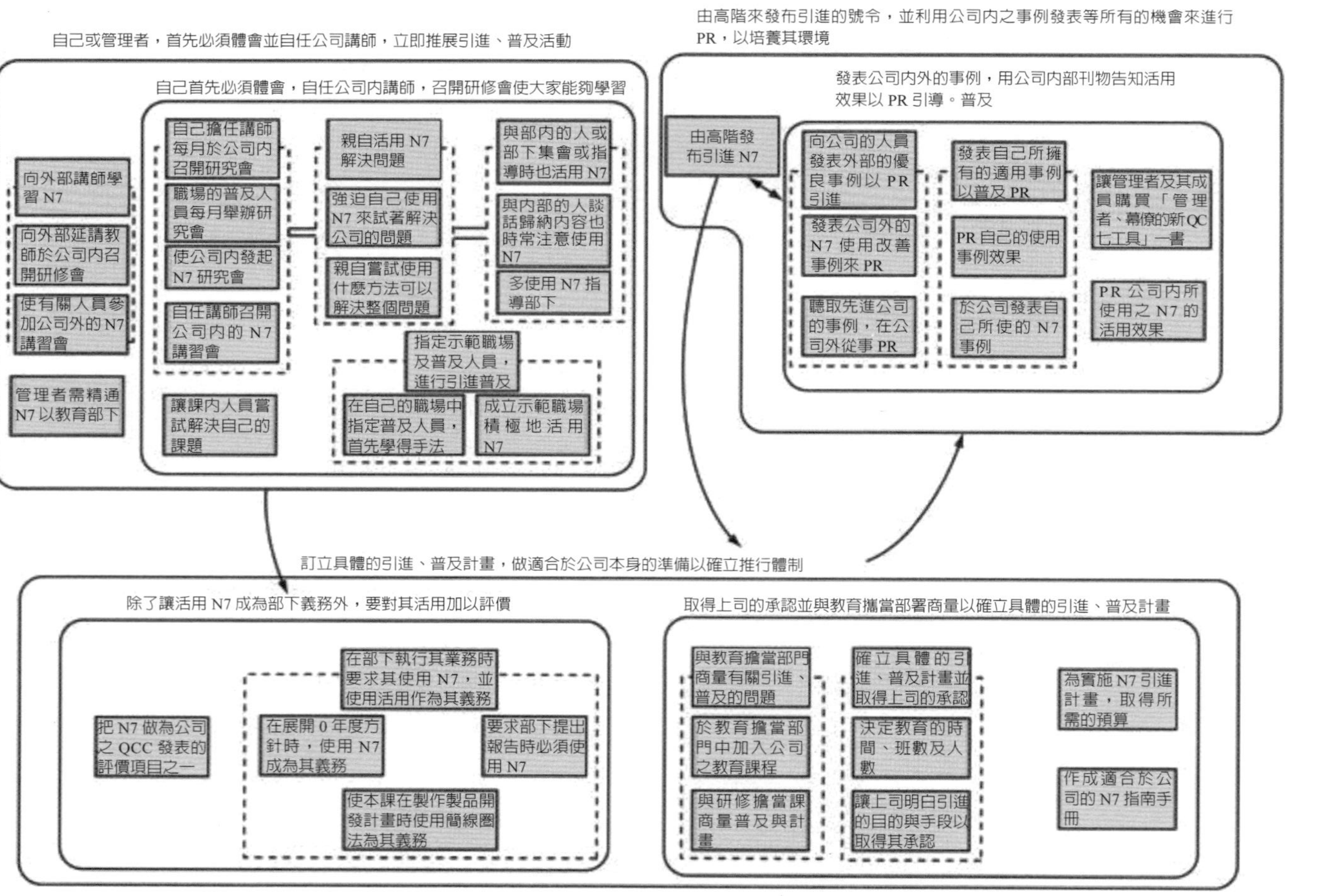

圖 13.1　就主題「我如此於公司內普及 N7」所作成的親和圖

步驟 9 大家一起討論，提出認為有重大影響的原因，再以粗框或顏色類別來表示它們（如圖 13.2 的黑色代表重要原因）。這時也可以點數比重來表示它們，如有重大影響之原因為二點，次要者為一點等。

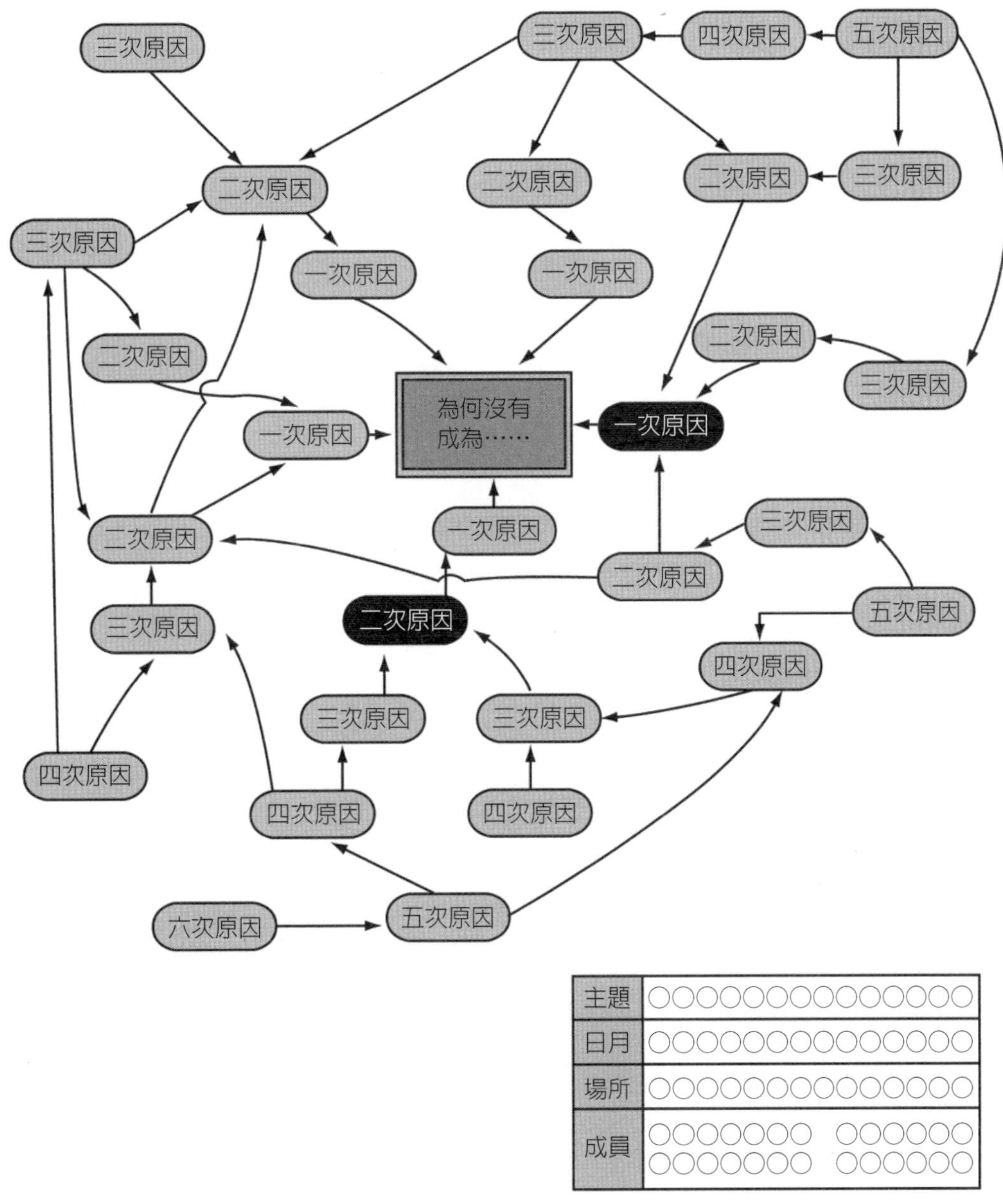

圖 13.2 主題「為何沒有成為…… 」之關聯圖的製作

步驟 10 把作出來之關聯圖整理成文章形式，使第三者也得以理解。

以上有關中央集中型關聯圖的作成範例請參圖 13.3。

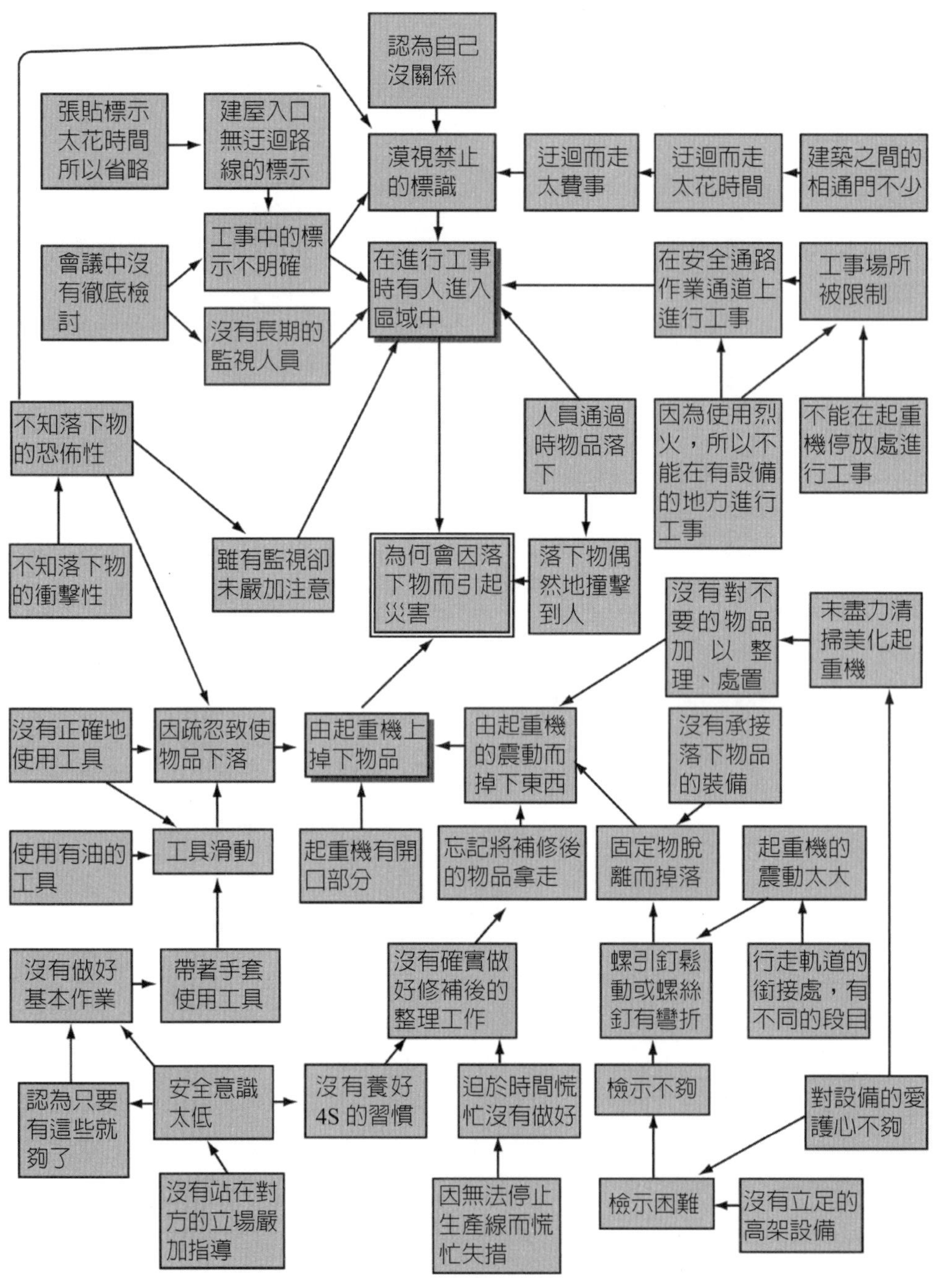

圖 13.3　就主題「為何落下物品會引起災害」所作成的關聯圖

13.2 利用 EXCEL 來製作關聯圖

利用插入的圖案來製作關聯圖。

1. 要因卡的製作

步驟 1 執行 [插入] → [圖案] →圓角矩形。

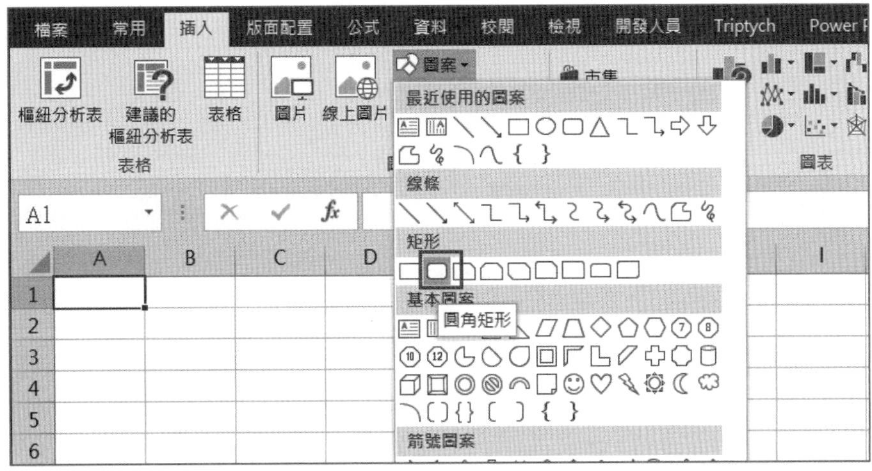

步驟 2 於製作要因卡的位置中繪製矩形，按右鍵選擇 [編輯文字 (X)]。

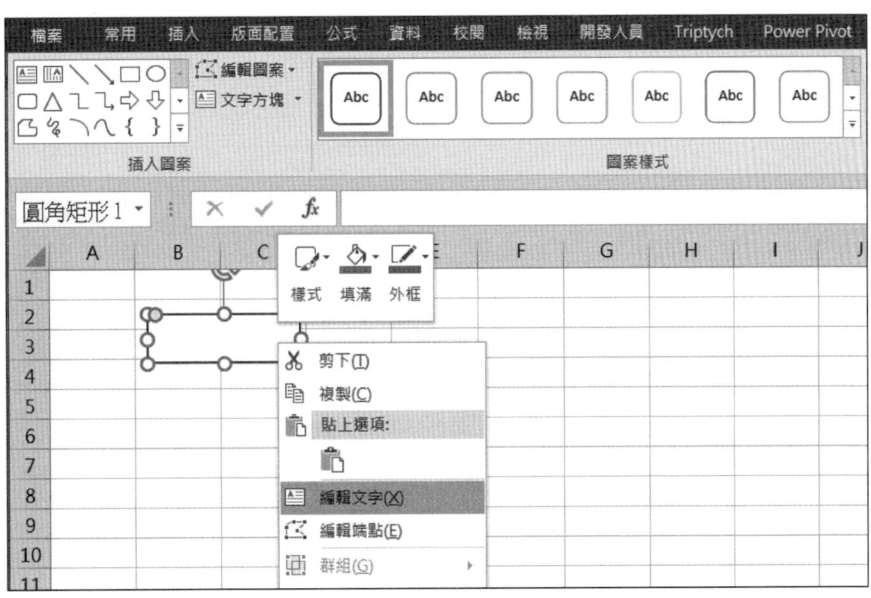

步驟 3　於矩形中記入語言資料當作要因卡。接著複製最初所製作的要因卡，再修正內文。

2. 卡片間箭線的製作

步驟 4　執行［插入］→［圖案］中的線條→箭頭。

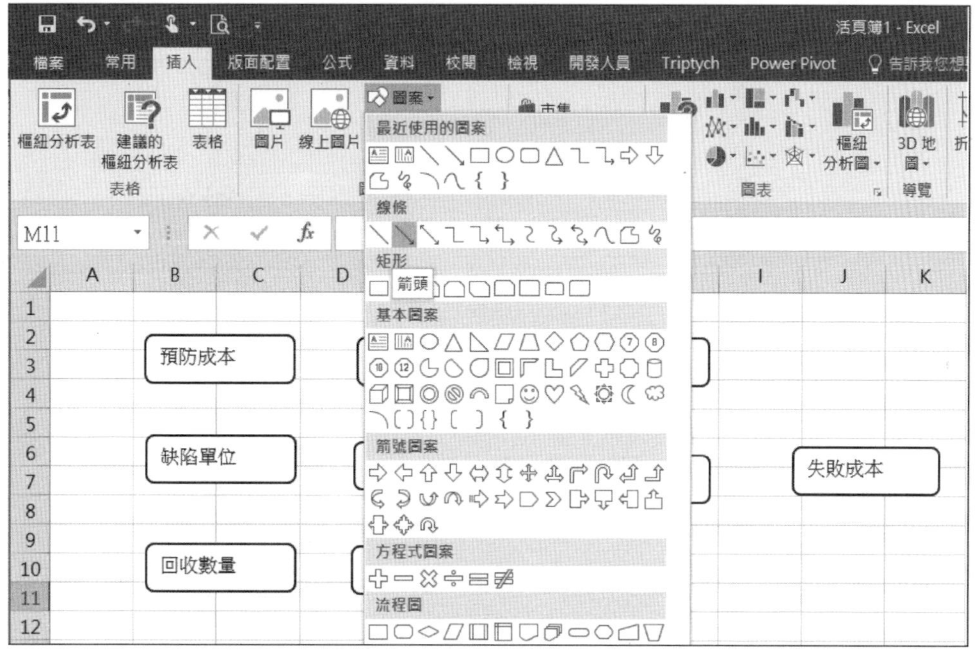

步驟 5 執行箭頭時滑鼠尖端會變成十字 (+)。當接近圖形時頂點（黑點）出現在圖形各邊的中心。在想畫出箭頭的頂點按一下，即顯示與頂點結合的箭線。

（註）欲繪製不會變斜的垂直直線，先點選線段後再按住 Shift 鍵即可畫出。

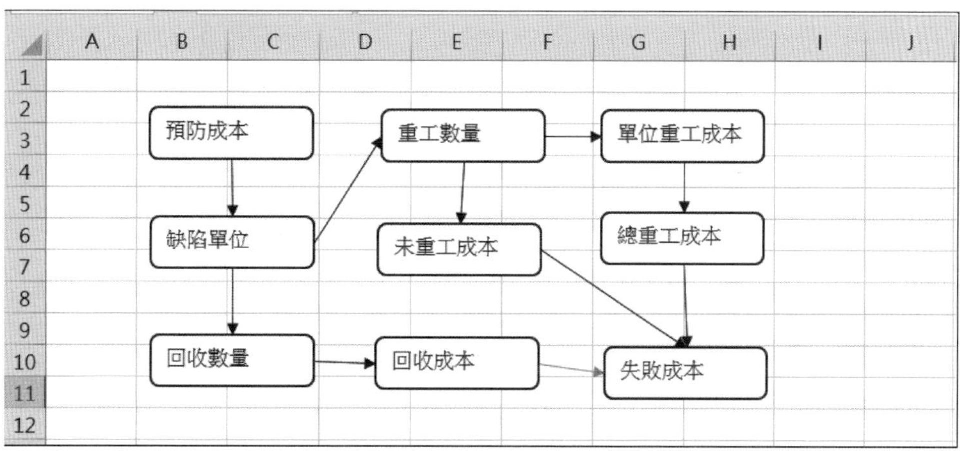

當移動關聯圖的語言卡，箭頭也會與卡片一起連動，相當方便。

第 14 章　系統圖

14.1　以系統圖法來追求最合適的手段

以關聯圖掌握住阻礙解決問題的主要原因之後，接著就是要打破這些阻礙原因，探索能夠解決問題的方案。此時就算是改善品質的問題，也必須要求其解決手段：(1) 不使成本提高，(2) 不使作業不安全，(3) 不使生產力減低。

從這個意義可以知道，它最重要的是要追求一個能夠滿足限制條件的最合適方法。這裡將介紹的是使四次手段變成有實施可能手段之「方案．展開型」系統圖的製作步驟。其製作步驟的對應圖如圖 14.1 所示。

步驟 1　將關聯圖所提出的主題或想解決的問題以「爲了使……如何如何」的表現型式用紅色字體寫在標籤上，把它當作目的或欲達成的目標。

步驟 2　在達成目的、目標時必須明確並明記其限制事項。

步驟 3　所有成員一起討論達成目的之一次手段，由此抽出 2～4 張，並用黑字寫在標籤上。

步驟 4　將模造紙展開，把目的放在左端中央，一次手段放在其右側的上下，並以虛線連接。

步驟 5　把一次手段當作目的，並將其達成手段之「使……如何」用黑字寫在標籤上。

步驟 6　藉由團體的所有人員一邊仔細討論，一邊將以下的二次手段當作目的抽出三次手段，再將三次手段當目的抽出四次手段，記入標籤之中，如關聯圖中的圖 13.3 那樣的予以配置。

步驟 7　四次手段都展開之後，所有成員再次重新地從目的到一次、二次、三次、四次手段再檢討一次，再從四次手段倒著去確認目的，視需要去構想新的手段，追加整理標籤。

步驟 8　將標籤貼在模造紙上，記入主題或成員等必要事項。

以上有關系統圖的製作範例請參照圖 14.2。

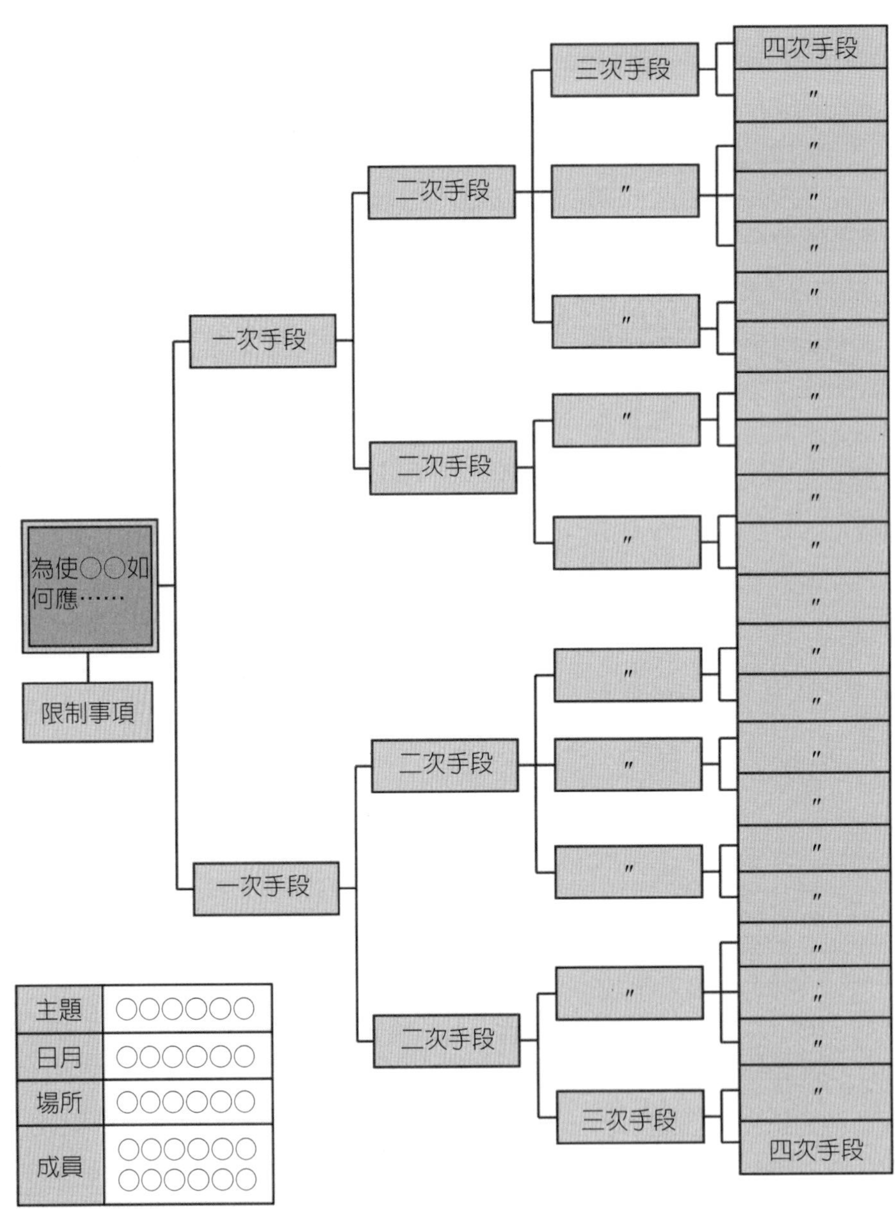

圖 14.1　主題「為使○○如何如何應……」之系統圖的製作

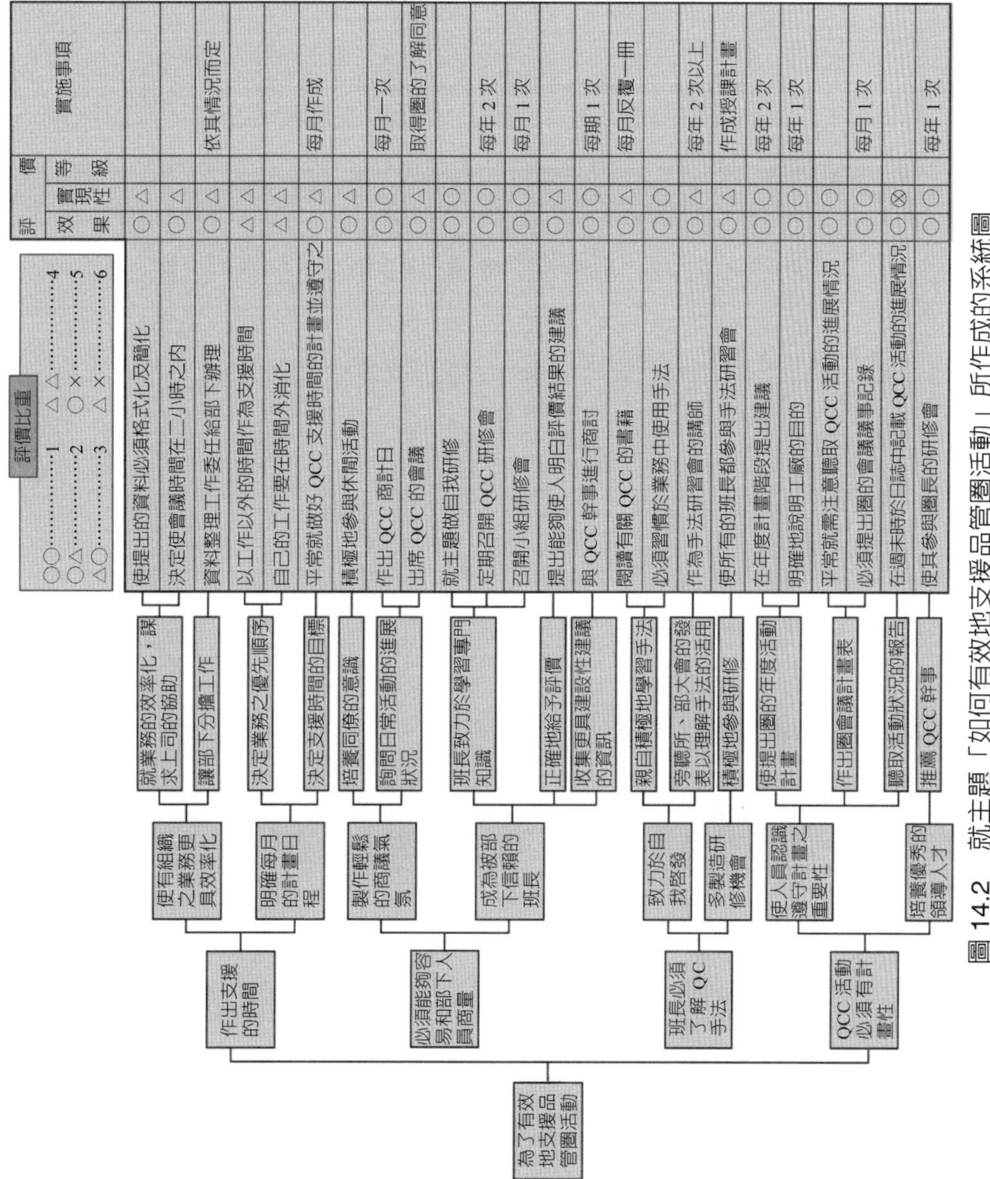

圖 14.2 就主題「如何有效地支援品管圈活動」所作成的系統圖

14.2 利用 EXCEL 製作系統圖

利用插入圖案的矩形來製作系統。

1. 手段卡的製作

步驟 1　從常用→跨欄置中，輸入目的、一次手段、二次手段、三次手段。

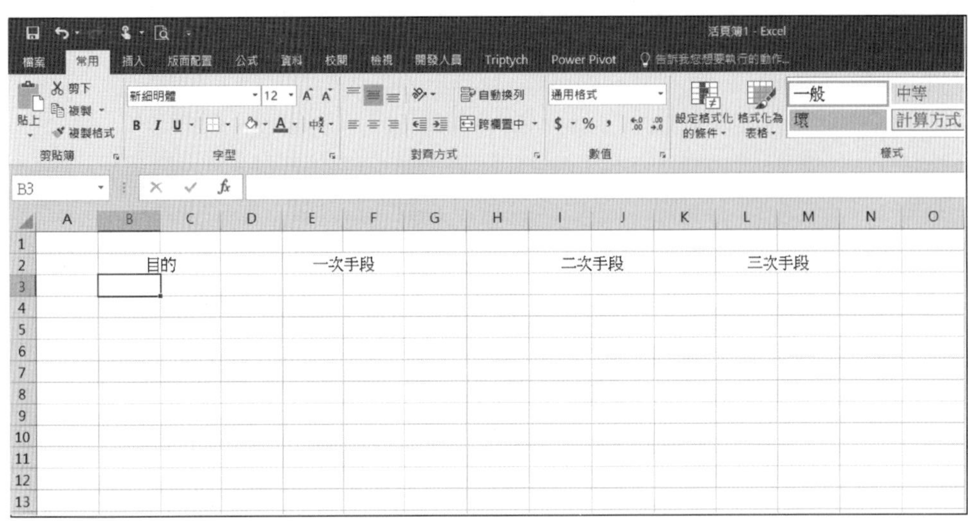

步驟 2　執行插入→圖案→矩形。

步驟 3 在製作手段卡的位置中繪製矩形。

步驟 4 按右鍵點一下矩形，執行編輯文字 (X)。於矩形中依序輸入語言資料。

2. 卡片間以線連結

步驟 5 執行［插入］→［圖案］→肘型接點。

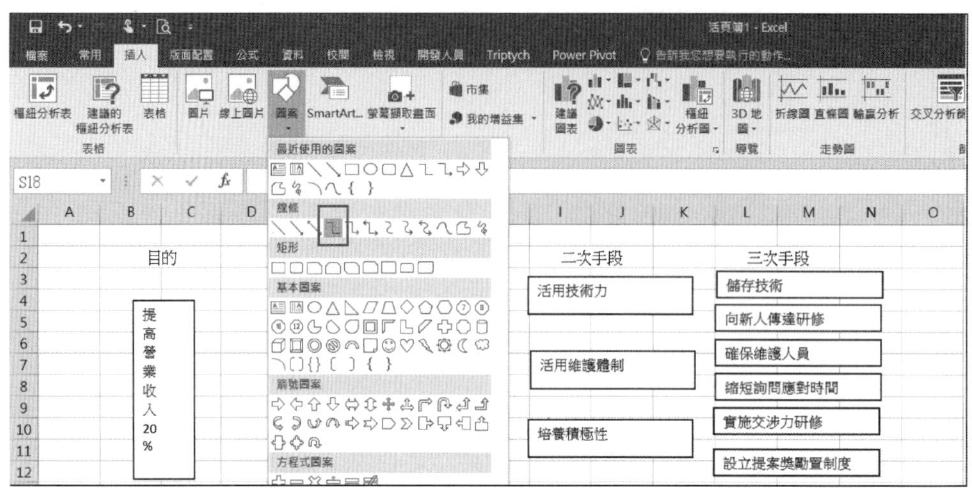

步驟 6 執行箭頭時滑鼠尖端會變成十字 (+)。當接近圖形時頂點（黑點）出現在圖形各邊的中心。在想畫出箭頭的頂點按一下，即顯示與頂點結合的箭線。

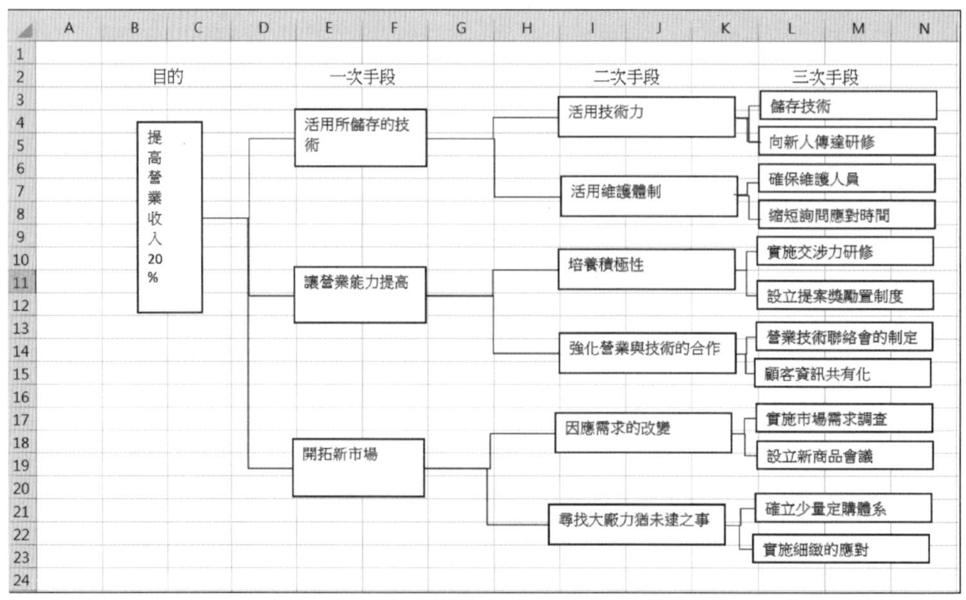

第 15 章 矩陣圖

15.1 以矩陣圖法評估方案及訂定對策

矩陣圖法是用於：(1) 依系統圖所展開之方案訂定比重，(2) 決定任務分擔。此外，矩陣圖可以單獨地進行各種的分析。例如；它還可以使用於檢討使用者之要求品質與代用特性的對應，或檢討代用特性與工程管理項目的對應等這些所謂的品質展開上。本節將介紹二種矩陣圖法的製作順序。

一、以矩陣圖法來評估方案與分擔任務

前節提到的系統圖法，當它展開到四次、五次的具體方案時，就會有相當數目的方案出現。但是，所有的方案未必一定都要實施。有些比較不重要，未必在本年度內一定要實行。此外，必須明確任務之分擔。此時之矩陣圖的製作步驟如下圖 15.1 所示。

步驟 1 將系統圖所展開之有可能實施之手段（如圖 15.1 之四次手段）配置在縱軸上。

步驟 2 在橫軸上首先以效果、實現性、等級作爲評價項目。

步驟 3 接著根據縱軸之四次手段的內容，從任務分擔欄中抽出關連部門，記入橫軸之中。

步驟 4 在橫軸的右邊設置實施事項欄。

步驟 5 步驟 2～4 之橫軸項目決定了之後，在縱、橫二軸上劃線，並將橫軸的項目記入上欄之中。

步驟 6 評價項目之效果一項中的○記號代表「極大」，△記號代表「有」。實現性一項中的○記號代表「極大」，△記號代表「有」，× 記號代表「無」，記在與縱軸的交點處。

步驟 7 等級區分在○△ × 記號上配以評分點數後記入（請參照圖 2.14 的等級點數）。

步驟 8 任務分擔中之◎記號是主管，○記號是輔佐者，各自依其分擔記入到與縱軸的交點處。

步驟 9 在實施項目欄中，具體地將所明白的實施事項表現出來並記入其中。

步驟 10 將步驟 6～8 項中的約定事項明記在模造紙的空白部分，並記入必要事項。

以上有關 L 型矩陣圖的製作範例請參圖 15.1。

註：通常評價與實施事項是在系統圖作好時實施。評價不單單只是意見調查，儘可能要考慮到經濟性，並根據技術性的評價成果來進行。

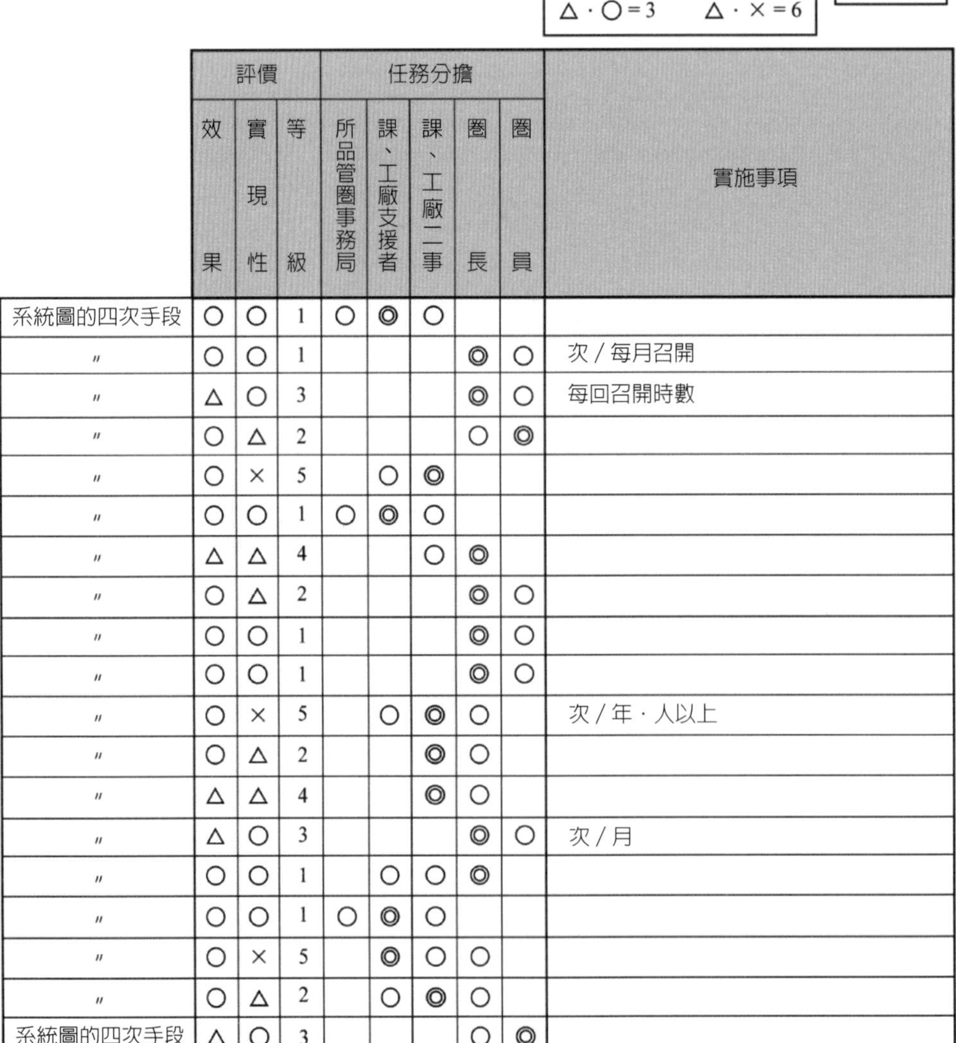

等級點數

○・○＝1	△・△＝4
○・△＝2	○・×＝5
△・○＝3	△・×＝6

職份

◎：主管
○：輔佐

	評價			任務分擔					實施事項
	效果	實現性	等級	所品管圈事務局	課、工廠支援者	課、工廠二事	圈長	圈員	
系統圖的四次手段	○	○	1	○	◎	○			
〃	○	○	1				◎	○	次 / 每月召開
〃	△	○	3				◎	○	每回召開時數
〃	○	△	2				○	◎	
〃	○	×	5		○	◎			
〃	○	○	1	○	◎	○			
〃	△	△	4			○	◎		
〃	○	△	2				◎	○	
〃	○	○	1				◎	○	
〃	○	○	1				◎	○	
〃	○	×	5		○	◎	○		次 / 年・人以上
〃	○	△	2			◎	○		
〃	△	△	4			◎	○		
〃	△	○	3				◎	○	次 / 月
〃	○	○	1		○	○	◎		
〃	○	○	1	○	◎	○			
〃	○	×	5		◎	○	○		
〃	○	△	2		○	◎	○		
系統圖的四次手段	△	○	3				○	◎	

圖 15.1　任務分擔之矩陣圖（L 型）之製作

二、以矩陣圖法使現象、原因、對策明確

矩陣圖法也可以在現象、原因、對策相互之間複雜關聯，為使其對應關係明確時使用。在這種情形下，T 型矩陣圖最為適合。接著將介紹這種矩陣圖的製作步驟，圖 15.2 是其製作步驟的對應圖。

步驟 1 將關聯圖的一次原因整理出來，用黑字寫在現象軸的標籤上。

步驟 2 從關聯圖的末端原因中整理出應去除的原因，用黑字直列式地寫在現象軸的標籤上。

步驟 3 在對策軸的標籤上用黑字寫上系統圖的末端手段。

步驟 4 展開模造紙，劃上縱線與橫線。

步驟 5 上縱軸記入現象，下縱軸記入對策，橫軸記入原因。

步驟 6 將現象、原因、對策的標籤分別安排在其位置上。

步驟 7 考慮現象、原因、對策之關系（例如重要程度的順序或發生次數的順序等）以決定標籤的排列並將其張貼。

步驟 8 交點處的記號，◎表示有「極大的關聯」，○表示「有關聯」，△表示「好像有關聯」，無關聯者不必記入任何記號。

步驟 9 以現象之各標籤為基準，在它與原因之各標籤的交點處暫時記入各種符號以填入原因、對策的所有交點。

步驟 10 以原因之各標籤為基準，在它與對策之各標籤的交點處暫時記入各種符號以填入原因、對策的所有交點。

步驟 11 以對策之各標籤為基準，再次確認它與原因之各標籤的交點符號。接著再以原因的各標籤為基準，再次確認它與現象之各標籤的交點符號。

步驟 12 繕寫暫時記在交點中的◎○△的記號，記入題目或成員等所需事項。

以上有關 T 型矩陣圖的製作範例請參圖 15.3。

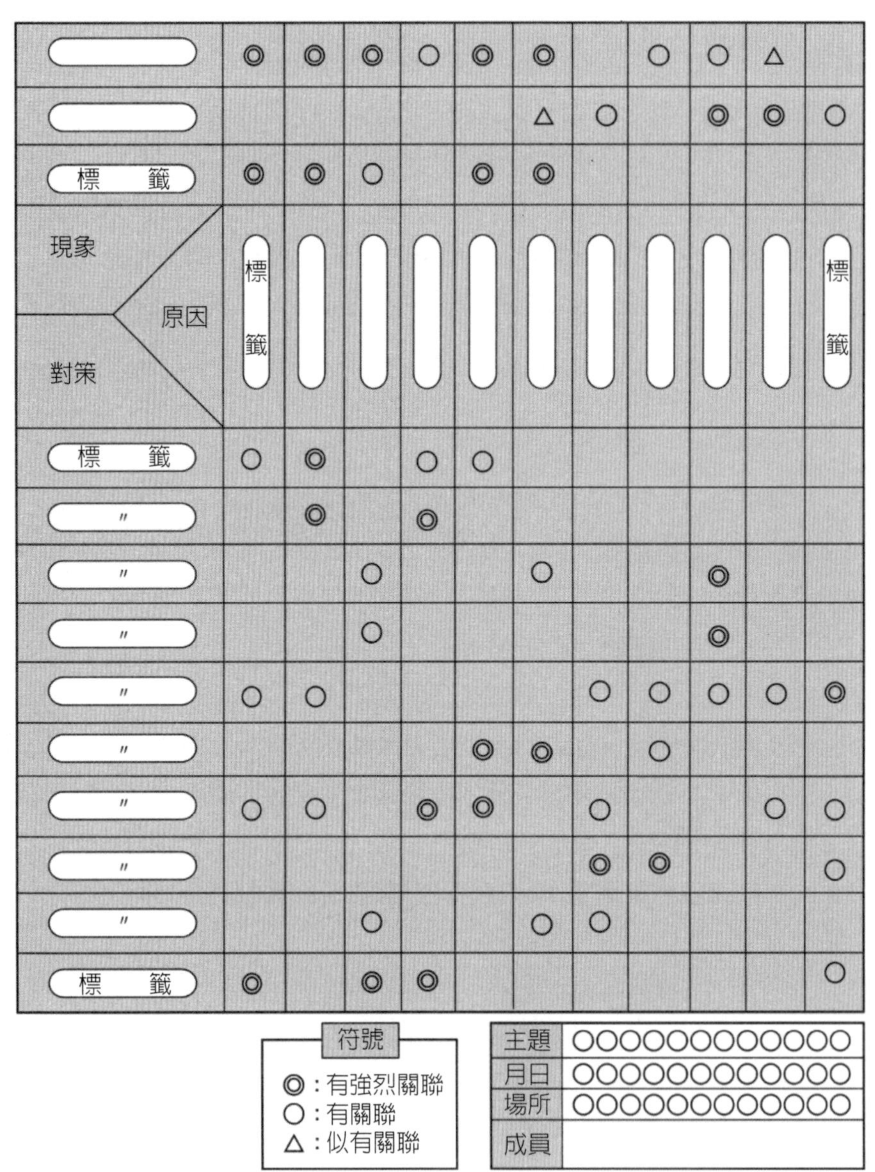

圖 15.2　現象、原因、對策的矩陣圖（T 型）之製作

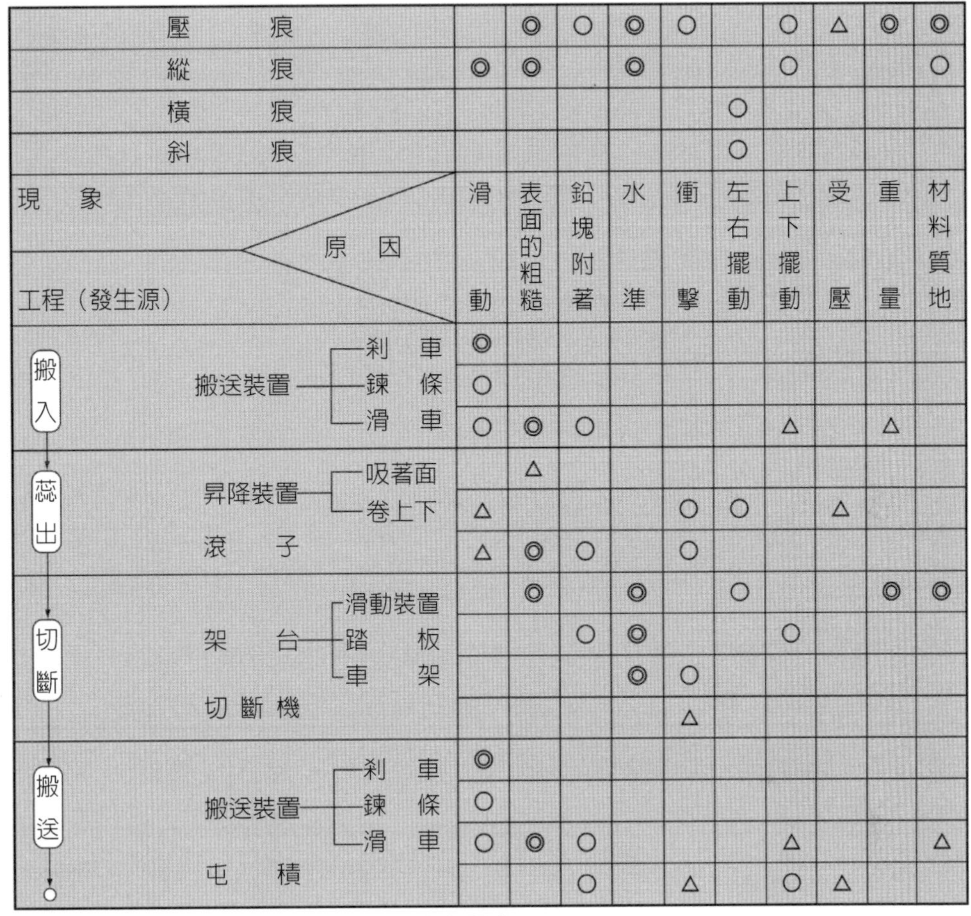

現象 ＼ 原因 工程（發生源）			滑動	表面的粗糙	鉛塊附著	水準	衝擊	左右擺動	上下擺動	受壓	重量	材料質地
壓痕				◎	○	◎	○		○	△	◎	◎
縱痕			◎	◎		◎			○			○
橫痕								○				
斜痕								○				
搬入	搬送裝置	剎車	◎									
		鍊條	○									
		滑車	○	◎	○				△		△	
蕊出	昇降裝置	吸著面		△								
		卷上下	△				○	○		△		
	滾子		△	◎	○		○					
切斷	架台	滑動裝置		◎		◎		○			◎	◎
		踏板			○	◎			○			
		車架				◎	○					
	切斷機						△					
搬送	搬送裝置	剎車	◎									
		鍊條	○									
		滑車	○	◎	○				△			△
	屯積				○		△		○	△		

◎有極大的關聯　○有關聯　△好像有關聯

圖 15.3　就主題「追究鋼板發生傷痕的不良原因」所作成之 T 型矩陣圖

15.2 利用 EXCEL 製作矩陣圖

步驟 1　輸入問題點及具體對策，同一儲存格欲換列時，可使用 Alt 再按 Enter 鍵。

使用插入的圖案中的箭頭畫出斜線。

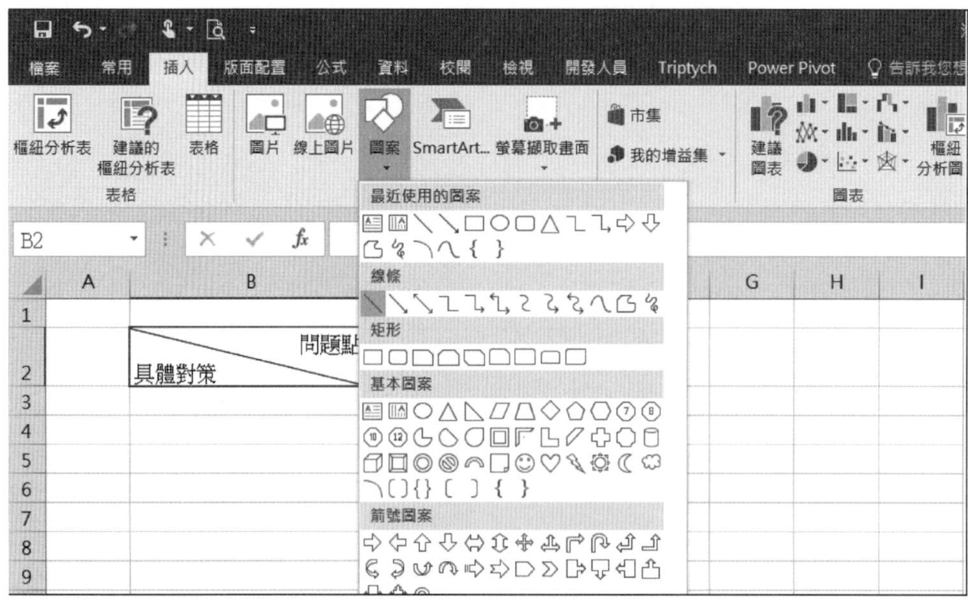

步驟 2　如下依序輸入行項目及列項目，做成 B2:H10 的二元表。

	A	B	C	D	E	F	G	H
1								
2		問題點 具體對策	不知道有什麼書	需要的書甚少	不知道借出的方法	圖書室被當作會議室	累計	評估
3		調查利用者的需求						
4		收齊技術與經濟雜誌						
5		建立藏書一覽表						
6		分類書架排列書籍						
7		催促還書延誤者						
8		建立利用手冊						
9		以EMAIL送出歸還日						
10		決定管理負責人						
11								

步驟 3 行與列的交點處如有關連的資訊時，記入◎、○、△。

	A	B	C	D	E	F	G	H
1								
2		具體對策 ＼ 問題點	不知道有什麼書	需要的書甚少	不知道借出的方法	圖書室被當作會議室	累計	評估
3		調查利用者的需求		◎	○			
4		收齊技術與經濟雜誌	△	◎				
5		建立藏書一覽表	◎	△				
6		分類書架排列書籍	◎	○				
7		催促還書延誤者		○	△			
8		建立利用手冊			◎	○		
9		以EMAIL送出歸還日		◎				
10		決定管理負責人	○		○	◎		
11								

步驟 4 計算累計再評估。◎以 3 分計，○以 2 分計，△以 1 分計。

	A	B	C	D	E	F	G	H
1								
2		具體對策 ＼ 問題點	不知道有什麼書	需要的書甚少	不知道借出的方法	圖書室被當作會議室	累計	評估
3		調查利用者的需求		◎	○		5	
4		收齊技術與經濟雜誌	△	◎			4	
5		建立藏書一覽表	◎	△			4	
6		分類書架排列書籍	◎	○			5	
7		催促還書延誤者		○	△		3	
8		建立利用手冊			◎	○	5	
9		以EMAIL送出歸還日		◎			3	
10		決定管理負責人	○		○	◎	7	

步驟 5　累計結果在 5 分以上當作 A，4 分當作 B，3 分以下當作 C。

	A	B	C	D	E	F	G	H
1								
2		問題點 具體對策	不知道有什麼書	需要的書甚少	不知道借出的方法	圖書室被當作會議室	累計	評估
3		調查利用者的需求		◎	○		5	A
4		收齊技術與經濟雜誌	△	◎			4	B
5		建立藏書一覽表	◎	△			4	B
6		分類書架排列書籍	◎	○			5	A
7		催促還書延誤者		○	△		3	C
8		建立利用手冊			◎	○	5	A
9		以EMAIL送出歸還日		◎			3	C
10		決定管理負責人	○		○	◎	7	A
11								

第16章 箭線圖

16.1 利用箭線圖法執行計畫

訂定解決問題的最適合手段或對策，可以使用系統圖或矩陣圖。接著會發生這許多少段或對策依什麼順序、何時實施才好的問題。而這時就可以使用箭線圖法了。

本節將介紹箭線圖與甘特圖的比較，及製作箭現圖法的基本規則及順序。

一、箭線圖與甘特圖的比較

一般在日程計畫或管理上常使用甘特圖（Gantt Chart）。這種手法對於大略的計畫或簡單的作業指示來說是一種很優良的方法，但卻很難掌握作業之間的互相關係。換句話說，因為它很難訂立精密的計畫，而且無法明白部分的作業改善或變更，會對其他的作業有任何影響，所以很難訂立最好的對策，這是它的缺點。箭線圖法則不單能夠補足這種缺憾，而且具有工程分析的機能。

我們試以「建造 QC 房屋」為例，來比較箭線圖法與甘特圖法兩種手法。

對於同一工事的內容，以甘特圖型的方式寫成如圖 16.1，而以箭線圖法的方式寫成如圖 16.2。

以甘特圖法來表示的話，則很難只從圖上就能判斷任何一項作業的拖延是否對工期會產生影響？有寬裕時間的作業是哪些？已經迫近沒有寬裕時間的作業是哪些？等事項。

而對於這點，要是換成箭線圖法的話，就能夠很明確地掌握。我們從圖 16.1 與 16.2 的比較中自可明白這點。

二、箭線圖法的基本規則

箭線圖法使用實線與虛線的箭線及圖形記號來表示，這種表示方法有其一定之規則。首先介紹最低限度的規則。

1. 圖示記號與名稱

圖 16.3 介紹的是作業、結點、虛作業等名稱與記號之間的對應及其意義。

一般在結點上都會加上識別用的編號，稱之爲結點編號。

2. 先行作業與後續作業

作業有 A 與 B，圖 16.4 所表示的是 A 作業沒結束之前 B 作業無法開始的情形。A 作業是 B 作業的先行作業，而 B 作業則是 A 作業的後續作業。

作業名稱	1（週）	2	3	4	5	6	7	8	9	10	11	12
基礎工事	→	→										
骨架組立			→	→	→	→						
訂外績							→	→				
外裝修整									→			
內壁作業							→	→				
配管工事							→	→				
電路配線							→					
建材裝置							→	→	→			
內壁塗漆									→	→		
內部修整										→	→	
檢查、交付												→

圖 16.1　「建築 QC 房屋」之甘特圖

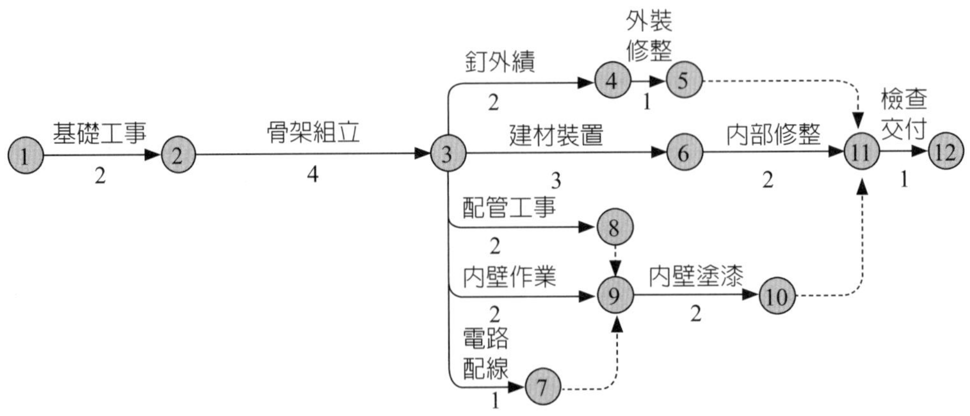

圖 16.2　「建築 QC 房屋」之箭線圖

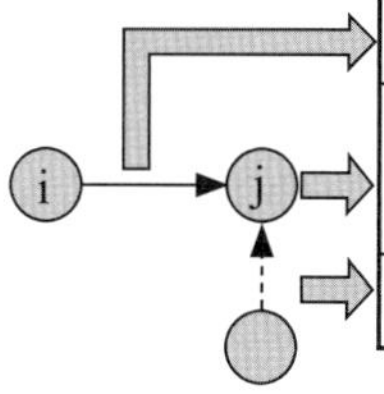

記號	名稱	意　　義
⟶	作　業	表示需要時間的要素作業
○	結　點	作業與作業的區分點，作業的結束點及下一個作業的開始點
----►	虛作業	所要時間為零，只是表示作業的順序關係

圖 16.3　圖示記號與名稱及其意義

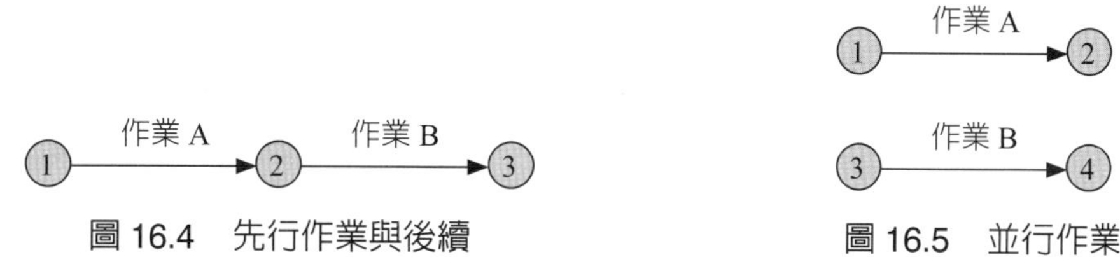

圖 16.4　先行作業與後續

圖 16.5　並行作業

3. 並行作業

圖 16.5 所表示的是 A 作業與 B 作業各自同時並行進行的情形。這種情況的 A 作業與 B 作業稱之爲並行作業。

4. 虛作業的使用方法

(1) 連結二個結合點的箭現爲一者

圖 16.6 是使用虛作業來同時進行 A、B 作業的正確表現方法。在圖 16.6 中之左方的錯誤表現中，無法區分作業 (1,2) 是 A 作業還是 B 作業。右側二種表示方法則因使用了虛線而能正確地表示。A 作業是作業 (1,3)，B 作業是作業 (1,2)。此外 A 作業是 (1,3)，B 作業是 (2,3)。

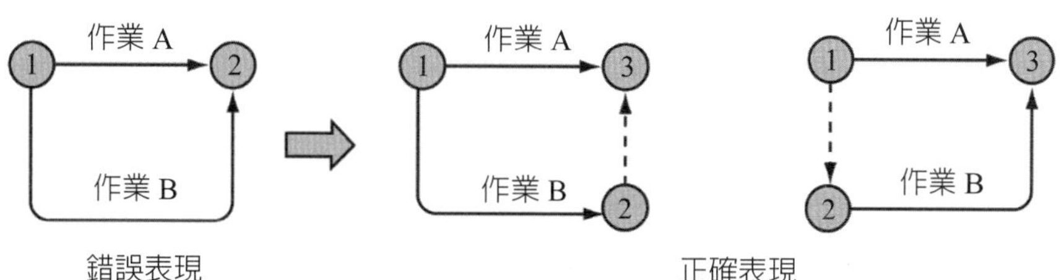

圖 16.6　虛作業的用法 (1)

(2) 要表明並行進行之作業路線之間的前後關係時，使用虛作業。今有 A、B、C、D四個作業，前後關係為：C的先行作業是A與B；D的先行作業是B時，可以像圖 16.7 一樣，使用虛作業來表示。

5. 不可產生循環

在圖 16.8 中，B、C、D 三個作業行成一個環狀。環形出現後會迴轉使得作業無法進行。作業必須隨著時間移動，由左向右展開。

6. 不要使用不需要的虛作業

圖 16.9 的上圖使用了不需要的虛作業（d1，d2 的虛作業不需要），圖 16.9 的下圖則表現良好。

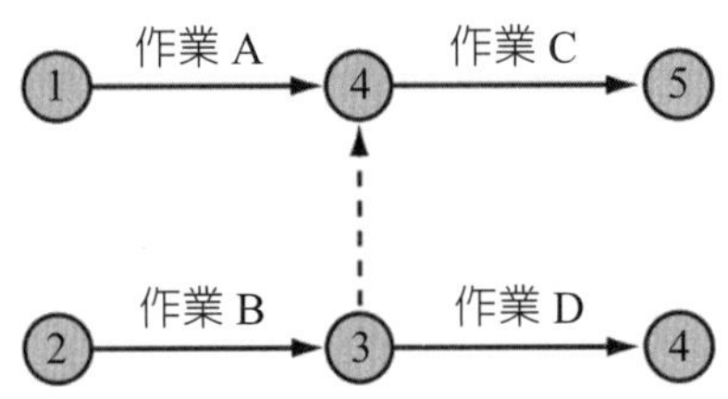

圖 16.7　虛作業的用法 (2)

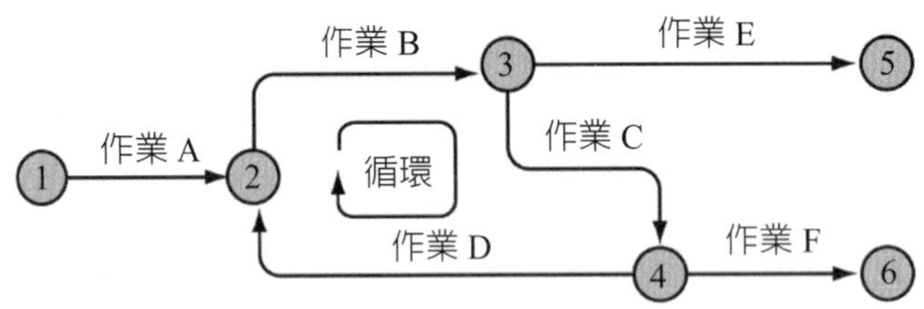

圖 16.8　循環（禁止）

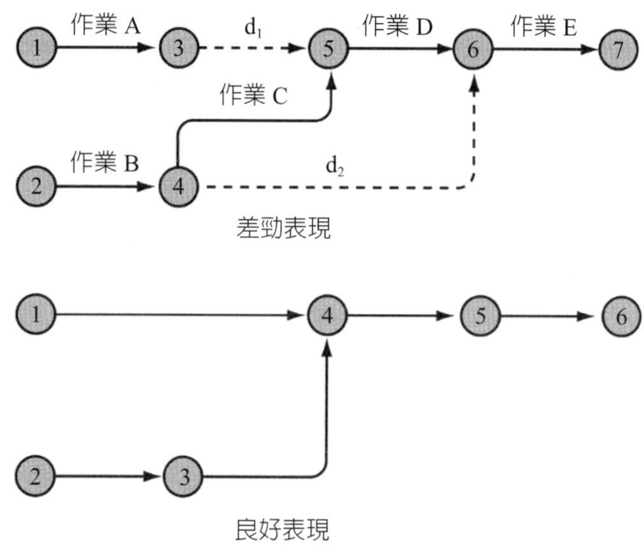

圖 16.9　無用的虛作業

三、箭線圖法的製作步驟

現在根據前項的規則，介紹箭線圖法的製作步驟，其對應圖爲圖 16.10。

步驟 1　在經系統圖所抽出之手段中，將實施事項明確者作爲主題提出，並以紅色字體寫在標籤上。

步驟 2　如果所提出的主題有限制事項的話，必須使其明確。

步驟 3　大家一起討論以列舉達成主題之所需作業。

步驟 4　所需作業大致找出之後，大家分工合作將其用黑字寫在標籤上。

步驟 5　展開模造紙，在上面將其作業標籤由左至右照順序配置其作業的先行作業與後續作業的關係。

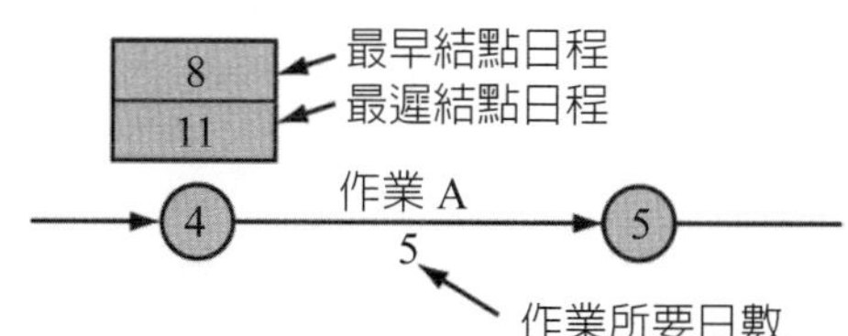

圖 16.10　作業所要日數與結點日程的表示方法

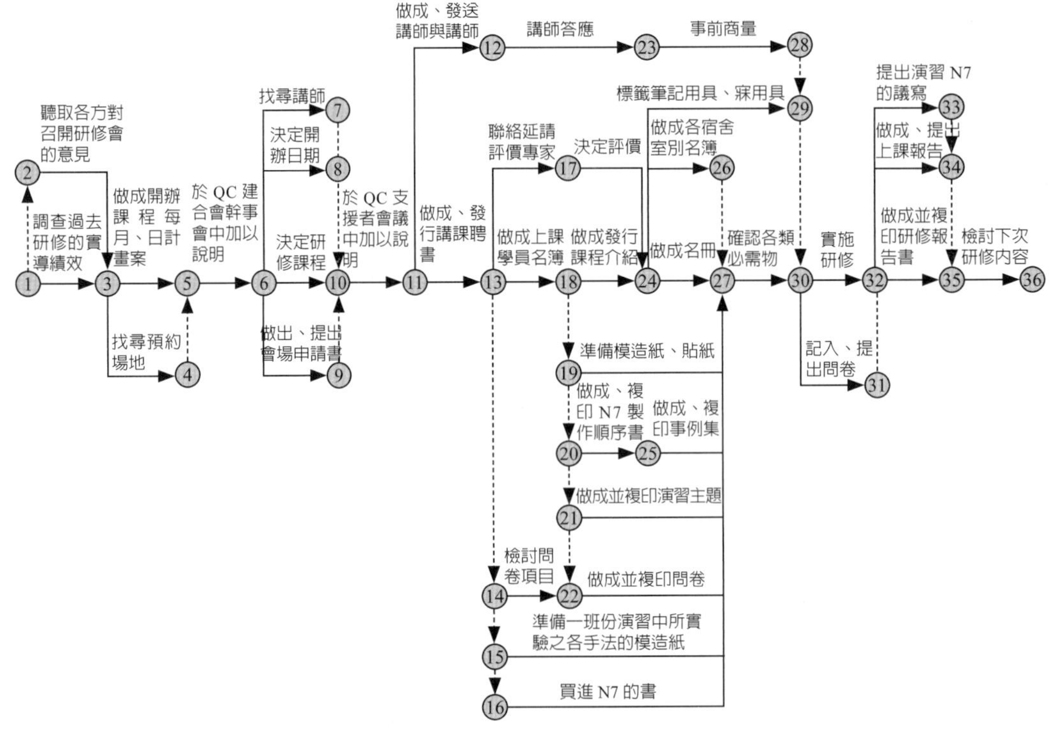

圖 16.11　就主題「召開 N7 研修會」所做成的箭線圖

步驟 6　如果有不必要或重複之標籤則將其去除，總之要一度從頭至尾以圖示記號加以整理，並做暫時的連結。

步驟 7　由所有人員一起討論檢查，如有發現遺漏之作業，則將其追加記入標籤之中。

步驟 8　將標籤直線排列，並把作業標籤最多的徑路決定在中央，並空出結點的直徑部分予以配置。

步驟 9　將並列關係之作業標籤分別配置在該當之位置上。

步驟 10　所有作業標籤之配置決定之後，貼上標籤，用黑字記上圖示記號。按照結點的編號，由先行作業依照順序記入，並記入成員等所需事項。

以上有關箭線圖的製作範例請參照圖 16.11。

註：在箭線圖法中，有的是調查各作業的需要日數再記到箭線之下。此外，關於各結點，有的是先計算最早結點日程（最早非從此日開始不可）與最遲結點日程（最遲在此日之前非結束不可之日程），記在結點的附近（請參照圖 16.10）。

16.2 利用 EXCEL 製作箭線圖

步驟 1 製作結點。[插入]→[圖案]→橢圓，於B8：B9處畫一適當大小的○。

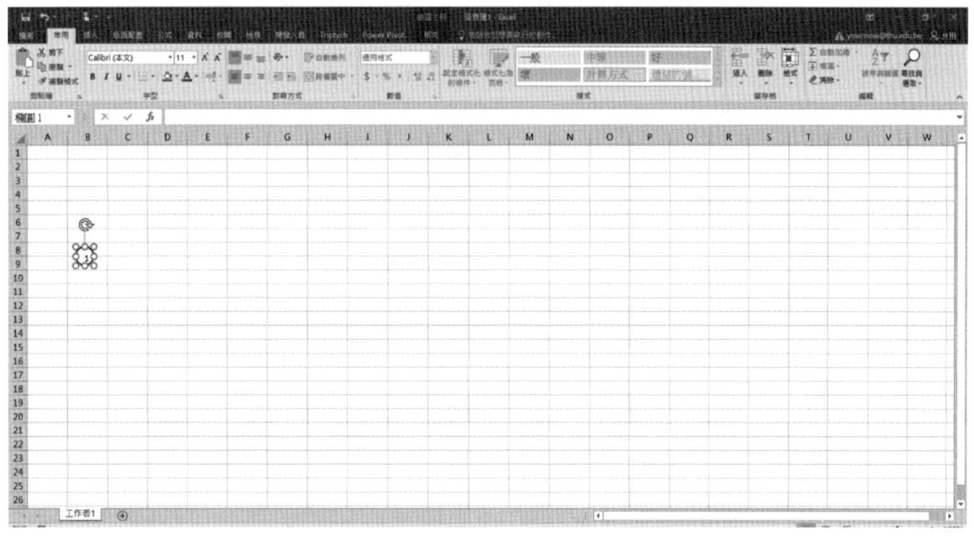

步驟 2 畫出所有結點，再以箭線連結結點之間。

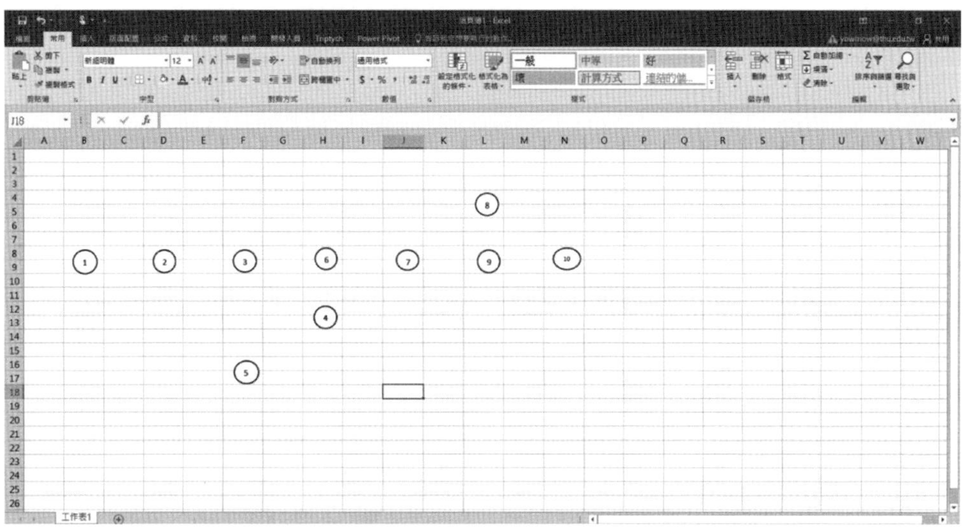

步驟 3　[插入] → [圖案] →箭線。點一下箭線時畫面出現 +。

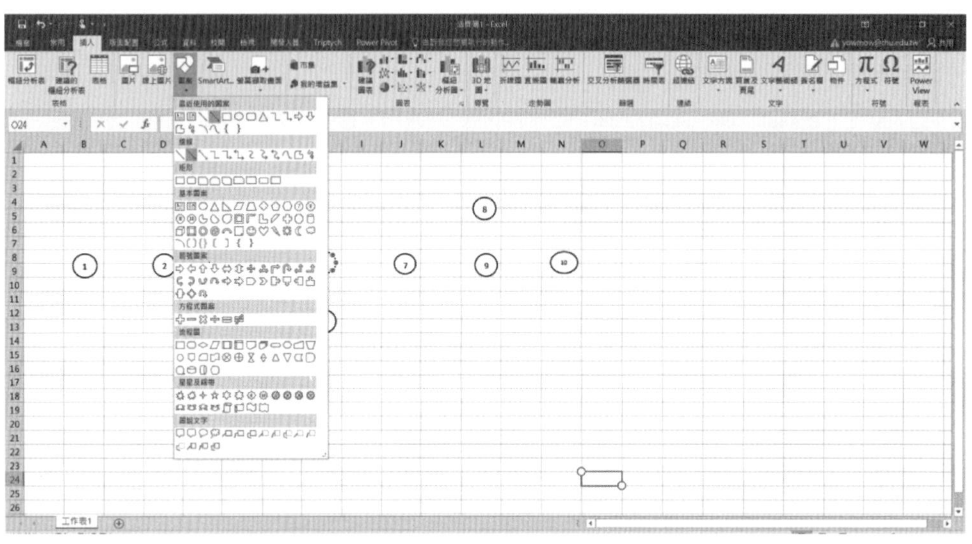

步驟 4　當 + 接近圓時出現頂點，選擇要出發的頂點。

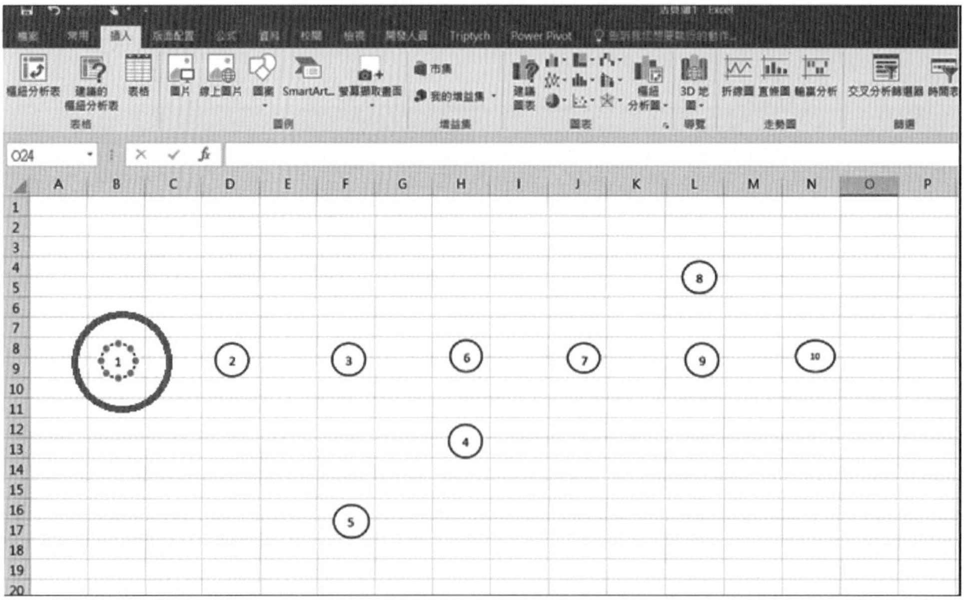

步驟 5 使用兩種箭線畫出實線，直線使用上者，轉彎線使用下者。

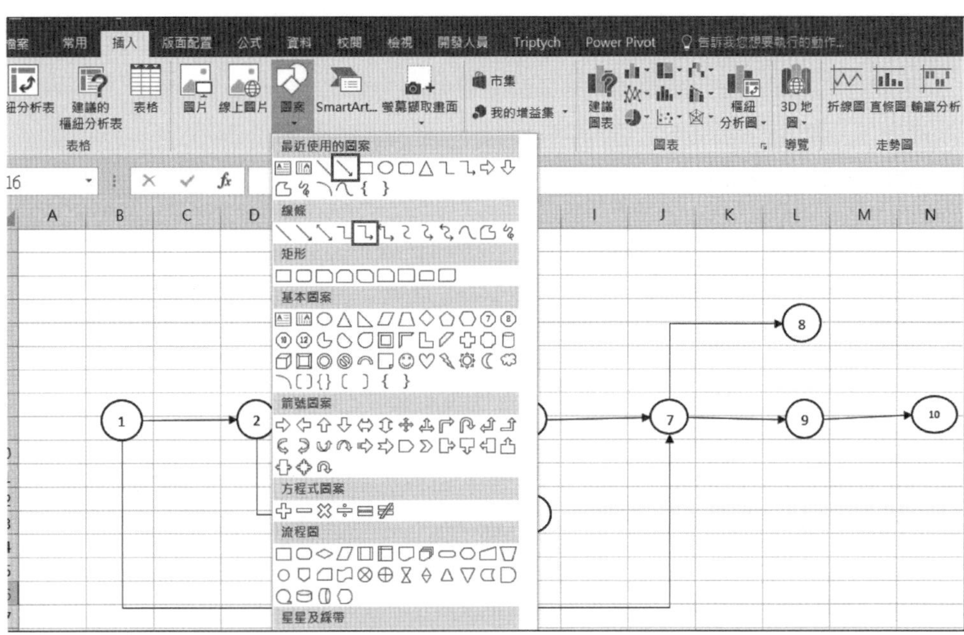

步驟 6 結點 4 與結點 6 之間畫虛線。先畫出箭線後，按右鍵出現 [設定圖案格式]，色彩選黑，再選虛線類型。

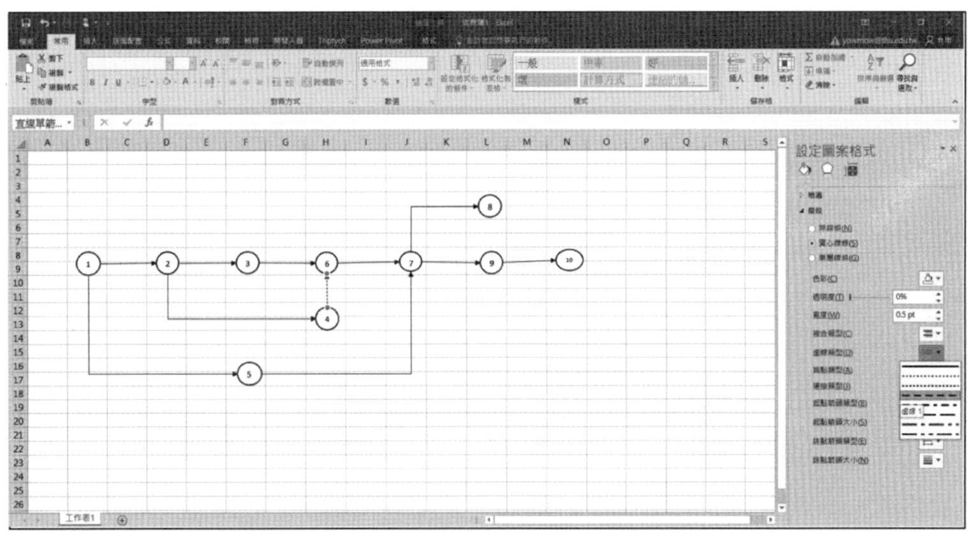

步驟 7　記入作業名稱與日數，結點號碼依序輸入。

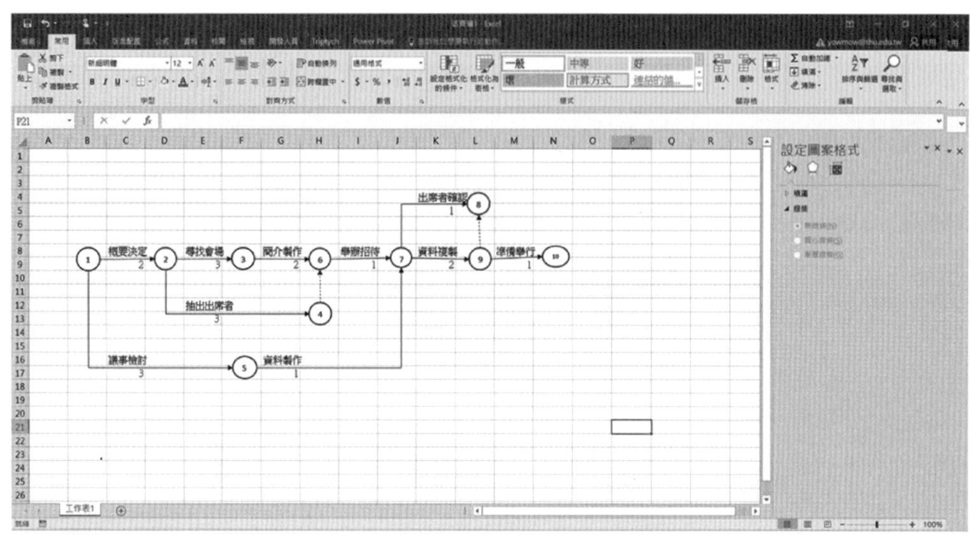

步驟 8　於各結點上方框選兩個儲存格範圍後點選 ⊞▾ 中的［所有框線］。

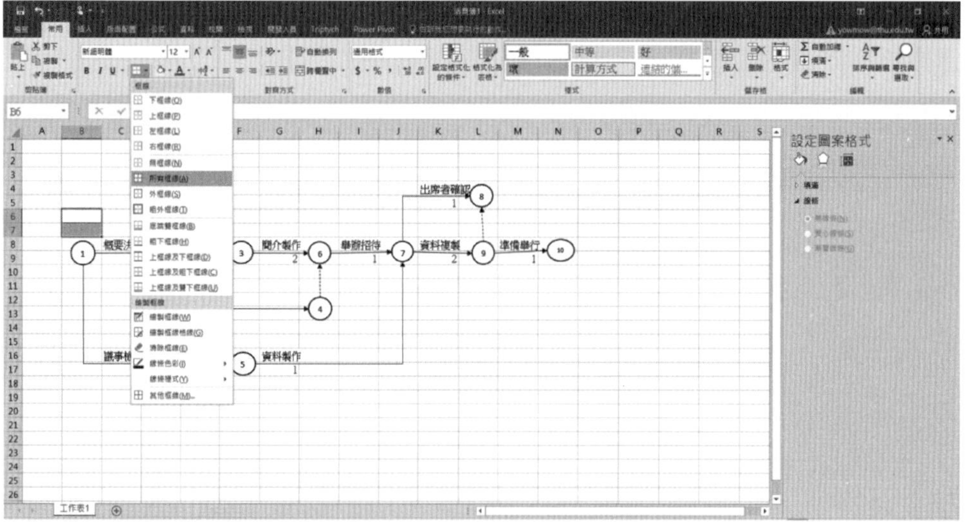

步驟 9　以複製及拖移設定所有結點的外框。

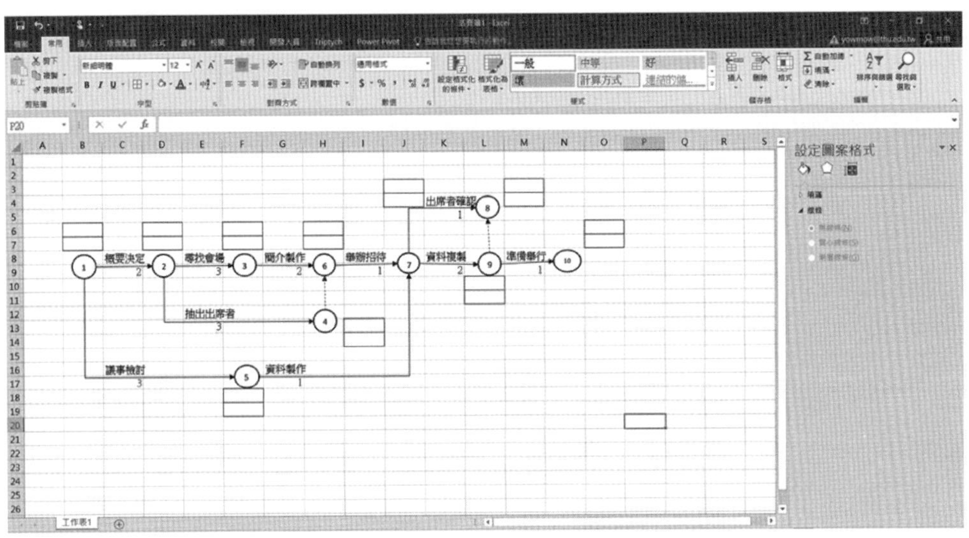

步驟 10 計算最早結點日程。

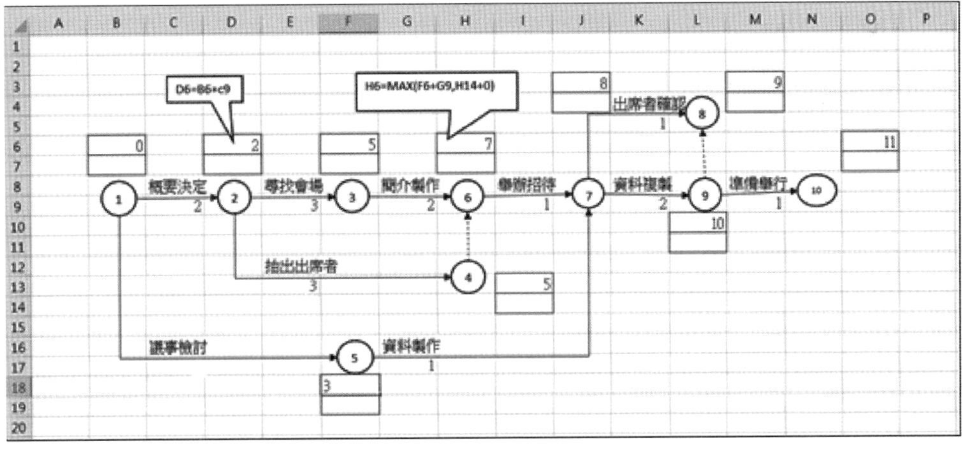

此處，B6 輸入 0，D6 當作 B6+C9。H6=MAX(F6+G9,I13+0)，虛作業的所需日數當作 0，其他結點作法相同。

步驟 11 計算最遲結點日程。

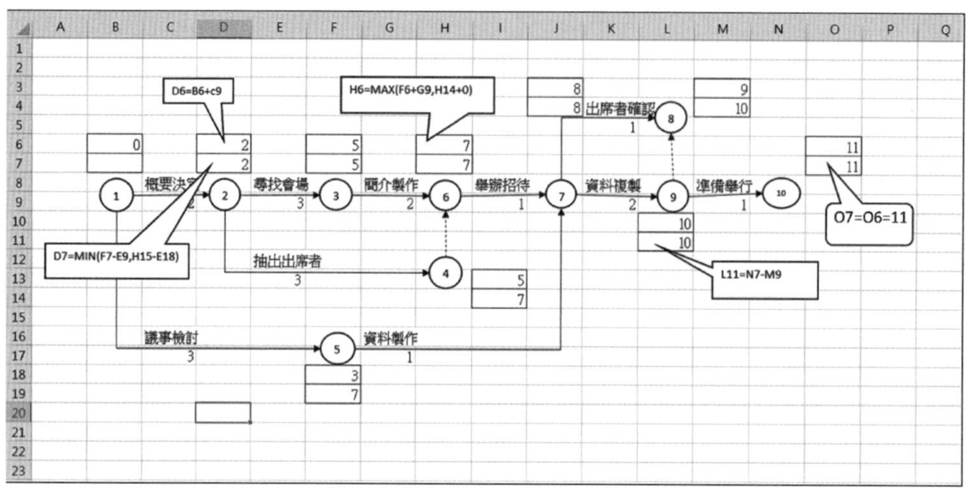

此處，O7=O6=11，L11=O7-M9=10，D7=MIN(F7-E9,I14-E13)=2。

按以上設定日程的計算式時，當有日程變更時，只要變更該處，日程即可重新計算。

第 17 章　PDPC 法

17.1　PDPC 法

PDPC 法是在研究或技術開發、長年之慢性不良對策、營業活動等之問題上，其解決資訊不足，或事態呈現流動難以預測，或以上二種情形都有時，需制定實行計畫謀求解決。

從計畫制定開始，至到達一個或數個最終結果之過程或順序，依時間的推移以箭線來結合之圖形。

PDPC 法很少把制定實行計畫當初所作成的圖形一直使用到最後，它會隨著新事實的發現或事態的進展，追加能夠解決新阻礙原因的手段，PDPC 圖形的一個原則就是隨時更新改寫。

因此在製作 PDPC 圖形時有相當的可塑性，這裡只是敘述其大概的規則與製作順序。

一、PDPC 法的基本規則

1. 圖示記號與名稱

圖 17.1 所表示的是 PDPC 法所使用之圖示記號的名稱與意義。其一與其二中的記號，均可使用。在 PDPC 法所作成的許多路線之中，以粗線之箭線來表示最希望的路線與已實行之路線，與其他路線區別。

記號		名　稱	意　　義
其一	其二		
		對　策	表示在此時應採取之措施
		狀　態	表示因對策引起之狀況
		分歧點	表示狀態分為二種以上的情形。使用分歧點時一定要做出「Yes」與「No」的回答。
		箭　線	表示時間的經過與事態進行的順序（不是表示時間的長短）
		虛　線	從某個狀態移至下一狀態時，不需要時間或與對方的對應無關係時，以此來表示單純的順序進行。

圖 17.1　圖示記號與名稱及其意義

2. 時間的經過（流程）是由上至下或由左至右。

圖 17.2 是說明此種樣式的二個例子。

3. 有時像返回出發點的情形那樣，使箭頭的指向朝相反方向，從開始或中途修正都可以，這是表示事態停頓的意思（此乃與箭線圖法差異最大的地方）。換句話說，可以允許回饋（Feed-back）的循環出現。其狀況如圖 17.3 所示。
4. 前面的狀態也可以做為中途的經過，再度提出。相同之作業還可以針對需要，反覆進行。

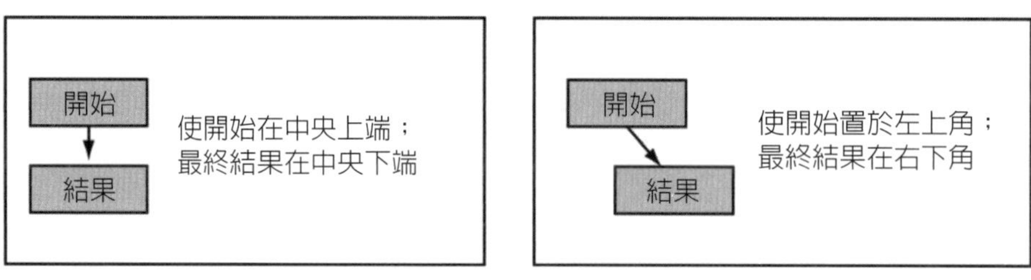

圖 17.2　開始與結果的分配例子

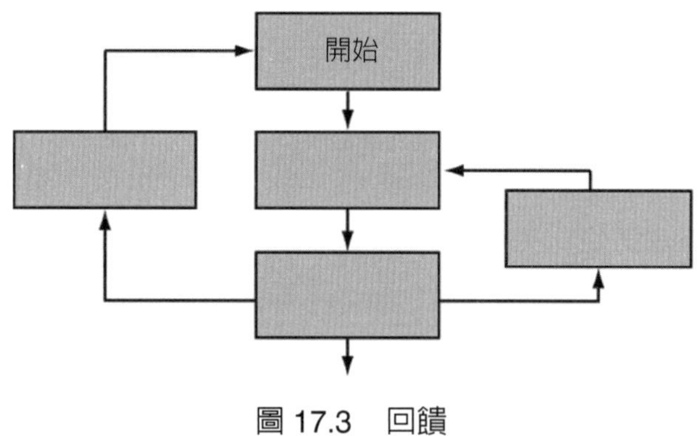

圖 17.3　回饋

二、PDPC 法的基本作法

PDPC 法正如前面所敘述的，隨著事態的進度，一邊追加新手段直到可能達成目的之前，都可多次不斷地改寫、加寫。

這裡將介紹兩種 PDPC 的一般步驟。此外，圖 17.4 所指示的是此步驟的對應圖形，圖中的 Yes 或 No 的記號是爲了說明上的方便才加入，一般實際的

PDPC 未必都會使用它。總之，PDPC 法的精神只要能反映在圖上就行了。

以下介紹兩種類型的 PDPC 展開法。

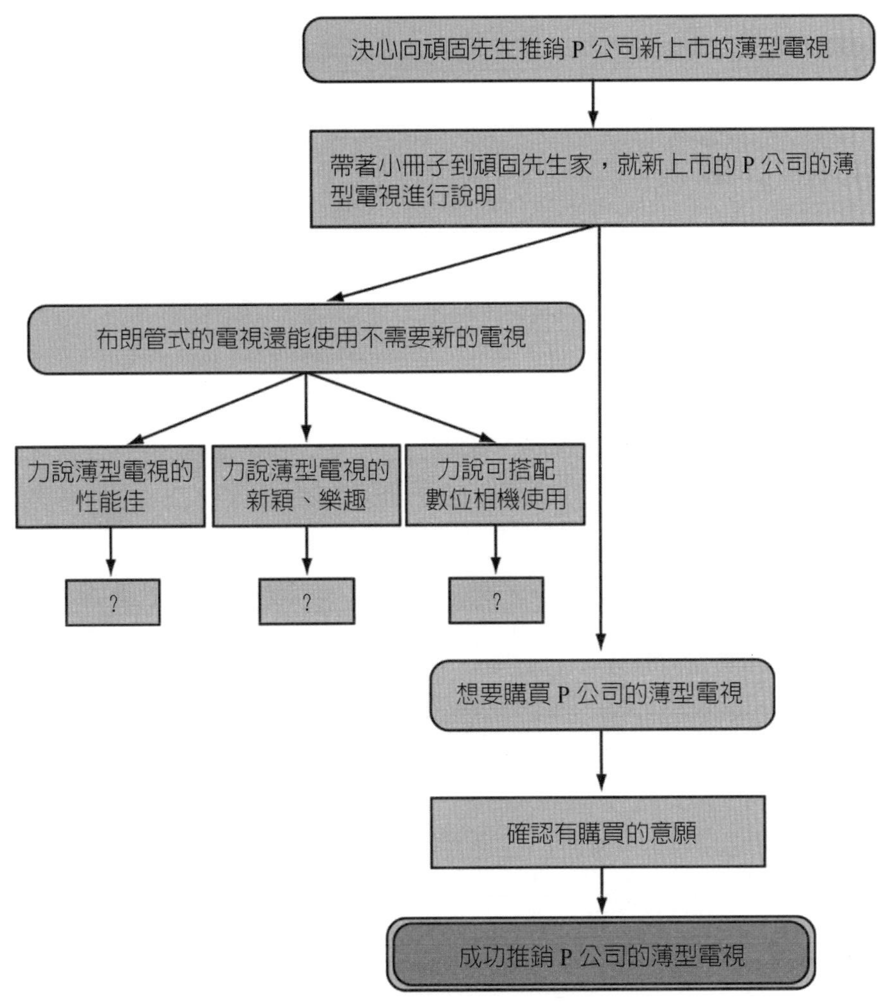

圖 17.4 以出發點所想的 PDPC

1. 類型 1 的實例（逐次展開型 PDPC 的進行方法）

【事例】

某區的電器店決定向區內的頑固先生推銷 P 公司新上市的薄型電視。要如何向頑固先生開口說出呢？會出現何種反應呢？不試試看就不得而知。在此種狀況下，於事態的進展過程中調查未來，思考實施事項，決定達成「推銷 P 公司新上市的薄型電視」。這是在達成目標前的過程，由於不做做看就不得而知，因此擬使用 PDPC 法來展開可能事態。
因此，電器店的銷售員以「決心向頑固先生推銷 P 公司新上市的薄型電視」作爲出發點，將「成功推銷 P 公司的薄型電視」當作目標，在達到此目標的過程中，逐次充實計畫一面進行，設法到達目標即「成功推銷 P 公司的薄形電視」。

步驟 1　決定出發點

在推銷新上市的薄型電視時，所設定的出發點是「決心向頑固先生推銷 P 公司新上市的薄型電視」，目標是「成功推銷 P 公司的薄型電視」。

步驟 2　擬定出發點的著手計畫

銷售員於出發點根據取得的資訊，從出發點到目標爲止，一面預測事態的動向，一面擬定著手計畫。

實施事項以四方形□，預見事項以長橢圓⬭表示，將它們以箭線連結，製作著手時點的計畫。將它表示在圖 17.5 中。

帶著小冊子前往頑固先生的住處說明新上市的薄型電視時，不一定能輕易的說服他購買。此時所預見的事情是，頑固先生會說出「布朗管式的電視還能使用所以不需要新電視」。

當如此說時，應對的實施事項，想到如下 3 個：

(1) 力說薄型電視的性能好。

(2) 訴求薄型電視的新穎、樂趣。

(3) 說明數位相機所照的孫兒相片可以放大觀賞。

這 3 個之中的任一個，或者全部都能順利進展時，頑固先生就能從「想要購買 P 公司的薄型電視」連結到「成功推銷 P 公司的薄型電視」。可是，此 3 個是在碰到頑固先生之後，當他說出「布朗管式的電視還能使用，所以不需要新電視」時，察看頑固先生的臉色才要說的，因此要說出哪一個現時點並無法決定。就它的結果來說，此處判斷不需要考慮，以？表示並以箭線連結。

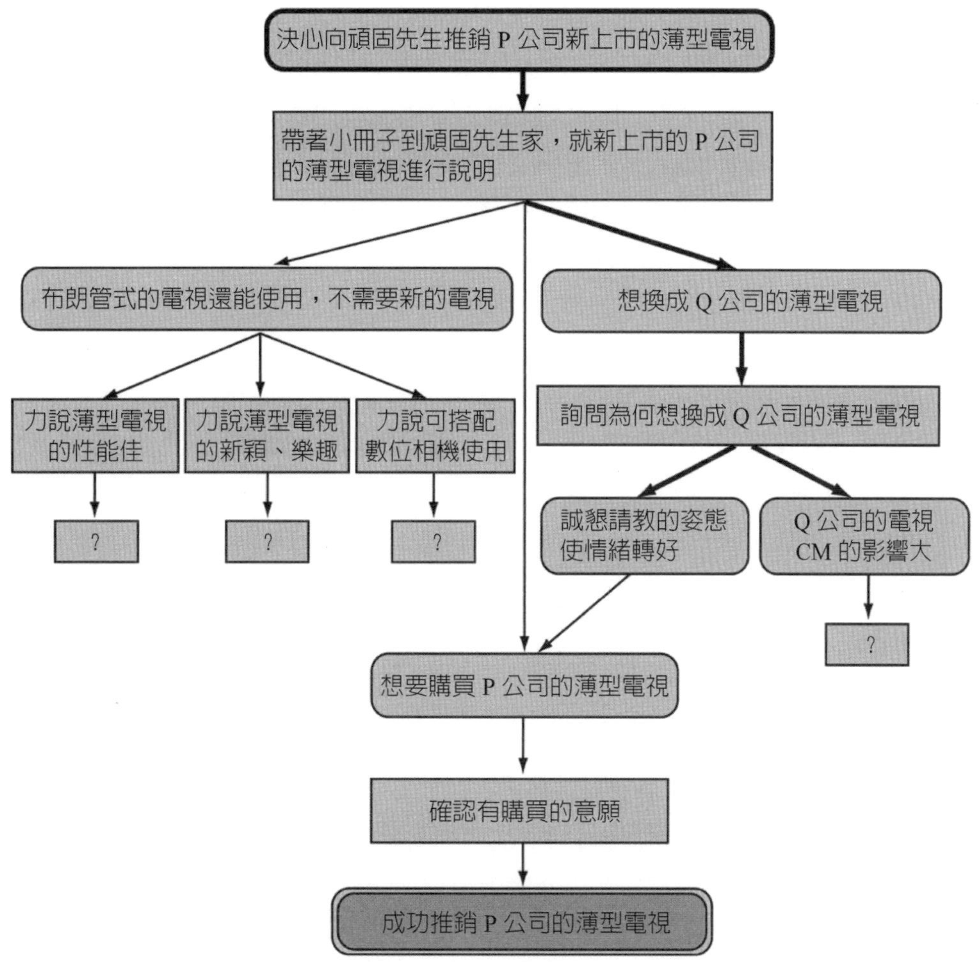

圖 17.5 實施了最初的實施事項時的 PDPC

步驟 3 實施最初的實施事項

到頑固先生家的銷售員聽到了意想不到的話。

頑固先生說：「想換成 Q 公司的薄型電視。」

原本預期會說出「布朗管式的電視還能使用不需要新電視」一事，卻突然落空了。

特地準備的 3 個實施事項變得毫無用處。

因爲說出了未預期的事，銷售員瞬間畏縮了，但急中生智乃請教「爲什麼想要購買 Q 公司的電視呢？」

銷售員努力向頑固先生請教爲何想買 Q 公司的電視呢？因之，使頑固先生的情緒轉好。因此，在卡片上寫下「在誠懇請教的姿態下可使情緒轉好」而以長橢圓表示。另一個是「Q 公司的電視 CM 的影響大」。這也寫在卡片上以長橢圓圍著。實施了目前的路線的結果，由於很明確而以粗線表示。

「在誠懇請教之姿態下可使情緒好轉」，如能順利進展時，認爲可從「想要購買 P 公司的薄型電視」連結到「成功推銷 P 公司的薄型電視」而以箭線連結。

另一者「Q 公司的電視 CM 的影響大」，如想好的實施事項時，頑固先生即可從「想要 P 公司的薄型電視」連結到「成功推銷 P 公司的薄型電視」，但現時點因爲不知道要如何做才好，因此以？表示並以箭頭連結。至此所製作的 PDPC，即爲圖 17.5。

步驟 4　逐次充實計畫

在頑固先生的反應已知的時點，若性急地逼迫頑固先生認爲會產生反效果的銷售員，姑且先回到店裡。

腦海中想著頑固先生受到 Q 公司的電視 CM 的影響是這麼的大，乃想出了以下 3 個實施事項：

(1) 讓他觀賞 P 公司的電視 CM。

(2) 邀請出席商品介紹發表會。

(3) 與 Q 公司的電視相比，說明 P 公司的電視較優良。

銷售員爲了實施此 3 項，再度訪問頑固先生。

此處也是如果 3 個實施事項能順利進展時，雖可從「想要購買 P 公司的薄型電視」連結到「成功推銷 P 公司的薄型電視」，但現時點，實施後如未看頑固先生的反應時是不得而知的，因此以？表示並以箭頭連結，至目前爲此的 PDPC 表示在圖 17.6。

步驟 5　表示計畫達成

3 個實施事項之中，「邀請出席商品介紹發表會」與「與 Q 公司的電視相比說明 P 公司的電視較優」較能順利進展，使「想要購買 P 公司的薄型電視」變得實際，達成了目標的「成功推銷 P 公司的薄型電視」。

已實施的地方，每次將箭線變粗，表示是已實施的 PDPC。對於「推銷新上市的薄型電視」來說，計畫完成時的 PDPC 表示在圖 17.7。

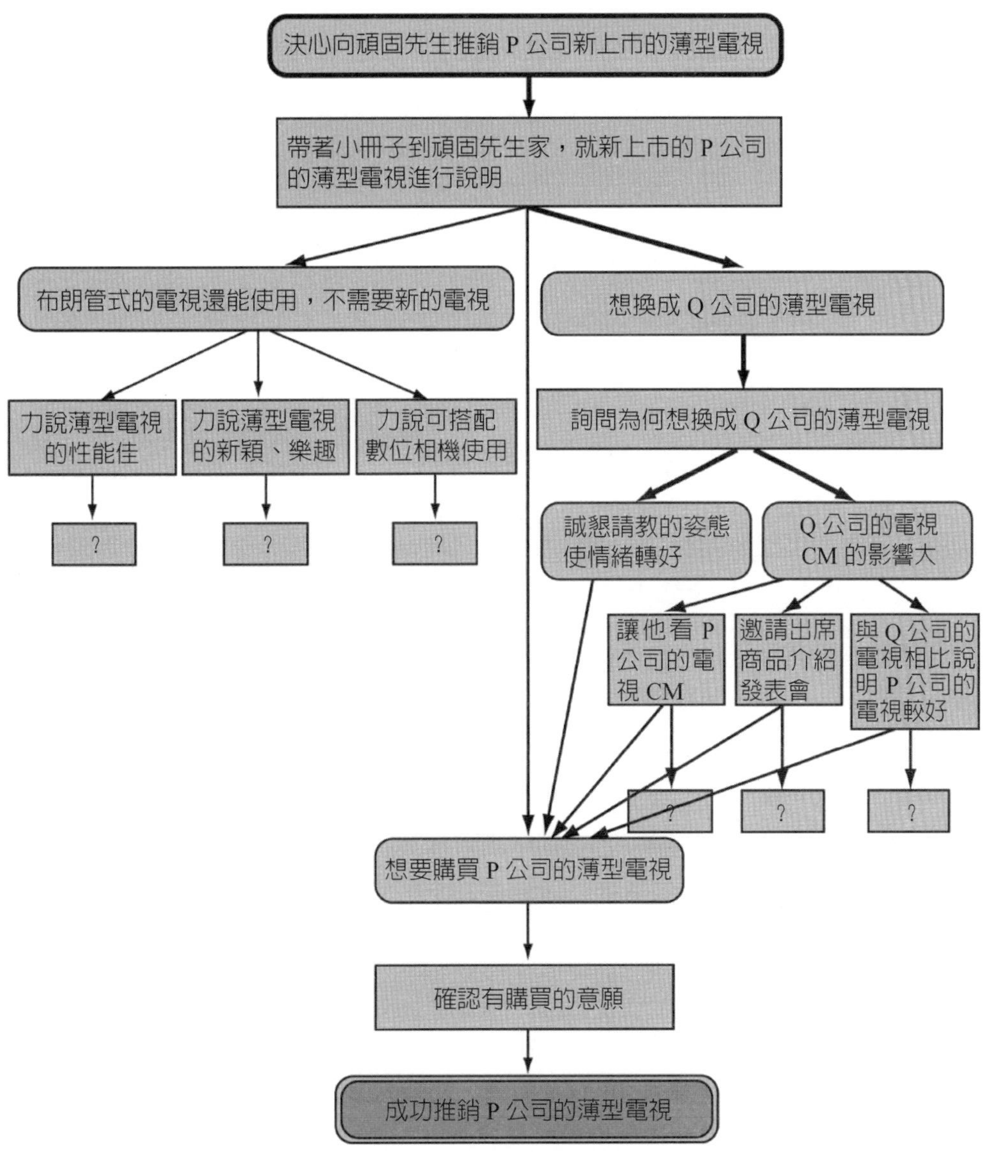

圖 17.6 逐次充實計畫的 PDPC

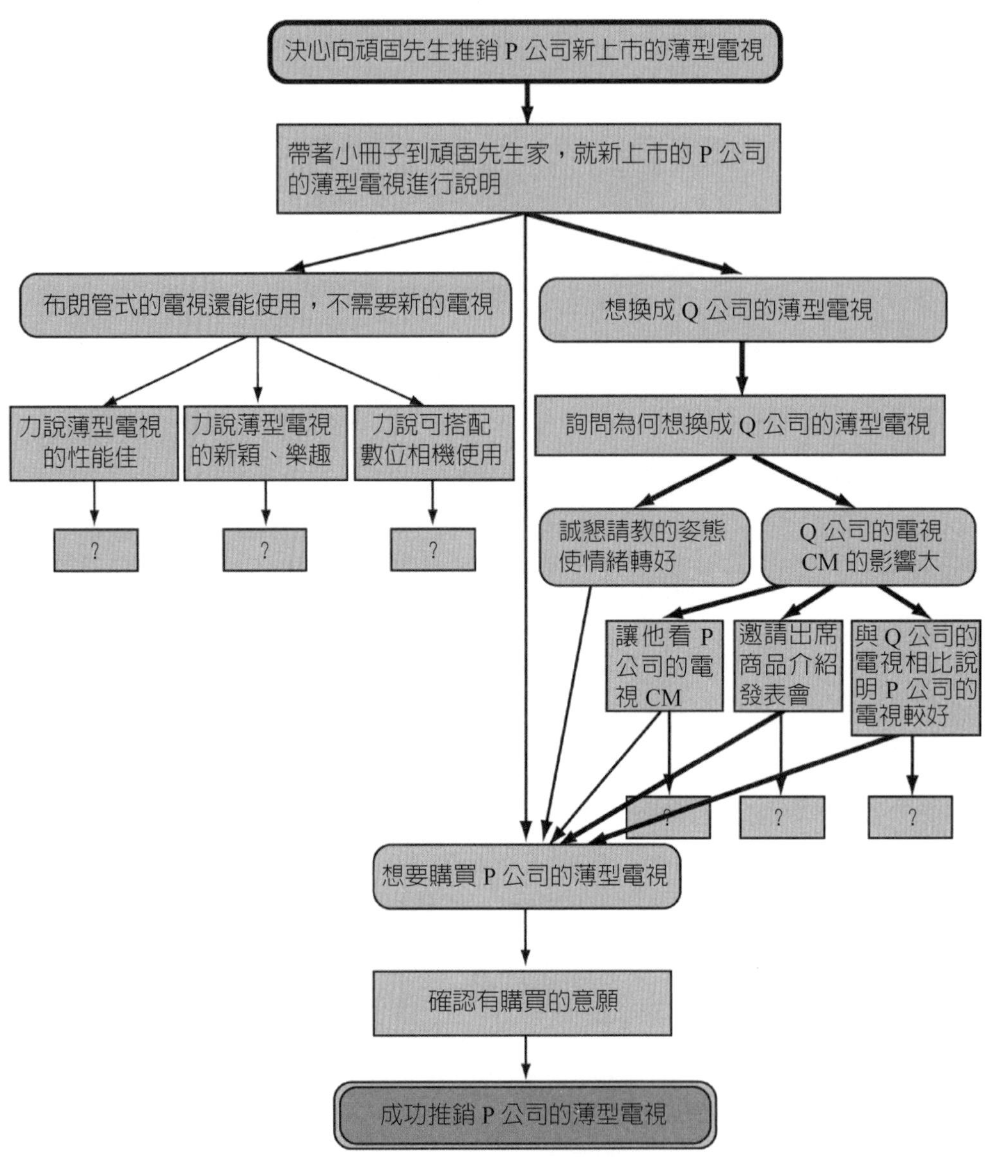

圖 17.7　計畫完成時的 PDPC

四、類型 II 的實例（強制聯結型 PDPC 的進行方法）

將某個不可倒置（不能將捆包上下顚倒）的易碎品運送到一個未開發國家時，爲了使這個行李能安然地抵達收件人的手中，於是做成過程決定計畫圖，思考行李上岸後可能發生的種種情況（參閱圖 17.8），設想行李送達前的不良狀態 Z。(1) 如果在行李上沒有註明注意的話，送達後造成 Z 狀態將無法避免。將「不可倒置」四個字以紅色英文字書寫，通常，英文是國際通行的語言，運送人看了注意的說明後，應可正確地將行李送達。(2) 如果萬一運送人不懂英文的話，怎麼辦？此時必須以圖形來表示。只有一個圖形又恐怕不能了解其意，因此準備兩種圖形。一個是酒杯的圖形，表示如果將行李上下顛倒的話，酒將會溢出來，另一個是顯示吊索的位置，能使運送人自然地了解上下的情況。(3) 如果運送人對圖形沒注意到的話，又怎麼辦？此時，也必須設想 Z 的狀態。設置吊繩以便手提。(4) 如果運送人一個人搬運稍嫌過重時，又不尋求別人幫助只有一個人搬運時，怎麼辦？恐怕會將箱子轉來轉去。

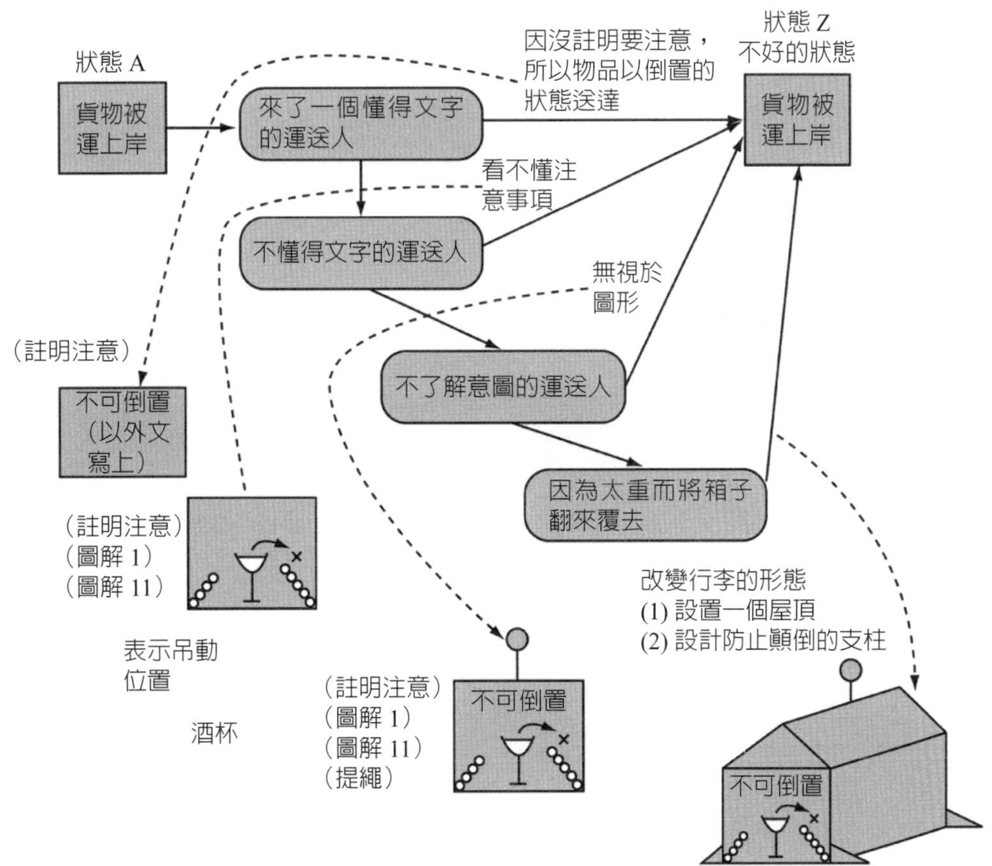

圖 17.8 不可倒置運送情況之 PDPC（類型 II）

這麼一來還是會變成 Z 的狀態。爲了使其無法翻轉箱子，亦即使其絕對不會將箱子倒置，要怎麼辦才好呢？將箱子的一面做成尖尖的屋頂形狀。

像這樣作成過程決定計畫圖來看時，可了解到狀態 A 和狀態 Z 的連結可能性，並且爲了使不良的狀態不會發生，究竟要採什麼對策，自然地會明朗化。

A 和 Z 的可能連結情況可以想出好幾個例子。將其變化的狀態以簡潔的文章來表現，並用框框圈起來，或者是圖解附註明文，將各種狀態以箭頭連結起來。思考這些對策時，不能只有針對特定的技術性知識，對於人體工學（Human Engineering）的檢討或心理學的考量也必須並行，將關聯事項多頭展開時，或可得到想像不到的好結果。

在這個行李運行的例子中，爲了實現「不可倒置」的目的，可以獲得 (1) 以英文表示，(2) 二個種類的圖解，(3) 設置吊繩，(4) 改善行李的形狀（將一面設計成尖形屋頂狀，可防止倒置）等四個對制。

上述的說明作成 PDPC 時，即爲圖 17.8。

17.2 利用 EXCEL 製作 PDPC

從插入的圖案的文字方塊即可製作。

步驟 1 雙重長圓的製作：[插入] →［ 圖案 ］→圓角矩形。

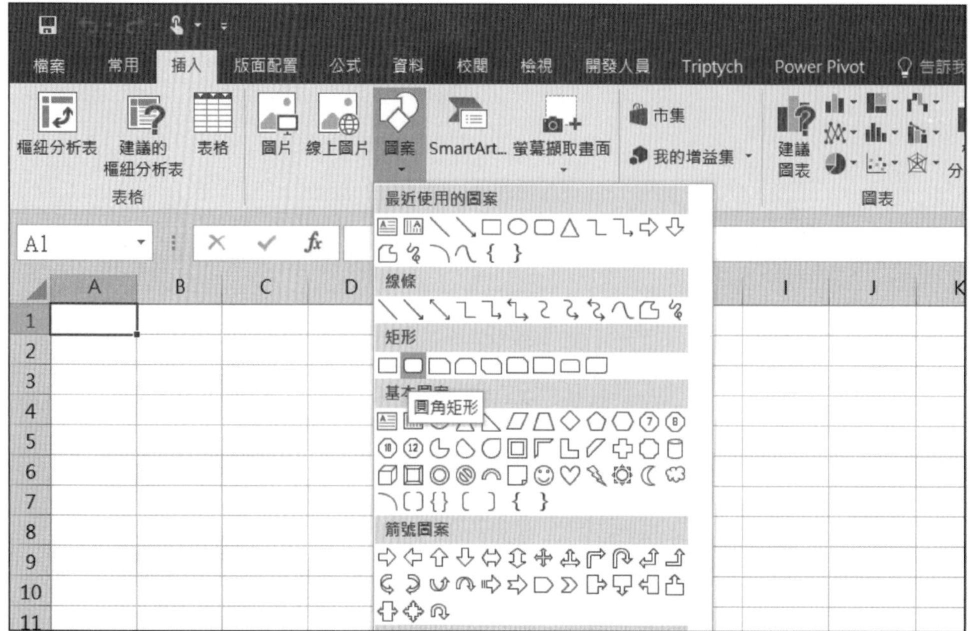

步驟 2 左上方出現黃色的調整棒，向中心移動，使左右兩方形成半圓形的長圓。

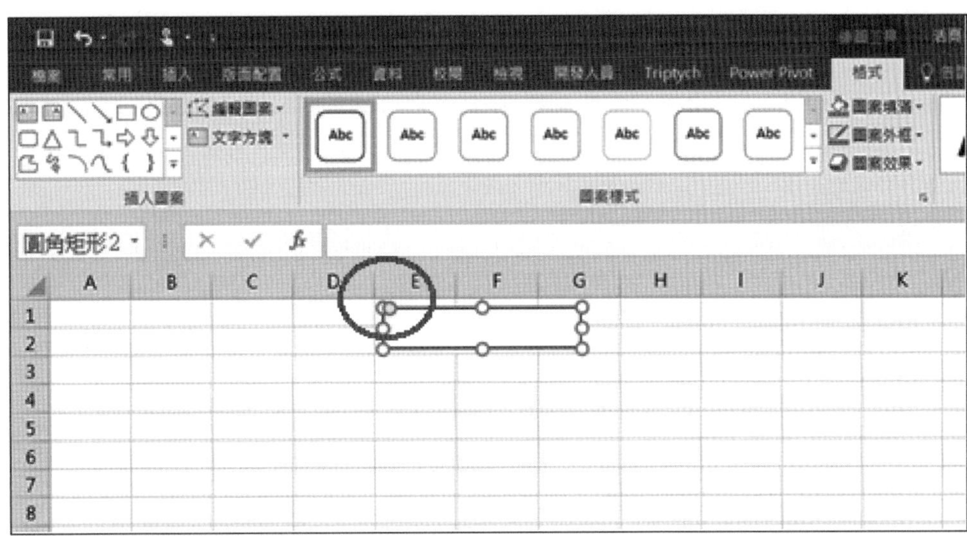

步驟 3 以滑鼠右鍵按圖形選擇［設定圖案格式］。

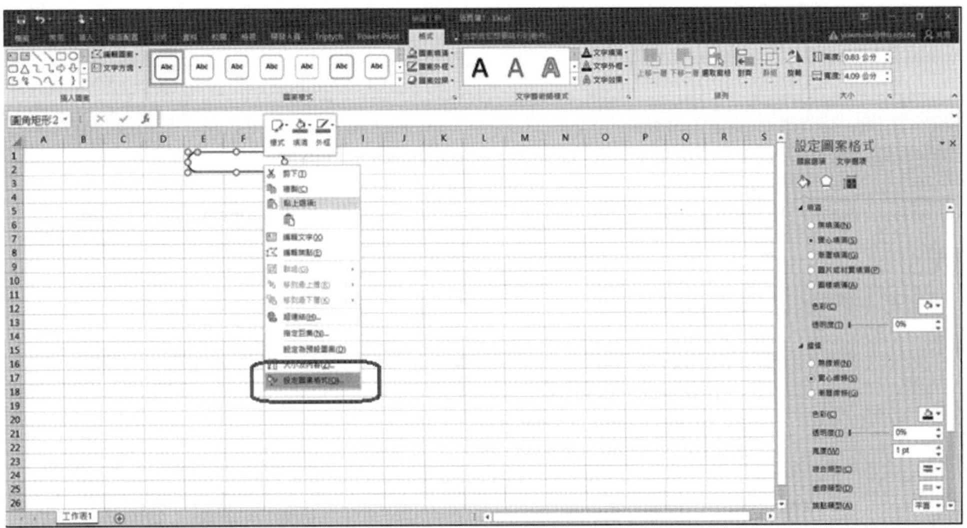

步驟 4 1. 於 [圖案選項] 的 [塗滿] 處選擇無塗滿，2. 線條選擇 [實心線條]，顏色選黑色，寬度選 3pt，複合類型選雙重線。

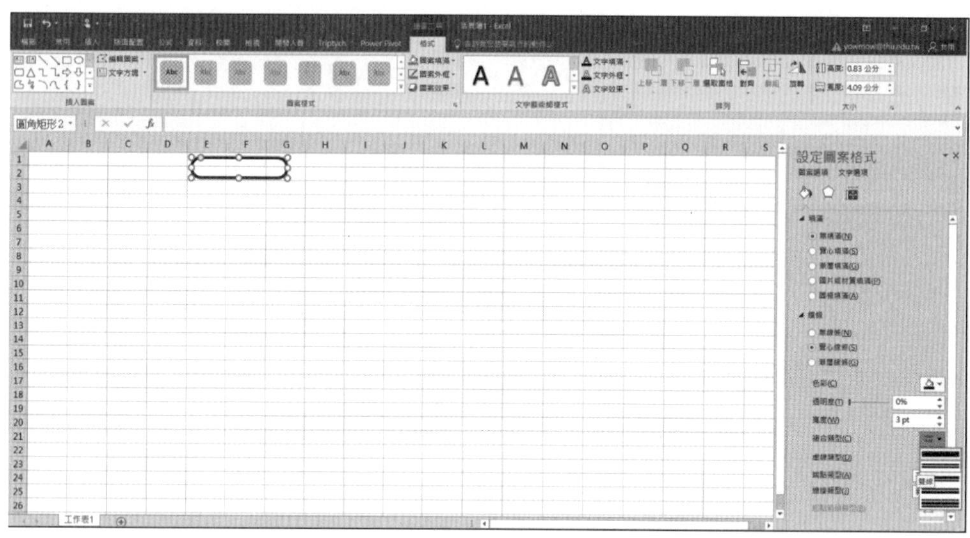

步驟 5 長方形的製作：[圖案] →矩形。

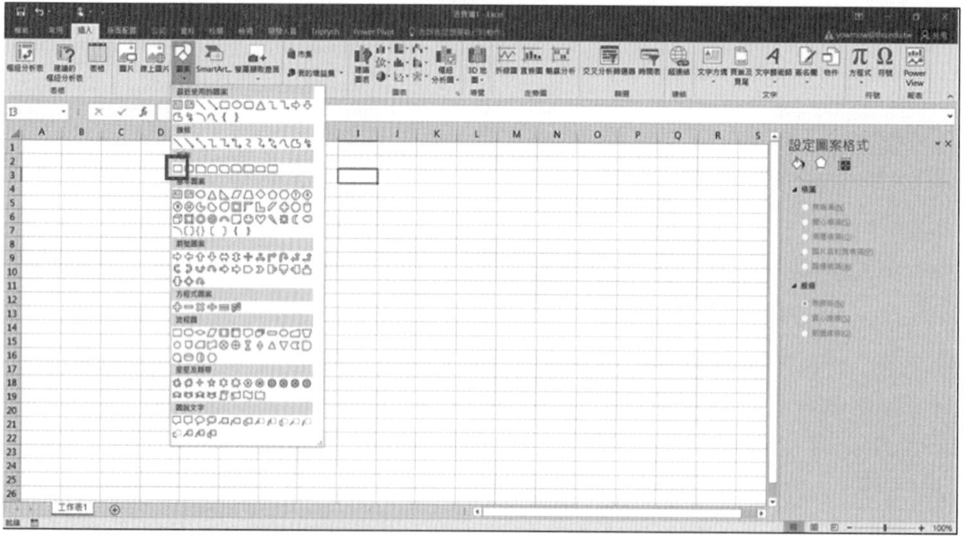

步驟 6　以滑鼠右鍵按一下所做出的圖形，選擇［設定圖按格式］。

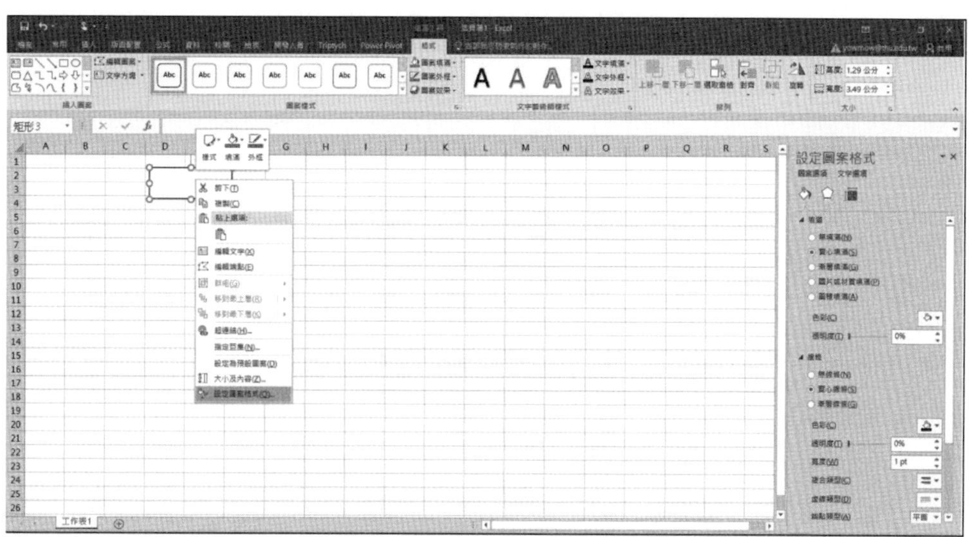

步驟 7　於圖案選項中，選擇無塗滿，線條選實心線條，顏色選黑，寬度選1pt。

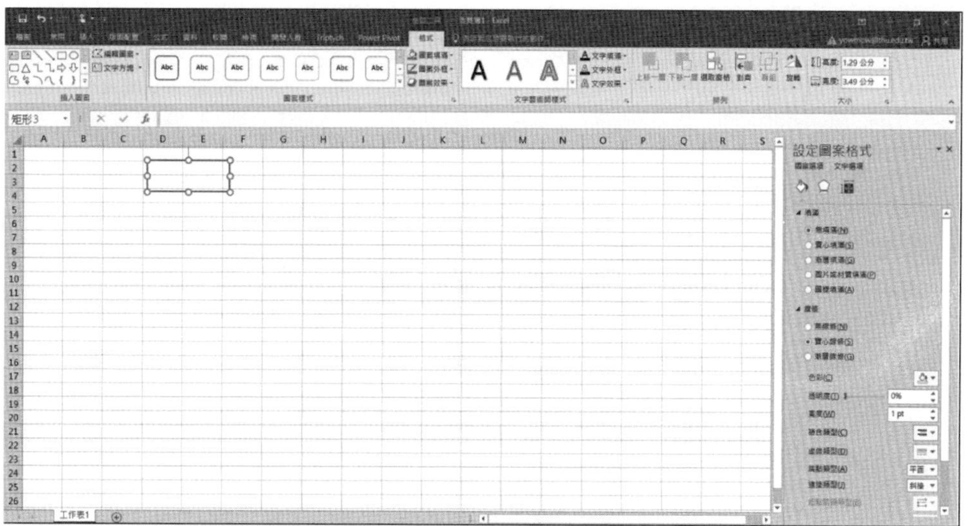

步驟 8　長圓的製作：與雙長圓的製作相同，但寬度是 1pt。

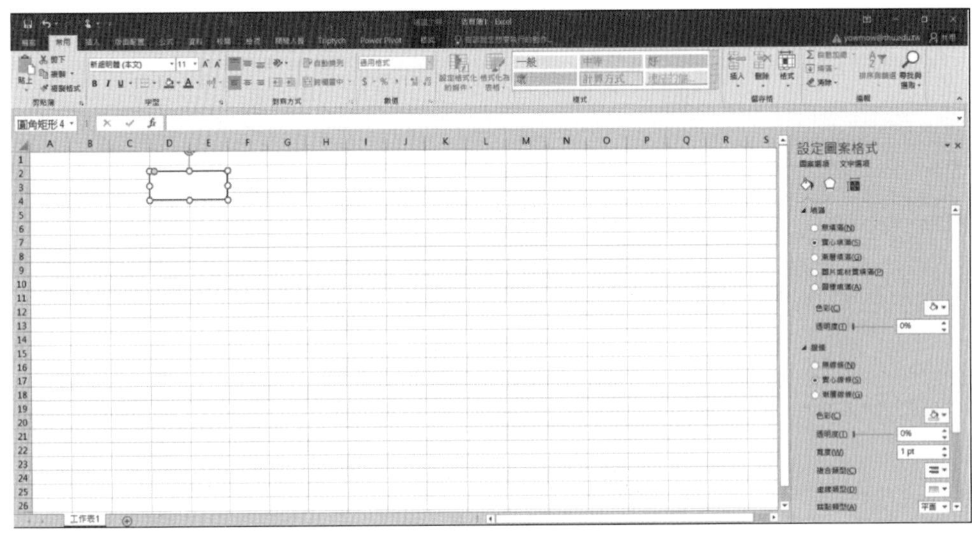

步驟 9　菱形的製作：從 [圖案] 的子清單中選擇流程圖：決策 。

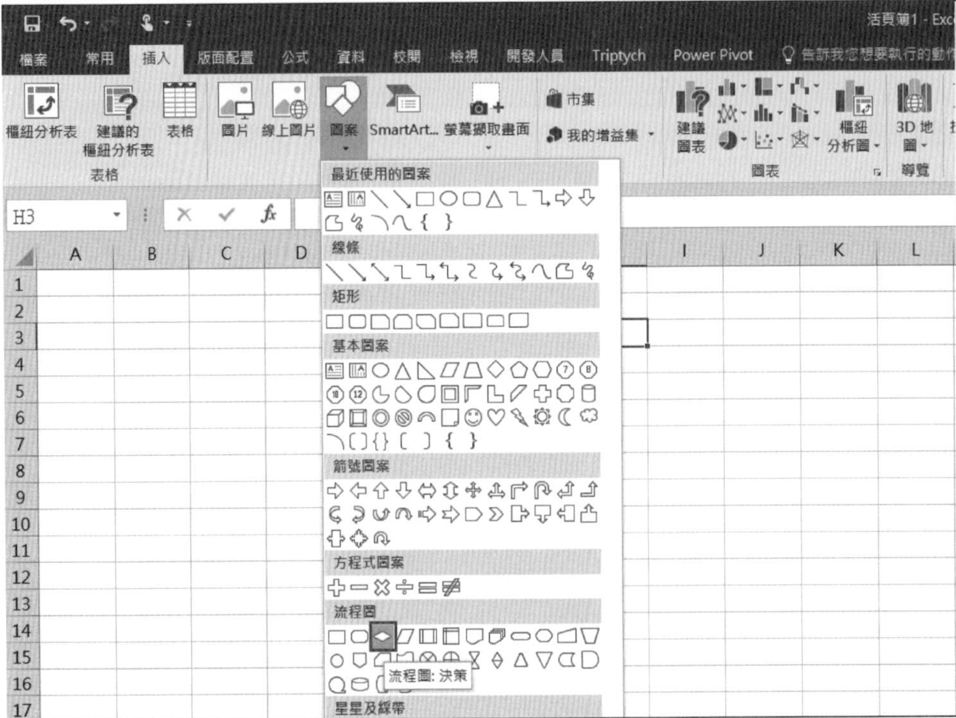

步驟 10 其他的設定與雙重長圓相同。

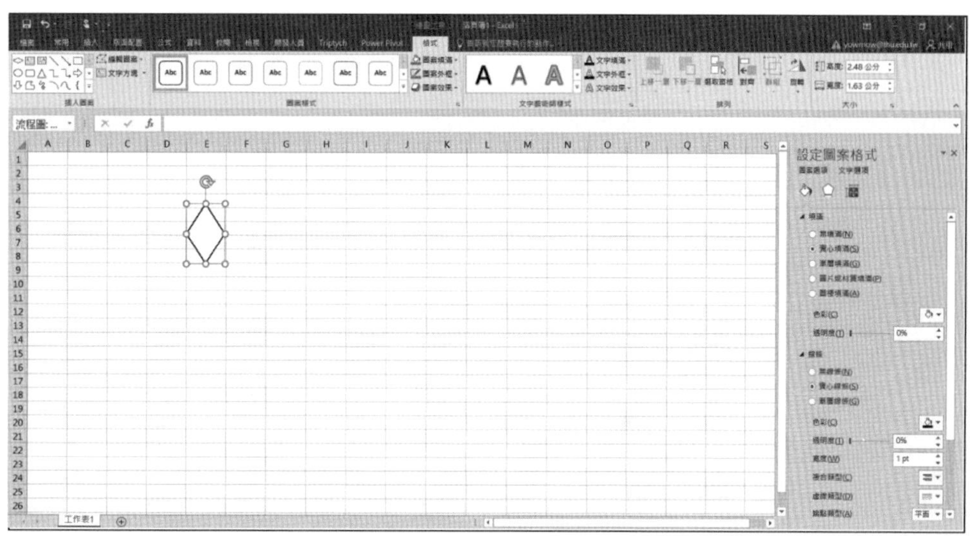

步驟 11 右按所作成的矩形，執行［編輯文字 (X)］，再輸入文字。

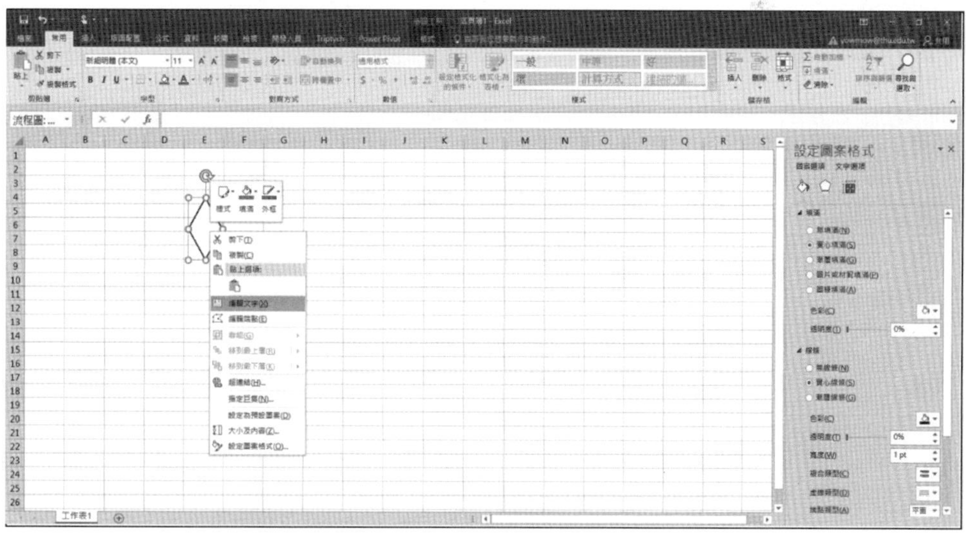

步驟 12 以箭頭連結計畫的進展：[插入] → [圖案] →箭線，作法同前述。

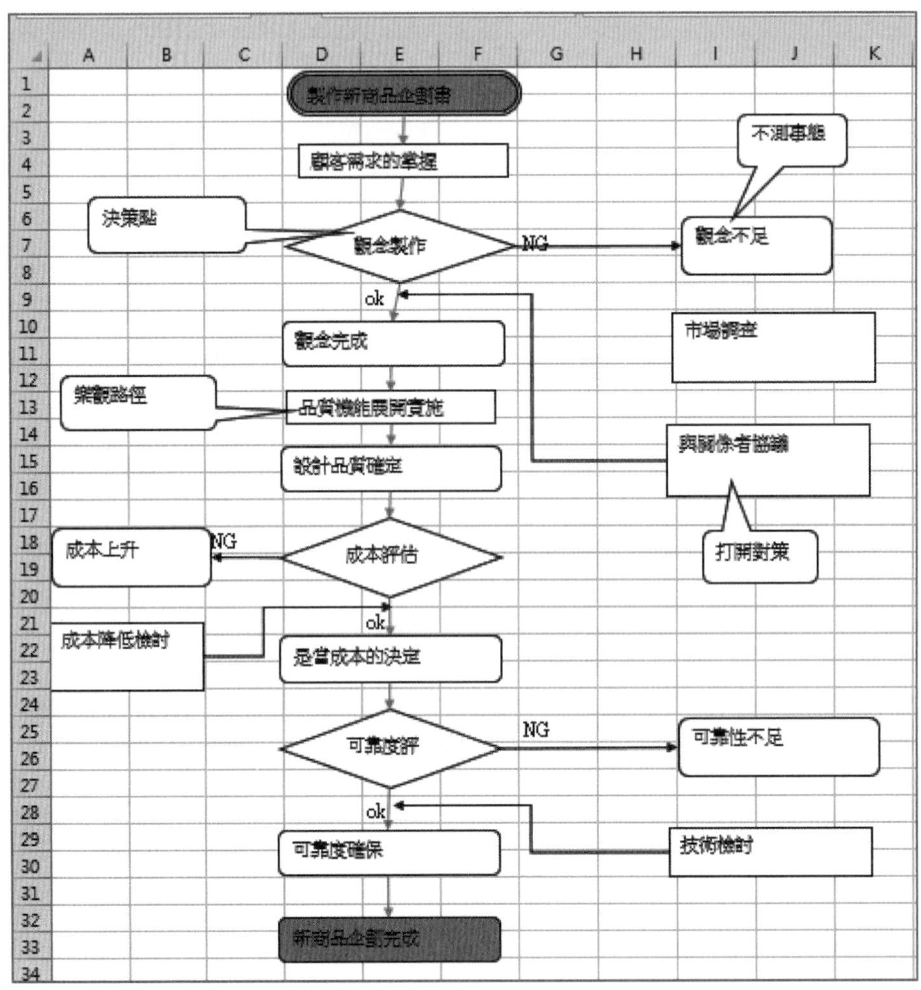

第 18 章 矩陣資料解析法

所謂矩陣資料解析法，是針對許多的變量之值儘可能減少資訊的損失，減少成 2～3 次元使之容易查看的手法。在許多變數中把相關係數大的變數集中成一個變數是此解析的基本。

18.1 矩陣資料解析法

此法的計算量多，通常利用電腦來計算。以下透過例題一面說明此法計算的步驟，一面解說其理論上的背景、結果的解釋方式。

下表是某企業的 14 家協力企業，從財務力到獨特的經營路線，以 7 個評價尺度，所評價的結果。

此 14 家之中，特別是第 1 家與第 3 家是優良企業。此處，由表 18.1 是否能立即發現 1、3 企業比其他家好呢？也許 7×14 = 98 個資料甚多，想必不容易。因此，使用此法按以下步驟來整理考察看看。

如表 18.1 那樣整理成矩陣。

表 18.1　企業的評價

企業	財務力	商品開發力	企業形象	市場成長性	人才	銷售力	獨特的經營路線
1	3.0	5	5	2	5	4	3
2	4.0	4	2	2	3	2	3
3	3.0	4	1	5	5	4	5
4	3.0	2	2	1	3	5	4
5	1.0	3	5	3	4	3	3
6	4.0	3	4	2	3	2	2
7	2.0	2	3	2	3	2	2
8	2.0	2	4	2	2	1	1
9	4.0	3	4	3	2	2	2
10	3.0	1	2	1	1	3	1
11	5.0	2	2	2	2	3	2
12	2.0	2	3	2	2	1	3
13	3.0	1	2	5	1	2	3
14	2.0	1	1	1	1	4	5

步驟 1　將資料整理成矩陣

步驟 2　計算平均值與標準值

就各評價項目求出平均值、標準差。請參考表 18.2。

表 18.2　平均值與標準差

評價項目	平均值	標準差
財務力	2.93	1.07
商品開發力	2.50	1.23
企業形象	2.86	1.35
市場的成長性	2.36	1.28
人才	2.64	1.34
銷售力	2.71	1.20
獨特的經營路線	2.79	1.25

步驟 3　將資料基準化

此處的資料全部是以 5 級評價，項目評分的變動範圍相同。但評價項目像身高、體重、年齡等大小或單位不同的時候也有。如此無法比較原始數據，因之從原始資料按各評價項目減去平均值再除以標準差，此操作稱爲標準化。結果，各項目的平均值、標準差分別成爲 0、1。此計算結果如表 18.3 所示。

步驟 4　計算相關係數

就評價項目間計算相關係數。結果如表 18.4。相同的評價項目在散佈圖上顯示時即可在向右上升的 45° 線上點出數據。因此，相關係數即成爲 1。並且，以 1 之值爲界的對角要素來說，形成相同之値，因之省略。其中顯示 0.870 其絕對值接近 1 的評價項目有商品開發力與人才。這從表 18.1 可知，一方高的值，另一方的值也高。

步驟 5　計算特徵值

表 18.5 的特徵值是表示新的評價尺度在全體的資訊量（變異的大小）占了多少百分比。譬如，此表的第 1 個新的評價尺度（此處稱爲主成分）在全體的資訊量中占了 33.69（特徵值 ÷ 評價尺度的各數，ex. 2.358÷7）。同樣，第 2 主成分是占了 27.16%。至第 4 主成分爲止，只能說明全體的 92.46%。新的 4 個主成分，幾乎能掌握全體的資訊量。在計算特徵值方面，需要有矩陣計算的技巧。

表 18.3 標準化的數據

企業	財務力	商品開發力	企業形象	市場成長性	人才	銷售力	獨特的經營路線
1	0.07	2.04	1.59	–0.28	1.76	1.07	0.17
2	1.00	1.22	–0.63	–0.28	0.27	–0.59	0.17
3	0.07	1.22	–1.38	2.07	1.76	1.07	1.77
4	0.07	–0.41	–0.63	–1.06	0.27	1.90	0.97
5	–1.08	0.41	1.59	0.50	1.02	0.27	0.17
6	1.00	0.41	0.85	–0.28	0.27	–0.59	–0.63
7	–0.87	–0.41	0.11	–0.28	0.27	–0.59	–0.63
8	–0.87	–0.41	0.85	–0.28	–0.48	–1.42	–1.43
9	1.00	0.41	0.85	0.50	–0.48	–0.59	–0.63
10	0.07	–1.22	–0.63	–1.06	–1.23	0.24	–1.43
11	1.93	–0.41	–0.63	–0.28	–0.48	0.24	–0.63
12	–0.87	–0.41	0.11	–0.28	–0.48	–1.42	0.17
13	0.07	–1.22	–0.63	2.07	–1.23	–0.59	0.17
14	–0.87	–1.22	–1.38	–1.06	–1.23	1.07	1.77

表 18.4 相關係數一覽表

	財務力	商品開發力	企業形象	市場成長性	人才	銷售力	獨特的經營路線
財務力	1.000						
商品開發力	0.205	1.000					
企業形象	–0.220	0.419	1.000				
市場的成長性	0.020	0.221	–0.057	1.000			
人才	–0.073	0.870	0.353	0.261	1.000		
銷售力	0.043	0.156	–0.311	–0.129	0.362	1.000	
獨特的經營路線	–0.184	0.176	–0.475	0.244	0.319	0.620	1.000

表 18.5 特徵值

主成分	特徵值	貢獻率（%）	累計貢獻率（%）
1	2.358	33.69	33.69
2	1.901	27.16	60.85
3	1.149	16.42	77.27
4	1.063	15.19	92.46
5	0.309	4.41	96.87
6	0.177	2.53	99.40
7	0.042	0.60	100.00

步驟 6 計算特徵向量，因子負荷量

特徵向量如表 18.6 所示，表示各主成分的評價尺度的比重。與後述的因子負荷量一樣，用於計算主成分分數或命名主成分。並且，如表 18.7 所示，計算出各主成分與各評價尺度（從財務力到獨特的經營路線）的相關係數，稱此爲因子負荷量，與特徵向量一樣用於命名主成分之意義。譬如，第 1 主成分是綜合了因子負荷量較大的 0.840、0.930 的商品開發力、人才的尺度，可以說是企業內部活力。

同樣，在第 2 主成分中企業形象、獨特的經營路線顯示較大之值，因之可以說是表示在外界的形象。像這樣，命名各主成分的意義是很重要的。此外，特徵向量乘上各主成分的特徵值的平方根即爲因子負荷量，如可記住就會很方便。

表 18.6 特徵向量

	第 1 主成分	第 2 主成分	第 3 主成分	第 4 主成分	第 5 主成分	第 6 主成分	第 7 主成分
財務力	–0.004	0.019	0.907	–0.189	–0.073	0.236	0.282
商品開發力	0.547	–0.304	0.207	–0.098	0.370	0.048	–0.646
企業形象	0.103	–0.642	–0.247	–0.138	–0.361	0.582	0.167
市場的成長性	0.236	–0.014	0.179	0.856	–0.411	–0.004	–0.102
人才	0.605	–0.190	–0.057	–0.067	0.049	–0.495	0.585
銷售力	0.352	0.446	–0.063	–0.422	–0.658	–0.034	–0.247
獨特的經營路線	0.380	0.510	–0.183	0.142	0.351	0.597	0.247

表 18.7　因子負荷量

	第 1 主成分	第 2 主成分	第 3 主成分	第 4 主成分	第 5 主成分	第 6 主成分	第 7 主成分
財務力	–0.006	0.027	0.973	–0.194	–0.041	0.099	0.058
商品開發力	0.840	–0.419	0.222	–0.101	0.205	0.020	–0.133
企業形象	0.159	–0.885	–0.265	–0.142	–0.200	0.245	0.034
市場的成長性	0.362	–0.019	0.192	0.883	–0.228	–0.002	–0.021
人才	0.930	–0.262	–0.061	–0.069	0.027	–0.208	0.120
銷售力	0.540	0.615	–0.068	–0.435	–0.366	–0.014	–0.051
獨特的經營路線	0.584	0.704	–0.197	0.147	0.195	0.251	0.051

步驟 7　計算主成分分數

有需要在新的評價尺度上評估輸入的數據。此評價分數即爲主成分分數。亦即，主成分分數是意指在主成分上的新評價分數。譬如，在表 18.7 的第 1 主成分上，第 3 家公司的 3.13 之値，即爲主成分分數。主成分分數的計算方法，是將表 18.3 已基準化的數據與表 18.6 的特徵向量，按各主成分評價尺度相乘再相加的結果。譬如，表 18.8 的企業 1 中的第 1 主成分的 2.72，是表 18.3 的第 1 列與表 18.6 的第 1 行分別相乘再相加。

表 18.8　主成分分數

企業	第 1 主成分	第 2 主成分	第 3 主成分	第 4 主成分	第 5 主成分	第 6 主成分	第 7 主成分
1	2.72	–1.40	–0.16	–1.21	–0.26	0.23	–0.20
2	0.55	–0.17	1.26	–0.20	1.19	–0.08	–0.24
3	3.13	1.53	0.53	1.51	0.10	–0.59	–0.01
4	0.66	1.84	–0.37	–1.48	–0.39	0.01	0.21
5	1.28	–1.18	–1.95	0.37	–0.54	0.11	0.02
6	–0.04	–1.28	0.87	–0.44	0.07	0.26	0.34
7	–0.56	–0.59	–0.81	0.09	0.17	–0.65	0.21
8	–1.53	–1.70	–0.75	0.28	0.13	–0.30	–0.09
9	–0.31	–1.15	1.05	0.28	–0.29	0.63	–0.18
10	–2.19	0.41	0.09	–0.94	–0.51	–0.66	–0.32

企業	第 1 主成分	第 2 主成分	第 3 主成分	第 4 主成分	第 5 主成分	第 6 主成分	第 7 主成分
11	−0.81	0.45	1.90	−0.63	−0.35	−0.08	0.24
12	−1.00	−0.41	−0.86	0.61	0.96	0.23	0.18
13	−1.14	0.81	0.41	2.32	−0.69	0.31	−0.04
14	−0.76	2.86	−1.21	−0.55	0.40	0.57	−0.12

步驟 8　將主成分分數的散佈狀做成圖形

如圖 18.1 那樣，以特徵值大的主成分的組合畫出主成分分數的圖形。本例，從第 1 主成分到第 4 主成分，從中的每 2 個合計 6 個，畫出 6 張圖形。圖 18.1 是第 1 主成分與第 2 主成分的組合所畫出的圖形。

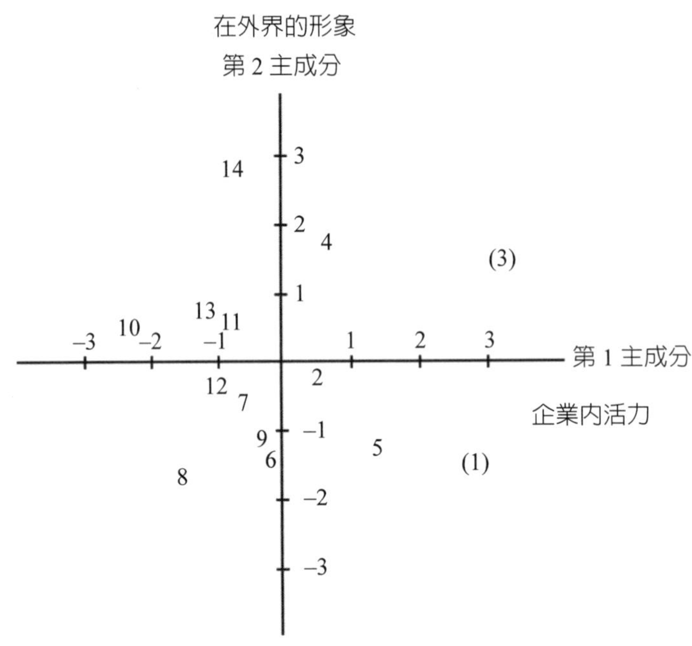

圖 18.1　主成分分數的散佈圖

步驟 9　考察結果

由表 18.5、表 18.6 知評價尺度可以縮減成以下 4 個主成分。

(1)企業內部活力（商業開發力，人才）

(2)在外界的形象（企業形象，獨特的經營路線）

(3)財務力

(4)市場的成長性

並且，由圖 18.1 知，優良企業的第 1 家、第 3 家比其他企業來說具企業內部活力。之後，對企業內部活力，進行詳細解析，掌握能採取具體手段的要因之後，思考對策並去執行即爲以下步驟所要考慮的。

由以上可知，矩陣資料解析法是將多種多量的矩陣資料從各種角度分析，以縮減評價尺度，讓樣本間的差異明顯的一種手法。

18.2 利用 EXCEL 製作矩陣資料解析

步驟 1 決定解析目的。

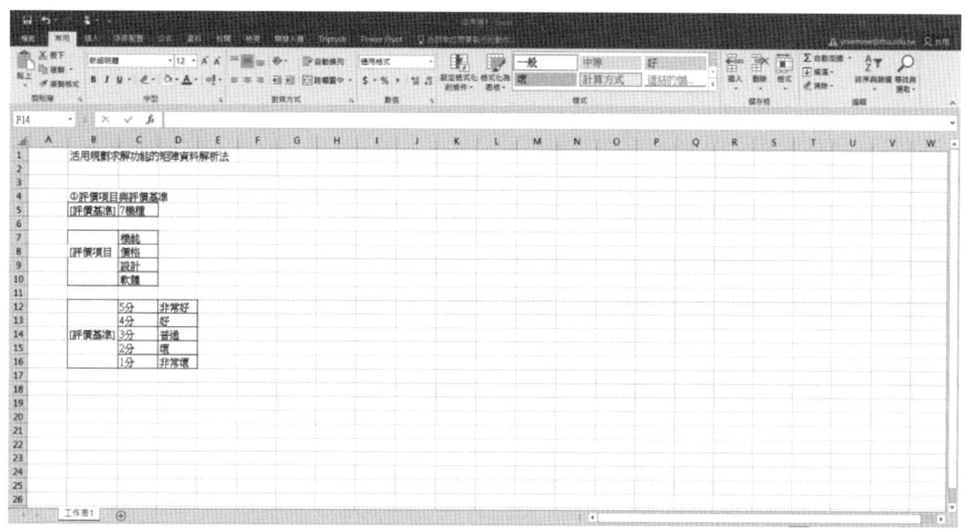

步驟 2　收集資料，製作數據表。

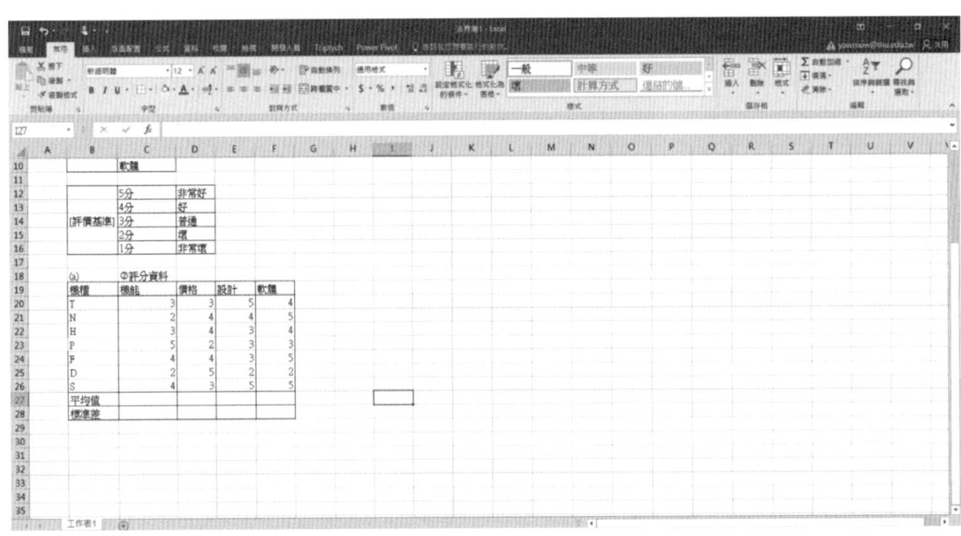

步驟 3　計算平均值與標準差：C27=AVERAGE(C20:C26)，C28=STDEV.S(C20:C26)，其他相同作法。

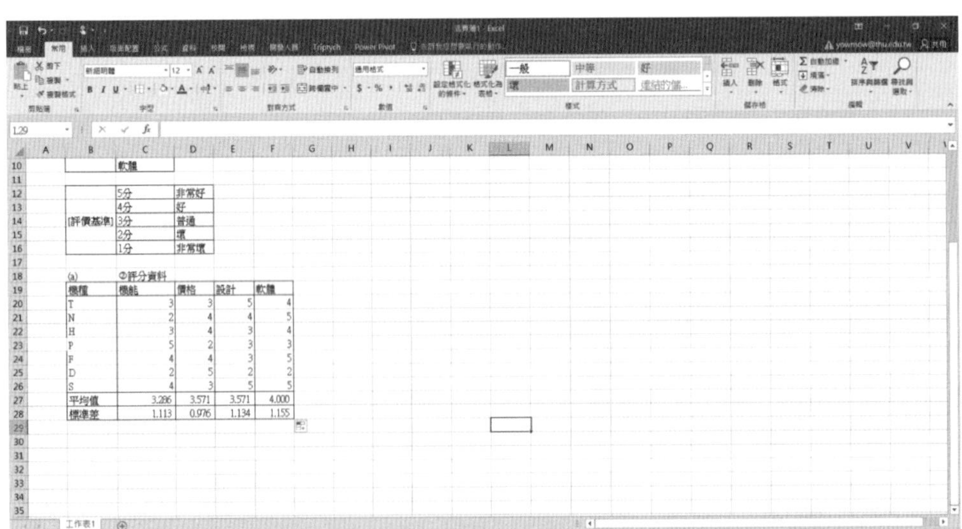

步驟 4 將數據標準化。

C32=(C20-C$27)/C$28，其他複製貼上。

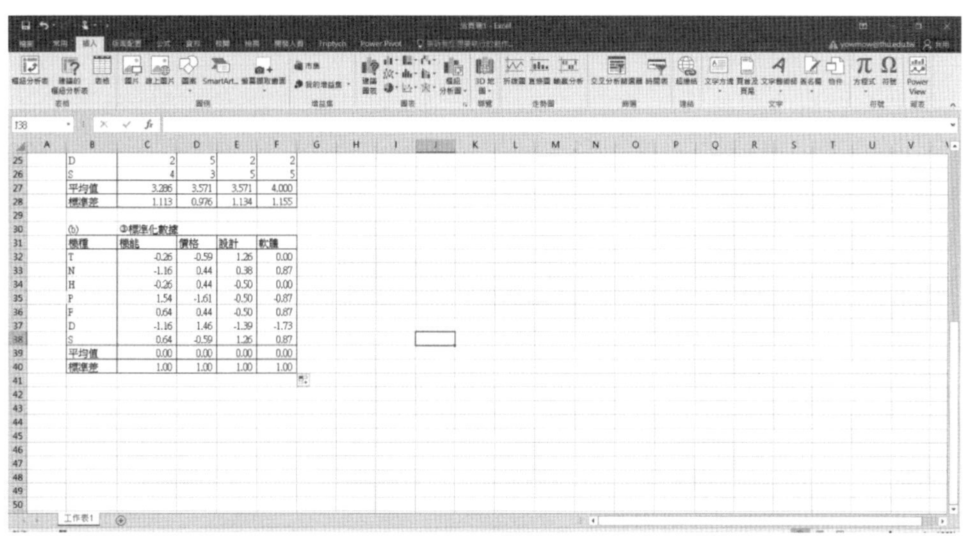

D	2	5	2	2
S	4	3	5	5
平均值	3.286	3.571	3.571	4.000
標準差	1.113	0.976	1.134	1.155

(b) ②標準化數據

機種	機能	價格	設計	軟體
T	-0.26	-0.59	1.26	0.00
N	-1.16	0.44	0.38	0.87
H	-0.26	0.44	-0.50	0.00
P	1.54	-1.61	-0.50	-0.87
F	0.64	0.44	-0.50	0.87
D	-1.16	1.46	-1.39	-1.73
S	0.64	-0.59	1.26	0.87
平均值	0.00	0.00	0.00	0.00
標準差	1.00	1.00	1.00	1.00

步驟 5 框選範圍 H5：L12 建立如下表格，M12：M13 設定變異數的合計，I6=C32，其他複製拖移，I13=VAR.S(I6:I12)，M13=SUM(I13:L13)。

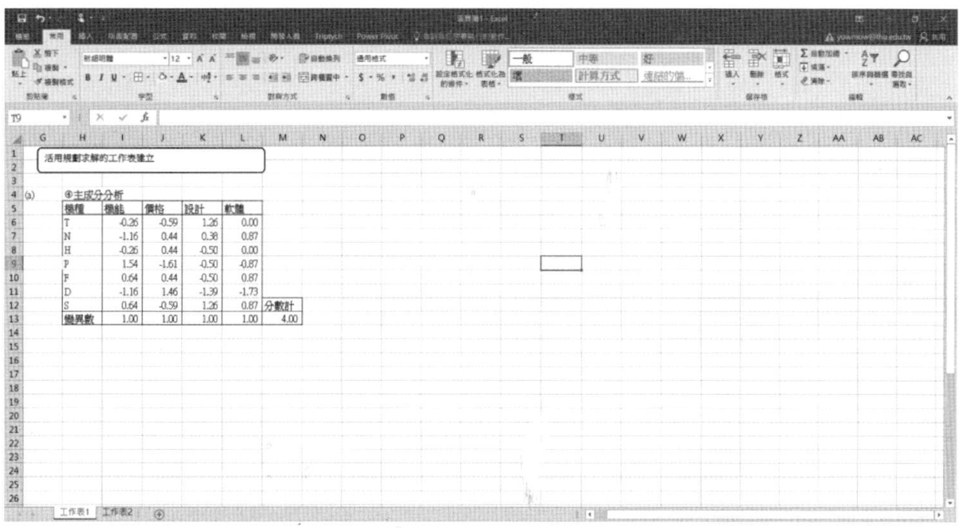

活用規劃求解的工作表建立

(a) ④主成分分析

機種	機能	價格	設計	軟體	
T	-0.26	-0.59	1.26	0.00	
N	-1.16	0.44	0.38	0.87	
H	-0.26	0.44	-0.50	0.00	
P	1.54	-1.61	-0.50	-0.87	
F	0.64	0.44	-0.50	0.87	
D	-1.16	1.46	-1.39	-1.73	
S	0.64	-0.59	1.26	0.87	分數計
變異數	1.00	1.00	1.00	1.00	4.00

步驟 6　製作第 1 主成分的特徵向量的係數表。

I17：L17 輸入係數 1 的初期值，I18=I17^2，M18=SUM(I18:L18)。

活用規劃求解的工作表建立

(a) ④主成分分析

機種	機能	價格	設計	軟體	
T	-0.26	-0.59	1.26	0.00	
N	-1.16	0.44	0.38	0.87	
H	-0.26	0.44	-0.50	0.00	
P	1.54	-1.61	-0.50	-0.87	
F	0.64	0.44	-0.50	0.87	
D	-1.16	1.46	-1.39	-1.73	
S	0.64	-0.59	1.26	0.87	分數計
變異數	1.00	1.00	1.00	1.00	4.00

(b) ⑤第1主成分的特徵向量

初期值=1

	機能	價格	設計	軟體	平方和
係數	1	1	1	1	1
係數平方	1	1	1	1	1

步驟 7　製作第 2 主成分的特徵向量的係數表。

I22:L22 輸入係數 1 的初期值，I23=I22^2，M23=SUM(I23:L23)，

M24=SUMPRODUCT(I17:L17,I22:L22)。

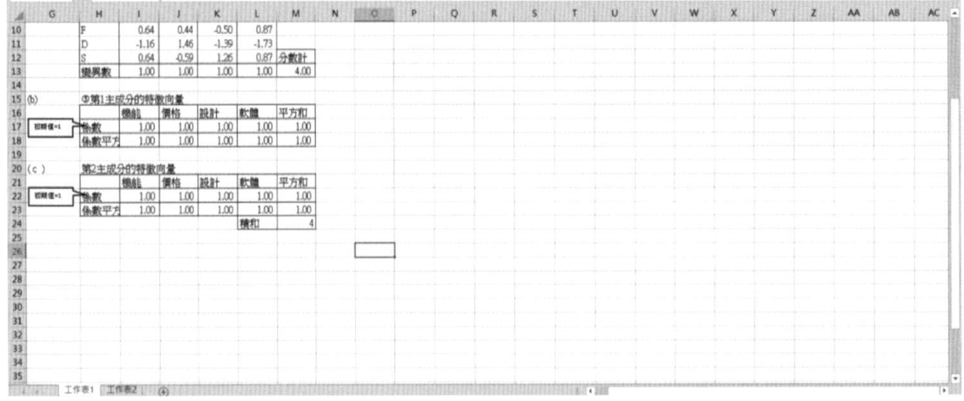

	機能	價格	設計	軟體	
F	0.64	0.44	-0.50	0.87	
D	-1.16	1.46	-1.39	-1.73	
S	0.64	-0.59	1.26	0.87	分數計
變異數	1.00	1.00	1.00	1.00	4.00

(b) ⑤第1主成分的特徵向量

初期值=1

	機能	價格	設計	軟體	平方和
係數	1.00	1.00	1.00	1.00	1.00
係數平方	1.00	1.00	1.00	1.00	1.00

(c) 第2主成分的特徵向量

初期值=1

	機能	價格	設計	軟體	平方和
係數	1.00	1.00	1.00	1.00	1.00
係數平方	1.00	1.00	1.00	1.00	1.00
				積和	4

步驟 8 第 3 主成分的特徵向量與第 4 主成分的特徵向量的係數表製作與前面相同。

	G	H	I	J	K	L	M
14							
15	(b)	⑤第1主成分的特徵向量					
16			機能	價格	設計	軟體	平方和
17	初期值=1	係數1	1.00	1.00	1.00	1.00	
18		係數平方	1.00	1.00	1.00	1.00	4.00
19							
20	(c)	⑥第2主成分的特徵向量					
21			機能	價格	設計	軟體	平方和
22	初期值=1	係數2	1.00	1.00	1.00	1.00	
23		係數平方	1.00	1.00	1.00	1.00	4.00
24						積和2	4.00
25							
26	(d)	⑦第3主成分的特徵向量					
27			機能	價格	設計	軟體	平方和
28	初期值=1	係數3	1.00	1.00	1.00	1.00	
29		係數平方	1.00	1.00	1.00	1.00	4.00
30						積和31	4.00
31						積和32	4.00
32							
33	(c)	⑧第4主成分的特徵向量					
34			機能	價格	設計	軟體	平方和
35	初期值=1	係數3	1.00	1.00	1.00	1.00	
36		係數平方	1.00	1.00	1.00	1.00	4.00
37						積和41	4.00
38						積和42	4.00
39						積和43	4.00

步驟 9　製作主成分分數表。框選範圍：O5：S13 製作表格。

P6=SUMPRODUCT(I$17:L$17:I6:L6)

Q6=SUMPRODUCT(I$22:L$22:I6:L6)

R6=SUMPRODUCT(I$28:L$28:I6:L6)

S6=SUMPRODUCT(I$35:L$35:I6:L6)

P13=VAR.S(P6:P12)，其他複製拖移。

	G	H	I	J	K	L	M	N	O	P	Q	R	S	T
1		活用規劃求解的工作表建立												
2														
3														
4	(a)	④主成分分析												
5		機種	機能	價格	設計	軟體			機種	Z1	Z2	Z3	Z4	
6		T	-0.26	-0.59	1.26	0.00		(f)	T	0.42	0.42	0.42	0.42	
7		N	-1.16	0.44	0.38	0.87			N	0.53	0.53	0.53	0.53	
8		H	-0.26	0.44	-0.50	0.00			H	-0.32	-0.32	-0.32	-0.32	
9		P	1.54	-1.61	-0.50	-0.87			P	-1.44	-1.44	-1.44	-1.44	
10		F	0.64	0.44	-0.50	0.87			F	1.44	1.44	1.44	1.44	
11		D	-1.16	1.46	-1.39	-1.73			D	-2.81	-2.81	-2.81	-2.81	
12		S	0.64	-0.59	1.26	0.87	分數計		S	2.18	2.18	2.18	2.18	
13		變異數	1.00	1.00	1.00	1.00	4.00		變異數	2.89	2.89	2.89	2.89	
14														

步驟 10 利用規劃求解功能求第 1 主成分的特徵向量與主成分分數。

啓動規劃求解，點一下［全部重設］。

［設定目標式］點選 $P$13，至：（即目標值）選擇最大值（主成分分析是求最大值）。

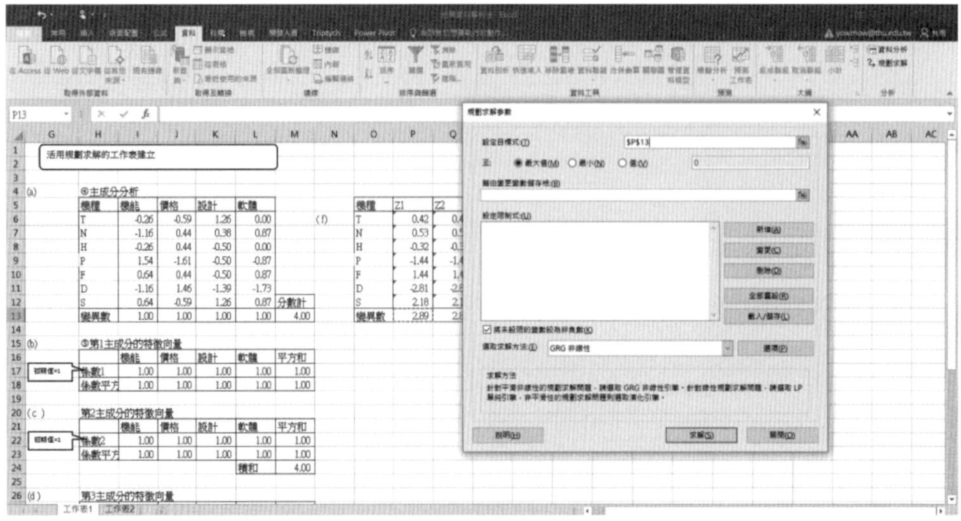

步驟 11 [藉由變更變數儲存格（B）] 選擇 $I$17:$L$17。

規劃求解參數

設定目標式:(T) $P$13

至: ◉ 最大值(M) ○ 最小(N) ○ 值:(V) 0

藉由變更變數儲存格:(B)

$I$17:$L$17

設定限制式:(U)

新增(A)

變更(C)

刪除(D)

全部重設(R)

載入/儲存(L)

☑ 將未設限的變數設為非負數(K)

選取求解方法:(E) GRG 非線性 選項(P)

求解方法

針對平滑非線性的規劃求解問題，請選取 GRG 非線性引擎。針對線性規劃求解問題，請選取 LP 單純引擎，非平滑性的規劃求解問題則選取演化引擎。

說明(H) 求解(S) 關閉(O)

步驟 12 於 [設定限制式] 的旁邊按新增，出現 [新增限制式] 的視窗。

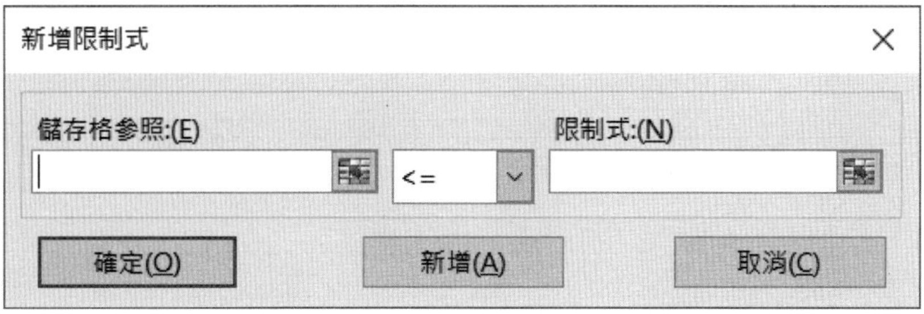

新增限制式

儲存格參照:(E) <= 限制式:(N)

確定(O) 新增(A) 取消(C)

步驟 13 ［儲存格參照］輸入 $M$18，選擇 =，限制式輸入 1，按 確定 。

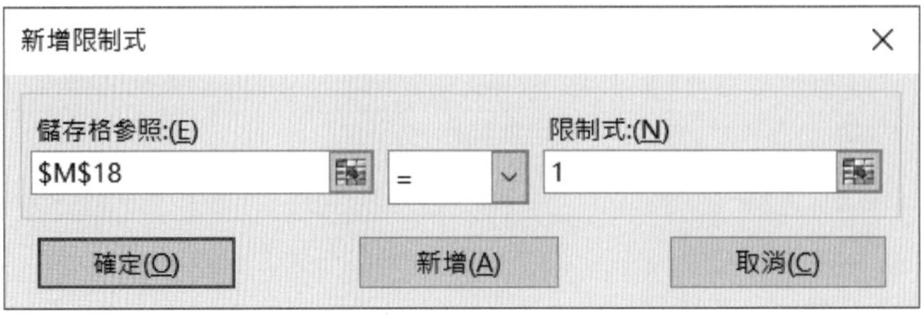

新增限制式

儲存格參照:(E) $M$18 = 限制式:(N) 1

確定(O) 新增(A) 取消(C)

步驟 14 出現［規劃求解參數］對話框，取消［將未設限的變數設爲非負數］，按一下 求解 。

規劃求解參數

設定目標式:(T) $P$13

至: ◉ 最大值(M) ○ 最小(N) ○ 值:(V) 0

藉由變更變數儲存格:(B)

$I$17:$L$17

設定限制式:(U)

$M$18 = 1

新增(A) 變更(C) 刪除(D) 全部重設(R) 載入/儲存(L)

☐ 將未設限的變數設為非負數(K)

選取求解方法:(E) GRG 非線性 選項(P)

求解方法

針對平滑非線性的規劃求解問題，請選取 GRG 非線性引擎。針對線性規劃求解問題，請選取 LP 單純引擎，非平滑性的規劃求解問題則選取演化引擎。

說明(H) 求解(S) 關閉(O)

步驟 15 [規劃求解的結果]：規劃求解找到解答。按 確定 。

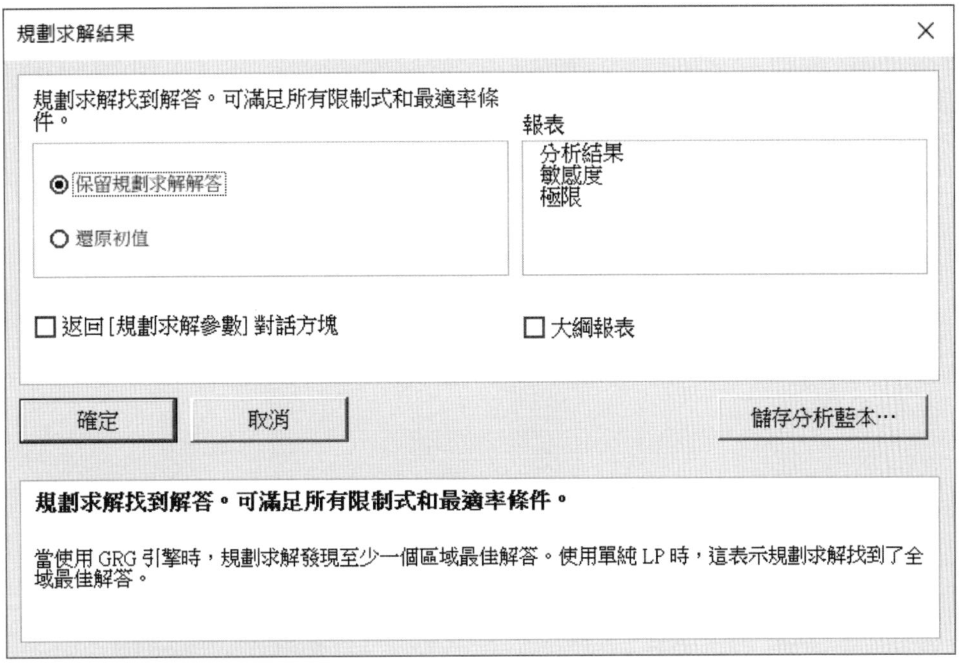

規劃求解結果

規劃求解找到解答。可滿足所有限制式和最適率條件。

報表

分析結果
敏感度
極限

◉ 保留規劃求解解答

○ 還原初值

☐ 返回 [規劃求解參數] 對話方塊

☐ 大綱報表

確定　取消　儲存分析藍本…

規劃求解找到解答。可滿足所有限制式和最適率條件。

當使用 GRG 引擎時，規劃求解發現至少一個區域最佳解答。使用單純 LP 時，這表示規劃求解找到了全域最佳解答。

步驟 16 求出第 1 主成分的特徵向量的係數，此值即爲第 1 主成分的主成分分數。

(a) ④主成分分析

機種	機能	價格	設計	軟體	
T	-0.26	-0.59	1.26	0.00	
N	-1.16	0.44	0.38	0.87	
H	-0.26	0.44	-0.50	0.00	
P	1.54	-1.61	-0.50	-0.87	
F	0.64	0.44	-0.50	0.87	
D	-1.16	1.46	-1.39	-1.73	
S	0.64	-0.59	1.26	0.87	分數計
變異數	1.00	1.00	1.00	1.00	4.00

(b) ⑤第1主成分的特徵向量

	機能	價格	設計	軟體	平方和
係數1	0.49	-0.59	0.51	0.40	
係數平方	0.24	0.34	0.26	0.16	1.00

初期值=1

(f) ⑨主成分分數

機種	Z1	Z2	Z3	Z4
T	0.86	0.42	0.42	0.42
N	-0.28	0.53	0.53	0.53
H	-0.64	-0.32	-0.32	-0.32
P	1.09	-1.44	-1.44	-1.44
F	0.14	1.44	1.44	1.44
D	-2.82	-2.81	-2.81	-2.81
S	1.64	2.18	2.18	2.18
變異數	2.18	2.89	2.89	2.89

步驟 17 利用規劃求解功能求第 2 主成分的特徵向量與主成分分數。

啓動規劃求解，[設定目標式(I)]選擇 $Q$13，至：(即目標值) 選擇最大值，[藉由變更變數儲存格] 的範圍選擇 $I$22:$L$22，按 [設定限制式] 旁的 [新增 (A)]。

規劃求解參數

設定目標式:(T) $Q$13

至: ◉ 最大值(M) ○ 最小(N) ○ 值:(V) 0

藉由變更變數儲存格:(B)
$I$22:$L$22

設定限制式:(U)

新增(A)
變更(C)
刪除(D)
全部重設(R)
載入/儲存(L)

☑ 將未設限的變數設為非負數(K)

選取求解方法:(E) GRG 非線性 選項(P)

求解方法
針對平滑非線性的規劃求解問題，請選取 GRG 非線性引擎。針對線性規劃求解問題，請選取 LP 單純引擎，非平滑性的規劃求解問題則選取演化引擎。

說明(H) 求解(S) 關閉(O)

步驟 18 [儲存格參照 (E)]：$M$23，選擇 =，限制式輸入 0，按 確定。

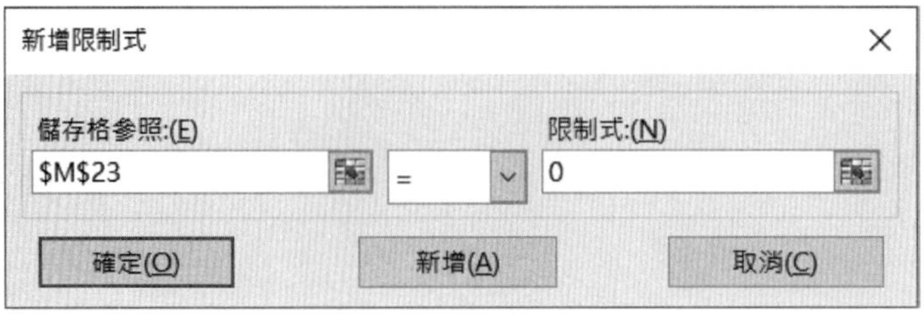

新增限制式

儲存格參照:(E) $M$23 = 限制式:(N) 0

確定(O) 新增(A) 取消(C)

步驟 19 確認設定條件式顯示 $M$23=1，$M$24=1，

取消［將未設限的變數設爲非負數］。

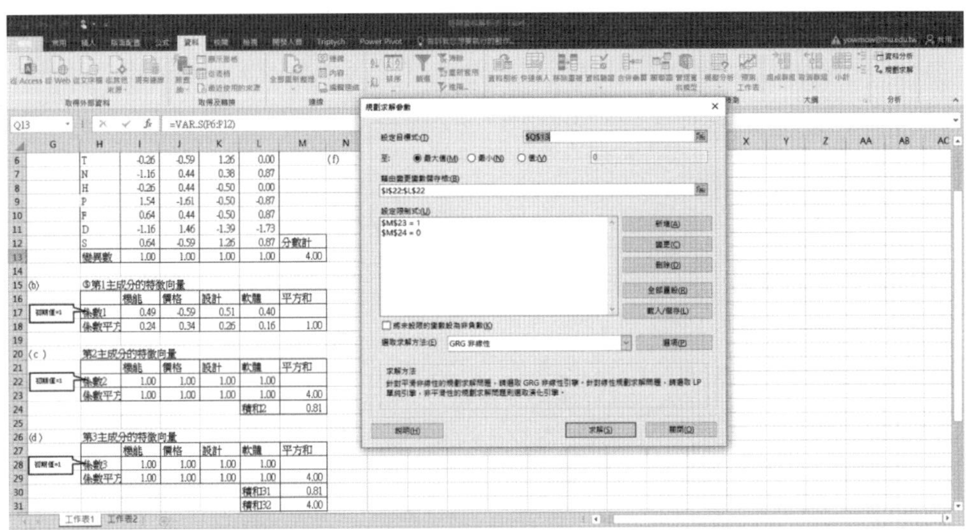

步驟 20 按一下 求解 ，顯示規劃求解找到答案。按 確定 。

規劃求解結果 ×

規劃求解找到解答。可滿足所有限制式和最適率條件。

報表

分析結果
敏感度
極限

◉ 保留規劃求解解答

○ 還原初值

☐ 返回 [規劃求解參數] 對話方塊

☐ 大綱報表

確定　取消　儲存分析藍本…

規劃求解找到解答。可滿足所有限制式和最適率條件。

當使用 GRG 引擎時，規劃求解發現至少一個區域最佳解答。使用單純 LP 時，這表示規劃求解找到了全域最佳解答。

步驟 21 得出第 2 主成分的特徵向量與主成分分數。

3							
4	(a)	④主成分分析					
5		機種	機能	價格	設計	軟體	
6		T	-0.26	-0.59	1.26	0.00	
7		N	-1.16	0.44	0.38	0.87	
8		H	-0.26	0.44	-0.50	0.00	
9		P	1.54	-1.61	-0.50	-0.87	
10		F	0.64	0.44	-0.50	0.87	
11		D	-1.16	1.46	-1.39	-1.73	
12		S	0.64	-0.59	1.26	0.87	分數計
13		變異數	1.00	1.00	1.00	1.00	4.00
14							
15	(b)	⑤第1主成分的特徵向量					
16			機能	價格	設計	軟體	平方和
17	初期值=1	係數1	0.49	-0.59	0.51	0.40	
18		係數平方	0.24	0.34	0.26	0.16	1.00
19							
20	(c)	第2主成分的特徵向量					
21			機能	價格	設計	軟體	平方和
22	初期值=1	係數2	-0.54	0.37	0.47	0.60	
23		係數平方	0.29	0.13	0.22	0.35	1.00
24						積和2	0.00

		機種	Z1	Z2	Z3	Z4
5		機種	Z1	Z2	Z3	Z4
6	(f)	T	0.86	0.51	0.42	0.42
7		N	-0.28	1.48	0.53	0.53
8		H	-0.64	0.06	-0.32	-0.32
9		P	1.09	-2.17	-1.44	-1.44
10		F	0.14	0.09	1.44	1.44
11		D	-2.82	-0.52	-2.81	-2.81
12		S	1.64	0.54	2.18	2.18
13		變異數	2.18	1.29	2.89	2.89

步驟 22 求其他的特徵向量與主成分分數。

第 3 主成分的參數設定。

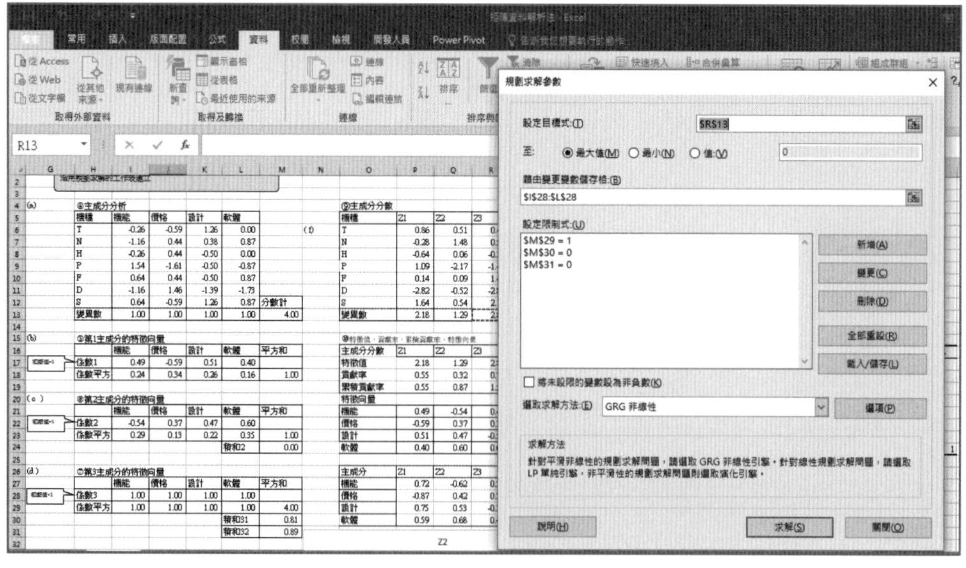

步驟 23 得出第 3 主成分的特徵向量與主成分分數。

活用規劃求解的工作表建立

(a) ⑬主成分分析

機種	機能	價格	設計	軟體	
T	-0.26	-0.59	1.26	0.00	
N	-1.16	0.44	0.38	0.87	
H	-0.26	0.44	-0.50	0.00	
P	1.54	-1.61	-0.50	-0.87	
F	0.64	0.44	-0.50	0.87	
D	-1.16	1.46	-1.39	-1.73	
S	0.64	-0.59	1.26	0.87	分數計
變異數	1.00	1.00	1.00	1.00	4.00

(b) ⑭第1主成分的特徵向量

	機能	價格	設計	軟體	平方和
係數1	0.49	-0.59	0.51	0.40	
係數平方	0.24	0.34	0.26	0.16	1.00

(c) ⑮第2主成分的特徵向量

	機能	價格	設計	軟體	平方和
係數2	-0.54	0.37	0.47	0.60	
係數平方	0.29	0.13	0.22	0.35	1.00
				積和2	0.00

(d) ⑯第3主成分的特徵向量

	機能	價格	設計	軟體	平方和
係數3	0.44	0.33	-0.55	0.63	
係數平方	0.20	0.11	0.30	0.40	1.00
				積和31	0.00
				積和32	0.00

(f) ㉑主成分分數

機種	Z1	Z2	Z3	Z4
T	0.86	0.51	-0.99	0.42
N	-0.28	1.48	-0.03	0.53
H	-0.64	0.06	0.30	-0.32
P	1.09	-2.17	-0.11	-1.44
F	0.14	0.09	1.25	1.44
D	-2.82	-0.52	-0.37	-2.81
S	1.64	0.54	-0.05	2.18
變異數	2.18	1.29	0.47	2.89

步驟 24 第 4 主成分的參數設定。

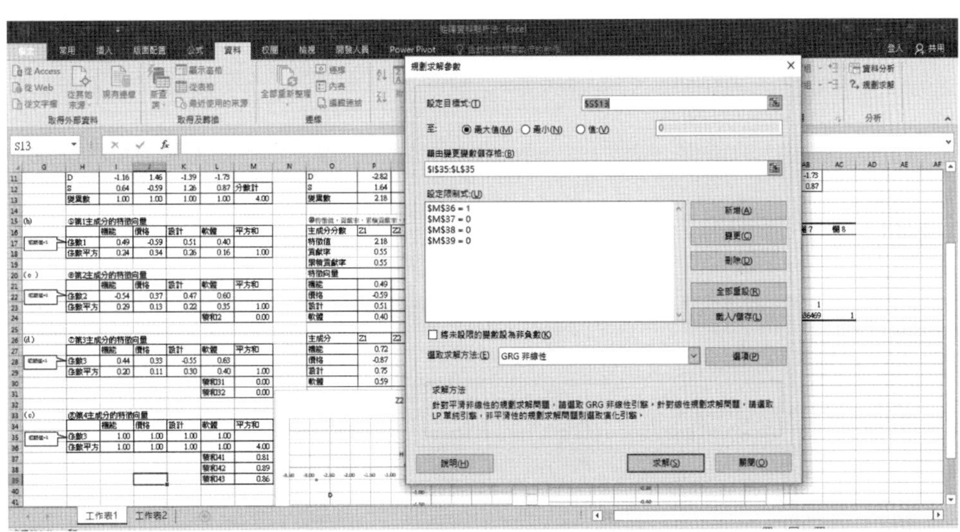

步驟 25 得出第 4 主成分的特徵向量與主成分分數。

活用規劃求解的工作表建立

(a) 主成分分析

機種	機能	價格	設計	軟體	
T	-0.26	-0.59	1.26	0.00	
N	-1.16	0.44	0.38	0.87	
H	-0.26	0.44	-0.50	0.00	
P	1.54	-1.61	-0.50	-0.87	
F	0.64	0.44	-0.50	0.87	
D	-1.16	1.46	-1.39	-1.73	
S	0.64	-0.59	1.26	0.87	分數計
變異數	1.00	1.00	1.00	1.00	4.00

(f) 主成分分數

機種	Z1	Z2	Z3	Z4
T	0.86	0.51	-0.99	0.09
N	-0.28	1.48	-0.03	-0.40
H	-0.64	0.06	0.30	-0.09
P	1.09	-2.17	-0.11	-0.22
F	0.14	0.09	1.25	0.13
D	-2.82	-0.52	-0.37	0.19
S	1.64	0.54	-0.05	0.30
變異數	2.18	1.29	0.47	0.06

(b) 第1主成分的特徵向量（初期值=1）

	機能	價格	設計	軟體	平方和
係數1	0.49	-0.59	0.51	0.40	
係數平方	0.24	0.34	0.26	0.16	1.00

(c) 第2主成分的特徵向量（初期值=1）

	機能	價格	設計	軟體	平方和
係數2	-0.54	0.37	0.47	0.60	
係數平方	0.29	0.13	0.22	0.35	1.00
				積和12	0.00

(d) 第3主成分的特徵向量（初期值=1）

	機能	價格	設計	軟體	平方和
係數3	0.44	0.33	-0.55	0.63	
係數平方	0.20	0.11	0.30	0.40	1.00
				積和31	0.00
				積和32	0.00

(e) 第4主成分的特徵向量（初期值=1）

	機能	價格	設計	軟體	平方和
係數3	0.52	0.64	0.47	-0.29	
係數平方	0.27	0.41	0.22	0.09	1.00
				積和41	0.00
				積和42	0.00
				積和43	0.00

步驟 26 複製特徵向量：框選範圍 O21：S24，第 1 欄複製 I21：L21，按［選擇性貼上］，點選［轉置］，貼在 O21：O24。

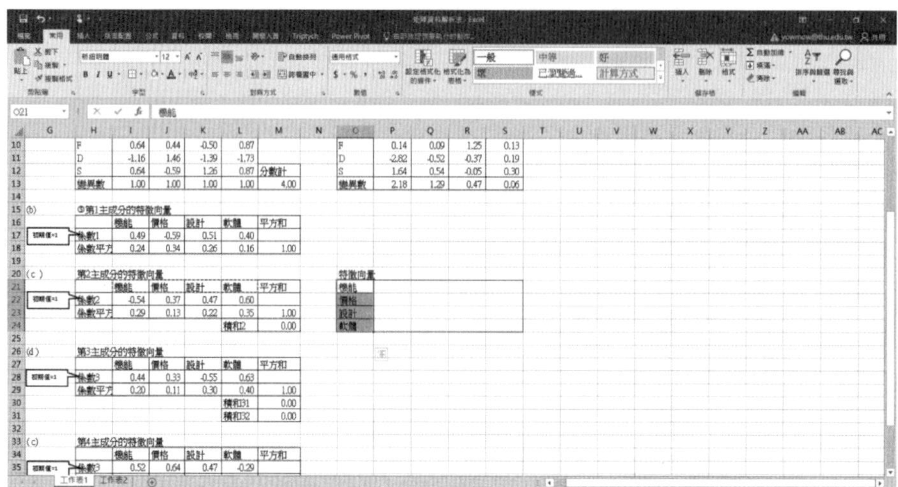

步驟 27 第 1 欄框選範圍 I17：L17，按複製，按 [選擇性貼上]，點選 [轉置]，貼在 P21：P24。

P21 0.485079548899957

	G	H	I	J	K	L	M	N	O	P	Q	R	S
10		F	0.64	0.44	-0.50	0.87			F	0.14	0.09	1.25	0.13
11		D	-1.16	1.46	-1.39	-1.73			D	-2.82	-0.52	-0.37	0.19
12		S	0.64	-0.59	1.26	0.87	分數計		S	1.64	0.54	-0.05	0.30
13		變異數	1.00	1.00	1.00	1.00	4.00		變異數	2.18	1.29	0.47	0.06
14													
15	(b)	⑤第1主成分的特徵向量											
16			機能	價格	設計	軟體	平方和						
17	初期值=1	係數1	0.49	-0.59	0.51	0.40							
18		係數平方	0.24	0.34	0.26	0.16	1.00						
19													
20	(c)	第2主成分的特徵向量							特徵向量				
21			機能	價格	設計	軟體	平方和		機能	0.49			
22	初期值=1	係數2	-0.54	0.37	0.47	0.60			價格	-0.59			
23		係數平方	0.29	0.13	0.22	0.35	1.00		設計	0.51			
24						積和12	0.00		軟體	0.40			
25													
26	(d)	第3主成分的特徵向量											
27			機能	價格	設計	軟體	平方和						
28	初期值=1	係數3	0.44	0.33	-0.55	0.63							
29		係數平方	0.20	0.11	0.30	0.40	1.00						
30						積和31	0.00						
31						積和32	0.00						
32													
33	(c)	第4主成分的特徵向量											
34			機能	價格	設計	軟體	平方和						
35	初期值=1	係數3	0.52	0.64	0.47	-0.29							

步驟 28 Q21：Q24，R21：R24，S21：S24 的作法相同。

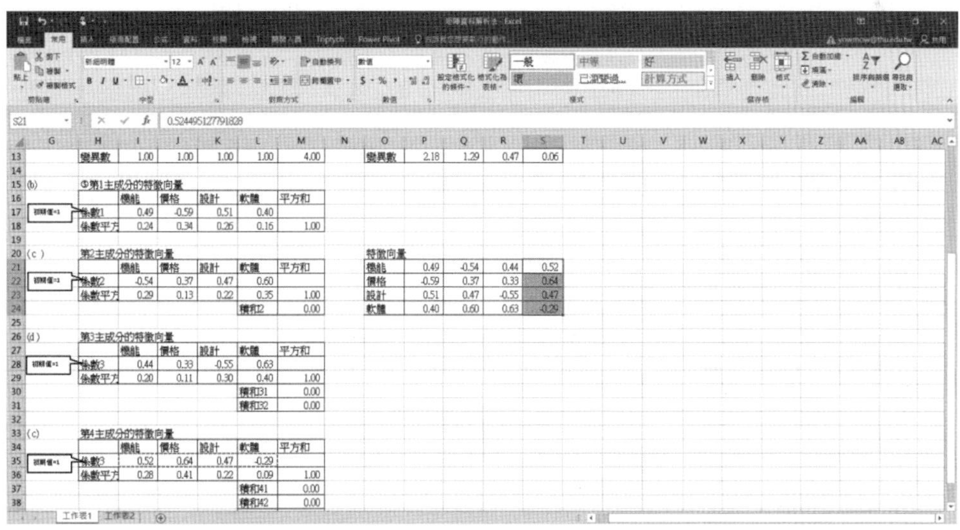

S21 0.524495127791828

	G	H	I	J	K	L	M	N	O	P	Q	R	S
13		變異數	1.00	1.00	1.00	1.00	4.00		變異數	2.18	1.29	0.47	0.06
14													
15	(b)	⑤第1主成分的特徵向量											
16			機能	價格	設計	軟體	平方和						
17	初期值=1	係數1	0.49	-0.59	0.51	0.40							
18		係數平方	0.24	0.34	0.26	0.16	1.00						
19													
20	(c)	第2主成分的特徵向量							特徵向量				
21			機能	價格	設計	軟體	平方和		機能	0.49	-0.54	0.44	0.52
22	初期值=1	係數2	-0.54	0.37	0.47	0.60			價格	-0.59	0.37	0.33	0.64
23		係數平方	0.29	0.13	0.22	0.35	1.00		設計	0.51	0.47	-0.55	0.47
24						積和12	0.00		軟體	0.40	0.60	0.63	-0.29
25													
26	(d)	第3主成分的特徵向量											
27			機能	價格	設計	軟體	平方和						
28	初期值=1	係數3	0.44	0.33	-0.55	0.63							
29		係數平方	0.20	0.11	0.30	0.40	1.00						
30						積和31	0.00						
31						積和32	0.00						
32													
33	(c)	第4主成分的特徵向量											
34			機能	價格	設計	軟體	平方和						
35	初期值=1	係數3	0.52	0.64	0.47	-0.29							
36		係數平方	0.28	0.41	0.22	0.09	1.00						
37						積和41	0.00						
38						積和42	0.00						

步驟 29 計算貢獻率、累積貢獻率、特徵值。

框選範圍 O16：S19，第 1 欄輸入主成分分數、特徵值、貢獻率、累積貢獻率。

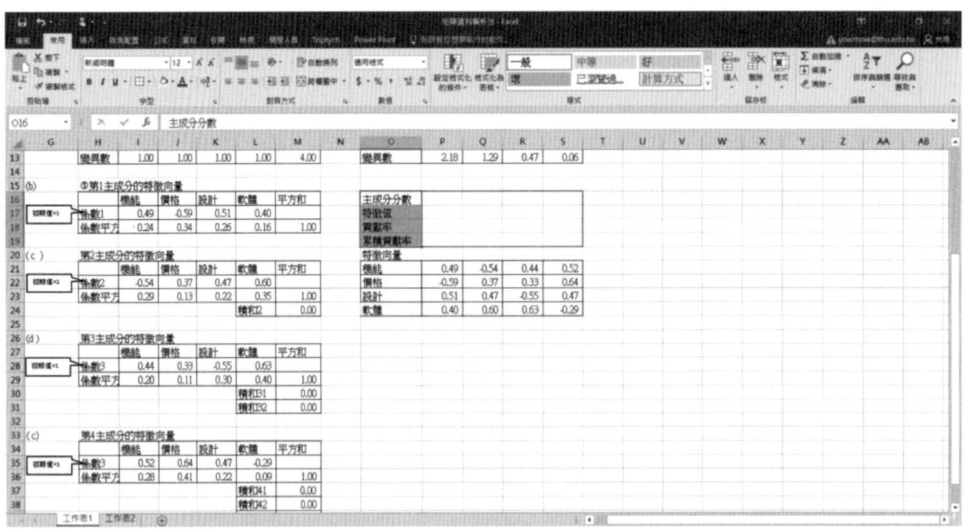

步驟 30 貢獻率：P18=P$13/$M$18，按確定，得出 0.55。

步驟 31 其他儲存格則以拖移複製貼上。

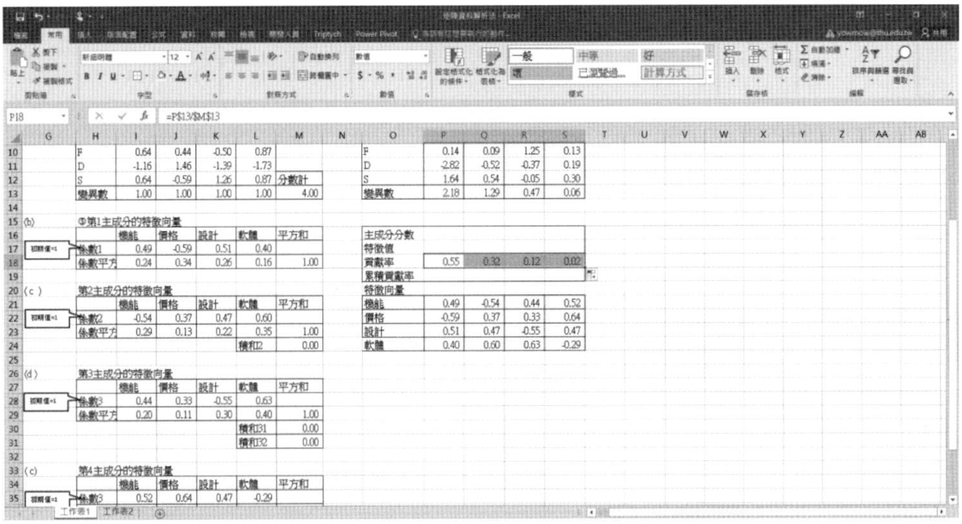

步驟 32 累積貢獻率：P19=P18

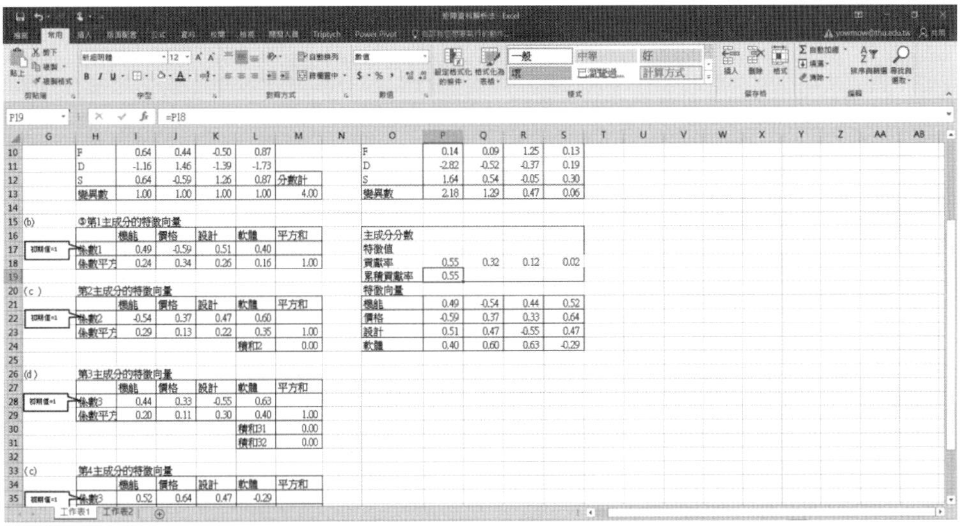

步驟 33 Q19=P19+Q18，R19：S19 以拖移複製貼上。

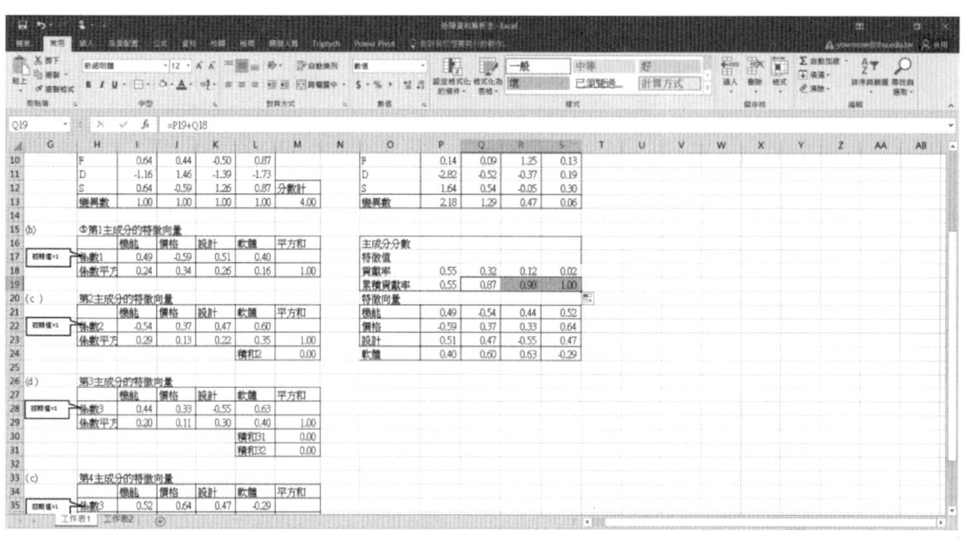

步驟 34 特徵值的計算。

P17=4*P18，其他以拖移複製貼上。

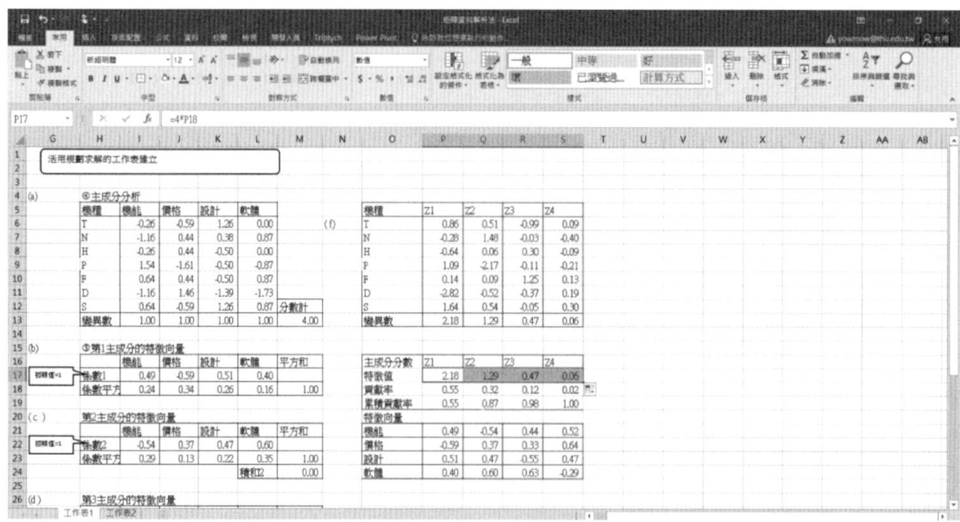

步驟 35 因素負荷量的計算。

各主成分與評價尺度的相關係數，稱爲因素負荷量。各數據的主成分分數（4 項目）與各標準化數據的評價項目（4 項目）的 8 項目求相關係數矩陣，此相關係數矩陣之中，主成分與評價項目間的相關係數當作因素負荷量。

框選範圍 U5：AB12，第 1 列輸入主成分與評價項目。

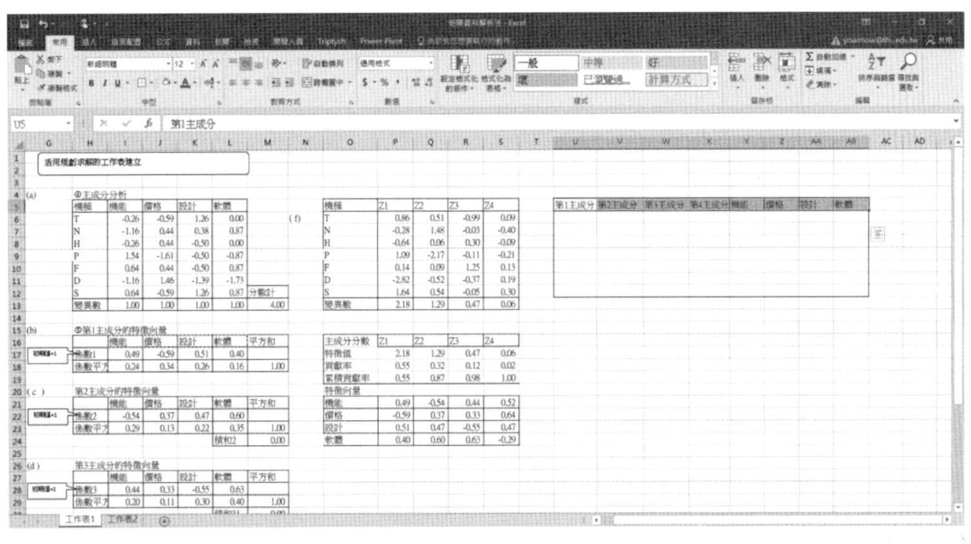

步驟 36 U6：X12 複製 P6：S12，Y6：AB12 複製 C32：F38。

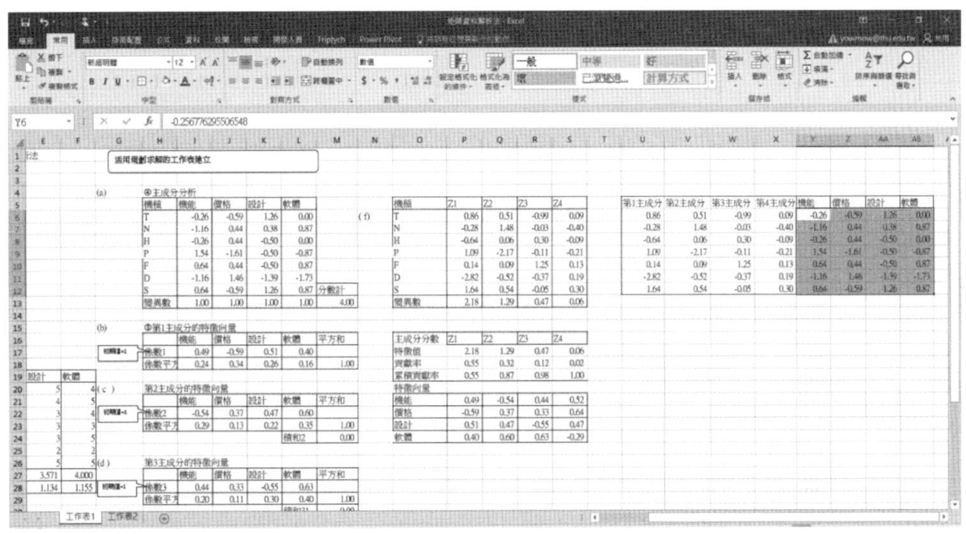

步驟 37 利用資料分析求相關係數矩陣。點選［資料分析］選擇［相關係數］。

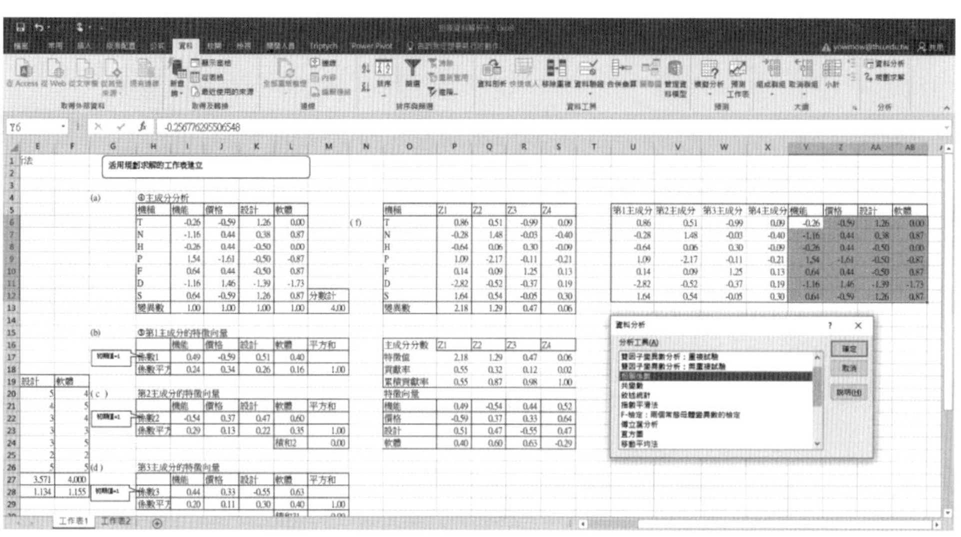

步驟 38 輸入範圍：框選 U5：AB12。

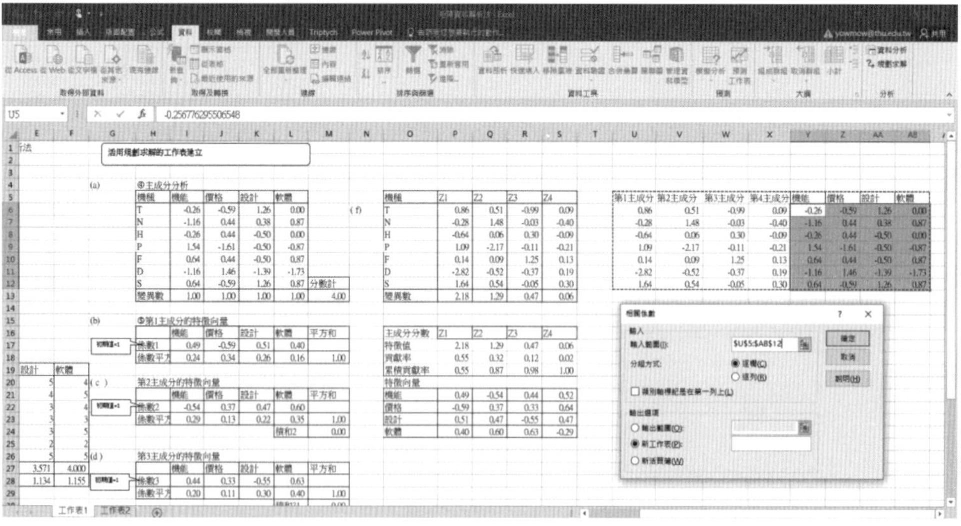

步驟 39 分組方式：逐欄，輸出範圍：$U$16，按確定。

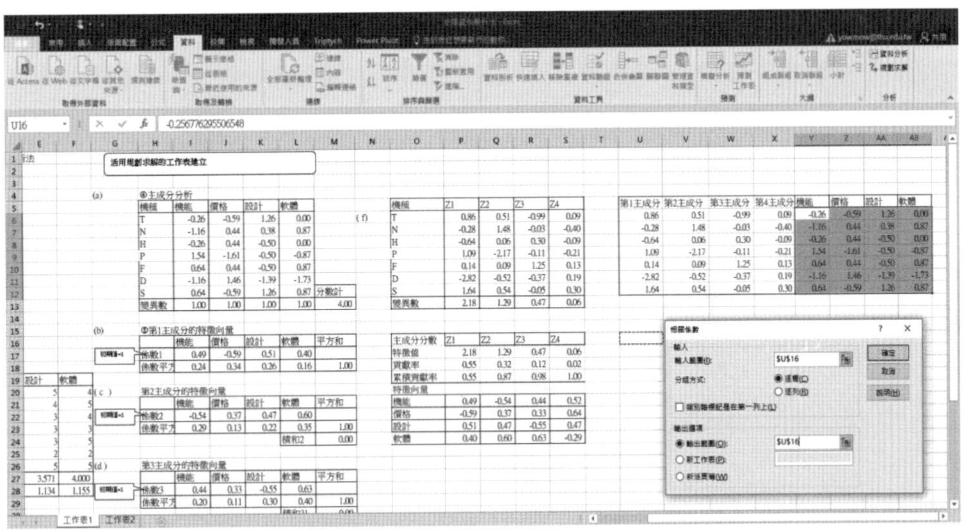

步驟 40 U16：AC24 顯示相關係數表。

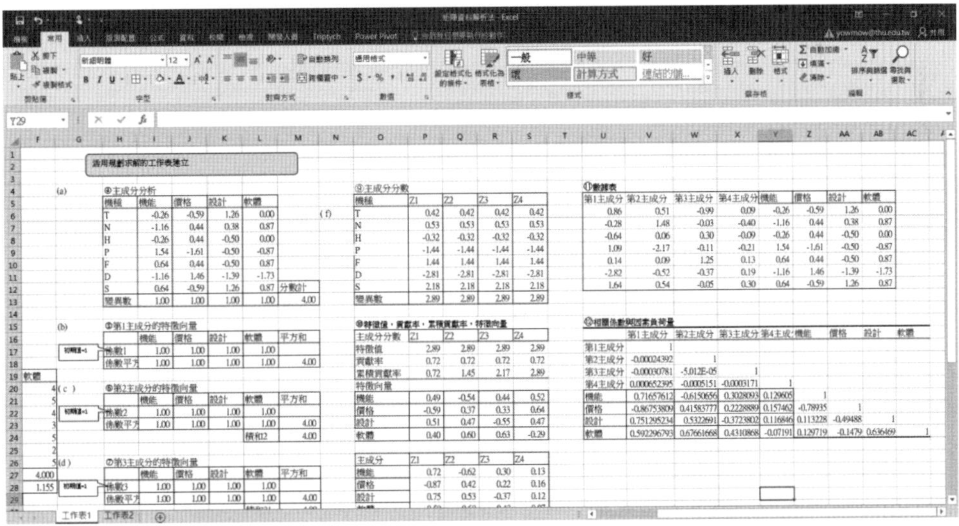

步驟 41 抽出因素負荷量。

框選範圍：O26：S30，第 1 列輸入主成分分數，第 1 欄輸入評價項目。

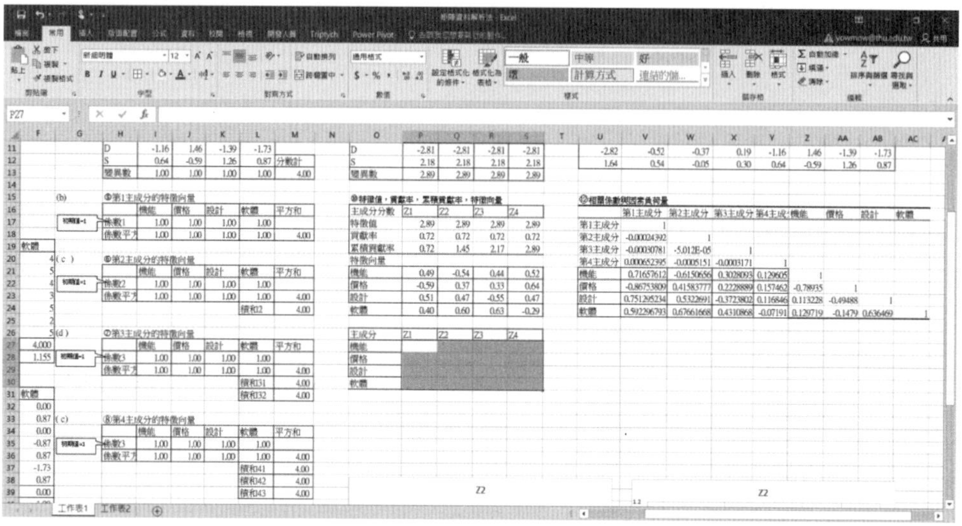

步驟 42 將相關係數 V21：Y24 複製貼在 P27：S30。

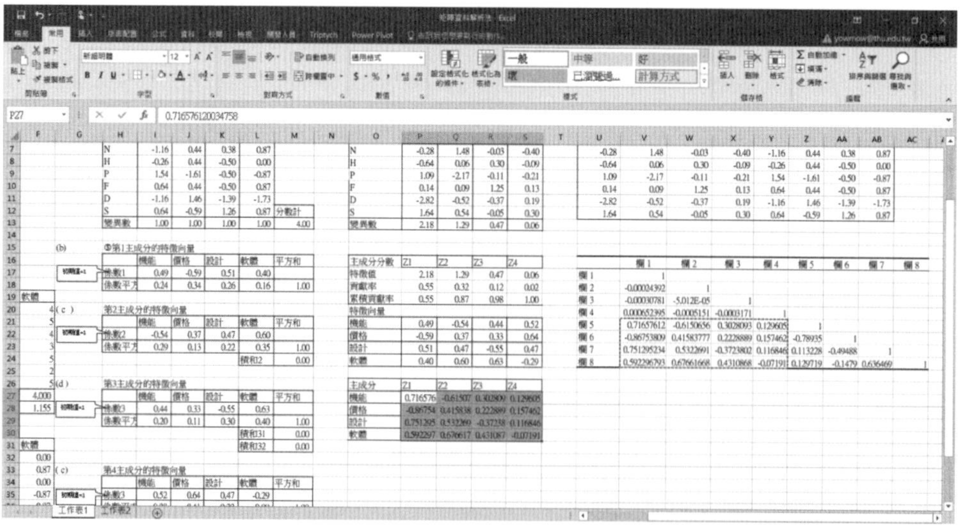

步驟 43 選出從特徵值取出的主成分進行命名。

- 特徵值是指新的評價尺度（主成分）分別對整體的資訊量（變異的大小）占多少的比重。
- 列舉多少個主成分需考慮以下幾點再決定。
- 以特徵值在 1 以上的主成分爲對象。
- 累積貢獻率在 70% 以上爲對象。
- 主成分的命名雖是主觀，但線索是看構成主成分的特徵向量與因素負荷量的大小與符號列舉特徵值在 1 以上，累積貢獻率在 0.7 以上的 2 個主成分。

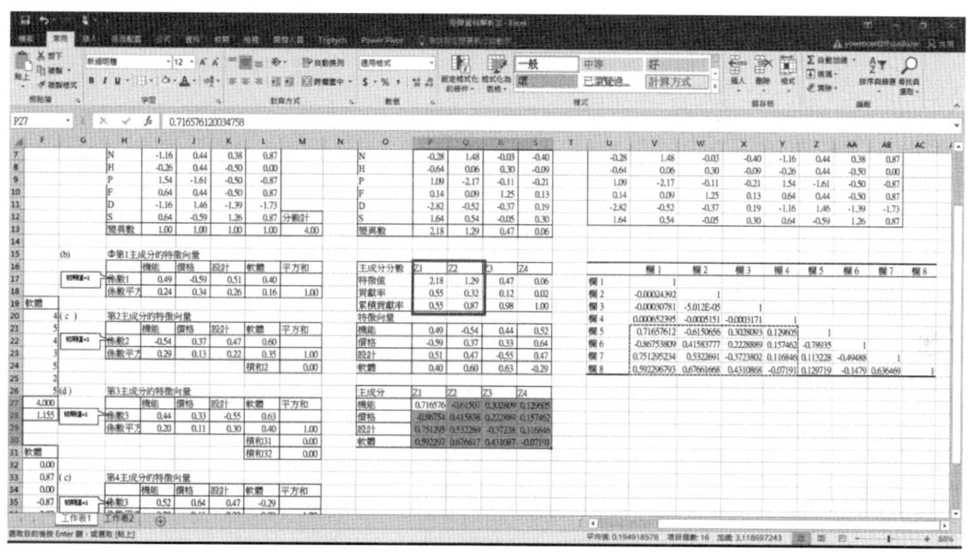

步驟 44 框選 P26：Q30 兩欄後，點選散佈圖的

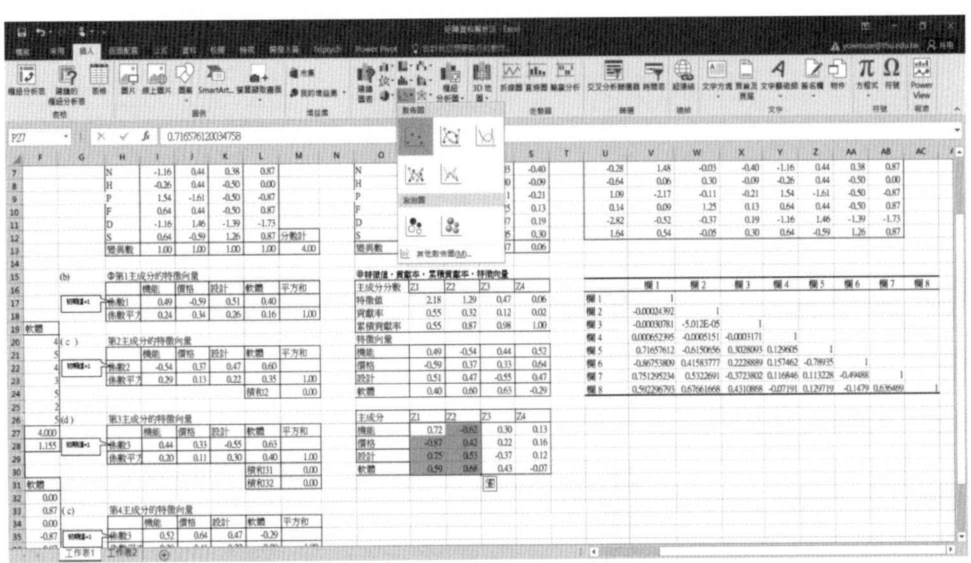

步驟 45 第 1 主成分的價格是正，其他是負，因之當作價值。第 2 主成分的機能是正，其他是負，因之當作氣氛。

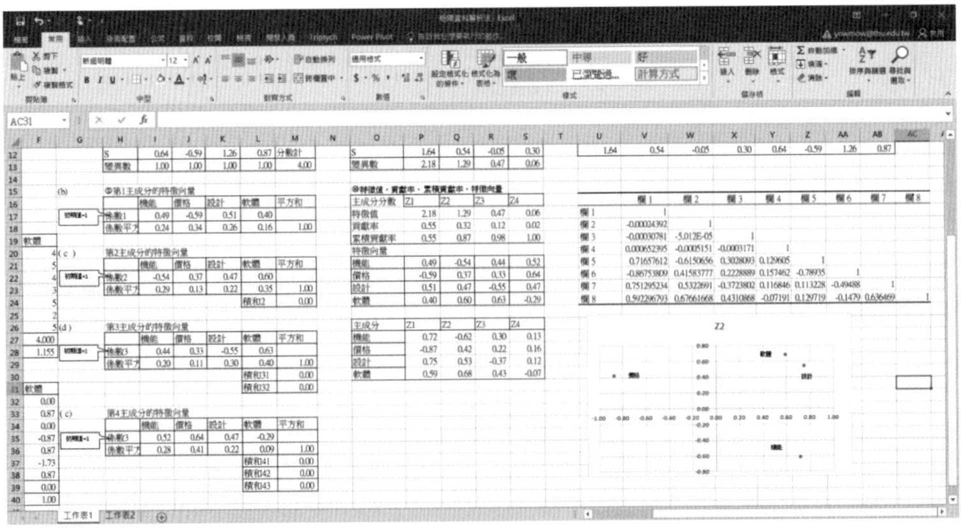

步驟 46 從主成分分數的計算與圖形來考察。

- 主成分分數是用於區分對象的分組與評價。
- 主成分之間的散佈圖有助於分組。採用至第 2 主成分時，製作第 1 與第 2 主成分的散佈圖，以視覺的方式進行區分。
- 如此做法，無法訴諸視覺的多元數據，即可盡量減少資訊的損失，能以 2 次元來考察。

第四篇　統計篇

第19章 檢定與估計

19.1 有關母平均之估計與檢定

例題 19-1 以下的資料是某產品 A 的重量。產品 A 的平均重量據說是 30g，但因為變更製程，所以收集資料，檢討平均重量的變化。資料是選出 16 個，測量它的重量（單位：g），由此資料，可以判斷平均是 30g 嗎？另外，向來的標準差之值是 2g，此值可以想成並未因工程的變更而有所改變。

26	33	27	32	33	24	32	29
31	30	27	31	25	34	29	30

■ 檢定與想法

此例題的問題，並非 16 個資料的平均值是否比 30 大，而是所抽取資料的母體平均值是否比 30 大。所謂母體是指調查、研究對象之群體，或測量值的整體。母體的平均值稱為母平均。此處探討的 16 個數據，是稱為從母體抽取的樣本，此平均值稱為樣本平均。樣本平均使用之 $\bar{x}$ 記號，母平均使用 μ 之記號。

假定母平均是 30，由此母體所抽取之資料的平均值，應該呈現接近 30 之值。可是，不一定剛好是 30。因為，並非使用母體的所有資料，只使用 16 個資料，所以出現誤差。因此，16 個資料的平均值不是 30 時，與 30 之差是誤差的程度呢？或是遠比誤差大呢？即為問題所在。如果超過誤差的程度時，想成母平均之值不是 30。以此種想法解析資料的手法即為假設檢定。

有關 1 個母平均的檢定，母變異數 σ^2 已知與未知時，其計算方法是不同的。本例題中向來的標準差 2 並未改變，因之想成已知。

■ 假設檢定

檢定時，最初是要建立如下的假設。

假設 0：母平均是 = 30

假設 1：母平均 ≠ 30

接著，依照所得到的資料以機率的方式判斷此 2 個假設之中，何者正確的可能性較高。

假設 0 稱爲虛無假設，以 H_0 記號表示。另一方面的假設 1 稱爲對立假設，以記號 H_1 表示，以統計的習慣表現假設 0 與 1 時，即爲

$$H_0：\mu = 30$$
$$H_1：\mu = 30$$

檢定是以如下的方式進行，即

① 假定虛無假設正確。

② 基於此假定，計算實際上所得到的現象其發生之機率。

③ 如該機率小時，在①這方面，假定虛無假設正確，可以想成是錯誤的，因之否定虛無假設，接受對立假設。

此處，③的「機率是否小」之判定，大多使用 5% 之基準。如果 5% 以下時，即可稱爲小。5% 並非絕對的基準，有時使用 1% 或 5% 均沒關係。判定機率是否小的基準稱爲顯著水準，以 α 表示。

■ 有關一個母平均的檢定方法（母標準 σ 差已知時）

檢定的步驟如下。

步驟 1　假設的建立

$$H_0：\mu = \mu_0$$
$$H_1：\mu = \mu_0$$

對立假設是否定虛無假設，可以考慮 3 種，

① $H_1：\mu = \mu_0$

② $H_1：\mu > \mu_0$

③ $H_1：\mu < \mu_0$

設定①②③哪一個假設，並非設計的問題。而是處理資料的人，想驗證什麼來決定。

像①的假設稱為雙邊假設，像②與③此種大小關係作為問題的假設，稱為單邊假設。

本例題由於關心的是有無改變，因之即為①的假設。

步驟 2 設定顯著水準

顯著水準 $\alpha = 0.05$

步驟 3 計算檢定統計量

$$u = \frac{\bar{x} - \mu_0}{\frac{\sigma}{\sqrt{n}}}$$

步驟 4 計算 p 值

計算要與顯著水準比較之 p 值。

p 值在標準常態分配中，是指 $|u|$ 以上之值發生之機率。

步驟 5 判定

p 值 < 顯著水準 α →否定虛無假設

p 值 > 顯著水準 α →不否定虛無假設

■ 利用 EXCEL 計算檢定統計量與 p 值

步驟 1 資料輸入

從 A2 到 A17 輸入資料。

步驟 2 準備

從 E2 到 E5 輸入數據數、母標準差之值、假設之值、顯著水準。

	A	B	C	D	E
1	數據				
2	26		數據數	n	16
3	33		母標準差	σ	2
4	27		假設之值	μ	30
5	32		顯著水準	α	0.05
6	33				
7	24				
8	32				
9	29				
10	31				
11	30				
12	27				
13	31				
14	25				
15	34				
16	29				
17	30				

【儲存格的內容】

E2;=COUNT(A:A)

E3;2

E4;30

E5;0.05

步驟 3　輸入數式、統計函數

從 E7 到 E14 輸入計算式。

	A	B	C	D	E
1	數據				
2	26		數據數	n	16
3	33		母標準差	σ	2
4	27		假設之值	μ	30
5	32		顯著水準	α	0.05
6	33				
7	24		平均值		29.5625
8	32		檢定統計量	u值	-0.875
9	29		臨界值（雙邊）	u(α)	1.96
10	31		臨界值（單邊右側）	u(2α)	1.6449
11	30		臨界值（單邊左側）	(-)u(2α)	-1.6449
12	27		雙邊機率	p值	0.381574
13	31		單邊機率（上）	p值	0.809213
14	25		單邊機率（下）	p值	0.190787
15	34		信賴係數	1-α	0.95
16	29		信賴上限		30.54248
17	30		信賴下限		28.58252

【儲存格的內容】

E7;=AVERAGE(A2:A17)

E8;=(E7-E4)/(E3/SQRT(E2))

E9;=NORMSINV(1-E5/2)

E10;=NORMINV(1-E5)

E11;=NORMINV(E5)

E12;=(1- NORMSDIST(ABS(E8)))*2

E13;=(1- NORMSDIST(E8)

E14;=NORMSDIST(E8)

■ 結果的看法

由於

p 值 = 0.3816 > 顯著水準 $\alpha = 0.05$

因之無法否定虛無假設。亦即，不能說母平均不是 30。

◎ 函數 NORMSDIST 用於檢定時需注意

利用此函數求 p 值時，有需要取決於對立假設而分別使用。

檢定統計量當作 μ，如下計算。

H1：$\mu = \mu_0 \rightarrow$ p 值 =（1- NORMSDIST（ABS（u））＊ 2

H1：$\mu > \mu_0 \rightarrow$ p 值 = 1- NORMSDIST（u）

H1：$\mu < \mu_0 \rightarrow$ p 值 = NORMSDIST（u）

例題 19-2　使用例題 19-1 的資料，試估計工程變更後的重量的母平均。

■ 估計的想法

檢定是探討母平均是否等於某值，或比某值大之類的問題。

譬如，在如下的檢定中，

$$H_0：\mu = 30$$
$$H_1：\mu \neq 30$$

如接受 H_1 時，知 μ 不能說是 30。此時，以如下步驟來說，關心的對象自然是「μ 是多少？」求此答案的方法稱爲母數的估計。

對於母平均 μ 是多少的問題來說，回答「μ 推估是 35 左右」的估計方法即爲點估計。

樣本平均 $\bar{x}$ 之值，是母平均 μ 的點估計，樣本變異數 s^2 之值，是母變異數 σ^2 的點估計值。

點估計是以一個估計值來估計，因之完全適配母平均或母變異數之值的可能性很低。因此，如回答「μ 被推估是在 30 至 40 之間」時，猜中母平均的可能性就變高。像這樣，以區間估計的方法稱爲區間估計。

本例題是進行母平均的區間估計。區間估計的方法，也與檢定一樣，母標準差已知時或未知時，計算的方法不同。

■ 區間估計

使用區間估計時，該區間估計包含的機率也可以使之明確。區間估計的結論，是以如下的形式表現。

$$30 < \mu < 40 \text{（信賴係數 95\%）}$$

$30 < \mu < 40$ 稱爲母平均的 95% 信賴區間，30 稱爲信賴下限，40 稱爲信賴上限。

信賴係數 95% 是意指此區間包含母平均之機率是 95%。信賴係數依目的可以自由設定，通常設定在 95%，也經常使用 99% 或 90%。

提高信賴係數時，信賴區間的寬度會變寬；如降低信賴係數時，信賴區間的寬度即變窄。

■ 母平均的區間設計（母標準差 σ 已知時）

母平均 μ 的（$1-\alpha$）×100% 信賴區間，可用如下的計算求之。

$$\bar{x}-u(\alpha)\frac{\sigma}{\sqrt{n}}<\mu<\bar{x}+u(\alpha)\frac{\sigma}{\sqrt{n}}$$

此處，u（α）是指標準常態分配中 100×α 百分點。

■ 計算信賴下限與信賴上限

追加在先前的檢定試算表中。E15 輸入信賴係數，E16 到 E17 輸入計算式。

	A	B	C	D	E
1	數據				
2	26		數據數	n	16
3	33		母標準差	σ	2
4	27		假設之值	μ	30
5	32		顯著水準	α	0.05
6	33				
7	24		平均值		29.5625
8	32		檢定統計量	u值	-0.875
9	29		臨界值（雙邊）	u(α)	1.96
10	31		臨界值（單邊右側）	u(2α)	1.6449
11	30		臨界值（單邊左側）	(-)u(2α)	-1.6449
12	27		雙邊機率	p值	0.381574
13	31		單邊機率（上）	p值	0.809213
14	25		單邊機率（下）	p值	0.190787
15	34		信賴係數	1-α	0.95
16	29		信賴上限		30.54248
17	30		信賴下限		28.58252

【儲存格的內容】

E15;0.95

E16;=E7+ABS(NORMSINV(1-E15)/2)*E3/SQRT(E2)

E17;=E7-ABS(NORMSINV(1-E15)/2)*E3/SQRT(E2)

■ 結果的看法

母平均 μ 的 95% 信賴區間是

$$28.5825 < \mu < 30.5425$$

（信賴上限 $\mu_U = 30.5425$，信賴下限 $\mu_L = 28.5825$）

例題 19-3　某鐵製品的強度，已知母平均是 12（kg/m^2），母標準差是 1（kg/m^2）。最近，爲了提高此產品的強度，變更了製造方法。因此，爲了調查強度的母平均是否比變更前提高？收集了資料。母平均能否說已變大？另外，製造方法的變更，標準差也有可能改變。

資料

11	12	15	14	17	20	18	14
18	11	17	14	16	13	15	19

■ 想法

本例題也與例題 19-1 一樣應用「1 個母平均的檢定」。但是，母標準差未知與例題 19-1 不同。母平均未知時，此時並非已知時所使用的常態分配，而是使用 t 分配的性質進行檢定。

另外，本例題由於關心的是母平均能否說變大，因之進行單邊假設的檢定。

■ 1 個母平均的檢定（母標準差 σ 未知時）

步驟 1　假設建立

$$H_0 : \mu = \mu_0$$

$$H_1 : \mu > \mu_0$$

（μ_0 是已知值，本例題是 $\mu_0 = 12$）

（注）對立假設可以考慮以下 3 種。

i）$H_1 : \mu = \mu_0$　　ii）$H_1 : \mu > \mu_0$　　iii）$H_1 : \mu < \mu_0$

（本例題是 ii）的假設）。

步驟 2　顯著水準設定

顯著水準 $\alpha = 0.05$

步驟 3　自由度 ϕ 計算

自由度 ϕ = 數據數 – 1

步驟 4　計算檢定統計量

$$t = \frac{\bar{x} - \mu_0}{\frac{s}{\sqrt{n}}}$$

步驟 5　p 值計算

計算出要與顯著水準比較之 p 值。p 值在自由度 ϕ 的 t 分配中，是指 | t | 以上之值發生之機率。

步驟 6　判定

p 值 < 顯著水準 α → 否定虛無假設

p 值 > 顯著水準 α → 不否定虛無假設

■ 利用 EXCEL 計算檢定統計量與 p 值

步驟 1　資料輸入

從 A2 到 A17 輸入資料

	A	B	C	D	E
1	數據				
2	11		數據數	n	16
3	12		標準差	s	2.76887642
4	15		假設之值	μ	12
5	14		顯著水準	α	0.05
6	17		自由度	φ	15
7	20				
8	18				
9	14				
10	18				
11	11				
12	17				
13	14				
14	16				
15	13				
16	15				
17	19				

步驟 2　準備

E2 輸入數據數，E4 輸入假設之值，E5 輸入顯著水準。

另外，於 E3 計算標準差，於 E6 計算自由度。

【儲存格的內容】

E2;=COUNT(A:A)

E3;=STDEV(A2:A17)

E4;12

E5;0.05

E6;E2-1

步驟 3　輸入數式、統計函數

從 E7 到 E14 輸入計算式。

	A	B	C	D	E
1	數據				
2	11		數據數	n	16
3	12		標準差	s	2.76887642
4	15		假設之值	μ	12
5	14		顯著水準	α	0.05
6	17		自由度	φ	15
7	20		平均值		15.25
8	18		檢定統計量	t值	4.695
9	14		臨界值（雙邊）	t(φ, α)	2.1315
10	18		臨界值（單邊右側）	t(φ,2α)	1.7531
11	11		臨界值（單邊左側）	(-)t(φ,2α)	-1.7531
12	17		雙邊機率	p值	0.00029
13	14		單邊機率（上）	p值	0.00014
14	16		單邊機率（下）	p值	0.99986
15	13		信賴係數	1-α	0.95
16	15		信賴上限		16.72543
17	19		信賴下限		13.77457

【儲存格的內容】

E7;AVERAGE(A2:A1)

E8;=(E7-E4)/(E3/SQRT(E2))

E9;=TINV(E5,E6)

E10;=TINV(2*E5,E6)

E11;=-TINV(2*E5,E6)

E12;=T DIST(ABS(E8)),E6,E2)

E13;=IF(E8>0,TDIST(E8,E6,1),1-TDIST(ABS(E8),E6,1)

E14;=IF(E8>0,1-TDIST(E8,E6,1),1-TDIST(ABS(E8),E6,1)

■ 結果的看法

p 值 = 0.0014 < 顯著水準 α = 0.05

因之否定虛無假設。亦即，判斷母平均比 12 大。

■ 檢定時使用函數 TDIST 時需注意

利用此函數求 p 值時，有需要取決於對立假設而分別使用。檢定統計量當作 t，如下計算。

H1：$\mu = \mu_0 \rightarrow$ p 值＝ TDIST（ABS（T），自由度，2）

H1：$\mu > \mu_0 \rightarrow$ p 值＝ TDIST（T，自由度，1）

H1：$\mu < \mu_0 \rightarrow$ p 值＝ TDIST（ABS（T），自由度，1）

例題 7-4　使用例題 7-3 之數據，估計製造方法變更後的強度母平均。

■ 母平均的區間估計（母標準差未知時）

母平均的（$1-\alpha$）×100% 之信賴區間，可用如下的計算求之。

$$\bar{x} - t(\phi,\alpha)\frac{s}{\sqrt{n}} < \mu < \bar{x} + t(\phi,\alpha)\frac{s}{\sqrt{n}}$$

此處，$t(\phi, \alpha)$ 是指在自由度中的 t 分配中的 100×α 百分點。

■ 信賴下限與信賴上限的計算

追加在先前的檢定試算表中。E15 輸入信賴係數，E16 到 E17 輸入計算式。

	A	B	C	D	E
1	數據				
2	11		數據數	n	16
3	12		標準差	s	2.76887642
4	15		假設之值	μ	12
5	14		顯著水準	α	0.05
6	17		自由度	φ	15
7	20		平均值		15.25
8	18		檢定統計量	t值	4.695
9	14		臨界值（雙邊）	t(φ,α)	2.1315
10	18		臨界值（單邊右側）	t(φ,2α)	1.7531
11	11		臨界值（單邊左側）	(-)t(φ,2α)	-1.7531
12	17		雙邊機率	p值	0.00029
13	14		單邊機率（上）	p值	0.00014
14	16		單邊機率（下）	p值	0.99986
15	13		信賴係數	1-α	0.95
16	15		信賴上限		16.72543
17	19		信賴下限		13.77457

【儲存格的內容】

E15;0.95

E16;=E7+TINV(1-E15，E6)*E3/SQRT(E2)

E17;=E7-TINV(1-E15，E6)*E3/SQRT(E2)

■ 結果的看法

母平均 μ 的 95% 信賴區間是

（信賴上限 $\mu_U = 16.725$，信賴下限 $\mu_L = 13.775$）。

19.2 有關母平均之差的檢定與估計

例題 19-5 以下的數據是就某建築材料測量處理後的伸縮量（mm）。A 組的數據是針對 A 公司的產品 15 個測量，B 組的數據是針對 B 公司的產品 16 個測量而得。試檢討公司產品與 B 公司產品的伸縮量能否說有差異呢？

A 組	22	19	16	17	19	16	26	24	18
	19	13	16	22	18	19	22	19	26
B 組	22	20	28	24	22	28	22	19	25
	21	23	24	23	23	29	23		

■ 2 個母平均之差的檢定

虛無假設 H_0 與對立假設 H_1 如下表現。

$$\text{虛無假設 } H_0：\mu_A = \mu_B$$
$$\text{對立假設 } H_1：\mu_A \neq \mu_B$$

此處，μ_A 是 A 組的母平均，μ_B 是 B 組的母平均。

2 組之母平均的差異，自然是以母平均之「差」來觀察。檢定 2 個母平均之差的方法，依如下的情況而有不同。

（情況 1）數據無對應
（情況 2）數據有對應

資料之有無對應，依資料的收集方法而定。資料無對應，是指收集某一組的資料，與收集另一組的資料無關。譬如，男性與女性中，調查身高有無差異之情形，男性的資料與女性的資料是全無關係之下加以收集。

相對的，調查夫妻的身高有無差異時，當收集男方資料時，有需要收集他的妻子的資料來比較。亦即丈夫的資料與妻子的資料成對取得。此種情形稱爲資料有對應。資料有對應時，成對的差即爲問題所在。

本例題可以視爲資料無對應。

■ 等變異數的假定

資料無對應時，在進行母平均之差的檢定之前，有需要檢討 2 個組的母變異數是否相等。

建立母變異數相等之假定，稱爲等變異數的假定。是否假定等變異數呢？或者假定未等變異數呢？母平均之差的檢定方法即有所不同。

■ 假定等變異數時的檢定方法

檢定的步驟如下：

步驟 1　假設建立

虛無假設 H_0：$\mu_A = \mu_B$
對應假設 H_1：$\mu_A = \mu_B$

（注）對立假設可以考慮如下 3 種。

1）H_1：$\mu = \mu_0$　　2）H_1：$\mu > \mu_0$　　3）H1：$\mu < \mu_0$

本例題關心的是 A 產品與 B 產品的伸縮量是否有差異，所以設定 1)。

步驟 2　顯著水準 α 的設定

顯著水準 $\alpha = 0.05$

步驟 3　計算共同的變異數

2 個組的母變異數分別設爲 σ_A^2、σ_B^2，因爲是假定 2 個母變異數相等，所以可以表現成 $\sigma_A^2 = \sigma_B^2 = \sigma^2$（$\sigma^2$ 爲某值）。因爲 σ^2 未知，因之如下計算之 V，即當作 σ^2 的估計值。

$$\mathrm{V} = \frac{S_A + S_B}{\phi_A + \phi_B}$$

此處，S_A = A 組的平方和，S_B = B 組的平方和

$\mathrm{N_A}$ = A 組的數據數，$\mathrm{N_B}$ = B 組的數據數

$\phi_A = n_A - 1$　　$\phi_B = n_B - 1$

步驟 4　計算檢定統計量值

$$t = \frac{\overline{x}_A - \overline{x}_B}{\sqrt{V\left(\frac{1}{n_A} + \frac{1}{n_B}\right)}}$$

步驟 5　計算 p 值

計算出要與顯著水準比較 p 之值。p 值是指在自由度 $\phi_A + \phi_B$ 之 t 分配中，$|t|$ 以上之值發生之機率。

步驟 6　判定

p 值 < 顯著水準 α → 否定虛無假設

p 值 > 顯著水準 α → 不否定虛無假設

■ 利用 EXCEL 計算檢定統計量與 p 值

步驟 1　資料輸入

從 A2 到 A19 輸入 A 組的資料，B2 到 B17 輸入 B 組的資料。

步驟 2　輸入數式、統計函數

F2 到 F16 輸入數式，G2 到 G6 輸入統計函數。

	A	B	C	D	E	F	G	H
1	A組	B組				A組	B組	
2	22	22		數據數	n	18	16	
3	19	20		平均值		19.5	23.5	
4	16	28		偏差平方和	S	214.5	120	
5	17	24		變異數	V	12.61765	8	
6	19	22		自由度	φ	17	15	
7	16	28		平均值之差		-4		
8	26	22		等價自由度	φ*	10.45313		
9	24	19		顯著水準	α	0.05		
10	18	25		檢定統計量	t值	-3.600756		
11	19	21		否定值(雙邊)	t(φ*,α)	2.036933		
12	13	23		否定值(上邊)	t(φ*,2α)	1.693889		
13	16	24		否定值(下邊)	-t(φ*,2α)	-1.693889		
14	22	23		雙邊機率	p值	0.001059		
15	18	23		單邊機率(上)	p值	0.99947		
16	19	29		單邊機率(下)	p值	0.00053		
17	22	23						
18	19							
19	26							

【儲存格的內容】

F2;=COUNT(A:A) G2;=COUNT(B:B)

F3;=AVERAGE(A2:A19) G3;=AVERAGE(B2:B19)

F4;=DEVSQ(A2:A19) G4;=DEVSQ(B2:B19)

F5;=VAR(A2:A19) G5;=VAR(B2:B19)

F6;=F2-1G6;=G2-1

F7;=F3-G3

F8;=(F4+G4)/(F6+G6)

F9;=0.05

F10;=F7/SQRT((1/F2+1/G2)*F8)

F11;=TINV(F9,F6+G6)

F12;=TINV(2*F9,F6+G6)

F13;=-TINV(2*F9,F6+G6)

F14;=TDIST(ABS(F10),F6+G6,2)

F15;=IF(F10>0,TDIST(F10,F6+G6,1),1-TDIST(ABS(F10),F6+G6,1)

F16 ;=IF(F10>0,1-TDIST(F10,F6+G6,1), TDIST(ABS(F10),F6+G6,1)

■ 結果的看法

p 值 = 0.001059 < 顯著水準 $\alpha = 0.05$

因之否定虛無假設 H_0。亦即，判斷 A 公司產品與 B 公司產品的伸縮量的母平均有差異。

■ 未假定等變異數時的檢定方法

假定等變異數的母平均之差的檢定方法，稱爲 Student 的 t 檢定。相對的，未假定等變異數的母平均之差的檢定方法，稱爲 Welch 的 t 檢定。此步驟如下。

步驟 1　假設建立

$$\text{虛無假設 } H_0：\mu_A = \mu_B$$
$$\text{對立假設 } H_1：\mu_A = \mu_B$$

步驟 2　設定顯著水準 α

$$\alpha = 0.05$$

步驟 3　計算檢定統計量 t 值

$$t_0 = \frac{\bar{x}_A - \bar{x}_B}{\sqrt{\dfrac{V_A}{n_A} + \dfrac{V_B}{n_B}}}$$

步驟 4　計算等價自由度 ϕ^*

$$\phi^* = \frac{\left(\dfrac{V_A}{n_A} + \dfrac{V_B}{n_B}\right)^2}{\left(\dfrac{V_A}{n_A}\right)^2 \dfrac{1}{n_A - 1} + \left(\dfrac{V_B}{n_B}\right)^2 \dfrac{1}{n_B - 1}}$$

計算出要與顯著水準比較之 p 值。p 值是指在等價自由度 ϕ^* 的 t 分配中，| t | 值以上之值發生機率。

步驟 6　判定

P 值 < 顯著水準 α → 否定虛無假設

P 值 > 顯著水準 α → 不否定虛無假設

■ 利用 EXCEL 計算檢定統計量與 p 值

步驟 1　資料輸入

從 A2 到 A19 輸入 A 組的資料，B2 到 B17 輸入 B 組的資料。

步驟 2　輸入數式、統計函數

F2 到 F16 輸入數式，G2 到 G6 輸入統計函數。

	A	B	C	D	E	F	G	H
1	A組	B組				A組	B組	
2	22	22		數據數	n	18	16	
3	19	20		平均值		19.5	23.5	
4	16	28		偏差平方和	S	214.5	120	
5	17	24		變異數	V	12.61765	8	
6	19	22		自由度	ϕ	17	15	
7	16	28		平均值之差		-4		
8	26	22		等價自由度	ϕ*	31.6507		
9	24	19		顯著水準	α	0.05		
10	18	25		檢定統計量	t值	-3.64999		
11	19	21		否定值(雙邊)	t(ϕ*,α)	2.039513		
12	13	23		否定值(上邊)	t(ϕ*,2α)	1.695519		
13	16	24		否定值(下邊)	-t(ϕ*,2α)	-1.69552		
14	22	23		雙邊機率	p值	0.000956		
15	18	23		單邊機率(上)	p值	0.999522		
16	19	29		單邊機率(下)	p值	0.000478		
17	22	23		信賴係數	1-α	0.95		
18	19			信賴上限		-1.76491		
19	26			信賴下限		-6.23509		
20								

【儲存格的內容】

F2;=COUNT(A:A)	G2;=COUNT(B:B)
F3;=AVERAGE(A2:A19)	G3;=AVERAGE(B2:B19)
F4;=DEVSQ(A2:A19)	G4;=DEVSQ(B2:B19)
F5;=VAR(A2:A19)	G5;=VAR(B2:B19)
F6;=F2-1	G6;=G2-1

F7;=F3-G3

F8;=(F5/F2+G5/G6)^ 2/(F5+F6)^ 2/(F2-1+(G6/G2))^ 2/(G2-1)

F9;=0.05

F10;=F7/SQRT((F5/F2)+G5/G2)

F11;=TINV(F9,F8)

F12;=TINV(2*F9,F8)

F13;=-TINV(2*F9,F8)

F14;=TDIST(ABS(F10),F8,2)

F15;=IF(F10>0,TDIST(F10,F8,2),1-TDIST(ABS(F10),F8,2)

F16 ;=IF(F10>0,1-TDIST(F10,F8,1),1-TDIST(ABS(F10),F8,1)

F17;=F7+F11*SQRT(F5/F2+G5/G2)

F18;= =F7-F11*SQRT(F5/F2+G5/G2)

■ 結果的看法

p 值 = 0.00096 < 顯著水準 $\alpha = 0.05$

因之，否定虛無假設 H_0。亦即，判斷 A 公司產品與 B 公司產品的伸縮量的母平均有差異。

> **例題 19-6**　在例題 19-5 中，就假定等變異數與未假定等變異數的情形，以信賴係數 95% 區間估計 2 個母平均之差看看。

■ 母平均之差的區間估計

與檢定的情形一樣，是否假定等變異數，估計方法即有不同。

■ 假定等變異數時的區間估計公式

$$(\bar{x}_A - \bar{x}_B) - t(\phi,\alpha)\sqrt{V\left(\frac{1}{n_A}+\frac{1}{n_B}\right)} < \mu_A - \mu_B < (\bar{x}_A - \bar{x}_B) + t(\phi,\alpha)\sqrt{V\left(\frac{1}{n_A}+\frac{1}{n_B}\right)}$$

此處，$V = \dfrac{S_A + S_B}{\phi_A + \phi_B}$

S_A = A 組的平方和　　　　S_B = B 組的平方和

n_A = A 組的數據數　　　　n_B = B 組的數據數

$\phi_A = n_A - 1$　　　　$\phi_B = n_B - 1$

■ 未假定等變異數時的區間估計公式

母平均之差 $\mu_A - \mu_B$ 的（$1-\alpha$）×100%× 信賴區間如下求之。

$$(\bar{x}_A - \bar{x}_B) - t(\phi^*,\alpha)\sqrt{\left(\frac{V_A}{n_A}+\frac{V_B}{n_B}\right)} < \mu_A - \mu_B < (\bar{x}_A - \bar{x}_B) + t(\phi^*,\alpha)\sqrt{\left(\frac{V_A}{n_A}+\frac{V_B}{n_B}\right)}$$

此處，

$$\phi^* = \frac{\left(\dfrac{V_A}{n_A}+\dfrac{V_B}{n_B}\right)^2}{\left(\dfrac{V_A}{n_A}\right)^2\dfrac{1}{n_A-1}+\left(\dfrac{V_B}{n_B}\right)^2\dfrac{1}{n_B-1}}$$

■ 計算信賴下限與信賴上限（假定等變異數時）

追加在先前的檢定的試算表中。

F17 輸入信賴係數，F18 計算信賴上限的式子，

F19 輸入計算信賴上限的式子。

共同變異數		10.453125
顯著水準	α	0.05
檢定統計量	t值	-3.60075
臨界值（雙邊）	t(φ*, α)	2.03693
臨界值（右邊）	t(φ*,2α)	1.69389
臨界值（左邊）	(-)t(φ*,2α)	-1.69389
雙邊機率	p值	0.00106
單邊機率（上）	p值	0.99947
單邊機率（下）	p值	0.00053
信賴係數	1-α	0.95
信賴上限		-1.73722
信賴下限		-6.26278

【儲存格的內容】

F17;0.05

F18;=F7+TINV(1-F17,F6+G6)*SQRT(F8*(1/F2+1/G2))

F19;=F7+TINV(1-F17,F6+G6)*SQRT(F8*(1/F2+1/G2))

■ 結果的看法

母平均之差 $\mu_A - \mu_B$ 的 95% 信賴區間即為

$$-6.263 < \mu_A - \mu_B < -1.737$$

■ 計算信賴下限與信賴上限（未假定等變異數時）

追加於先前的檢定試算表中。

F17 輸入信賴係數，F18 輸入計算信賴上限的式子，

F19 輸入計算信賴上限的式子。

	A	B	C	D	E	F	G
1	A組	B組				A組	B組
2	22	22		數據數	n	18	16
3	19	20		平均值		19.5	23.5
4	16	28		偏差平方和	S	214.5	120
5	17	24		變異數	V	12.61786471	8
6	19	22		自由度	φ	17	15
7	16	28		平均值之差		-4	
8	26	22		等價自由度	φ*	31.6507032	
9	24	19		顯著水準	α	0.05	
10	18	25		檢定統計量	t值	-3.649993	
11	19	21		臨界值（雙邊）	t(φ*, α)	2.03951	
12	13	23		臨界值（右邊）	t(φ*,2α)	1.69552	
13	16	24		臨界值（左邊）	(-)t(φ*,2α)	-1.69552	
14	22	23		雙邊機率	p值	0.00096	
15	18	23		單邊機率（上）	p值	0.99952	
16	19	29		單邊機率（下）	p值	0.00048	
17	22	23		信賴係數	1-α	0.95	
18	19			信賴上限		-1.76491	
19	29			信賴下限		-6.23509	

【儲存格的內容】

F17;0.05

F18;=F7+TINV(1-F17,F6+G6)*SQRT(F8*(F5/F2+G5/G2))

F19;=F7+TINV(1-F17,F6+G6)*SQRT(F8*(F5/F2+G5/G2))

結果的看法

母平均之差 $\mu_A - \mu_B$ 的 95% 信賴區間即爲

$$-6.235 < \mu_A - \mu_B < -1.765$$

例題 19-7 以下的資料是顯示 12 位技術員在專門教育中前期考試與後期考試的分數。後期考試的成績 (B) 可以認爲比前期考試的成績 (A) 提高嗎？試檢討之。也進行母平均之差的估計。

資料表

NO.	1	2	3	4	5	6	7	8	9	10	11	12
前期	76	57	72	47	52	76	64	64	66	57	38	58
後期	89	60	71	65	60	70	71	69	68	66	50	62

■ 數據有對應時 2 個母平均之差的檢定步驟

步驟 1 建立假設

$$虛無假設\ H_0：\mu_A-\mu_B=0$$
$$對立假設\ H_1：\mu_A-\mu_B<0$$

（注）對立假設可以想到以下 3 種。

1）$H_1：\mu_A-\mu_B=0$　　2）$H_1：\mu_A-\mu_B>0$　　3）$H_1：\mu_A-\mu_B<0$

本例題關心的是後期考試的成績 (B) 是否比前期考試的成績 (A) 提高呢？因之設定為 3）。

步驟 2 顯著水準 α 的設定

顯著水準 $\alpha = 0.05$

步驟 3 計算各對的差

$$d_i = x_{Ai} - x_{Bi}$$

步驟 4 計算 d_i 的平均值 $\bar{d}$ 與變異數 V_d

步驟 5 計算檢定統計量 t 值

$$t=\frac{\bar{d}}{\sqrt{\frac{V_d}{n}}}$$

步驟 6 計算 p 值

計算與顯著水準比較 p 值，p 值在自由度 $\phi=n-1$ 的 t 分配中，是指 |t| 以下之值發生機率。

步驟 7 判定

p 值 < 顯著水準 α → 否定虛無假設

p 值 > 顯著水準 α → 不否定虛無假設

■ 數據有對應時 2 個母平均之差的區間估計

計算各對之差，使用平均 d 與變異數 V_d，利用下式即可求出母平均之差 $\mu_A - \mu_B$ 的（$1-\alpha$）×100% 信賴區間。

$$\bar{d} - t(n-1,\alpha)\sqrt{\frac{V_d}{n}} < \mu_A - \mu_B < \bar{d} + t(n-1,\alpha)\sqrt{\frac{V_d}{n}}$$

■ 利用 EXCEL 計算檢定統計量、p 值與區間估計

步驟 1　資料輸入與差的計算

從 A2 到 A13 輸入 A 組的數據，

從 B2 到 B13 輸入 B 的數據，

與 C2 到 C13 求出 A 與 B 之差。

步驟 2　輸入數式，統計函數

從 G2 到 G17 輸入數式與統計函數。

	A	B	C	D	E	F	G
1	前期	後期	差d				
2	76	89	-13		數據數	n	12
3	57	60	-3		差的變異數	Vd	42.333333
4	72	71	1				
5	47	65	-18		顯著水準	α	0.05
6	52	60	-8		自由度	φ	11
7	76	70	6		差的平均值		-6.1667
8	64	71	-7		檢定統計量	t值	-3.2832
9	64	69	-5		臨界值（雙邊）	t(φ, α)	2.201
10	66	68	-2		臨界值（右邊）	t(φ,2α)	1.7959
11	57	66	-9		臨界值（左邊）	(-)t(φ,2α)	-1.7959
12	38	50	-12		雙邊機率	p值	0.0073
13	58	62	-4		單邊機率（上）	p值	0.9964
14					單邊機率（下）	p值	0.0036
15					信賴係數	1-α	0.95
16					信賴上限		-2.0327
17					信賴下限		-10.3006

【儲存格的內容】

G2;=COUNT(C:C)

G3;=VAR(C2:C13)

```
G5;=0.05
G6;=G2-1
G7;=G2-1
G8;=G7/SQRT(G3/G2)
G9;=TINV(G5,G6)
G10;=TINV(2*G5,G6)
G11;=-TINV(2*G5,G6)
G12;=TDIST(ABS(G8),G6,2)
G13;=IF(G8>0,TDIST(G8,G6,1),1-TDIST(ABS(G8),G6,1)
G14;=IF(G8>0,1-TDIST(G8,G6,1), TDIST(ABS(G8),G6,1)
G15;0.95
G16;=G7+TINV(1-G15,G6)*SQRT(G3/G2)
G17;=G7-TINV(1-G15,G6)*SQRT(G3/G2)
```

■ 結果的看法

p 值 $= 0.00096 <$ 顯著水準 $\alpha = 0.05$

因之，否定虛無假設 H_0。亦即，判斷後期考試的成績 (B) 比前期考試的成績 (A) 提高。

母平均之差 $\mu_A - \mu_B$ 的 95%× 信賴區間即爲

$$-10.3006 < \mu_A - \mu_B < -2.0327$$

19.3 計數值的檢定與估計

一、有關母不良率的檢定與估計

例題 19-8 某產品在 A 工廠中的不良率，一向是 15%。此次，爲了降低不良使用了最新的材料。使用此材料後檢驗 100 個產品，發現 7 個不良，請問不良率是否降低了？

■ 檢定方法

有關母不良率的檢定方法，有以下 3 種方法。

① 精確機率計算法

② F 分配法

③ 常態近似法

所謂精確機率計算法是利用二項分配之性質進行檢定的方法。F 分配是基於二項分配與 F 分配之間有密切關係，所以利用 F 分配之性質進行檢定的方法。

常態近似法是將二項分配的資料看成常態分配，利用常態分配之性質進行檢定的方法。

此處介紹利用①的精確機率計算法。

■ 檢定步驟

步驟 1　假設建立

虛無假設 H_0：$P = P_0$（P_0 為某已知不良率）

對立假設 H_1：$P = P_0$

步驟 2　設定顯著水準

顯著水準 $\alpha = 0.05$

步驟 3　發生機率之計算

$$P_x = \frac{n!}{x!(n-x)!} P_0^{\ x} (1 - P_0)^{n-x}$$

$$W_1 = \sum_{x=0}^{r} P_x$$

$$W_2 = \sum_{x=r}^{n} P_x$$

此處，n 當作試行次數（樣本大小），r 當作出現數（發生數）。

W_1 是指出現數從 0 到 r 次的合計，所以是 r 次以下的機率。

W_2 是指出現數從 r 到 n 次的合計，所以是 r 次以上的機率。

步驟 4 計算 p 值

計算要與顯著水準比較之 p 值。

- 雙邊 p 值計算

  $W_1 > W_2 \rightarrow$ p 值 $= 2 \times W_2$

  $W_1 < W_2 \rightarrow$ p 值 $= 2 \times W_1$

- 上側 p 值的計算

  p 值 $= W_2$

- 下側 p 值的計算

  p 值 $= W_1$

步驟 5 判定

對立假設 H_1 爲 $P = P_0$ 時，

p 值（雙邊機率）< 顯著水準 α →否定虛無假設

p 值（雙邊機率）> 顯著水準 α →不否定虛無假設

對立假設 H_1 爲 $P > P_0$ 時，

p 值（雙邊機率）< 顯著水準 α →否定虛無假設

p 值（雙邊機率）> 顯著水準 α →不否定虛無假設

對立假設 H_1 爲 $P < P_0$ 時，

p 值 (雙邊機率) < 顯著水準 α →否定虛無假設

p 值 (雙邊機率) > 顯著水準 α →不否定虛無假設

■ 利用 EXCEL 計算 p 值

步驟 1 資料輸入

C1 輸入樣本大小，C2 輸入出現數（不良個數）

	A	B	C
1	數據數	n	100
2	出現數	m	7

【儲存格的內容】

C1;100

C2;7

步驟 2　輸入數式、統計函數

從 C3 到 C9、C16 到 C18 輸入計算式。

	A	B	C
1	數據數	n	100
2	出現數	m	7
3	未出現數	n-m	93
4	百分率	p	0.07
5	假說之値	p	0.15
6	顯著水準	α	0.05
7	機率	Px(x＞m)	0.98783
8	機率	Px(x＝m)	0.00746
9	機率	Px(x＜m)	0.0047
10			
11			
12			
13			
14			
15			
16	雙邊機率	p値	0.02433
17	單邊機率（上）	p値	0.9953
18	單邊機率（下）	p値	0.01217

【儲存格的內容】

C3;=C1-C2

C4;=C2/C1

C5;=0.15

C6;=0.05

C7;=1-BINOMDIST(C2,C1,C5,TRUE)

C8;=BINOMDIST(C2, C1, C5,TRUE)

C9;=BINOMDIST(C2-1, C1, C5,TRUE)

C16;=IF(C7 < C9, (C7+C8)*2, (C9+C8)*2

C17;=C7+C8

C18;=C8+C9

■ 結果的看法

p 值（等邊）= 0.01217 < 顯著水準 $\alpha = 0.05$

因之，否定虛無假設 H_0。亦即，判斷母不良率已降低。

例題 19-9 估計例題 19-8 的不良率看看。

■ 想法

進行母不良率 P 的區間估計，利用二項分配與 F 分配之間有如下關係。

試行次數（樣本數）當作 n，發生次數（發生數）當作 x。x 在 r 以上的機率以 $Pr\{X \geq r\}$ 表示，x 在 r 以下的機率以 $Pr\{X \leq r\}$ 表示。

① 在滿足 $Pr\{X \geq r\} = \alpha$ 的 r 及 n、p（= r/n）之間，成立以下的關係。

$\phi_1 = 2(n - r + 1)$

$\phi_2 = 2r$

$$p = \frac{\phi_2}{\phi_1 F(\phi_1, \phi_2; \alpha) + \phi_2}$$

② 在滿足 $Pr\{X \leq r\} = \alpha$ 的 r 及 n、p（= r/n）之間，成立以下的關係。

$\phi_1 = 2(r + 1)$

$\phi_2 = 2(n - r)$

$$p = \frac{\phi_1 F(\phi_1, \phi_2; \alpha)}{\phi_1 F(\phi_1, \phi_2; \alpha) + \phi_2}$$

■ 區間估計步驟

信賴係數 $(1-\alpha)\times 100\%$ 的信賴區間如下求之。

【信賴下限 P_L】

$\phi_1 = 2\,(n-r+1)$

$\phi_2 = 2r$

$$P_L = \frac{\phi_2}{\phi_1 F\left(\phi_1, \phi_2; \dfrac{\alpha}{2}\right) + \phi_2}$$

【信賴下限 P_U】

$\phi_1 = 2\,(r+1)$

$\phi_2 = 2\,(n-r)$

$$P_U = \frac{\phi_1 F\left(\phi_1, \phi_2; \dfrac{\alpha}{2}\right)}{\phi_1 F(\phi_1, \phi_2; \alpha) + \phi_2}$$

■ 信賴界線計算

步驟 1　資料輸入

	A	B	C
1	數據數	n	100
2	出現數	m	7

【儲存格的內容】

C1;100

C2;7

步驟 2　輸入數式、統計函數

從 C3 到 C11、C13 到 C14 輸入計算式。

	A	B	C	D
1	數據數	n	100	
2	出現數	m	7	
3	未出現數	n-m	93	
4	百分率	p	0.07	
5	信賴係數	1-α	0.95	
6	第1自由度	a	188	
7	第2自由度	b	14	
8		F(a,b; α/2)	2.52884	
9	第1自由度	c	16	
10	第2自由度	d	186	
11		F(c,d; α/2)	1.87548	
12				
13	信賴上限		0.13892	
14	信賴下限		0.02861	

【儲存格的內容】

C3;=C1-C2　　C4;=C2/C1

C5;=0.95

C6;=2*(C3+1)　　C7;=2*C2

C8;=FINV(1-C5)/2, C6, C7)

C9;=2*(C2+1)

C10;=2*(C1-C2)

C11;=FINV((1-C5)/2, C9, C10)

C13;=C9*C11/(C9*C11+C10)

C14;=C7/(C6*C8+C7)

■ 結果的看法

母不良率 P 的 95% 信賴區間如下

$$0.0286 < P < 0.1389$$

二、母不良率之差的檢定與估計

例題 19-10 有一家工廠以 A 法及 B 法兩種方法製造某產品，從 A 法所製造的產品選出 50 個，從 B 法所製造的產品選出 60 個。進行品質檢查之後，A 法的 18 個不良，B 法的 60 個中有 11 個不良。問 A 法的不良率與 B 法的不良率是否有差異？

■ **想法**

2 個不良率之差異，大多以不良率之「差」來評估。檢討發生之差異是否具有統計上的意義，可以進行 2 個母百分率之差的檢定。此檢定方法有將二項分配以進似常態所進行的常態近似法，以及稱之爲 Fisher 的精確檢定（Exact test）（並非近似）的方法。本例題是使用常態近似法。

■ **檢定步驟**

步驟 1 假設建立

虛無假設 H_0：$P_A = P_B$

對立假設 H_1：$P_A = P_B$

（或者 $P_A > P_B$）

（或者 $P_A < P_B$）

此處，P_A 表 A 組的母不良率，P_B 表 B 組的母不良率。

本例題關心的是母不良率之間是否有差異，所以

虛無假設 H_0：$P_A = P_B$

對立假設 H_1：$P_A = P_B$

步驟 2 顯著水準 α 的設定

顯著水準 $\alpha = 0.05$

步驟 3 計算檢定統計量的 u 值

P_A 表 A 組的樣本百分率

P_B 表 B 組的樣本百分率

n_A 表 A 組的樣本大小

n_B 表 B 組的樣本大小

r_A 表 A 組的不良率

r_B 表 B 組的不良率

$$u = \frac{p_A - p_B}{\sqrt{\overline{p}(1-\overline{p})\left(\frac{1}{n_A} + \frac{1}{n_B}\right)}}$$

此處

$$\overline{p} = \frac{r_A - r_B}{n_A + n_B}$$

步驟 4　計算 p 值

計算出要與顯著水準比較之 p 值。

雙邊 p 值，是指在平均 0、標準差 1 的常態分配中，| u | 以上的值之機率，單邊 p 值是它的 1/2。

步驟 5　判定

① 對立假設 H_1 爲 $P_A = P_B$ 時，

p 值（雙邊機率）< 顯著水準 α →否定虛無假設

p 值（雙邊機率）> 顯著水準 α →不否定虛無假設

② 對立假設 H_1 爲 $P_A > P_B$ 時，

p 值（上邊機率）< 顯著水準 α →否定虛無假設

p 值（上邊機率）> 顯著水準 α →不否定虛無假設

③ 對立假設 H_1 爲 $P_A < P_B$ 時，

p 值（下邊機率）< 顯著水準 α →否定虛無假設

p 值（下邊機率）> 顯著水準 α →不否定虛無假設

■ 利用 EXCEL 計算 p 值

步驟 1　資料輸入

從 C1 到 C3 輸入各組的樣本大小、出現個數。

【儲存格的內容】

C2;50　　D2;60

C3;18　　D3;11

步驟 2 輸入數式、統計函數

從 C4 到 C5、C6 到 C15 輸入計算式。

	A	B	C	D
1		n	A	B
2	數據數	m	50	60
3	出現數	n-m	18	11
4	未出現數	p	32	19
5	百分率		0.36	0.1833
6	平均百分率		0.2636	
7	百分率之差	pB-pA	0.1767	
8	顯著水準	α	0.05	
9	檢定統計量	u值	2.094	
10	臨界值（雙邊）	u(α)	1.96	
11	臨界值（右邊）	u(2α)	1.6449	
12	臨界值（左邊）	(-)u(2α)	-1.6449	
13	雙邊機率	p值	0.0363	
14	單邊機率（左）	p值	0.0181	
15	單邊機率（右）	p值	0.9819	

【儲存格的內容】

C4;=C2-C3　　　　D4;=D2-D3

C5;=C3/C2　　　　D5;=D3/D2

C6;=(C3+D3)/(C2+D2)

C7;=C5-D5

C8;=0.05

C9;=(C5-D5)/SQRT(C 6*(1-C 6)*(1/C2+1/D2))

C10;=NORMSINV(1-C 8/2)

C11;=NORMSINV(1-C 8)

C12;=NORMSINV(C 8)

C13;=(1-NORMSINV(ABS(C9)))*2

C14;=1-NORMSINV(C9)

C15;=NORMSINV(C9)

■ 結果的看法

P 值 = 0.0363 < 顯著水準 $\alpha = 0.05$

因之，否定虛無假設。亦即，判斷 A 法與 B 法的不良率有差異。

例題 19-11　在例題 19-10 中，試估計 A 法與 B 法的母不良率之差。

■ 區間估計步驟

2 個母百分率之差 $P_A - P_B$ 的信賴係數（$1-\alpha$）×100% 的信賴區間可以如下求之。

$$(p_A - p_B) - u(\alpha)\sqrt{\frac{p_A(1-p_A)}{n_A} + \frac{p_B(1-p_B)}{n_B}} \le P_A - P_B \le$$

$$(p_A - p_B) + u(\alpha)\sqrt{\frac{p_A(1-p_A)}{n_A} + \frac{p_B(1-p_B)}{n_B}}$$

■ 信賴界限計算

追加於先前的檢定的試算表中。

C16 輸入信賴係數，C17 輸入計算信賴上限的式子，C18 輸入計算信賴下限的式子。

	A	B	C	D
1		n	A	B
2	數據數	m	50	60
3	出現數	n-m	18	11
4	未出現數	p	32	19
5	百分率		0.36	0.1833
6	平均百分率		0.2636	
7	百分率之差	pB-pA	0.1767	
8	顯著水準	α	0.05	
9	檢定統計量	u值	2.094	
10	臨界值（雙邊）	u(α)	1.96	
11	臨界值（右邊）	u(2α)	1.6449	
12	臨界值（左邊）	(-)u(2α)	-1.6449	
13	雙邊機率	p值	0.0363	
14	單邊機率（左）	p值	0.0181	
15	單邊機率（右）	p值	0.9819	
16	信賴係數		0.95	
17	信賴上限		0.3419	
18	信賴下限		0.0115	

【儲存格的內容】

C16;0.95

C17;=C7+ABS(NORMSINV(1-C16)/2))*SQRT(C5*(1-C5)/C2+D5*(1-D5)/D2)

C18;=C7-ABS(NORMSINV(1-C16)/2))*SQRT(C5*(1-C5)/C2+D5*(1-D5)/D2)

■ 結果的看法

A 法與 B 法的母不良率之差的 95% 信賴區間為

$$0.0115 < P_A - P_B < 0.3419$$

第 20 章 相關與迴歸

20.1 相關分析

一、散佈圖

例題 20-1 以下的數據是測量 30 個某產品的強度（y），與該產品所含的硬化劑量之量（x）。試將此數據以圖形表現，掌握硬化劑 x 與強度 y 之關係。

No.	1	2	3	4	5	6	7	8	9	10	11	12	13	14	15
強化劑量	29	32	29	28	25	28	31	31	32	23	29	32	27	30	29
強度	50	49	46	51	44	46	52	52	51	42	46	52	47	53	51

No.	16	17	18	19	20	21	22	23	24	25	26	27	28	29	30
強化劑量	29	30	30	32	29	29	29	28	28	26	31	26	33	27	32
強度	51	53	53	54	47	50	53	49	46	47	53	45	48	47	48

■ **相關關係**

當有 2 個變數 x 與 y 時，隨著 x 的變化，y 也發生變化，有此種關係稱爲相關關係。x 增加時 y 也增加之關係稱爲正向相關關係，x 增加時 y 減少之關係稱爲負的相關關係，均看不出有何傾向時稱爲無相關。

相關關係與因果關係是不同的概念。譬如，有人說擅長數學的人，理科也擅長，這是數學的成績與理科的成績之間存在著相關關係，但並不存在因果關係。

■ **散佈圖**

散佈圖是以視覺的方式確認相關關係之有無的一種圖形。將兩個變數之中的一方取成橫軸，另一方取成縱軸，將對應的數據一點一點地描點即可作成。

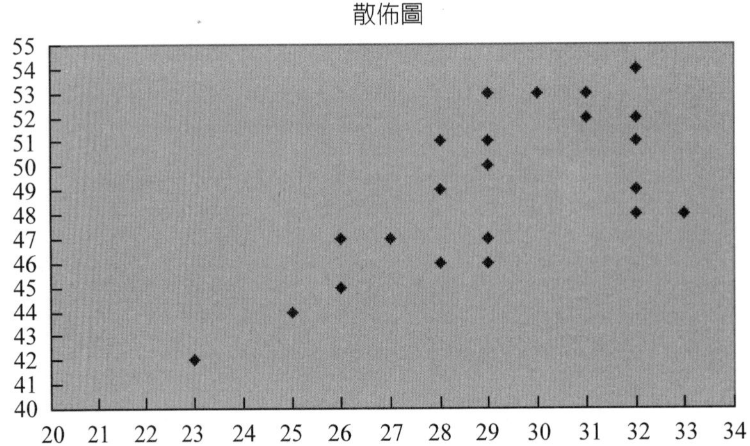

■ 利用 EXCEL 製作散佈圖

步驟 1　資料輸入

將想取成橫軸的變數輸入到左側的行，想取成縱軸的變數輸入到旁邊的行。

從 A2 到 A31 輸入硬化劑之量的數據。

從 B2 到 B31 輸入強度的數據。

	A	B
1	硬化劑量	強度
2	29	50
3	32	49
4	29	46
5	28	51
6	25	44
7	28	46
8	31	52
9	31	52
10	32	51
11	23	42
12	29	46
13	32	52
14	27	47
15	30	53
16	29	51
17	29	51
18	30	53
19	30	53
20	32	54
21	29	47
22	29	50
23	29	53

步驟 2　資料範圍指定

拖曳要作成散佈圖的資料範圍。此時，將變數名（硬化劑量、強度）也包含在內。

	A	B
1	硬化劑量	強度
2	29	50
3	32	49
4	29	46
5	28	51
6	25	44
7	28	46
8	31	52
9	31	52
10	32	51
11	23	42

步驟 3　製作圖形

圖形的種類選擇［散佈圖］，形式如下選取。

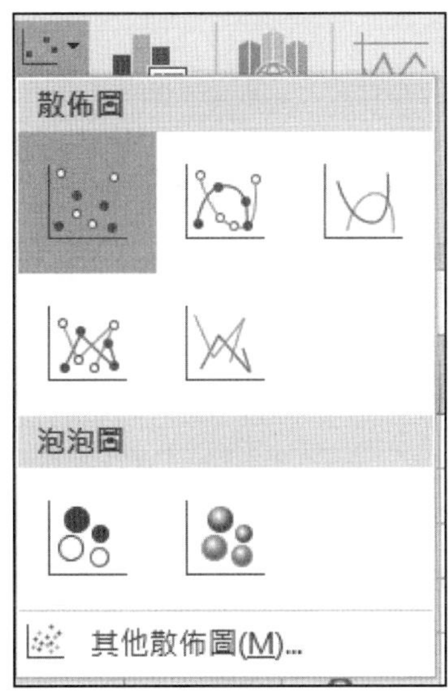

一面記入標題，加上刻度的修正，即可製作如下的散佈圖。

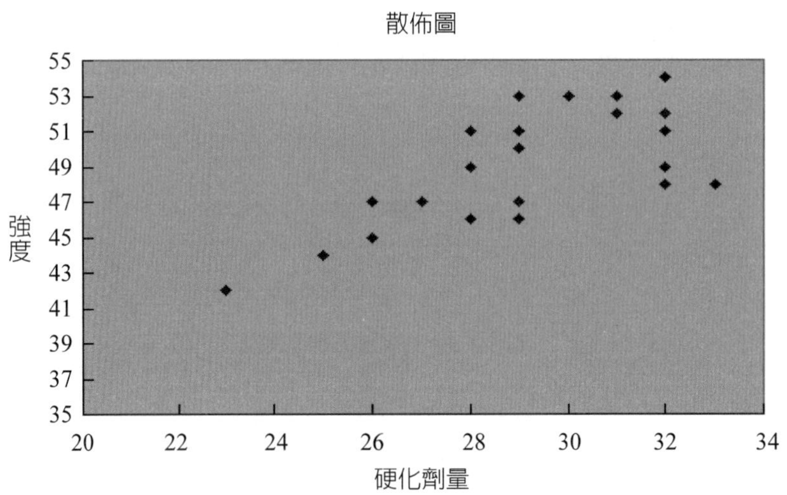

步驟 4　散佈圖的完成

為了讓點幾乎分散在正方形之中，可變更橫軸與縱軸的刻度，調節圖形的大小。

最後，終於完成如下的散佈圖。

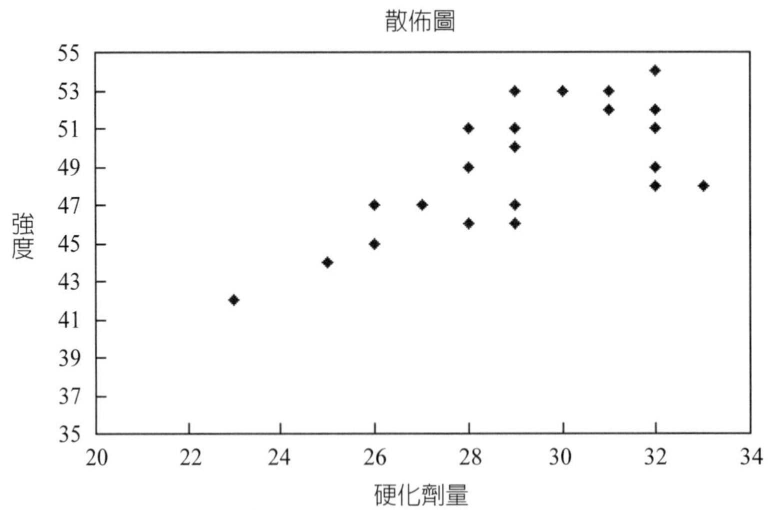

■ 散佈圖的觀察重點

觀察散佈圖的重點如下：

1. 有無偏離值
2. 2 個變數之間有何種關係
3. 有無形成群

例題 20-2 以下的資料是在例題 20-1 的資料中追加產品種類（A 型與 B 型）的資訊。試製作可以了解不同種類的散佈圖。

No.	1	2	3	4	5	6	7	8	9	10	11	12	13	14	15
硬化劑量	29	29	29	28	25	28	31	31	32	23	29	32	27	30	29
強度	50	50	46	51	44	46	52	52	51	42	46	52	47	53	51
種類	A	A	A	A	A	A	A	A	A	A	A	A	A	A	A

No.	16	17	18	19	20	21	22	23	24	25	26	27	28	29	30
硬化劑量	29	30	30	32	29	29	29	28	28	26	31	26	33	27	32
強度	51	53	53	54	47	50	53	49	46	47	53	45	48	47	48
種類	B	B	B	B	B	B	B	B	B	B	B	B	B	B	B

■ 層別散佈圖

本例可以考慮按種類區分製作 2 個散佈圖的作法，以及在一個散佈圖依種類描繪出不同記號之點的方法。

後者的散佈圖稱爲層別散佈圖。

如果目的是比較因種類引起的差異時，最好利用層別散佈圖。

■ 利用 EXCEL 製作層別散佈圖

步驟 1 資料輸入

想取成橫軸的變數輸入到第 1 行。縱軸的變數因爲想層別成 2 種，因之分成 2 行，B2 到 B16、C17 到 C31 分別輸入。

步驟 2 資料範圍

拖曳要製作散佈圖的資料範圍。

也使之包含變數名稱（硬化劑量、A、B）。

	A	B	C
1	硬化劑量	A	B
2	29	50	
3	32	49	
4	29	46	
5	28	51	
6	25	44	
7	28	46	
8	31	52	
9	31	52	
10	32	51	
11	23	42	
12	29	46	
13	32	52	
14	27	47	
15	30	53	
16	29	51	
17	29		51
18	30		53
19	30		53
20	32		54
21	29		47
22	29		50
23	29		53

步驟 3　圖形製作

按一般的散佈圖的相同步驟去製作。

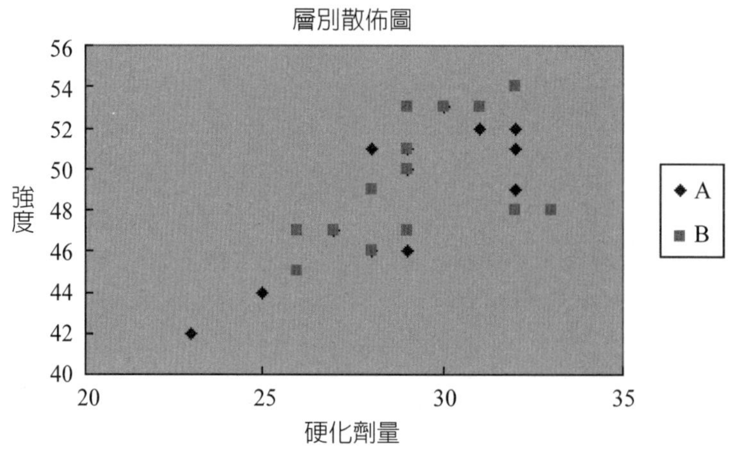

二、相關係數

例題 20-3 利用例題 20-1 的數據，求強度與硬化劑量之相關係數。

■ 相關係數

爲了以數值的方式判斷 2 個變數之間有無相關關係，可以利用稱爲相關係數的指標。

相關係數通常以 r 的記號表示，其值取在 –1 到 1 之間。

$$-1 \leq r \leq 1$$

相關係數之符號，如爲正時，表示有正的相關關係；如爲負時，則有負的相關關係。

相關關係之強度，以相關係數的絕對值｜r｜或平方 r^2 來評估。不管哪一種，愈接近 1 意指相關關係強。當相關關係不存在時，相關係數之值即接近 0 之值（剛好 0 的情形很少）。

■ 相關係數與散佈圖

相關係數與散佈圖的關係如下。

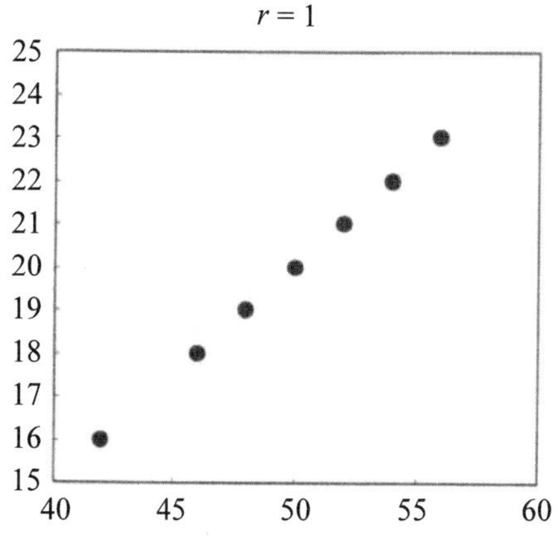

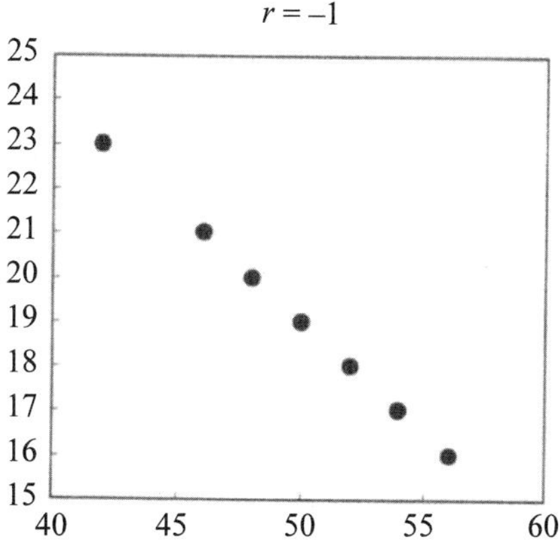

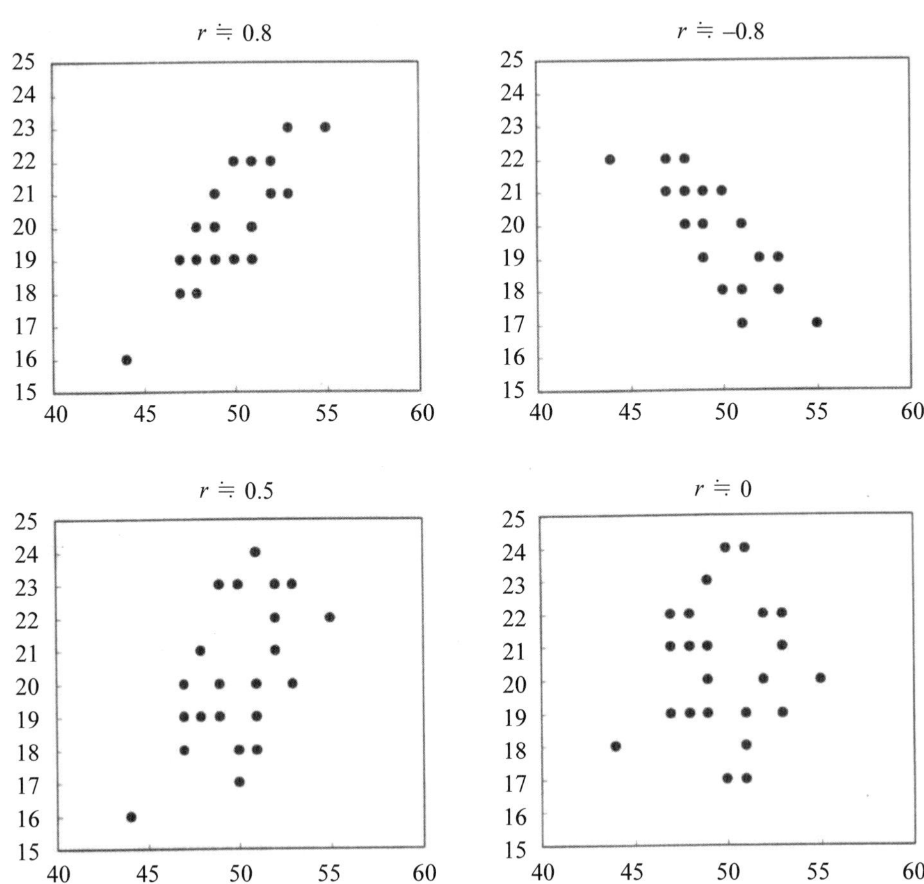

■ 利用 EXCEL 計算相關係數

步驟 1　資料輸入

如下表。

步驟 2　輸入函數

於表格 F2 輸入求相關係數之函數 CORREL。

【儲存格的內容】

F2;=CORREL(A2:A31,B2:B31)

F2	fx =CORREL(A2:A31,B2:B31)					
	A	B	C	D	E	F
1	硬化劑量	強度				
2	29	50		相關係數	r	0.7993773
3	32	49				
4	29	46				
5	28	51				
6	25	44				
7	28	46				
8	31	52				
9	31	52				
10	32	51				
11	23	42				
12	29	46				
13	32	52				
14	27	47				
15	30	53				
16	29	51				
17	29	51				
18	30	53				
19	30	53				
20	32	54				
21	29	47				
22	29	50				
23	32	49				

■ 相關係數之看法

從相關係數判斷相關關係強弱之指標，如下。

$0.8 \leq |r|$ → 有強的相關

$0.6 \leq |r| < 0.8$ → 有相關

$0.4 \leq |r| < 0.6$ → 有弱相關

$|r| < 0.4$ → 幾乎無相關

這畢竟是一個指標，相關係數有需要考量與數據之關係。特別是數據數甚少時，要進行母相關係數 ρ 是否 0 的假設檢定。

■ CRRREL

求相關係數之函數。

[格式] = CORREL（變數 x 的資料範圍，變數 y 的資料範圍）

變數 x 的資料範圍與變數 y 的資料範圍所含的數據各數不同時，會出現錯誤值 #N/A。

變數 x 的資料範圍或變數 y 的資料範圍的一方或雙方的資料的標準差是 0 時，也會出現錯誤值 #N/A。

■ 無相關之檢定

介紹母相關係數 ρ 是否 0 的假設檢定之步驟。

步驟 1　假設設定

虛無假設 H0：$\rho = 0$（母相關係數是 0）

對立假設 H1：$\rho \neq 0$（母相關係數不是 0）

步驟 2　設定顯著水準 α

顯著水準 $\alpha = 0.05$

步驟 3　計算檢定統計量

$$t = \frac{r\sqrt{n-2}}{\sqrt{1-r^2}}$$

步驟 4　計算 p 值

計算要與顯著水準比較的 p 值。p 值在 t 分配中，是指發生｜t｜以上之值的機率。

步驟 5　判定

p 值 $\leq$ 顯著水準 → 否定虛無假設

p 值 $>$ 顯著水準 → 不否定虛無假設

20.2 單迴歸分析

一、單直線迴歸

例題 20-4 以下的數據是就其產品的硬度 y，與製造工程中的硬化劑的量 x，測量 30 個產品所得者。

No.	1	2	3	4	5	6	7	8	9	10	11	12	13	14	15
x	53	69	85	60	66	59	50	83	53	56	69	55	74	69	69
y	50	63	90	69	62	73	43	88	52	61	65	76	99	78	81

No.	1	2	3	4	5	6	7	8	9	10	11	12	13	14	15
x	83	56	68	65	53	64	60	39	80	70	58	54	62	72	48
y	90	50	55	64	73	62	70	51	85	71	58	47	74	78	37

由此資料，以硬化劑量 x 預測硬度 y。試求如下的 1 次式：

硬度 $y = a + bx$ 硬化劑量 x

■ 單迴歸分析

當有 2 個變數 x 與 y 時，爲了求出顯示 x 與 y 之關係式，可使用稱爲迴歸分析的方法。

迴歸分析有單迴歸分析、複迴歸分析、多項式迴歸等。

單迴歸分析是在 2 個變數 x 與 y 之數據間考慮適配 1 次式（直線）

$$y = a + bx$$

此種問題，稱爲直線迴歸的問題。此 1 次式是想由 x 預測 y，被預測的 y 稱爲目的變數（依變數），用於預測的 x 稱爲說明變數（自變數）。

而且，a 稱爲常數項，b 稱爲迴歸係數。

複迴歸分析式說明變數有 2 個以上時的分析手法。

多項式迴歸是指 x 與 y 之關係並非 1 次式，而是 2 次以上時的分析手法。像如下的式子：

$$y = a + bx + cx^2$$

此稱為曲線迴歸的問題。

■ 利用 EXCEL 求出迴歸式

步驟 1　資料輸入

說明變數 x 的資料輸入到 A2 至 A31，目的變數 y 的資料輸入到 B2 到 B31。樣本大小輸入到 H1。

步驟 2　計算迴歸係數與常數項

H2 輸入計算常數項，H3 輸入計算迴歸係數之函數。

	A	B	C	D	E	F	G	H
9	83	88				樣本大小	n	30
10	53	52				常數項	a	-2.1321
11	56	61				迴歸係數	b	1.0915
12	69	65						
13	55	76						
14	74	99						
15	69	78						
16	69	81						
17	83	90						
18	56	50						
19	68	55						
20	65	64						
21	53	70						
22	64	62						
23	60	70						
24	39	51						
25	80	85						
26	70	71						
27	58	58						
28	54	47						
29	62	74						
30	72	78						
31	48	37						

【儲存格的內容】

H2;=INTERCEPT(B2:B31,A2:A31)

H3;=SLOPE(B2:B31,A2:A31)

■ 結果與看法

迴歸式可求出如下

$$y = -2.1321 + 1.0915x$$

■ INTERCEPT 與 SLOPE

INTERCEPT 是求迴歸式 y = a + bx 中的常數項 a 的函數。

SLOPE 是求迴歸式 y = a + bx 中的迴歸係數 b 的函數。

[格式]=INTERCEPT（變數 y 的資料範圍，變數 x 的資料範圍）

[格式]=SLOPE（變數 y 的資料範圍，變數 x 的資料範圍）

二、曲線迴歸

例題 20-5 為了調查產品的強度 y，與製造工程中熱處理時間 x 之關係，當讓 x 變化時，y 是如何發生變化而進行實驗。實驗是將熱處理時間 x 從 20 秒到 60 秒，每 10 秒改變 1 次，測量當時的強度 y。以相同的熱處理時間成形 3 個。以下的數據表是整理其實驗結果。

x	20	30	40	50	60
y	163	179	176	151	85
	156	188	169	147	77
	149	199	183	132	65

將此資料表現成圖形即為下圖。

試求出表現強度 y 與熱處理時間 x 之關係式。

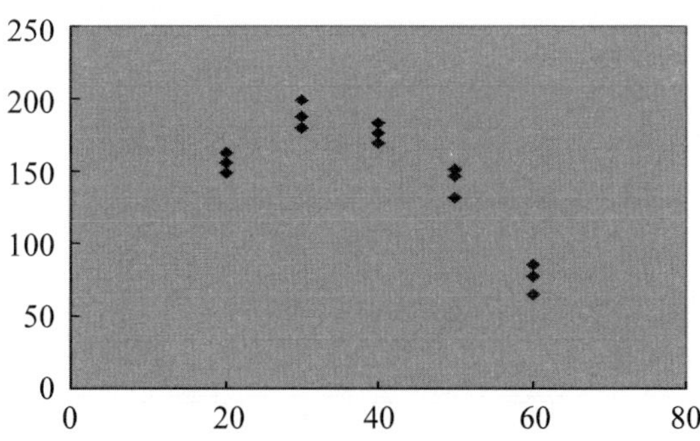

觀察圖形時，知對資料適配直線並不妥當。無法適配直線，是意指 y 與 x 的關係無法以 1 次式表示。因此，考慮以如下的 2 次式來表示。

$$y = a + bx + cx^2$$

如 y 被認爲可以用 2 次式或 3 次式以上的式子來表現時，即爲多項式迴歸（曲線迴歸）的手法。

■ 利用 EXCEL 求二次式

步驟 1　資料輸入

步驟 2　散佈圖的製作

A1 到 B16 當作資料的範圍，製作散佈圖。

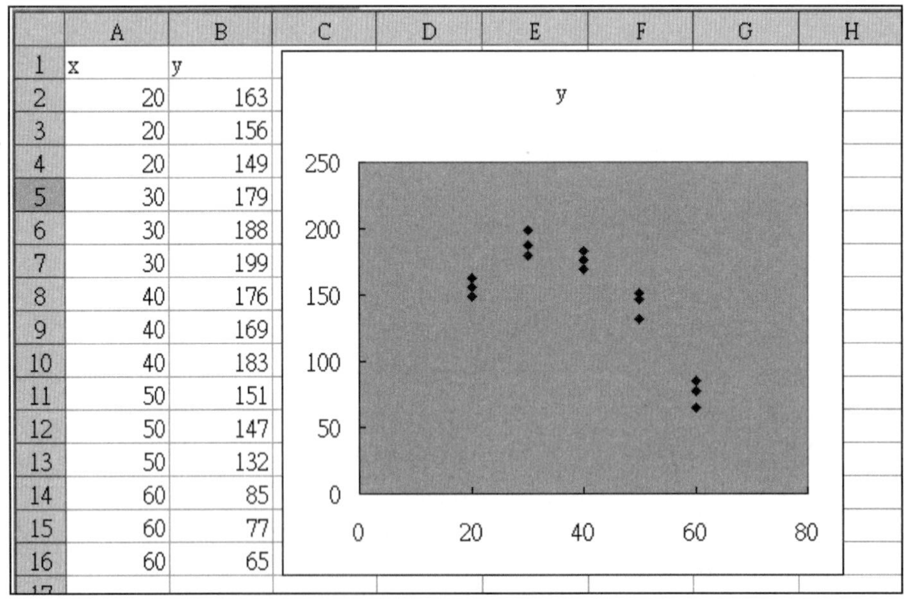

	A	B
1	x	y
2	20	163
3	20	156
4	20	149
5	30	179
6	30	188
7	30	199
8	40	176
9	40	169
10	40	183
11	50	151
12	50	147
13	50	132
14	60	85
15	60	77
16	60	65

步驟 3　曲線適配

最初，按兩下散佈圖的點，形成選擇的狀態。

其次，從下拉清單選擇［加上趨勢線（R）］。或按 + 勾選趨勢線也行。

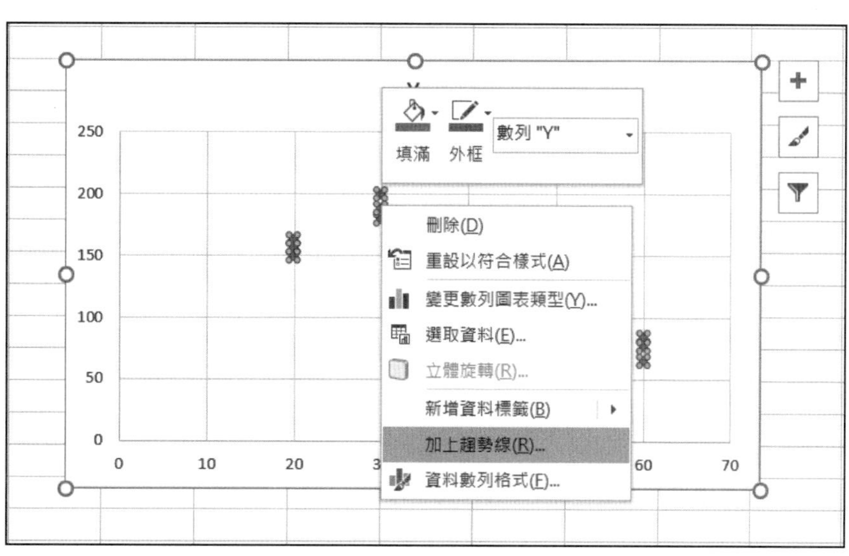

於是出現如下的對話框。

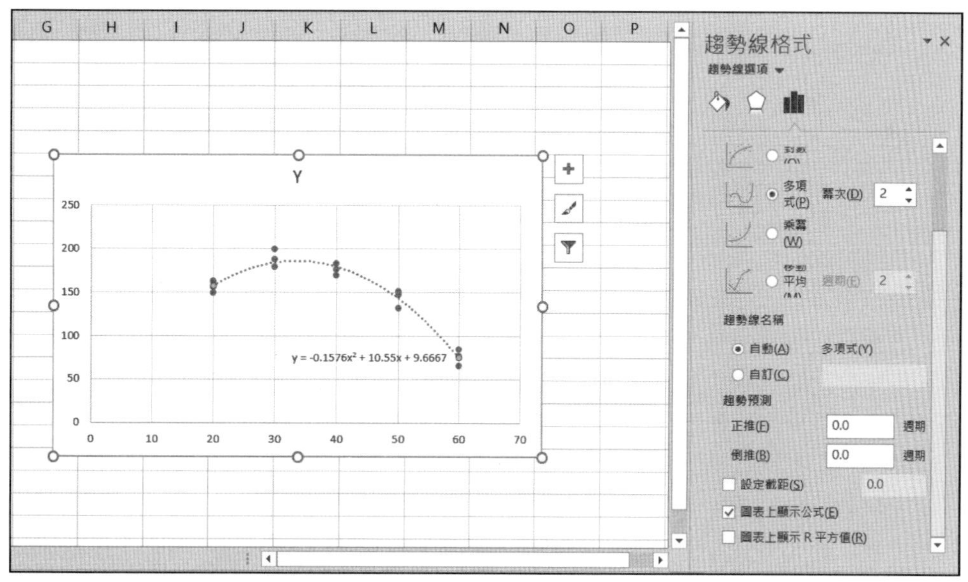

於［趨勢線選項］中選擇［多項式］。

［次數］指定 2。

［選項］勾選［在圖表上顯示公式］。

利用以上步驟即可作出追加有曲線迴歸的散佈圖。

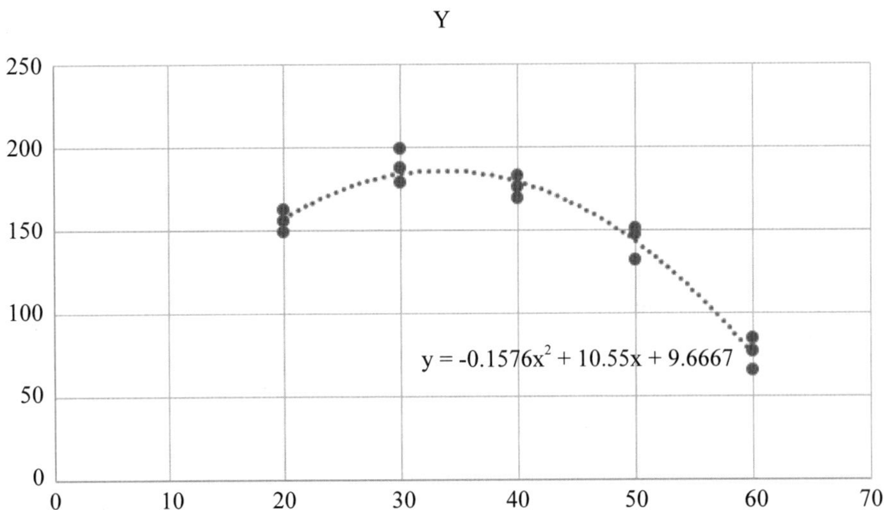

以此方法也可求出迴歸直線。於［ 種類 ］中選擇［ 近似直線 ］。

第 21 章　抽樣檢驗

21.1 檢驗

一、檢驗的基礎知識

1. 何謂檢驗

確認產品的品質是否如目標那樣予以確保即爲檢驗的功能。所謂檢驗被定義爲「針對物品或服務的一個以上的特性值，進行測量、檢驗、檢定、調整量規等，與規定要求事項比較，判定是否合適的活動」。

檢驗有針對每一個物品判定是否合適的情形，以及針對物品的判定是否合適的情形。

2. 依據實施時點將檢驗分類

檢驗依在哪一個時點，何種目的實施，可以分成以下 3 種。

(1)驗收檢驗

(2)中間檢驗

(3)最終檢驗

驗收檢驗是爲了判定所購買的原料、材料、原料的品質是否按照要求交貨而實施的檢驗。

中間檢驗是在工程的各階段所進行的檢驗，判定是否可以進入下一工程而實施的檢驗。

最終檢驗是針對完成品實施的檢驗，判定可否出貨，可否交貨給顧客而實施的檢驗。

3. 依判定的方式將檢驗分類

檢驗依合否的判定方法，也可分成如下 3 種。

(1)計數檢驗

(2)計量檢驗

(3)官能檢驗

調查物品的特性，區分爲良品（適合品）與不良品（不適合品），依不良品的件數，判定批的合格與否之檢驗稱爲計數檢驗。測量長度、重量等，依測量值的平均值判定批之合格與否稱爲計量檢驗。另外，以人類的感官檢驗口味、顏色、氣味等之方法稱爲官能檢驗。

4. 依實施方式將檢驗分類

檢驗取決於是否全部調查所製造之物品，或只調查一部分之物品，可以分成如下 2 種。

(1)全數檢驗

(2)抽樣檢驗

調查所有物品之檢驗方式即爲全數檢驗。從物品全體中抽取一部分來調查的檢驗方式即爲抽樣檢驗。被抽出之物品集合稱爲樣本。

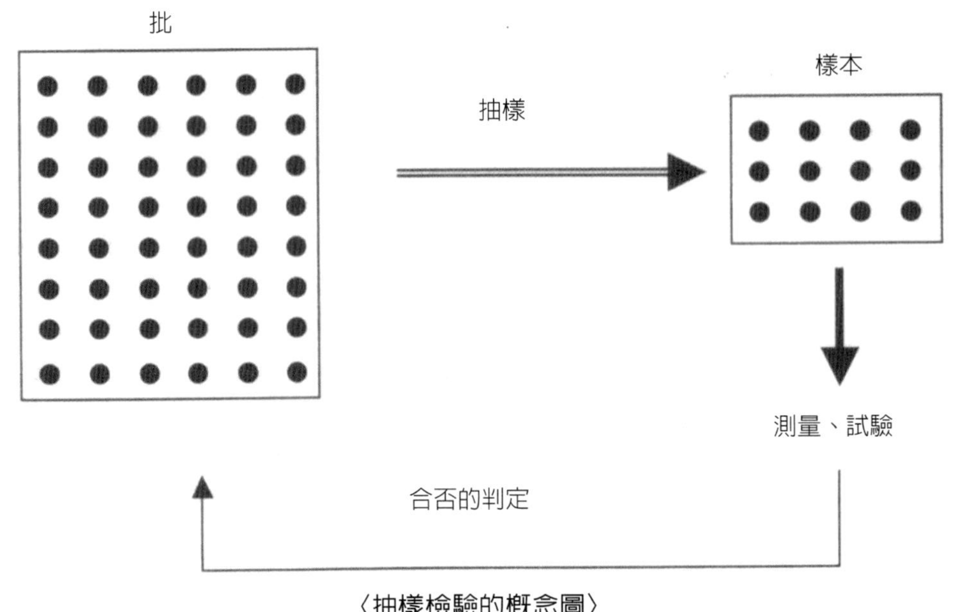

〈抽樣檢驗的概念圖〉

5. 抽樣檢驗的種類

抽樣檢驗依檢驗方式的設計想法，可大略分爲 3 種。

(1)規準型抽樣檢驗

(2)選別型抽樣檢驗

(3)調整型抽樣檢驗

站在保護賣方（出產者）與買方（消費者）雙方之立場所設定的檢驗方式稱爲規準型。被判定不合格的批使之能進行全數選別所設定之檢驗方式稱爲選別型。依品質的水準，分別使用「加嚴檢驗」、「正常檢驗」、「減量檢驗」的檢驗方式稱爲調整型。

二、抽樣檢驗的數理

1. 計數一次抽樣檢驗

從批中一次抽取樣本，以某種方式測量或試驗該樣本後，區分爲良品或不良品，依樣本中的不良品個數判定批之合格或不合格的檢驗方式稱爲計數一次抽樣檢驗。此時，判定批的合格或不合格的基準稱爲合格判定數，以記號 c 表示。

計數一次抽樣檢驗通常以如下來表現。

批的大小　　　N = 3000

樣本的大小　　n = 50

合格判定個數　c = 3

批內物品的個數稱爲批的大小，從批中抽取的樣本所含的物品個數稱爲樣本的大小。因此，從 3000 個物品中抽取 50 個物品，如果 50 個中的不良數是 3 個以下時，批內 3000 個的物品全部視爲合格；如果 4 個以上時，即視爲不合格的檢驗方式。

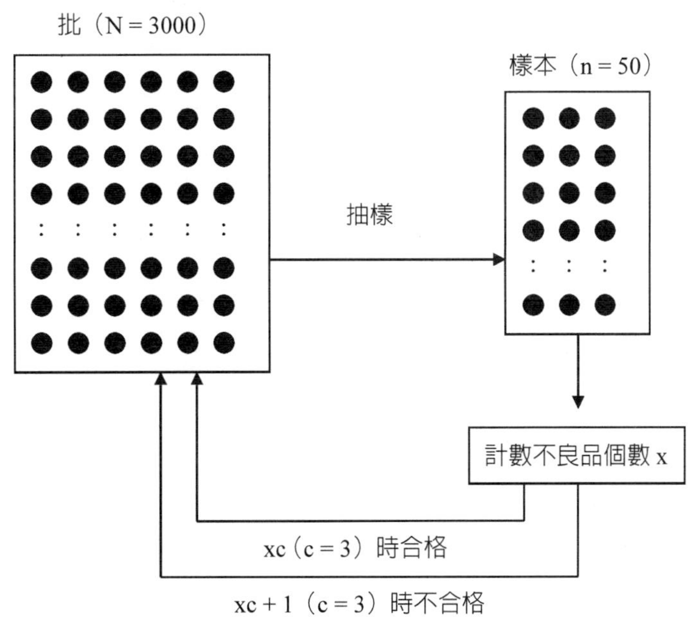

2. 不良數的分配（超幾何分配）

假設有一批的不良率是 20%。此批的大小當作 1000。因爲不良率是 20%，所以 1000 個物品中即有 200 個不良品。從此批抽樣 30 個物品檢驗後，30 個之中的不良品數會是多少呢？以直覺來看，從 30×0.2 的計算，可以想成是 6 個，但不一定是 6 個。6 個的可能性雖然可以說可能性最高，但實際上也有可能是 1 個。並且，30 個全部爲不良品的情形也有可能。亦即，有可能出現 0 到 30 個之間之值。因此，依不良數是 0 個之機率、1 個的機率、2 個的機率，……依序求出機率，再以圖形表現其形狀。

不良品爲 x 個之機率 P(x)，可如下計算，其中批的不良率設爲 p，批的大小設爲 N，樣本大小設爲 n 時，

$$P(x)=\frac{{}_{Np}C_x \times {}_{N-Np}C_{n-x}}{{}_{N}C_n}$$

機率以此種式子設定的分配稱爲超幾何分配。

在 EXCEL 中可以使用 HYPGEOMDIST 來計算。

此函數的格式如下。

=HYPGEOMDIST (x, n, Np, N)

利用此函數，試製作 p=0.2、N=3000、n=30 的超幾何分配的直條圖看看。

F2 | fx =HYPGEOMDIST(E2,C2,D2,B2)

	A	B	C	D	E	F	G
1	p	N	n	Np	x	P	
2	0.2	3000	30	600	0	0.001193547	
3	0.2	3000	30	600	1	0.009061087	
4	0.2	3000	30	600	2	0.033178782	
5	0.2	3000	30	600	3	0.078037018	
6	0.2	3000	30	600	4	0.132464058	
7	0.2	3000	30	600	5	0.172855835	
8	0.2	3000	30	600	6	0.18036129	
9	0.2	3000	30	600	7	0.154530353	
10	0.2	3000	30	600	8	0.110788451	
11	0.2	3000	30	600	9	0.067391004	
12	0.2	3000	30	600	10	0.035142426	
13	0.2	3000	30	600	11	0.015832944	
14	0.2	3000	30	600	12	0.006198799	
15	0.2	3000	30	600	13	0.002117825	
16	0.2	3000	30	600	14	0.000633203	
17	0.2	3000	30	600	15	0.000165951	
18	0.2	3000	30	600	16	3.8145E-05	
19	0.2	3000	30	600	17	7.68559E-06	
20	0.2	3000	30	600	18	1.35513E-06	
21	0.2	3000	30	600	19	2.08505E-07	
22	0.2	3000	30	600	20	2.78777E-08	
23	0.2	3000	30	600	21	3.22023E-09	
24	0.2	3000	30	600	22	3.18877E-10	
25	0.2	3000	30	600	23	2.67899E-11	
26	0.2	3000	30	600	24	1.88326E-12	
27	0.2	3000	30	600	25	1.08702E-13	
28	0.2	3000	30	600	26	5.01667E-15	
29	0.2	3000	30	600	27	0	
30	0.2	3000	30	600	28	0	
31	0.2	3000	30	600	29	0	
32	0.2	3000	30	600	30	0	

【儲存格的內容】

A2 ; 0. 2 B2 ; 3000 C2 ; 30 D2 ; =A2*B2

F2 ; =HYPGEOMDIST (E2, C2, D2, B2)

（從 A3 到 D32 複製 A2 到 D2，從 F3 到 F32 複製 F2）。

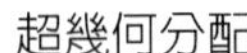

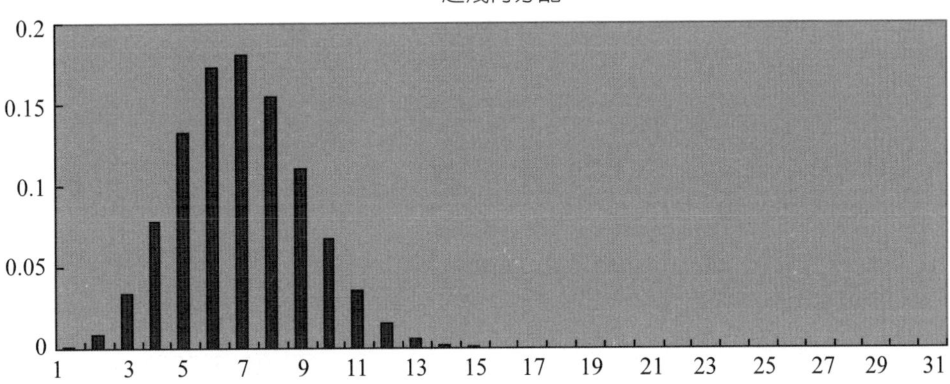

知，不良數為 6 時，機率最大。

3. 不良數的分配（二項分配）

在 $N/n \geq 10$ 時，超幾何分配可以近似二項分配。一般說來，超幾何分配的計算麻煩，因之可以利用二項分配。從不良率 p 的批中抽樣 n 個物品時，不良品數為 x 個的機率 P(x)。

$$P(x) = {}_n C_x p^x (1-p)^{n-x}$$

以上式所設定的分配稱為二項分配。

EXCEL 是可以使用函數 BINOMDIST 來計算。此函數的格式如下。

=BINOMDIST (x, n, p, 0)

最後引數的地方從 0 變成 1 時，

=BINOMDIST (x, n, p, 1)

即可計算不良數在 x 以下的機率。

【儲存格的內容】

D2;=BINOMDIST (C2, B2, A2, 0)

（從 D3 到 D32 複製 D2）

	A	B	C	D
1	p	n	x	P
2	0.2	30	0	0.00123794
3	0.2	30	1	0.00928455
4	0.2	30	2	0.033656495
5	0.2	30	3	0.078531821
6	0.2	30	4	0.132522448
7	0.2	30	5	0.172279183
8	0.2	30	6	0.179457482
9	0.2	30	7	0.153820699
10	0.2	30	8	0.110558627
11	0.2	30	9	0.067563606
12	0.2	30	10	0.035470893
13	0.2	30	11	0.016123133
14	0.2	30	12	0.006382074
15	0.2	30	13	0.002209179
16	0.2	30	14	0.000670644
17	0.2	30	15	0.000178838
18	0.2	30	16	4.19152E-05
19	0.2	30	17	8.62961E-06
20	0.2	30	18	1.55812E-06
21	0.2	30	19	2.46019E-07
22	0.2	30	20	3.38277E-08
23	0.2	30	21	4.0271E-09
24	0.2	30	22	4.11863E-10
25	0.2	30	23	3.58142E-11
26	0.2	30	24	2.61145E-12
27	0.2	30	25	1.56687E-13
28	0.2	30	26	7.53303E-15
29	0.2	30	27	2.79001E-16
30	0.2	30	28	7.47324E-18
31	0.2	30	29	1.28849E-19
32	0.2	30	30	1.07374E-21

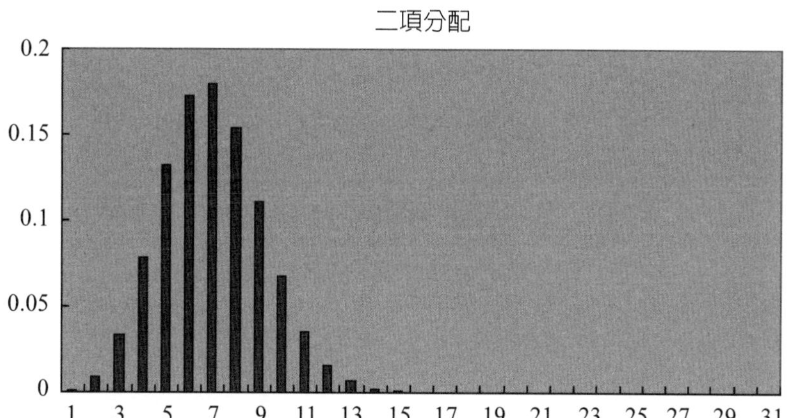

可以確認幾乎與超幾何分配形成相同的形狀。

21.2 抽樣檢驗的實務

一、OC 曲線（檢驗特性曲線）

1. 檢驗中合格的機率

被提出不良率 p = 10% 的批時，假定以樣本大小 n = 30，合格判定個數 c = 2 的抽樣檢驗方式實施檢驗。此時，所提出的批為合格之機率 L(p)，可以利用如下的計算求出。

批合格的機率 L(p) =（不良品是 0 個之機率）
+（不良品是 1 個之機率）
+（不良品是 2 個之機率）

使用二項分配之式子表現此時，即為

$$L(p)=\sum_{x=0}^{c} {}_nC_x p^x(1-p)^{n-x}$$

此計算，在 EXCEL 中可以利用函數 BINOMDIST 來計算。

格式為

=BINOMDIST(c,n,p,1)

【儲存格的內容】

C4 ; = BINOMDIST(C3,C2,C1,1)

不良率 10% 的批合格之機率，大約是 41%。

	A	B	C	D
1	不良率	p	0.1	
2	樣本大小	n	30	
3	合格判定數	c	2	
4	合格機率	L(p)	0.4113512	
5				

2. OC 曲線的作法

決定好樣本的大小 n 與合格判定個數 c，橫軸取成批的不良率，縱軸取成批的合格機率製作圖形時，即可得 1 條曲線，此曲線稱爲 OC 曲線。

利用 OC 曲線可以檢討何種程度的不良率的批，會以多少的機率合格。

例題 21-1　試對 n = 30、c = 3 的抽樣檢驗方式製作 OC 曲線。

【儲存格的內容】

- 於 B1 輸入樣本的大小 30，於 B2 輸入合格判定個數 3。
- 以 0.01 的刻度將不良率 p 之值從 0.01 到 0.3（30 點左右即可繪製），輸入於儲存格 C2 到 C31 中。
- 於 D2 輸入 =BINOMDIST($B$2, $B$1,C2,1)
- 然後從 D3 到 D31 複製 D2。
- 以散佈圖表現 C 行與 D 行的數據時，即可作成如下的 OC 曲線。

	A	B	C	D
1	n	30	p	L(p)
2	c	3	0.01	0.999777
3			0.02	0.997107
4			0.03	0.988095
5			0.04	0.969407
6			0.05	0.939228
7			0.06	0.89738
8			0.07	0.845019
9			0.08	0.784206
10			0.09	0.717468
11			0.1	0.647439
12			0.11	0.576595
13			0.12	0.507083
14			0.13	0.440636
15			0.14	0.37854
16			0.15	0.32166
17			0.16	0.27048

OC曲線

數列1

二、計數規準型抽樣檢驗

1. 計數規準型抽樣檢驗

計數規準型抽樣檢驗，是針對買方與賣方設計保護的規定，爲滿足雙方的要求所設計的抽樣檢驗方式。對賣方的保護是指將良批視爲不合格之機率設定爲 α（小值）。另外，對買方的保護是指不良批視爲合格之機率設定爲 β（小值）。α 稱爲生產者風險，β 稱爲消費者風險。

計數規準型抽樣檢驗，是良批的不良率設爲 p_0，不良批的不良率設爲 p_1 時，先決定好 α 與 β 之值，再決定 n 與 c，具體而言是求解以下的聯立方程式。

$$L(p_0) = 1 - \alpha = \sum_{x=0}^{c} nC_x p^x (1 - p_0)^{n-x}$$

$$L(p_1) = 1 - \beta = \sum_{x=0}^{c} nC_x p^x (1 - p_1)^{n-x}$$

以下的 JISZ9002 是規定 $\alpha = 0.05$，$\beta = 0.1$ 後決定 n 與 c。

例題 21-2 1) 為 $p_0 = 0.03 = 3\%$，$p_1 = 0.15 = 15\%$ 時，使用 JISZ9002 之表，決定 n 與 c。 2) 對此抽樣檢驗方式製作 OC 曲線，確認 α 與 β。

2. JISZ9001

使用 JISZ9002 的表，即可簡單決定 n 與 c。JISZ9002 之表於下頁當作「JISZ9002 計數規準型一次抽樣檢驗表」揭載。

說明此表的用途。

JISZ9002 計數規準型一次抽樣檢驗（細字 n，粗字 c）

p_0 (%) ＼ p_1 (%)	0.71~0.90	0.91~1.12	1.13~1.40	1.41~1.80	1.81~2.24	2.25~2.80	2.81~3.55	3.56~4.50	4.51~5.60	5.61~7.10	7.11~9.00	9.01~11.2	11.3~14.0	14.1~18.0	18.1~22.4	22.5~28.0	28.1~35.5
0.090~0.112	*	400 **1**	↓	←	↓	→	60 **0**	50 **0**	←	↓	↓	←	↓	↓	↓	↓	↓
0.113~0.140	*	↓	300 **1**	↓	←	↓	→	↑	40 **0**	←	↓	↓	←	↓	↓	↓	↓
0.141~0.180	*	500 **2**	↓	250 **1**	↓	←	↓	→	↑	30 **0**	←	↓	↓	←	↓	↓	↓
0.181~0.224	*	*	400 **2**	↓	200 **1**	↓	←	↓	→	↓	25 **0**	←	↓	↓	←	↓	↓
0.225~0.280	*	*	500 **3**	300 **2**	↓	150 **1**	↓	←	↓	→	↑	20 **0**	←	↓	↓	←	↓
0.281~0.355	*	*	*	400 **3**	250 **2**	↓	120 **1**	↓	←	↓	→	↑	15 **0**	←	↓	↓	←
0.356~0.450	*	*	*	500 **4**	300 **3**	200 **2**	↓	100 **1**	↑	←	↓	→	↑	15.**0**	←	↓	↓
0.451~0.560	*	*	*	*	400 **4**	250 **3**	150 **2**	↓	80 **1**	↓	←	↓	→	↑	10 **0**	←	↓
0.561~0.710	*	*	*	*	500 **6**	300 **4**	200 **3**	120 **2**	↓	60 **1**	↓	←	↓	→	↑	7 **0**	←
0.711~0.900	*	*	*	*		400 **6**	250 **4**	150 **3**	100 **2**	↓	50 **1**	↓	←	↓	→	↑	5 **0**
0.901~1.12		*	*	*	*	*	300 **6**	200 **4**	120 **3**	80 **2**	↓	40 **1**	↓	←	↓	↑	↑
1.13~1.40				*	*	*	500 **10**	250 **6**	150 **4**	100 **3**	60 **2**	↓	30 **1**	↓	←	↓	↑
1.41~1.80				*	*	*	*	400 **10**	200 **6**	120 **4**	80 **3**	50 **2**	↓	25 **1**	↓	←	↓
1.81~2.24					*	*	*	*	300 **10**	150 **6**	100 **4**	60 **3**	40 **2**	↓	20 **1**	↓	←
2.25~2.80						*	*	*	*	250 **10**	120 **6**	70 **4**	50 **3**	30 **2**	↓	15 **1**	↓
2.81~3.55							*	*	*	*	200 **10**	100 **6**	60 **4**	40 **3**	25 **2**	↓	10 **1**
3.56~4.50								*	*	*	*	150 **10**	80 **6**	50 **4**	30 **3**	20 **2**	↓
4.51~5.60									*	*	*	*	120 **10**	60 **6**	40 **4**	25 **3**	15 **2**
5.61~7.10										*	*	*	*	100 **10**	50 **6**	30 **4**	20 **3**
7.11~9.00											*	*	*	*	70 **10**	40 **6**	25 **4**
9.01~11.2												*	*	*	*	60 **10**	30 **6**

在相交欄中當有箭線（↑↓←→）時，依據該箭號前進，碰到記載有 n 與 c 之最初欄時，查出 n 與 c 之值。

（註）相交欄中當有＊記號時，利用右下的「抽驗檢驗設計輔助表」。相交欄如為空欄時，抽樣檢驗方式不存在。

抽樣檢驗輔助表

p_1/p_0	c	n
17 以上	0	$2.56/p_0 + 115/p_1$
16～7.9	1	$17.8/p_0 + 194/p_1$
7.8～5.6	2	$40.9/p_0 + 266/p_1$
5.5～4.4	3	$68.3/p_0 + 334/p_1$
4.3～3.6	4	$98.5/p_0 + 400/p_1$
3.5～2.8	6	$164/p_0 + 527/p_1$
2.7～2.3	10	$308/p_0 + 770/p_1$
2.2～2.0	15	$502/p_0 + 1065/p_1$
1.99～1.86	20	$704/p_0 + 1350/p_1$

第 22 章　實驗計畫法

22.1 實驗計畫法

一、實驗的進行方式

1. 實驗的任務

今假定有 5 台故障已不能動的車子（A、B、C、D、E）。5 台均是相同的車種。故障的原因可能是安裝在各台車子的零件，因此想調查零件的狀態（良好或不良）。安裝的零件有 4 種，分別當作零件 1、零件 2、零件 3、零件 4。調查的結果如下表：

車	結果	零件 1	零件 2	零件 3	零件 4
A	故障	良好	良好	不良	良好
B	故障	良好	良好	不良	良好
C	故障	良好	良好	不良	良好
D	故障	良好	良好	不良	良好
E	故障	良好	良好	不良	良好

觀察此調查結果，可以發現哪一個零件的故障原因是什麼。通常，觀察此種表時，就會判斷零件 3 是故障的原因。可是，嚴格來說，它是錯誤的判斷。零件 3 只是故障原因的「可能性極高」而已，但無法判定是原因。因爲，即使是沒有故障的車子，零件 3 或許也是不良吧！在判定是否故障上，試著將零件 3 還原成良好的狀態，看看故障是否可修好，此種實驗有其需要。

所謂實驗是當注視結果時，將被認爲是原因者，使之人爲式地改變，觀察測量結果如何改變。並且，在因果關係的確認上，實驗也是不可欠缺的。

另外，觀察測量目前在發生的狀態的實際情形（不加上人爲手段）即爲調查。

2. 實驗的 PDCA

在品質管理（QC）領域中，爲了獲得良好的結果，提倡基本的工作進行方式。此即依循稱爲 PDCA 的 4 個步驟進行工作的方式。具體言之，即意指如下步驟：

步驟 1　P=Plan　=計畫

步驟 2　D=Do　=實施

步驟 3　C=Check　=確認

步驟 4　A=Action　=處置

在進行實驗時，也仍然可以適用此想法進行實驗。最好也是按照如下的 4 個步驟進行：

I　實驗的計畫研擬（P）

II　實驗的實施（D）

III　實驗結果的解析（C）

IV　解析結果的活用（A）

3. 計畫階段的留意點

在實驗計畫階段有需要使以下 10 個重點明確：

(1) 實驗的目的（爲何實驗）

(2) 測量的項目（測量什麼）

(3) 實驗的條件（要如何改變什麼）

(4) 固定的項目（不改變使之一定的是什麼）

(5) 實驗的順序（以何種順序實驗）

(6) 實驗的規模（幾次進行實驗）

(7) 個體的選定（使用何種物品、受試者、動物）

(8) 實施的方法（誰、何時、在何處實施）

(9) 解析的方法（如何解析實驗的數據）

(10) 活用的預定（如何活用實驗的結論）

4. 實驗目的明確化

實驗的目的可以大略分成以下 3 者：

(1) 影響測量值變動的要因是什麼（要因探索）

(2) 哪一條件會讓最好的結果出現（條件探索）

(3) 要因與測量值有何種關係（關係探索）

數據的解析方法或實驗的規模，取決於在上述的哪一個目的下進行實驗而有所不同。

5. 實驗計畫法的重要性

為了計畫合理的實驗，高精度地解析由實驗所得到的數據，需要實驗計畫法的知識。

(1) 實驗數據的收集方法（規劃有效率的實驗方法論）

(2) 實驗數據的解析方法（解析數據的方法論）

數據的收集與數據的解析相互有關係，因此不可獨立思考。取決於實施何種實驗，解析方法自然就會決定。因此，事先決定想得出何種資訊。為此要進行何種解析，然後要進行何種實驗，需要如此逆向思考。實施實驗，收集數據之後，再思考解析方法是錯誤的進行方式。

解析實驗數據的代表性手法即為變異數分析。想理解活用變異數分析，需要統計解析的基礎知識。

二、實驗計畫法的用語

先解說在實驗計畫法領域中通常使用到的用語。用語的解說是以「JISZ8101」來參考。

1. 特性值

表示實驗目的之結果的測量項目。

2. 因子

影響測量值之變異原因可以想出許多，但從中列舉依據實驗目的被認為重要者來計畫實驗。此時列舉的變異原因稱為因子。

3. 水準

將因子以量的方式或質的方式改變時，指的是它的階段。譬如，將溫度取成因子時，300℃、400℃之值即為它的水準。另外將觸媒的種類取成因子時，它的各種類即為它的水準。

4. 主效果

一個因子的水準的平均效果。

5. 交互作用

一個因子的水準的效果，因其他因子的水準而改變，表示此種程度的量。譬如，右圖意指在溫度 20℃與 30℃時的效果，是使用的材料 B1 或使用 B2 而有不同。此種溫度與材料的組合效果之量稱爲交互作用。

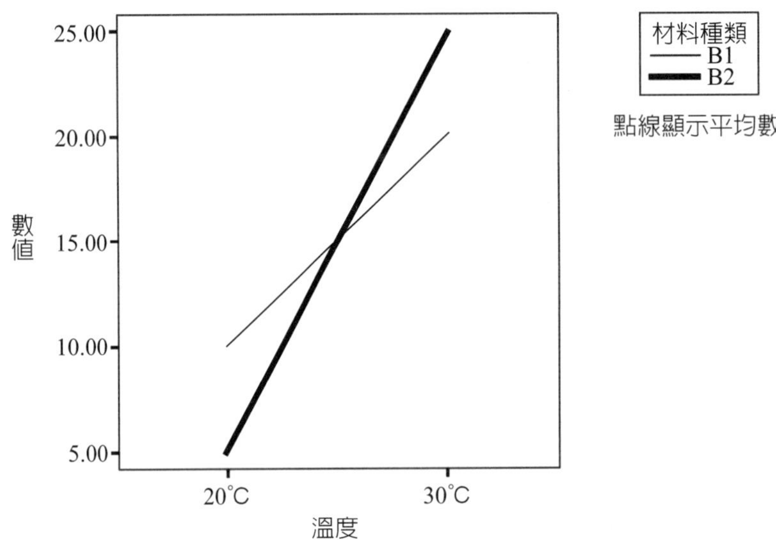

6. 要因效果

主效果與交互作用之總稱。

7. 交絡

2 個以上的要因效果混合在一起無法分離。

請看以下的表：

材料	機械	品質
A	1 號機	不良
A	1 號機	不良
B	2 號機	良
B	2 號機	良

使用 A 材料時，品質成爲不良；使用 B 材料時，品質成爲良。由此事雖然想判斷品質成爲不良的原因是材料，但材料 A 時，機械是使用 1 號機；材料 B 時，是使用 2 號機。因此材料是原因呢？或者機械是原因呢？無法判斷！此種狀態稱爲材料與機械形成交絡。

8. 變異數分析

將整個測量值的變異，分成對應幾個要因效果之變異，以及剩下的誤差變異後再進行檢定。此一般是製作變異數分析表（ANDVA）來進行。

三、因子的種類

1. 因子的分類 (1)

因子的水準能以數量指定的因子稱爲量因子，無法以數量指定的因子稱爲質因子。譬如，像溫度的因子，第 1 水準是 10℃，第 2 水準是 20℃之類能以數量指定，因此是量因子。相對的，像材料的種類此種因子，第 1 水準是材料 A，第 2 水準是材料 B 之類以定性的方式指定，由於無法以數量指定，所以是質因子。

2. 因子的分類 (2)

因子取決於實驗中所列舉的目的，可以如下分類。

(1) 控制因子

設定幾個水準從中選出最適合的水準作爲目的所列舉的因子。

(2) 標示因子

水準有重現性，雖可設定其水準，但選出最適水準是無意義的，調查與其他的控制因子的交互作用（組合效果）是實驗目的，此類因子即是。像物品的使用條件或試驗條件等一般大多是標示因子。

(3) 集區因子

目的是使實驗的精度提高，爲了層別實驗的場所而列舉的因子。水準無重現性，因此，與控制因子交互作用也是無意義的。譬如，日、地域、人等，即相當於此。

(4) 變動因子

在現場（使用的場所）中並無重現性，像雜音發揮作用的因子。列舉此因子，即可評價特性值的安定性等。

3. 因子的分類 (3)

像控制或標示因子之類，在技術上可以設定水準的因子稱爲母數因子。另一方面，只有在進行實驗時能指定，在通常的場合中無法以技術性指定水準，無重現性的因子稱爲變量因子。假定從多數的水準的群體中隨機抽出因子的水準時，該因子即爲變量因子。

22.2 實驗的實施

一、實驗的原則

1. 費雪（Fisher）3 原則

爲了從實驗結果導出正確的結論，高精度地估計誤差相當重要。因此，實驗計畫法的創始者費雪提倡要基於如下 3 原則進行實驗：

〈原則 1〉重覆（Replication）

〈原則 2〉隨機（Randomization）

〈原則 3〉局部管理（Local Control）

2. 反覆的原則

實驗有需要針對同一事件重複（Replication）2 次以上。因爲 1 個數據無法評價誤差的大小。

譬如，假定有 2 種（A、B）高爾夫球 A、B，哪一個球在受到完全相同的打擊時是否飛行良好，各進行 1 次實驗，測量其飛行距離。假定結果如下：

A 的飛行距離 = 80m

B 的飛行距離 = 90m

B 的高爾夫球在進行 1 次實驗時，飛行距離完全成爲 90m 的可能性是很低的。因爲，實驗中連同測量的誤差包含在內是有各種的誤差。因此，此種實驗，10m 是因爲 A 與 B 之不同而發生的呢？或是因偶然的變異（誤差）所發生的呢？無法區分。爲了評價誤差的大小，在同一條件下的實驗數據需要 2 個以上。

3. 隨機的原則

今假定列舉溫度作爲因子進行實驗。水準數是 3 水準，第 1 水準是 10℃，第 2 水準是 20℃，第 3 水準是 30℃，各水準重複 4 次。

此時，以如下的的順序進行實驗是不行的。

10℃	20℃	30℃
1 號	5 號	9 號
2 號	6 號	10 號
3 號	7 號	11 號
4 號	8 號	12 號

以此種順序進行實驗時，假定 10℃時，得出 4 個數據均是好的結果時，是因爲溫度爲 10℃所以才有良好的結果呢？還是最先實施所以才有良好的結果呢？無法分析。亦即，順序的效果（時間的效果）與溫度的效果相交絡了。

爲了防止此種不當，實驗以隨機順序是原則。如以隨機順序進行時，順序的影響會隨機地出現在各實驗中，因此即可當作誤差來處理。

爲了執行實驗所使用的材料、裝置、環境條件等稱爲實驗場。使整個實驗場先處於管制狀態，以完全隨機的順序在其中進行實驗稱爲完全隨機化法。進行實驗順序的隨機化，是使各條件所進行的實驗順序在時間上或空間上均以相同的機率加以配列（因此，亂數有其必要）。

另一方面，使用人或動物等實驗時，需要配置的隨機化。譬如，有 2 種授課方法（分別當作方法 1 方法 2），想實驗 2 種的授課方法中哪一種的教育效果較高。今假定有學生 100 人，首先有需要將此 100 人隨機地分成各 50 人的 2 組。接著，有需要將其中一組的 50 位學生以方法 1 授課，另一組的學生 50 人以方法 2 授課。這是爲了防止各學生原本具有的能力差異與授課方法之差異發生交絡。

將 100 人隨機分成 2 組的行爲，以另一種觀點來看時，即是將 100 人隨機配置成接受方法 1 授課的組與接受方法 2 授課的組。這是配置的隨機化。

像以上隨機化有實驗順序的隨機化與配置的隨機化。

4. 局部管理的原則

整個實驗場處於管制狀態爲不可能，或者隨機化爲不可能時，採取將實驗場分割成幾個部分，以局部管理實驗場的方法。此即爲局部管理。將實驗場在內部以較爲均一的實驗單位加以構成時，以時間或空間所分割者稱爲集區

（Block），對如此所作成的各集區，以隨機順序實施實驗。此種實驗方法與先前的完全隨機化相對，稱爲隨機集區（或稱亂塊法）。

完全隨機化法的實驗順序例

A1	A2	A3
1 號	6 號	4 號
5 號	3 號	10 號
11 號	7 號	9 號
8 號	12 號	2 號

亂塊法的實驗順序例

	A1	A2	A3
集區 1	3 號	2 號	1 號
集區 2	1 號	3 號	2 號
集區 3	2 號	1 號	3 號
集區 4	1 號	3 號	1 號

二、實驗的類型

1. 要因實驗

假定列舉使印刷物的光澤提高的實驗作爲例子。特性值是光澤度，因子是印刷時的墨水量（因子 A）與印刷紙的厚度（因子 B）2 個。因子 A 當作 2 水準（A1、A2），因子 B 也當作 2 水準（B1、B2）。尋找光澤度最佳的分析是何種的條件，即爲此實驗的目的。

首先，爲了發現 A1 與 A2 之中何者的光澤度較好，將因子 B 固定在 B1，進行 A1 與 A2 的比較。結果，假定 A2 較好。接著，此次將因子 A 固定在較好的 A2，進行 B1 與 B2 的比較。結果，假定 B2 較好。因此，以結論來說，A2B2 的條件可使光澤度最好，此種實驗的進行方式由於每次只列舉一個因子，因此稱爲單一因子實驗（Single Factor Experiment, One at a Time Experiment）。

此種實驗方法當 2 個因子之間有交互作用時，有可能會導出錯誤的結論。因爲，觀察下表或可了解由於並未以 A1、A2 的條件進行的實驗之緣故。

	B1	B2
A1	X	
A2	O	◎

與單一因子實驗相對，列舉 2 個以上的因子，針對這些水準的所有組合進行實驗稱爲要因實驗（Factorial Experiment）。實施要因實驗時，由於可以評估所有的要因效果，所以可以導出正確的結論。

2. 一元配置

就一個因子（A），選出 a 水準 A_1、$A_2 \cdots A_a$，各水準分別實驗 n_1、$n_2 \cdots n_a$ 次，以完全隨機的順序進行合計 $N(=n_1+n_2+\cdots n_a)$ 次的實驗，稱爲一元的配置實驗（或稱一因子實驗）。

一元配置實驗的數據表如下所示：

一元配置的數據表

A1	A2	A3	…	Aa
X11	X21	X31		Xa1
X12	X22	X32		Xa2
·	·	·	…	·

表中的 · 是表示測量值（數據）

3. 二元配置

就 2 個因子 A、B 來說，因子 A 選出 a 水準 A1、A2…Aa，因子 B 選出 b 水準 B1、B2…Bb，就這些所有水準的組合以完全隨機的順序進行實驗，稱爲二元配置實驗（或稱 2 因子實驗；Two Factors Experiment）。二元配置有同一組合重複 2 次以上實驗，以及只進行 1 次實驗的 2 種情形。重複之情形稱爲有重複的二元配置，無重複之情形稱爲無重複的二元配置。

無重複二元配置的數據表

	B1	B2	B3	…	Bb
A1	X11	X12	X13		X1b
A2	X21	X22	X23		X2b
•	•	•	•	•	•
Aa	Xa1	Xa2	Xa3	…	xab

有重複二元配置的數據表（重複數為 2 的情形）

	B1	B2	B3	…	Bb
A1	X111 X112	X121 X122	X131 X132		X1b1 X1b2
A2	X211 X212	X221 X222	X231 X232		X2b1 X2b2
•	•	•	•	•	•
Aa	Xa11 Xa12	Xa21 Xa22	Xa31 Xa32	…	Xab1 Xab2

4. 反覆實驗

實驗計畫中所列舉的一組處理，進行2次以上稱爲重覆，重覆（Replication）與反覆（Repetition）是不同的。今考慮因子 A4 水準，因子 B3 水準，重複數 2 的二元配置實驗。總實驗次數 N 是 4×3×2 = 24，將此 24 次的實驗以隨機的順序實施即爲有重複的二元配置。

相對的，反覆實驗是將無重複的二元配置，反覆 2 次的一種實驗。亦即，24 次的實驗並非以隨機順序進行。首先，將所有組合的實驗先挑一組來實施。此時的實驗次數是 4×3 = 12 次，此以隨機順序進行。此實驗結束之後，再進行一組實驗。此時的實驗順序並非與最初的 12 次相同，而是以新的隨機順序進行。有重複的二元配置與利用反覆實驗的二元配置，數據的解析方法不同。

利用反覆的二元配置的數據表

	B1	B2	B3	…	…	Bb
A1	X111	X121	X131			X1b1
A2	X211	X221	X231			X2b1
A3	X311	X321	X331			X3b1
:	:	:	:			:
Aa	Xa11	Xa21	Xa31	•	•	Xab1

反覆 2

	B1	B2	B3	…	…	Bb
A1	X112	X122	X132			X1b2
A2	X212	X222	X232			X2b2
A3	X312	X322	X332			X3b2
:	:	:	:			:
Aa	Xa12	Xa22	Xa32	•	•	Xab2

5. 多元配置

針對 3 個以上因子的所有水準組合以完全隨機順序進行的實驗，稱為多元配置實驗。

三元配置實驗的數據表

		C1	C2	C3
A1	B1 B2	X111 X121	X112 X122	X113 X123
A2	B1 B2	X211 X221	X212 X222	X213 X223
A3	B1 B2	X311 X321	X312 X322	X313 X323
A4	B1 B2	X411 X421	X412 X422	X413 X423

這是因子 A 為 4 水準，因子 B 為 2 水準，因子 C 為 3 水準，無重複的三元配置實驗的數據表例。

6. 亂塊法

將實驗場分成幾個集區（Block），集區內先處於管制狀態，各集區內以隨機的實驗順序進行的實驗稱為亂塊法（Randomized Blocks Design）。

集區因子 B				
B1	B2	B3	B4	B5
A1	A2	A5	A2	A4
A2	A4	A4	A1	A2
A3	A3	A3	A4	A5
A4	A5	A1	A5	A3
A5	A1	A2	A3	A1

將日、地域、人等當作集區的甚多。先前的反覆實驗，可以想成將「反覆」當作集區的亂塊法。

7. 分割法

以隨機順序進行整個實驗不可能或不經濟時，即可將實驗順序的隨機化分成幾個階段來進行。此種實驗方法稱為分割法，此種實驗稱為分割實驗（Split-Spot Design）。

介紹列舉 2 個因子的分割法例。今有兩個因子 A、B，實驗順序的隨機化有困難的因子假定是 A。此時，先分割成已配置好 A 的水準的實驗單位，再將 B 水準隨機配置。然後，要以 A 的哪一水準進行實驗採隨機決定。接著，以 B 的哪一水準進行實驗亦採隨機決定。此種實驗方法稱為分割法。

A1	B1	B3	B4	B2
A3	B4	B1	B3	B2
A2	B3	B2	B1	B4

A2	B1	B2	B3	B4
A1	B3	B2	B4	B1
A3	B2	B4	B3	B1

分割法中最初隨機化的因子稱爲一次因子，接著隨機化的因子 B 稱爲二次因子。

分割法的實驗誤差分割成一次誤差、二次誤差來求出，即爲數據解析上的特徵。

8. 拉丁儲存格

將 n 個不同的字母排列成 n 行 n 列的方形，使各行各列的數字剛好出現一次的配置稱爲拉丁儲存格（Latin Quare）。

譬如，考慮列舉 3 個因子的實驗。各因子均爲 4 水準，因子間的交互作用假定不存在時，使用 4×4 的拉丁儲存格，如下進行實驗即可。

	B1	B2	B3	B4
C1	A4	A1	A2	A3
C2	A1	A2	A3	A4
C3	A2	A3	A4	A1
C4	A3	A4	A1	A2

此實驗有如下性質：

* 以 B1 進行實驗時，A 的水準 A1、A2、A3、A4、A5 全部只出現一次。

* 以 B1 進行實驗時，C 的水準 C1、C2、C3、C4、C5 全部只出現一次。

* 對於以 B2、B3、B4 進行的實驗也是一樣的。

從這些性質，即可求出 A、B、C 的主效果。此實驗的次數是 16 次，但是如果進行通常的三元配置實驗時，需要 4×4×4 = 64 次的實驗。像這樣，在交互作用不存在的假定下，比要因實驗以更少的次數實施實驗的方法稱爲部分實施法（Fractional Factorial Design）。

9. 直交配列表

就任意的 2 個因子來說，其水準的所有組合均同數出現，此種實驗的配量表稱爲直交配列表（Orthogonal Design）。經常使用的直交配列表有 2 水準與 3 水準系。如使用直交配列表時，即可容易計畫部分實施法的實驗。

以下是直交配列表例

1	2	3	4	5	6	7	8	9	10	11	12	13	14	15
1	1	1	1	2	1	1	1	1	1	1	1	1	1	1
1	1	1	1	2	1	1	2	2	2	2	2	2	2	2
1	1	1	2	1	2	2	1	1	1	1	2	2	2	2
1	1	1	2	1	2	2	2	2	2	2	1	1	1	1
1	2	2	1	2	2	2	1	1	2	2	1	1	2	2
1	2	2	1	2	2	2	2	2	1	1	2	2	1	1
1	2	2	2	1	1	1	1	1	2	2	2	2	1	1
1	2	2	2	1	1	1	2	2	1	1	1	1	2	2
1	1	2	1	2	1	2	1	2	1	2	1	2	1	2
1	1	2	1	2	1	2	2	1	2	1	2	1	2	1
1	1	2	2	1	2	1	1	2	1	2	2	1	2	1
1	1	2	2	1	2	1	2	1	2	1	1	2	1	2
1	2	1	1	2	2	1	1	2	1	1	1	2	2	1
1	2	1	1	2	2	1	2	1	2	2	2	1	1	2
1	2	1	2	1	1	2	1	2	1	1	2	1	1	2
1	2	1	2	1	1	2	2	1	2	2	1	2	2	1
a	b	ab	c	ac	bc	abc	d	ad	bd	abd	cd	cd	bcd	Abcd

22.3 利用直交配列表的實驗計畫

一、直交表的利用

例題 22-1　想列舉 5 個因子（A、B、C、D、E）進行實驗。因子的水準數全部均為 2 水準。另外，所有的交互作用被認為可以忽略。要進行何種實驗才好？

■ 何謂直交配列表

本例題想列舉的因子數是 5，如果實驗次數變多也無所謂時，可以進行 5 元配置實驗。此時，實驗的次數是 2^5（32）次。

進行 5 元配置實驗時，利用變異數分析，即可求出如下的要因效果。

（主效果）

A、B、C、D、E

（2 因子交互作用）	（3 因子交互作用）	（4 因子交互作用）
A×B	A×B×C	A×B×C×D
A×C	A×B×D	A×B×C×E
A×D	A×B×E	A×B×D×E
A×E	A×C×D	A×C×D×E
B×C	A×C×E	B×C×D×E
B×D	A×D×E	
B×E	B×C×D	
C×D	B×D×E	
C×E	C×D×E	
D×E		

本例題由於只需要有關主效果的資訊，計畫 5 元配置之實驗時，有關交互作用的不需要資訊也要收集。

因此，有關不注視的交互作用的資訊，即使無法收集也行，因之可以考察減少實驗次數的方法。

在此種狀況下所使用的工具即為直交配列表（直交表）。

直交配列表有全部因子的水準均爲 2 水準，來規劃實驗時使用的 2 水準系直交配列表，以及均爲 3 水準，來規劃實驗時所使用的 3 水準系直交配列表。

（註）2 水準與 3 水準混合一起的直交配列表也是存在的。
本書針對 2 水準系的直交配列表來討論。

2 水準系的直交配列表經常使用的是 L_8（2^7）型與 L_{16}（2^{15}）型。

L_8（2^7）型（大略記爲 L_8）直交配列表，可以用在想以 8 次的實驗收集均爲 2 水準因子的資訊。可以列舉的因子數最多 7，但交互作用也當作一個因子來考慮。

L_8 直交配列表如下表示。

L_8 直交配列表

No.	行 1	行 2	行 3	行 4	行 5	行 6	行 7
1	1	1	1	1	1	1	1
2	1	1	1	2	2	2	2
3	1	2	2	1	1	2	2
4	1	2	2	2	2	1	1
5	2	1	2	1	2	1	2
6	2	1	2	2	1	2	1
7	2	2	1	1	2	2	1
8	2	2	1	2	1	1	2
基本表示	a	b	ab	d	ac	bc	abc

■ 直交配列表的看法與用法

試 L_8 讓直交配列表的第 1 行到第 5 行對應例題的 5 個因子看看。

因子	A	B	C	D	E		
No.	1 行	2 行	3 行	4 行	5 行	6 行	7 行
1	1	1	1	1	1	1	1
2	1	1	1	2	2	2	2
3	1	2	2	1	1	2	2
4	1	2	2	2	2	1	1
5	2	1	2	1	2	1	2
6	2	1	2	2	1	2	1
7	2	2	1	1	2	2	1
8	2	2	1	2	1	1	2
基本表示	a	b	ab	c	ac	bc	abc

上表可以如下觀察。

No.1 的實驗條件 = $A_1B_1C_1D_1E_1$

No.2 的實驗條件 = $A_1B_1C_1D_2E_2$

No.3 的實驗條件 = $A_1B_2C_2D_1E_1$

No.4 的實驗條件 = $A_1B_2C_2D_2E_2$

No.5 的實驗條件 = $A_2B_1C_2D_1E_2$

No.6 的實驗條件 = $A_2B_1C_2D_2E_1$

No.7 的實驗條件 = $A_2B_2C_1D_1E_2$

No.8 的實驗條件 = $A_2B_2C_1D_2E_1$

實驗的計畫於此結束，接著，以隨機順序實施從 No.1 到 No.8 的實驗。像這樣，讓因子對應各行的行爲稱爲因子的配置。從用直交表計畫實驗，有需要學習因子的配置方法。如本例題，可以忽略所有的交互作用時，如上述單純的配置即可，但無法忽略交互作用時，就非如此單純。此事於例題 22-2 中說明。

例題 22-2 想列舉 5 個因子（A、B、C、D、E）進行實驗。因子的水準數均爲 2 水準。交互作用 A×B 被認爲存在，因之也想檢定此效果。要進行何種實驗才好？試使用直交配列表計畫實驗。

■ 交互作用的處理方法

本例題與例題 22-1 一樣列舉 5 個因子，但 A×C 的資訊當作需要，這是與剛才的例題不同的地方。

有需要求交互作用時，必須考慮交互作用要出現在哪一行。該行如配置因子時，所配置的因子就會與交互作用交絡。

交互作用出現在哪一行，利用基本表示，即可如下找出。

（例 1）第 1 行配置 A，第 2 行配置 B，A×B 即出現在第 3 行。

A ⟶ 第 1 行 ⟶ a

B ⟶ 第 2 行 ⟶ b

A×B ⟶ a×b = ab ⟶ 第 3 行

（例 2）第 1 行配置 A，第 4 行配置 B，A×B 出現在第 5 行。

A ⟶ 第 1 行 ⟶ a

B ⟶ 第 4 行 ⟶ c

A×B ⟶ a×c = ac ⟶ 第 5 行

（例 3）第 5 行配置 A，第 6 行配置 B，A×B 出現在第 3 行。

A ⟶ 第 5 行 ⟶ ac

B ⟶ 第 6 行 ⟶ bc

A×B ⟶ ac×bc ⟶ abc^2 =（平方改成 1）ab 第 3 行

■ 配置的例子

試考慮本例題的配置。

交互作用 A×C 因為需要，因之因子 A 與 C 要比其他因子優先配置。首先將 A 配置在第 1 行，C 配置在第 4 行，A×C 出現在第 5 行。接著，將 B、D、E 任意配置在剩下的行（2、3、6、7 行）。結果，情形如下。

因子	A	B		C	A×C	D	E
No.	第 1 行	第 2 行	第 3 行	第 4 行	第 5 行	第 6 行	第 7 行
1	1	1	1	1	1	1	1
2	1	1	1	2	2	2	2
3	1	2	2	1	1	2	2
4	1	2	2	2	2	1	1
5	2	1	2	1	2	1	2
6	2	1	2	2	1	2	1
7	2	2	1	1	2	2	1
8	2	2	1	2	1	1	2
基本表示	a	b	ab	c	ac	bc	abc

此外，上述的配置例只不過是一個例子而已。其他如下也可想到各種情形。

	第 1 行	第 2 行	第 3 行	第 4 行	第 5 行	第 6 行	第 7 行
情況 1	A	C	A×C	B		D	E
情況 2	B	A		C		A×C	E
情況 3	A	D		C	A×C	B	E

像本例想求的交互作用只有一個時，配置很容易，但有兩個以上時，使用基本表示來配置變得麻煩。實務上考慮使用稱爲線點圖的方法來配置比較有效率。使用線點圖的因子配置方法如以下介紹。

二、配置的實際

> **例題 22-3** 想列舉 4 個因子（A、B、C、D）進行實驗。
> 因子的水準數均爲 2 水準。交互作用 A×B 與 B×C 被認爲是存在的。
> 可進行如何的實驗才好？試使用直交配列表計畫實驗。

■ L_8 的線點圖

所謂線點圖是主效果以點，交互作用以線表示的圖。準備有如下的兩種點線圖。

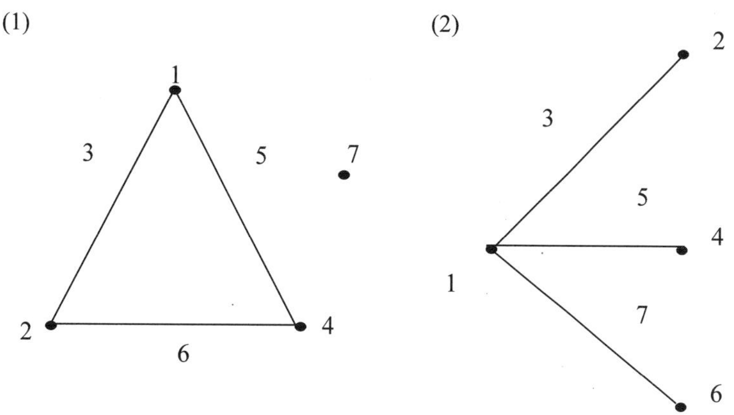

■ 線點圖的用法

首先，自己製作所需的線點圖。本例題因 A×B 與 B×C 是需要的，所以可以如下繪製。

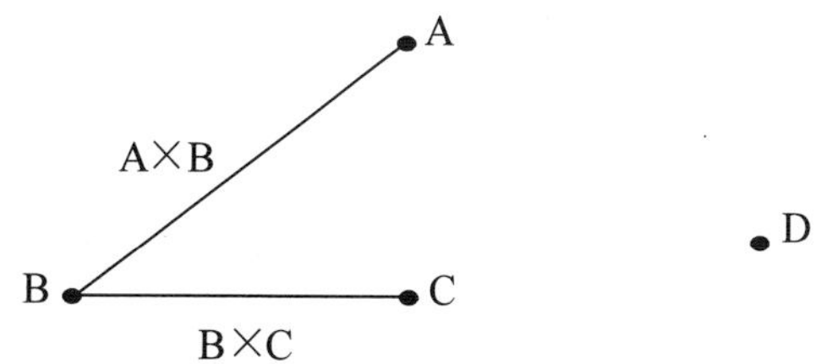

將此套入形狀相類似 (1) 的線點圖中。

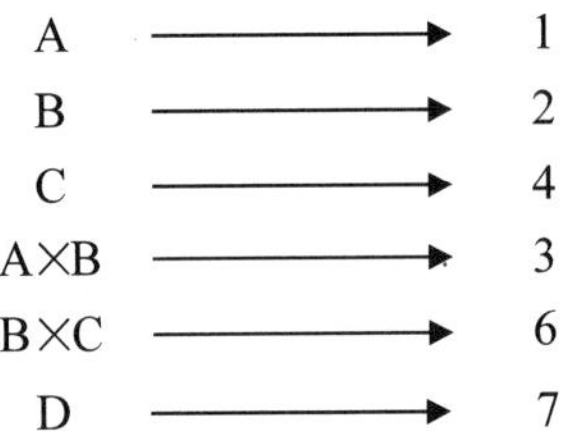

如上對應後再配置因子即可。

■ L_{16} 的線點圖

L_{16} 準備有如下 6 個線點圖。

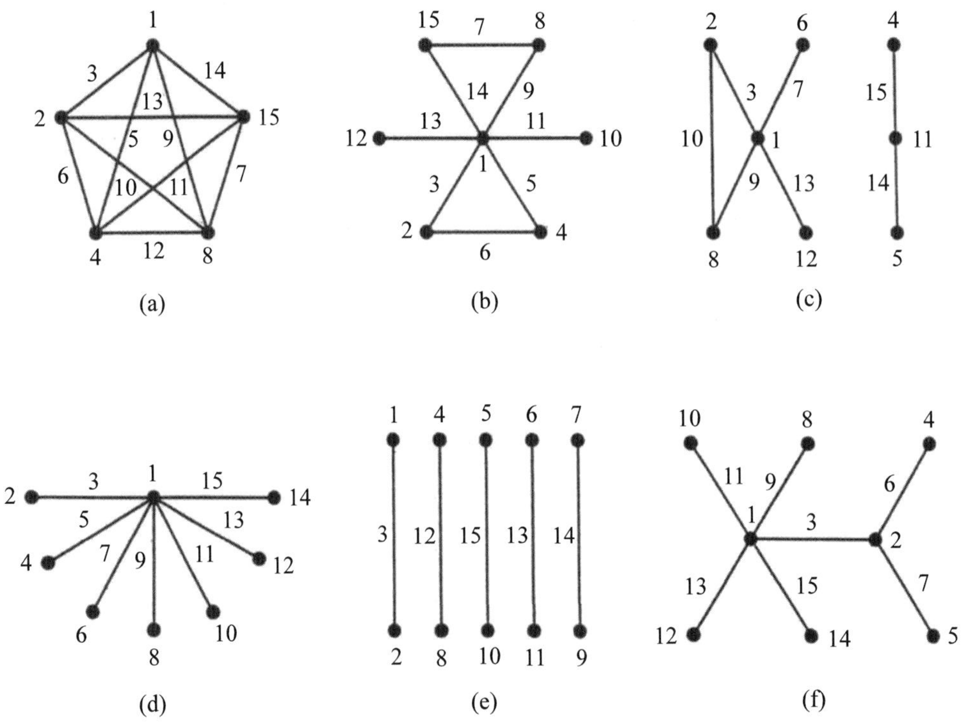

例題 22-4 想列舉 5 個因子（A、B、C、D、E）進行實驗。因子的水準數均爲 2 水準。交互作用分別爲 A×B、A×C、A×D、D×E 被認爲是存在的。要進行如何的實驗才好？試使用 L_{16} 直交配列表計畫實驗。

首先，自己製作所需的線點圖。

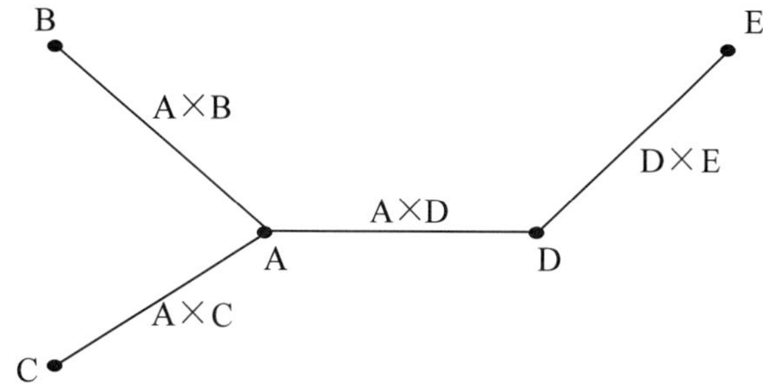

將此套入形狀類似（f）的線點圖中。

A	→	1
B	→	10
C	→	12
D	→	2
E	→	4
A×B	→	11
A×C	→	13
A×D	→	3
D×E	→	6

如上對應後配置因子即可。

22.4 直交配列實驗的數據解析

一、變異數分析的方法

例題 22-5 列舉 4 個因子（A、B、C、D），在直交配列表上計畫實驗。以交互作用來說，被考慮的是 A×B，因之將因子與行如下對應進行配置。

A ——→ 1

B ——→ 2

C ——→ 4

D ——→ 5

A×B ——→ 3

實施實驗的結果，如下得出有關測量值 Y 的數據。

行號	第 1 行	第 2 行	第 3 行	第 4 行	第 5 行	第 6 行	第 7 行	實驗數據
配置因子	A	B	A×B	C	D			
1	1	1	1	1	1	1	1	2.1
2	1	1	1	2	2	2	2	3.3
3	1	2	2	1	1	2	2	2.2
4	1	2	2	2	2	1	1	3.6
5	2	1	2	1	2	1	2	3.4
6	2	1	2	2	1	2	1	3.3
7	2	2	1	1	2	2	1	2.9
8	2	2	1	2	1	1	2	3.6
基本表示	a	b	ab	c	ac	bc	abc	

試解析實驗數據。

■平方和的計算

根據 2 水準系的直交配列表實驗所得數據的平方和，可如下求得。

如將第 i 行的平方和當作 S(i) 時，

〈L_8 的情形〉

S(i) = {（第 1 水準的數據和）−（第 2 水準的數據和）}2/8

〈L_{16} 的情形〉

S(i) ＝ {（第 1 水準的數據和）–（第 2 水準的數據和）}2/16

譬如，在第 3 行配置因子 A 時，即爲

$$S_A = S(3)$$

誤差平方和 S_e 是從全體的平方和減去已配置因子之行的平方和的合計後即可求出。

■ 變異數分析

本例題的變異數分析之結果如下。

變異數分析表

要因	平方和	自由度	變異數	變異比	P 値
A	0.500	1	0.500	5.882	0.1361
B	0.005	1	0.005	0.059	0.8310
A×B	0.045	1	0.045	0.529	0.5425
C	1.280	1	1.280	15.059	0.0604
D	0.500	1	0.500	5.882	0.1361
誤差	0.170	2	0.085		
合計	2.500	7			

此處，將變異比較小（P 値較大）的因子併入誤差中。

要因配置實驗時，主效果不合併，但直交配列實驗時，即使是主效果也可當作合併的對象。

本例題，B 與 A×B 併入誤差中。

另外，交互作用 A×B 不併入誤差時，因子 A 與 B 也不併入誤差中。

合併後的變異數分析表

要因	平方和	自由度	變異數	變異比	P 値
A	0.500	1	0.500	9.091	0.0394
C	1.280	1	1.280	23.273	0.0085
D	0.500	1	0.500	9.091	0.0394
誤差	0.220	4	0.055		
合計	2.500	7			

因子 A、C、D 的 P 值均比 0.05 小，所以是顯著的。

二、利用 EXCEL 解析直交表數據

■ 直交配列表的變異數分析

步驟 1　直交表的輸入。

	A	B	C	D	E	F	G	H	I
1	L8	直交表							
2	行號	1行	2行	3行	4行	5行	6行	7行	
3	因子配置								
4	數據								
5		1	1	1	1	1	1	1	
6		1	1	1	2	2	2	2	
7		1	2	2	1	1	2	2	
8		1	2	2	2	2	1	1	
9		2	1	2	1	2	1	2	
10		2	1	2	2	1	2	1	
11		2	2	1	1	2	2	1	
12		2	2	1	2	1	1	2	
13	基本表示	a	b	ab	c	ac	bc	abc	
14									
15									

【儲存格的內容】

B4;=IF(B3=" ",B2,B3)　　　　　（將 B4 從 C4 複製至 H4）

步驟 2　數據與配置因子的輸入。

	A	B	C	D	E	F	G	H	I
1	L8	直交表							
2	行號	1行	2行	3行	4行	5行	6行	7行	
3	因子配置	A	B	A×B	C	D			
4	數據	A	B	A×B	C	D	6行	7行	
5	2.1	1	1	1	1	1	1	1	
6	3.3	1	1	1	2	2	2	2	
7	2.2	1	2	2	1	1	2	2	
8	3.6	1	2	2	2	2	1	1	
9	3.4	2	1	2	1	2	1	2	
10	3.3	2	1	2	2	1	2	1	
11	2.9	2	2	1	1	2	2	1	
12	3.6	2	2	1	2	1	1	2	
13	基本表示	a	b	ab	c	ac	bc	abc	
14									
15									

步驟 3 平方和、平均值、要因效果的計算。

	A	B	C	D	E	F	G	H	I
1	L8	直交表							
2	行號	1行	2行	3行	4行	5行	6行	7行	
3	因子配置	A	B	AxB	C	D			
4	數據	A	B	AxB	C	D	6行	7行	
5	2.1	1	1	1	1	1	1	1	
6	3.3	1	1	1	2	2	2	2	
7	2.2	1	2	2	1	1	2	2	
8	3.6	1	2	2	2	2	1	1	
9	3.4	2	1	2	1	2	1	2	
10	3.3	2	1	2	2	1	2	1	
11	2.9	2	2	1	1	2	2	1	
12	3.6	2	2	1	2	1	1	2	
13	基本表示	a	b	ab	c	ac	bc	abc	
14	平方和	0.5	0.005	0.045	1.28	0.5	0.125	0.045	
15									
16	平均值	A	B	AxB	C	D	6行	7行	
17	水準1	2.8	3.025	2.975	2.65	2.8	3.175	2.975	
18	水準2	3.3	3.075	3.125	3.45	3.3	2.975	3.125	
19									
20	要因效果	A	B	AxB	C	D	6行	7行	
21	水準1	-0.25	-0.025	-0.075	-0.4	-0.25	0.125	-0.075	
22	水準2	0.25	0.025	0.075	0.4	0.25	-0.125	0.075	
23									

【儲存格的內容】

B14;=(SUMIF(B5:B12,1,$A$5:$A$12)-SUMIF(B5:B12,2,$A$5:$A$12)^2/8

（將 B14 由 C14 複製至 H14）

B16;=B4 （將 B16 由 C16 複製至 H16）

B17;=SUMIF(B5:B12,1,$A$5:$A$12)/4 （將 B17 由 C17 複製至 H17）

B18;=SUMIF(B5:B12,2,$A$5:$A$12)/4 （將 B18 由 C18 複製至 H18）

B20;=B4 （將 B20 由 C20 複製至 H20）

B21;=B17-AVERAGE($A$5:$A$12) （將 B21 由 C21 複製至 H21）

B22;=B18-AVERAGE($A$5:$A$12) （將 B22 由 C22 複製至 H22）

步驟 4 變異數分析表的製作。

	A	B	C	D	E	F	G	H	I
24		<<<變異數分析表>>>							
25		要因	平方和	自由度	變異數	變異比	p值	判定	
26		A	0.500	1	0.5	5.8824	0.1361		
27		B	0.005	1	0.005	0.0588	0.8310		
28		AxB	0.045	1	0.045	0.5294	0.5425		
29		C	1.280	1	1.28	15.0588	0.0604		
30		D	0.500	1	0.5	5.8824	0.1361		
31									
32									
33		誤差	0.170	2	0.085				
34		合計	2.500	7					
35		（檢算）	2.500						
36		顯著水準	0.05						
37									
38									

【儲存格的內容】

B26;=IF(B3=" "," ",B3)

B27;=IF(C3=" "," ",C3)

B28;=IF(D3=" "," ",D3)

B29;=IF(E3=" "," ",E3)

B30;=IF(F3=" "," ",F3)

B31;=IF(G3=" "," ",G3)

B32;=IF(H3=" "," ",H3)

B33;=IF(COUNTA(B3:H3)=7," "," 誤差 ")

B34; 合計

C26;=IF(B3=" "," ",B14)

C27;=IF(C3=" "," ",C14)

C28;=IF(D3=" "," ",D14)

C29;=IF(E3=" "," ",E14)

C30;=IF(F3=" "," ",F14)

C31;=IF(G3=" "," ",G14)

C32;=IF(H3=" "," ",H14)

C33;=IF(B33=" "," ",C34-SUM(C26:C32))

C34;=DEVSQ(A5:A12)

C35;=SUM(C26:C33)

C36;0.05（顯著水準）

D26;=IF(B26=" "," ",1)　　（將 D26 由 D27 複製至 D32）

D33;=IF(B33=" "," ",7-SUM(D26:D32))

D34;=SUM(D26:D33)

E26;=IF(B26=" "," ",C26/D26)　　（將 E26 由 E27 複製至 E33）

F26;=IF($B$33=" "," ",IF(B26=" "," ",E26/$E$33))

（將 F26 由 F27 複製至 F32）

G26;=IF(F26=" "," ",FDIST(F26,D26,$D$33))　（將 G26 由 G27 複製至 G32）

H26;=IF(G26<$C$36,"*"," "))　（將 H26 由 H27 複製至 H32）

步驟 5　合併後的變異數分析表的製作。

	A	B	C	D	E	F	G	H	I
39	合併	<<<合併後的變異數分析表>>>							
40	↓	要因	平方和	自由度	變異數	變異比	p值	判定	
41		A	0.5	1	0.5	9.0909	0.0394	*	
42	B								
43	AB								
44		C	1.28	1	1.28	23.2727	0.0085	*	
45		D	0.5	1	0.5	9.0909	0.0394	*	
46									
47									
48		誤差	0.22	4	0.055				
49		合計	2.5	7					
50									
51									

在想合併之因子的左鄰儲存格（A41 到 A47）輸入任意的字母時，則該因子設計成使之被併入誤差中。

【儲存格的內容】

B40;=B25　　（將 B40 由 C40 複製至 H40）

B41;=IF(A41=" ",B26," ")　　（將 B41 由 B42 複製至 B47）

B48;=IF(COUNT(A41:A47)=0,B33," 誤差 ")

B49;=B34

C41;=IF(B41=" "," ",C26)　　（將 C41 由 C42 複製至 C47）

C48;=IF(B48=" "," ",C34-SUM(C41:C47))

C49;=C34

D41;=IF(B41=" "," ",D26)　　　　　　　　（將 D41 由 D42 複製至 D47）

D48;=IF(B48=" "," ",D34-SUM(D41:D47))

D49;=D34

E41;=IF(B41=" "," ",C41/D41)　　　　　　　（將 E41 由 E42 複製至 E48）

F41;=IF($B$48=" "," ",IF(B41=" "," ",E41/$E$48))

（將 F41 由 F42 複製至 F47）

G41;=IF(F41=" "," ",FDIST(F41,D41,$D$48))　（將 G41 由 G42 複製至 G47）

H41;=IF(G41=" "," ",IF(G41<$C$36,"*"," "))　（將 H41 由 H42 複製至 H47）

■ L_{16} 直交配列表的變異數分析

步驟 1　直交表的輸入。

	A	B	C	D	E	F	G	H	I	J	K	L	M	N	O	P
1	L8	直交表														
2	行號	1行	2行	3行	4行	5行	6行	7行	8行	9行	10行	11行	12行	13行	14行	15行
3	因子配置															
4	數據	1行	2行	3行	4行	5行	6行	7行	8行	9行	10行	11行	12行	13行	14行	15行
5		1	1	1	1	1	1	1	1	1	1	1	1	1	1	1
6		1	1	1	1	1	1	1	2	2	2	2	2	2	2	2
7		1	1	1	2	2	2	2	1	1	1	1	2	2	2	2
8		1	1	1	2	2	2	2	2	2	2	2	1	1	1	1
9		1	2	2	1	1	2	2	1	1	2	2	1	1	2	2
10		1	2	2	1	1	2	2	2	2	1	1	2	2	1	1
11		1	2	2	2	2	1	1	1	1	2	2	2	2	1	1
12		1	2	2	2	2	1	1	2	2	1	1	1	1	2	2
13		2	1	2	1	2	1	2	1	2	1	2	1	2	1	2
14		2	1	2	1	2	1	2	2	1	2	1	2	1	2	1
15		2	1	2	2	1	2	1	1	2	1	2	2	1	2	1
16		2	1	2	2	1	2	1	2	1	2	1	1	2	1	2
17		2	2	1	1	2	2	1	1	2	2	1	1	2	2	1
18		2	2	1	1	2	2	1	2	1	1	2	2	1	1	2
19		2	2	1	2	1	1	2	1	2	2	1	2	1	1	2
20		2	2	1	2	1	1	2	2	1	1	2	1	2	2	1
21	基本表示	a	b	ab	c	ac	bc	abc	d	ad	bd	abd	cd	acd	bcd	abcd
22																
23																

【儲存格的內容】

B4;=IF(B3=" ",B2,B3)　　　　　　（將 B4 由 C4 複製至 P4）

步驟 2 數據與配置因子的輸入。

	A	B	C	D	E	F	G	H	I	J	K	L	M	N	O	P
1	L8	直交表														
2	行號	1行	2行	3行	4行	5行	6行	7行	8行	9行	10行	11行	12行	13行	14行	15行
3	因子配置	A	B	A×B	C	A×C	B×C		D	E				F	G	H
4	數據	A	B	A×B	C	A×C	B×C	7行	D	E	10行	11行	12行	F	G	H
5	30.6	1	1	1	1	1	1	1	1	1	1	1	1	1	1	1
6	29.3	1	1	1	1	1	1	1	2	2	2	2	2	2	2	2
7	30	1	1	1	2	2	2	2	1	1	1	1	2	2	2	2
8	28	1	1	1	2	2	2	2	2	2	2	2	1	1	1	1
9	29.2	1	2	2	1	1	2	2	1	1	2	2	1	1	2	2
10	28.3	1	2	2	1	1	2	2	2	2	1	1	2	2	1	1
11	30.5	1	2	2	2	2	1	1	1	1	2	2	2	2	1	1
12	28.7	1	2	2	2	2	1	1	2	2	1	1	1	1	2	2
13	29.6	2	1	2	1	2	1	2	1	2	1	2	1	2	1	2
14	31	2	1	2	1	2	1	2	2	1	2	1	2	1	2	1
15	30.8	2	1	2	2	1	2	1	1	2	1	2	2	1	2	1
16	28.9	2	1	2	2	1	2	1	2	1	2	1	1	2	1	2
17	30.5	2	2	1	1	2	2	1	1	2	2	1	1	2	2	1
18	32.2	2	2	1	1	2	2	1	2	1	1	2	2	1	1	2
19	31.3	2	2	1	2	1	1	2	1	2	2	1	2	1	1	2
20	31.2	2	2	1	2	1	1	2	2	1	1	2	1	2	2	1
21	基本表示	a	b	ab	c	ac	bc	abc	d	ad	bd	abd	cd	acd	bcd	abcd
22																

步驟 3 平方和、平均值、要因效果的計算。

	A	B	C	D	E	F	G	H	I	J	K	L	M	N	O	P
1	L8	直交表														
2	行號	1行	2行	3行	4行	5行	6行	7行	8行	9行	10行	11行	12行	13行	14行	15行
3	因子配置	A	B	A×B	C	A×C	B×C		D	E				F	G	H
4	數據	A	B	A×B	C	A×C	B×C	7行	D	E	10行	11行	12行	F	G	H
5	30.6	1	1	1	1	1	1	1	1	1	1	1	1	1	1	1
6	29.3	1	1	1	1	1	1	1	2	2	2	2	2	2	2	2
7	30	1	1	1	2	2	2	2	1	1	1	1	2	2	2	2
8	28	1	1	1	2	2	2	2	2	2	2	2	1	1	1	1
9	29.2	1	2	2	1	1	2	2	1	1	2	2	1	1	2	2
10	28.3	1	2	2	1	1	2	2	2	2	1	1	2	2	1	1
11	30.5	1	2	2	2	2	1	1	1	1	2	2	2	2	1	1
12	28.7	1	2	2	2	2	1	1	2	2	1	1	1	1	2	2
13	29.6	2	1	2	1	2	1	2	1	2	1	2	1	2	1	2
14	31	2	1	2	1	2	1	2	2	1	2	1	2	1	2	1
15	30.8	2	1	2	2	1	2	1	1	2	1	2	2	1	2	1
16	28.9	2	1	2	2	1	2	1	2	1	2	1	1	2	1	2
17	30.5	2	2	1	1	2	2	1	1	2	2	1	1	2	2	1
18	32.2	2	2	1	1	2	2	1	2	1	1	2	2	1	1	2
19	31.3	2	2	1	2	1	1	2	1	2	2	1	2	1	1	2
20	31.2	2	2	1	2	1	1	2	2	1	1	2	1	2	2	1
21	基本表示	a	b	ab	c	ac	bc	abc	d	ad	bd	abd	cd	acd	bcd	abcd
22	平方和	7.29	0.9025	2.25	0.09	0.0625	1.21	0.5625	1.5625	3.24	0.4225	0.16	2.89	0.7225	0.09	0.2025
23																
24	平均值	A	B	A×B	C	A×C	B×C	7行	D	E	10行	11行	12行	F	G	H
25	水準1	29.338	29.775	30.388	30.088	29.95	30.288	30.2	30.325	30.463	30.175	29.913	29.588	30.225	29.938	30.125
26	水準2	30.688	30.25	29.638	29.938	30.075	29.738	29.825	29.7	29.563	29.85	30.113	30.438	29.8	30.088	29.9
27																
28	要因效果	A	B	A×B	C	A×C	B×C	7行	D	E	10行	11行	12行	F	G	H
29	水準1	-0.675	-0.237	0.375	0.075	-0.062	0.275	0.1875	0.3125	0.45	0.1625	-0.1	-0.425	0.2125	-0.075	0.1125
30	水準2	0.675	0.2375	-0.375	-0.075	0.0625	-0.275	-0.188	-0.312	-0.45	-0.162	0.1	0.425	-0.213	0.075	-0.112
31																

【儲存格的內容】

B22;=(SUMIF(B5:B20,1,$A$5:$A$20)-SUMF(B5:B20,2,$A$5:$A$20))^2/16

（將 B22 由 C22 複製至 P22）

B24;=B4（將 B24 由 C24 複製至 P24）

B25;=SUMIF(B5:B20,1,$A$5:$A$20)/8（將 B25 由 C25 複製至 P25）

B26;=SUMIF(B5:B20,2,$A$5:$A$20)/8（將 B26 由 C26 複製至 P26）

B28;=B4（將 B28 由 C28 複製至 P28）

B29;=B25-AVERAGE($A$5:$A$20)（將 B29 由 C29 複製至 P29）

B30;=B26-AVERAGE($A$5:$A$20)（將 B30 由 C30 複製至 P30）

步驟 4　變異數分析的製作。

	A	B	C	D	E	F	G	H	I
31									
32		<<<變異數分析表>>>							
33		要因	平方和	自由度	變異數	變異比	p值	判定	
34		A	7.29	1	7.29	7.2268	0.0548		
35		B	0.9025	1	0.9025	0.8947	0.3978		
36		A×B	2.25	1	2.25	2.2305	0.2096		
37		C	0.09	1	0.09	0.0892	0.7800		
38		A×C	0.0625	1	0.0625	0.0620	0.8157		
39		B×C	1.21	1	1.21	1.1995	0.3349		
40									
41		D	1.5625	1	1.5625	1.5489	0.2812		
42		E	3.24	1	3.24	3.2119	0.1476		
43									
44									
45									
46		F	0.7225	1	0.7225	0.7162	0.4450		
47		G	0.09	1	0.09	0.0892	0.7800		
48		H	0.2025	1	0.2025	0.2007	0.6773		
49		誤差	4.035	4	1.00875				
50		合計	21.6675	15					
51		(檢算)	21.6675						
52		顯著水準	0.05						
53									

【儲存格的內容】

B34;=IF(B3=" "," ",B3)

B35;=IF(C3=" "," ",C3)

B36;=IF(D3=" "," ",D3)

B37;=IF(E3=" "," ",E3)

B38;=IF(F3=" "," ",F3)

B39;=IF(G3=" "," ",G3)

B40;=IF(H3=" "," ",H3)

B41;=IF(I3=" "," ",I3)

B42;=IF(J3=" "," ",J3)

B43;=IF(K3=" "," ",K3)

B44;=IF(L3=" "," ",L3)

B45;=IF(M3=" "," ",M3)

B46;=IF(N3=" "," ",N3)

B47;=IF(O3=" "," ",O3)

B48;=IF(P3=" "," ",P3)

B49;=IF(COUNTA(B3：P3)=15," "," 誤差 ")

B50;= 合計

C34;=IF(B3=" "," ",B22)

C35;=IF(C3=" "," ",C22)

C36;=IF(D3=" "," ",D22)

C37;=IF(E3=" "," ",E22)

C38;=IF(F3=" "," ",F22)

C39;=IF(G3=" "," ",G22)

C40;=IF(H3=" "," ",H22)

C41;=IF(I3=" "," ",I22)

C42;=IF(J3=" "," ",J22)

C43;=IF(K3=" "," ",K22)

C44;=IF(L3=" "," ",L22)

C45;=IF(M3=" "," ",M22)

C46;=IF(N3=" "," ",N22)

C47;=IF(O3=" "," ",O22)

C48;=IF(P3=" "," ",P22)

C49;=IF(B49=" "," ",C50-SUM(C34：C48))

C50;=DEVSQ(A5：A20)

C51;=SUM(C34;C49)

C52;0.05（顯著水準）

D34;=IF(B34=" "," ",1)　　（將 D34 由 D35 複製至 D48）

D49;=IF(B49=" "," ",15-SUM(D34：D48))

D50;=SUM(D34：D49)

E34;=IF(B34=" "," ",C34/D34)　　（將 E34 由 E35 複製至 E49）

F34;=IF($B$49=" "," ",IF(B34=" "," ",E34/$E$49))

（將 F34 由 F35 複製至 F48）

G34;=IF(F34=" "," ",FDIST(F34,D34,$D$49))　（將 G34 由 G35 複製至 G48）

H34;=IF(G34=" "," ",IF(G34<$C$52,"*"," "))　（將 H34 由 H35 複製至 H48）

步驟 5　合併後的變異數分析表的製作。

	A	B	C	D	E	F	G	H	I
55	合併	<<<合併後的變異數分析表>>>							
56	↓	要因	平方和	自由度	變異數	變異比	p值	判定	
57		A	7.29	1	7.29	9.1458	0.0106	*	
58	B								
59	AB								
60	C								
61	AC								
62	BC								
63									
64		D	1.5625	1	1.5625	1.9603	0.1868		
65		E	3.24	1	3.24	4.0648	0.0667		
66									
67									
68									
69	F								
70	G								
71	H								
72		誤差	9.565	12	0.797083				
73		合計	21.6575	15					
74									

在想合併之因子的左 X 儲存格（A57 到 A71）輸入任意的字母時，該因子設計成使之被併入誤差中。

【儲存格的內容】

B56;=B33　（將 B56 由 C56 複製至 H56）

B57;=IF(A57=" ",B34," ")

B72;=IF(COUNT(A57:A71)=0,B49," 誤差 ")

B73;=B50

C57;=IF(B57=" "," ",C34)　（將 C57 由 C58 複製至 C71）

C72;=IF(B72=" "," ",C50-SUM(C57:C71))

C73;=C50

D57;=IF(B57=" "," ",D34)　（將 D57 由 D58 複製至 D71）

D72;=IF(B72=" "," ",D50-SUM(D57:D71))

D73;=D50

E57;=IF(B57=" "," ",C57/D57)　（將 E57 由 E58 複製至 E72）

F57;=IF($B$72=" "," ",IF(B57=" "," ",E57/$E$72))

（將 F57 由 F58 複製至 F71）

G57;=IF(F57=" "," ",FDIST(F57,D57,$D$72))　（將 G57 由 G58 複製至 G71）

H57;=IF(F57=" "," ",IF(G57<$C$52,"*"," "))　（將 H57 由 H58 複製至 H71）

第 23 章 迴歸與相關——增益軟體應用

23.1 迴歸分析與相關分析的基礎知識

一、迴歸分析的概要

1. 何謂迴歸分析

以下的資料是針對 9 位學生測驗英文單字能力與作文能力的成績。

資料表

學號	單字能力	作文能力
1	80	79
2	66	62
3	56	65
4	44	40
5	36	48
6	83	86
7	42	49
8	56	52
9	40	47

根據此資料，繪製英文單字能力與作文能力的散佈圖，即爲下圖。

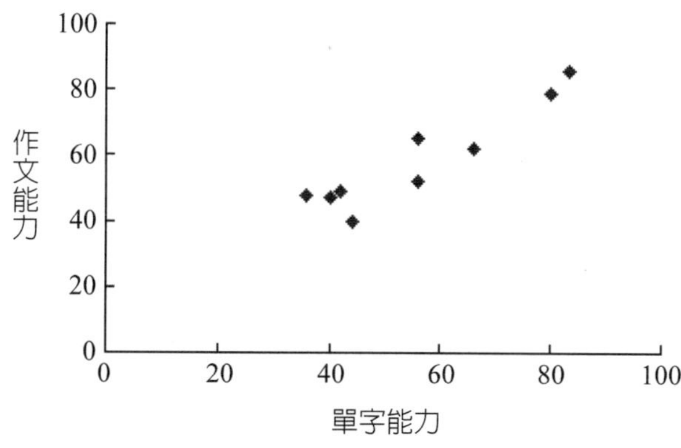

單字能力與作文能力的散佈圖

如觀察此散佈圖時，可以看出單字能力高的學生，作文能力也呈現高的傾向。

此處，試將直線適配在顯示單字能力與作文能力的散佈圖上。

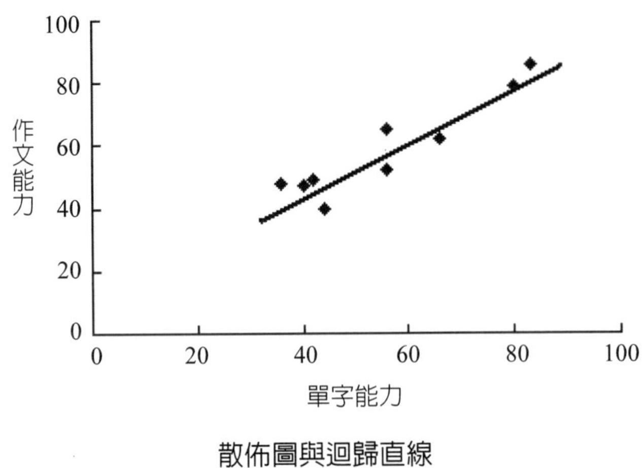

散佈圖與迴歸直線

將此直線稱為 y（作文能力）對 x（單字能力）的迴歸直線。

以式子表示即為

$$\text{作文能力} = 11.675 + 0.8408 \times \text{單字能力}$$

此種式子稱為迴歸式。求迴歸直線（或迴歸曲線）或迴歸式的分析稱為迴歸分析。

「迴歸」此用語是優生學學者高爾登（Francis Galton, 1822-1911）命名。

高爾登曾推估「身高被認為是遺傳的，因之父母的身高與子女的身高（成人）是相同的值」。亦即，認為可以得出

$$y\text{（子女的身高）} = x\text{（父母的身高）}$$

的直線。可是，實際上並非如此。似乎有此傾向，即身高矮的父母所生的子女，其身高比父母高些；身高高的父母所生的子女，其身高比父母矮些。終究，任一者均會回到子女全體的平均值之上。

因此，他將此現象稱爲迴歸（Regression）。

2. 迴歸分析的用語

y 對 x 的迴歸直線想像成

$$y = b_0 + b_1 x$$

時，在迴歸分析中 x 稱爲說明變數（或稱爲獨立變數），y 稱爲目的變數（或稱爲從屬變數）。一般符合 x 或 y 的測量項目或觀察項目稱爲變數。在先前的例子中，單字能力與作文能力即爲變數。而且，單字能力即爲說明變數；作文能力即爲目的變數。

迴歸分析的說明變數並不限於一個，也有兩個以上。說明變數只有一個時，稱爲單迴歸分析；說明變數兩個以上時，稱爲複迴歸分析。

單迴歸分析是就目的變數 y 及一個說明變數 x 的一次式，亦即

$$y = b_0 + b_1 x$$

表示時，求此 x 與 y 之間的關係式的手法。

複迴歸分析是就目的變數 y 與多個說明變數 $x_1, x_2, \cdots x_p$ 的一次式，亦即

$$y = b_0 + b_1 x_1 + b_2 x_2 + \cdots + b_p x_p$$

表示時，求此 x 與 y 之間的關係式的手法。

b_0 稱爲截距（常數項），b_1、b_2、…、b_p 稱爲偏迴歸係數。

3. 各種迴歸式

在 x 與 y 之間設想的式子並不限於之前所表示的一次式，可以想出各種式子。特別是目的變數 y 以如下的說明變數 x 的多項式表示之迴歸式，稱爲多項式迴歸式。

$$y = b_0 + b_1 x_1 + b_2 x^2 + \cdots + b_p x^p$$

此外像

$$y = e^{b_0 + b_1 x}$$

之類，取決於經驗及理論也可以設想各種迴歸式。

要設想哪種迴歸式，要看進行迴歸分析者的能力而定。此處所提的能力，並非統計學的知識，而是指資料背後所具有的固定領域的技術上的知識與學理上的知識。

然而設想複雜的迴歸式，計算只會變得複雜，精度並不會提高太多。迴歸式被認爲單純的較好。

4. 迴歸分析的用途

迴歸分析可活用於

(1)預測

(2)要因解析

所謂預測的活用是指某一個變數之值，想用其他一個或兩個以上的變數之值來預測的情形。想預測的變數是目的變數，用於預測的變數是說明變數。

想預測的情形有：

(1)想預測某數值

(2)想逆估計某數值

(3)想檢討某特性的代用特性

譬如，想由選址條件預測店的銷貨收入時，即相當於 (1)。相反的，使用預測銷貨收入的式子，爲了得到希望的銷貨收入而檢討選址條件情形，即相當於 (2)。此外，利用產品的破壞強度與產品重量的關係，想以產品重量之檢查代替破壞強度之檢查時，即相當於 (2)。當有想測量之性能（眞正特性）時，以其代用來測量者，稱爲代用特性。破壞強度的檢查如以產品重量的檢查來代用時，破壞強度即爲眞正特性，產品重量稱爲代用特性。

所謂要因解析的活用，是指某一個變數在變動的要因，想從其他許多的變數之中找出時的活用。顯示關心對象之結果的變數即爲目的變數；成爲其要因的變數即爲說明變數。

預測的利用與要因解析的利用，在考量迴歸分析的結果時所持的觀點會有很大的不同。如果是預測時，重點放在預測精度，而要因解析在掌握哪一個要因對結果有多少的影響顯得較爲重要。

5. 量的變數與質的變數

以下的資料是有關 25 位成人的體格與健康狀態等資料。

資料表

號碼	體重	身高	腰圍	健康狀態	性別	血型
1	60	165	80	優	男	A
2	58	160	70	良	男	A
3	58	173	75	可	男	B
4	63	175	80	優	男	A
5	70	180	85	優	男	B
6	51	160	60	優	女	O
7	48	158	55	良	女	O
8	51	163	63	良	女	AB
9	52	169	60	優	女	A
10	45	155	55	優	女	A
11	66	177	73	可	男	B
12	71	180	82	優	男	B
13	80	181	85	優	男	B
14	75	175	78	可	男	O
15	72	173	75	優	男	O
16	52	168	65	優	女	AB
17	46	159	59	良	女	B
18	51	163	57	良	女	A
19	54	166	61	良	女	A
20	62	170	83	優	男	B
21	70	180	85	可	男	B
22	58	165	75	優	男	B

號碼	體重	身高	腰圍	健康狀態	性別	血型
23	48	158	58	優	女	B
24	55	170	73	可	男	O
25	50	159	60	優	女	A

有體重、身高、腰圍、健康狀態、性別、血型此六個變數，但依資料的性質，可以分成量的變數與質的變數。像體重、身高、腰圍以數量表現之變數稱爲量變數；像健康狀態、性別、血型無法以數量表現之變數稱爲質變數。

當考察量變數或質變數時，要注視資料的測量尺度。資料依測量尺度可以分成以下 4 者。

(1) 名義尺度

性別的資料是以男或女的尺度來測量，在此資料之間並未存在大小關係或順序關係。此種資料稱爲名義尺度。血型也是名義尺度。

(2) 順序尺度

健康狀態的資料是以優、良、可的尺度來測量這些之間有順序關係。此種資料稱爲順序尺度。但順序尺度並無優與良之差等於良與可之差的性質。亦即，未能保證等間隔性。

(3) 間隔尺度

體重、身高、腰圍的資料具有順序的意義，且也能保證差的等價性。此種資料稱爲間隔尺度。

(4) 比例尺度

順序尺度之中除算（比）也具有意義的資料稱爲比例尺度。體重、身高、腰圍的資料也是比例尺度。

資料的尺度若是相當於名義尺度或順序尺度的變數稱爲質變數，相當於間隔尺度或比例尺度的變數即爲量變數。

6. 迴歸分析的資料

迴歸分析可以應用的資料類型，是當目的變數爲量變數時。說明變數不管是量變數還是質變數均行。使用質變數時，要引進虛擬變數，像將資料之值只取 0 與 1 那樣的變數，必須要變換質的資料才行。說明變數均爲質變數時，有稱之爲數量化 I 類的手法，此與將說明變數全部改成虛擬變數再進行迴歸分析是一樣的。

目的變數爲質數時，可以應用 Logistic 迴歸。Logistic 迴歸有二項 Logistic 迴歸、多項 Logistic 迴歸、累積 Logistic 迴歸 3 種。二項 Logistic 迴歸的目的變數是名義尺度。類別數是 2 時所使用。單稱爲 Logistic 迴歸時，即指二項 Logistic 迴歸。多項Logistic迴歸迴歸的目的變數是名義尺度，類別數是3以上時所使用。

累積 Logistic 迴歸是目的變數爲順序尺度時所使用。

二、相關分析

例題23-1 以下的資料是針對9位學生測驗英文單字能力與作文能力的成績。

資料表

學號	單字能力	作文能力
1	80	79
2	66	62
3	56	65
4	44	40
5	36	48
6	83	86
7	42	49
8	56	52
9	40	47

根據此資料，繪製英文單字能力與作文能力的相關係數。

■ 散佈圖與相關係數

調查兩個變數 x 與 y 相互之間是呈現何種關係在變動時，利用散佈圖的視覺分析與利用相關係數的資料分析均是有效的。散佈圖上的點呈現右上的直線傾斜關係，稱爲正向的相關關係。這是意味 x 的增加 y 也增加的關係。另一方面，散佈圖上的點呈現右下的直線傾斜關係，稱爲負向的相關關係。這是意味 x 的減少 y 也減少的關係。毫無任何關係，稱爲無相關。

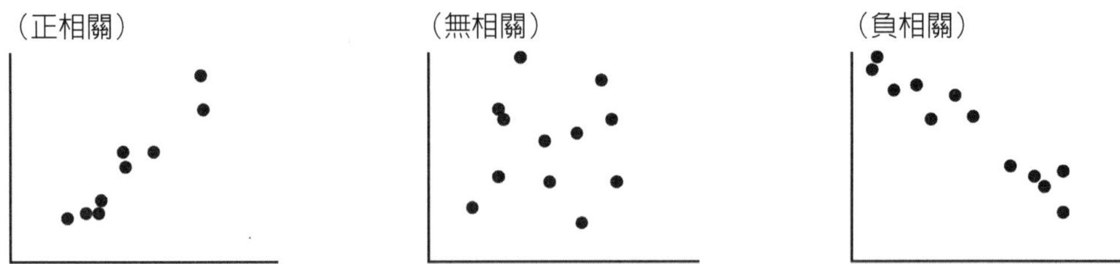

散佈圖的製作與觀察，爲了檢討相關關係是很重要的，但只能以視覺的方式掌握相關關係的強度。因此，以數值表示相關關係的強度者即爲相關係數。

相關係數一般以 r 的記號表示，其值一定是在 –1 與 1 之間。

$$-1 \leq \text{相關係數} \leq 1$$

當有正的相關關係時，相關係數之值爲正；當有負的相關關係時，相關係數之值爲負。無相關時，即爲 0 附近之值。相關關係愈強，$|r|$ 或 r^2 之值愈會接近 1 之值。

$r = -1$

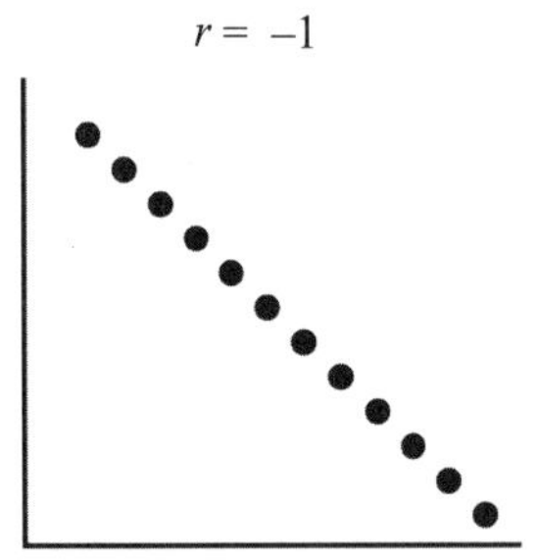

$r = 1$

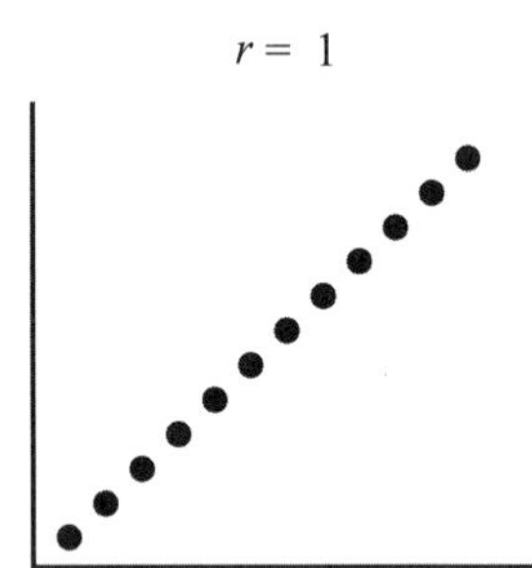

■ 相關係數的計算式

2 個變數 x 與 y 之相關係數 r 以下式來計算。

$$r = \frac{S(xy)}{\sqrt{S(xx)S(xy)}}$$

此處

$S(xx)=\sum_{i=1}^{n}(x_i-\bar{x})^2$；x 的偏差平方和

$S(yy)=\sum_{i=1}^{n}(y_i-\bar{y})^2$；y 的偏差平方和

$S(xy)=\sum_{i=1}^{n}(x_i-\bar{x})(y_i-\bar{y})$；x 與 y 的偏差積和

■ EXCEL 的解析

步驟 1 資料輸入。

	A	B	C	D	E	F
1	單字能力	作文能力				
2	80	79				
3	66	62				
4	56	65				
5	44	40				
6	36	48				
7	83	86				
8	42	49				
9	56	52				
10	40	47				
11						
12						
13						

步驟 2 相關係數的計算。

	A	B	C	D	E	F	G
1	單字能力	作文能力		相關係數	0.9334		
2	80	79					
3	66	62					
4	56	65					
5	44	40					
6	36	48					
7	83	86					
8	42	49					
9	56	52					
10	40	47					
11							
12							
13							

【儲存格的內容】

E1;COEERL(A2:A10,B2:B10)

例題 23-2 以下的資料是測量 25 位成人的體重與身高所得者。

號碼	體重	身高
1	60	165
2	58	160
3	58	173
4	63	175
5	70	180
6	51	160
7	48	158
8	51	163
9	52	169
10	45	155
11	66	177
12	71	180
13	80	181
14	75	175
15	72	173
16	52	168
17	46	159
18	51	163
19	54	166
20	62	170
21	70	180
22	58	165
23	48	158
24	55	170
25	50	159

1. 試求體重與身高的相關係數。
2. 試進行無相關的檢定。
3. 試估計母相關係數（試求 95% 信賴區間）。

■ 無相關的檢定

2 個變數 x 與 y 均服從常態分配時，此等 2 個變數稱爲服從二元常態分配。

對於二元常態分配的變數來說，可以進行關於如下母相關係數 ρ 的檢定。

$$\text{虛無假設 } H_0：\rho = 0$$
$$\text{對立假設 } H_1：\rho \neq 0$$

此檢定稱爲無相關的檢定。此處，所謂母相關係數 ρ，是以非常多的資料（數學上是無限個資料）來想的相關係數，檢定此值是否爲 0，即爲判定是否可以想成相關關係。

此檢定是基於如下的理論進行。

當母相關係數 ρ 是 0 時，對相關係數 r 進行如下變換

$$t = \frac{r\sqrt{n-2}}{\sqrt{1-r^2}}$$

時，t 即服從自由度 n – 2 的 t 分配。此處，n 表示觀測對象數（樣本和）。

但是，應用此檢定時，要注意下列兩點。

① 無相關的檢定 x 與 y 均服從常態分配時才有意義。

譬如，將 x 指定幾個值，進行實驗，對於此種資料而言是無意義的。

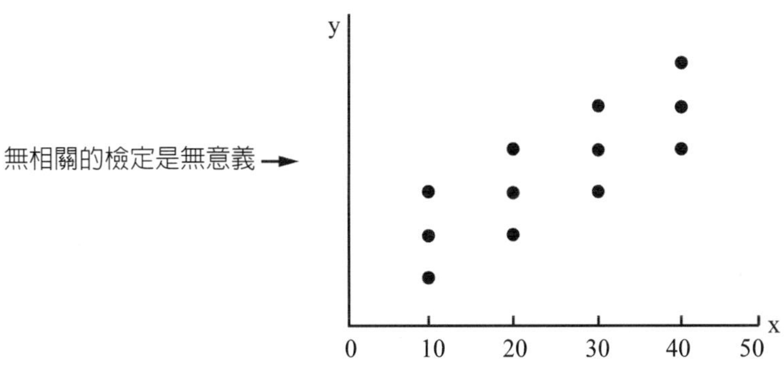

② 無相關的檢定成爲顯著，與被認爲有強烈的相關關係是兩碼事。此檢定畢竟不過是判定有無相關關係，並非檢定有無強烈的相關關係。

■ 母相關係數的估計

對於母相關係數進行區間的估計時，可使用稱爲 z 變換的方法。具體的步驟如下。

① 將相關係數 r 進行 z 變換。

$$z = \tanh^{-1} r$$

（注）$\sinh x = \frac{(e^{x} - e^{-x})}{2}$　$\cosh x = \frac{(e^{x} + e^{-x})}{2}$　$\tanh x = \frac{(e^{x} - e^{-x})}{(e^{x} + e^{-x})}$

② 求信賴區間的寬度 h。

$$h = \frac{1.96}{\sqrt{n-3}}$$

③ 以逆變換還原。

信賴上限 tanh(z – h)

信賴下限 tanh(z + h)

6. EXCEL 的解析

步驟 1　資料輸入。

	A	B	C	D	E	F
1	體重	身高				
2	60	165				
3	58	160				
4	58	173				
5	63	175				
6	70	180				
7	51	160				
8	48	158				
9	51	163				
10	52	169				
11	45	155				
12	66	177				
13	71	180				
14	80	181				
15	75	175				
16	72	173				
17	52	168				
18	46	159				
19	51	163				
20	54	166				
21	62	170				
22	70	180				
23	58	165				
24	48	158				
25	55	170				
26	50	159				

步驟 2　相關係數的計算與檢定估計。

	A	B	C	D	E	F	G
1	體重	身高		相關係數	0.8847		
2	60	165		n	25		
3	58	160		自由度	23		
4	58	173		t	9.1018		
5	63	175		p值	4.38E-09		
6	70	180					
7	51	160		z變換	1.39699845		
8	48	158		寬度h	0.4178734		
9	51	163					
10	52	169		信賴上限	0.7525		
11	45	155		信賴下限	0.9483		
12	66	177					
13	71	180					
14	80	181					
15	75	175					
16	72	173					
17	52	168					
18	46	159					
19	51	163					
20	54	166					
21	62	170					
22	70	180					
23	58	165					
24	48	158					
25	55	170					
26	50	159					

【儲存格的內容】

E1;=COEERL(A2:A26,B2:B26)

E2;=COUNT(A:A)

E3;=E2-2

E4;=E1*SQRT(E2-2)/SQRT(1-E12)

E5;=TDIST(ABS(E4),E3,2)

E7;=FISHER(E1)

E8;=1.96/SQRT(E2-3)

E10;=FISHERINV(E7-E8)

E11;=FISHERINV(E7+E8)

■ 結果的看法

相關係數 r = 0.8847。

在無相關檢定中，p 值 = 4.38 * 10 < 0.05，所以是顯著。亦即，母相關係數並不是 0。

母相關係數 ρ 的 95% 信賴區間是 $0.7527 \leq \rho \leq 0.9483$。

例題 23-3 以下是有關 25 位成人的體重、身高、腰圍所得出的資料。

資料表

號碼	體重	身高	腰圍
1	60	165	80
2	58	160	70
3	58	173	75
4	63	175	80
5	70	180	85
6	51	160	60
7	48	158	55
8	51	163	63
9	52	169	60
10	45	155	55
11	66	177	73
12	71	180	82
13	80	181	85
14	75	175	78
15	72	173	75
16	52	168	65
17	46	159	59
18	51	163	57
19	54	166	61
20	62	170	83
21	70	180	85
22	58	165	75
23	48	158	58
24	55	170	73
25	50	159	60

試就體重、身高、腰圍 3 個變數，求相互的相關係數。

■ 相關矩陣

針對 3 個以上的變數，求每兩組的相關係數時，相關係數即應求出數個。當變數的個數有 k 個時，即要求出 k(k – 1)/2 個相關係數。像此種情形，相關係數一般以如下的矩陣形式整理。

	x_1	x_2	x_3
x_1	1	r_{12}	r_{13}
x_2	r_{12}	1	r_{23}
x_3	r_{13}	r_{23}	1

此種矩陣稱爲相關係數。對角元素由於是相關變數間的相關係數，所以是 1。

r_{12} 是 x_1 與 x_2 的相關係數。

7. EXCEL 的解析

要求出 2 個以上的相關係數時，使用函數 CORREL 計算相關係數相當麻煩。此時，可以利用［資料分析］工具的［相關］。

步驟 1　資料輸入。

	A	B	C	D	E	F	G
1	體重	身高	腰圍				
2	60	165	80				
3	58	160	70				
4	58	173	75				
5	63	175	80				
6	70	180	85				
7	51	160	60				
8	48	158	55				
9	51	163	63				
10	52	169	60				
11	45	155	55				
12	66	177	73				
13	71	180	82				
14	80	181	85				
15	75	175	78				
16	72	173	75				
17	52	168	65				
18	46	159	59				
19	51	163	57				
20	54	166	61				
21	62	170	83				
22	70	180	85				
23	58	165	75				
24	48	158	58				
25	55	170	73				
26	50	159	60				
27							

步驟 2　分析工具的活用。

選擇清單的 [資料] → [資料分析]。

(註) 即使選擇 [資料] 而 [分析工具] 也未出現時，有需要以 [增益集] 將資料分析加入。

可按 [常用] 下方的任意處，點選 [自訂快速存取工具列]。

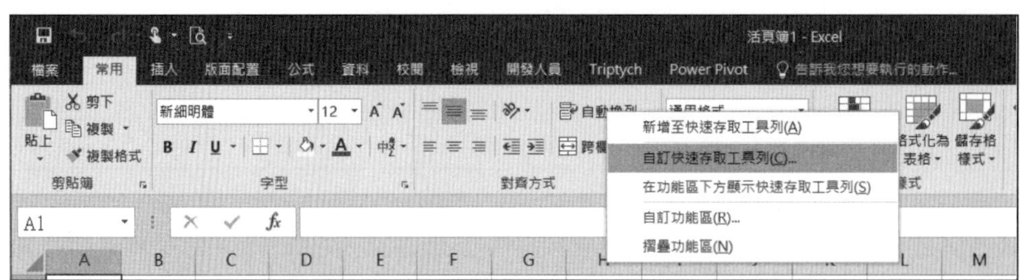

點選增益集，按 執行 。

出現如下的對話框。

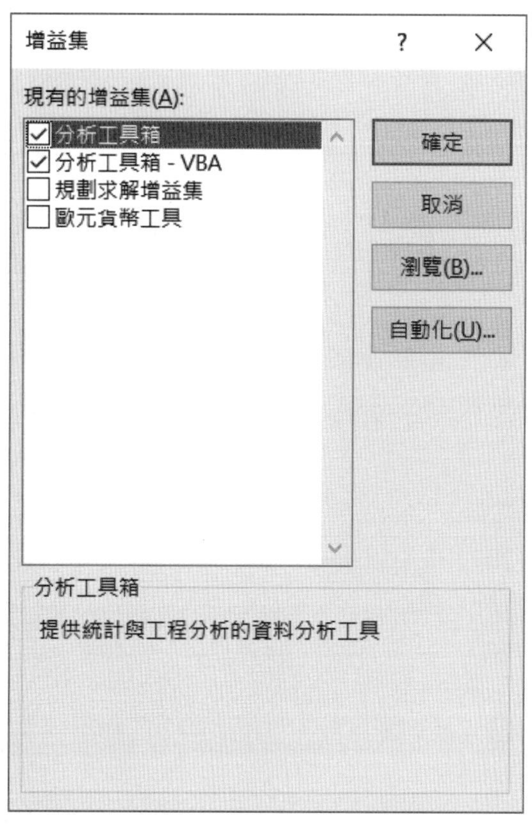

選擇［分析工具箱］，再按［確定］。

步驟 3　按［資料分析］，選擇［相關係數］，按 確定 。

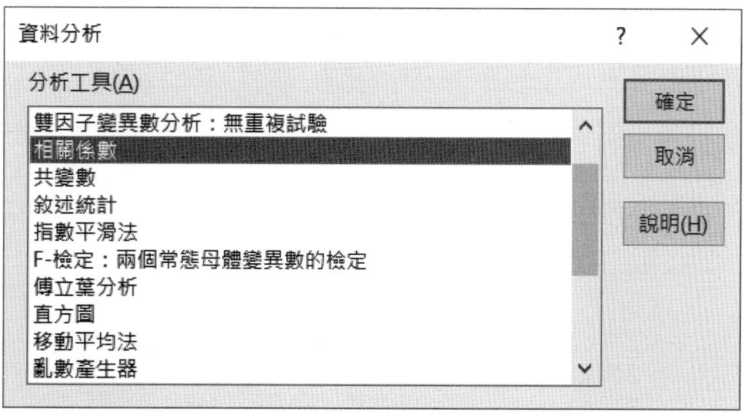

步驟 4　資料指定。

因出現如下的對話框，因之於［輸入範圍］中指定求出相關係數的資料範圍。此處的指定是從儲存格 A1 到 C 26。並且，第 1 列是變數的標題，因之勾選［類別軸標記是在第一列上］。

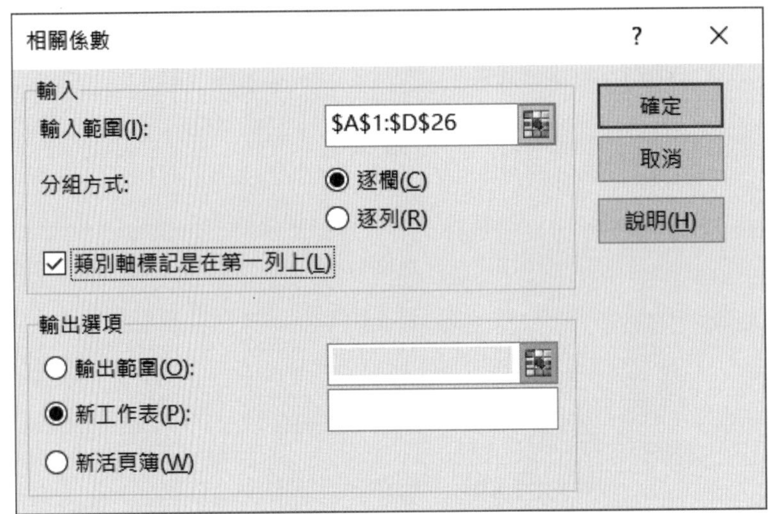

按一下 確定 。插入新的試算表，可得出如下的輸出結果。

	A	B	C	D	E	F
1		體重	身高	腰圍		
2	體重	1				
3	身高	0.884701	1			
4	腰圍	0.877091	0.843239	1		
5						
6						
7						
8						
9						

相關矩陣夾雜著對角元素 (1)，右上的各要素與左下的各要素行成對稱，由於是同值，因之右上的部分省略輸出。

8. 結果的看法

體重與身高的相關係數 $r_{12} = 0.8847$，

體重與腰圍的相關係數 $r_{13} = 0.8771$，

身高與腰圍的相關係數 $r_{23} = 0.8432$。

■ 相關矩陣的製作

以資料分析所得出的相關矩陣，在對角元素右上之元素是被省略輸入，但是此處仍介紹將此變換成正式（不省略）的相關矩陣形式之方法。

步驟 1　原先矩陣的複製。

以資料分析所得出的矩陣範圍框選後，從下拉清單點選 [複製]。

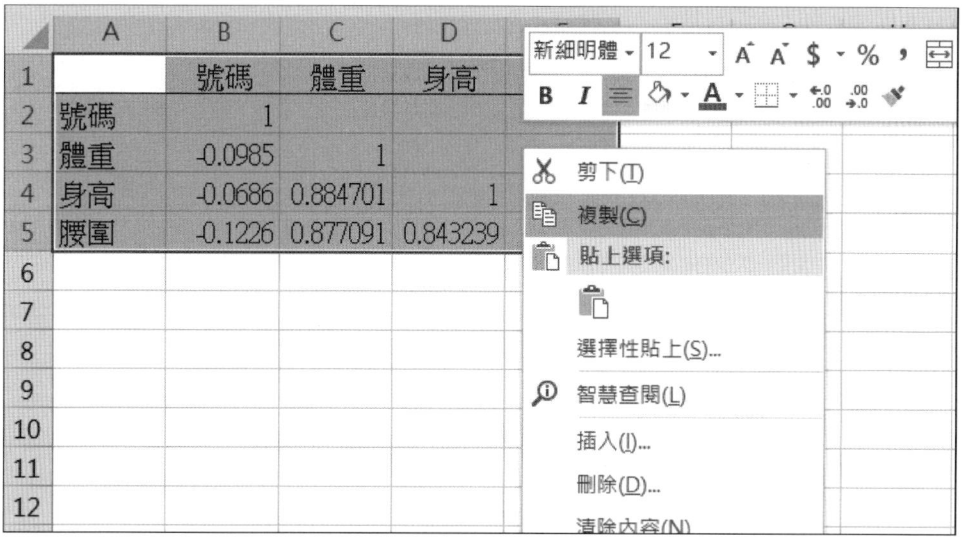

	A	B	C	D
1		號碼	體重	身高
2	號碼	1		
3	體重	-0.0985	1	
4	身高	-0.0686	0.884701	1
5	腰圍	-0.1226	0.877091	0.843239

新細明體　12
剪下(T)
複製(C)
貼上選項:
選擇性貼上(S)...
智慧查閱(L)
插入(I)...
刪除(D)...
清除內容(N)

步驟 2　貼上原先的矩陣。

按一下要貼上的儲存格 A6，選擇清單上的 [常用]，按一下 [貼上] 再點選 [選擇性貼上]。

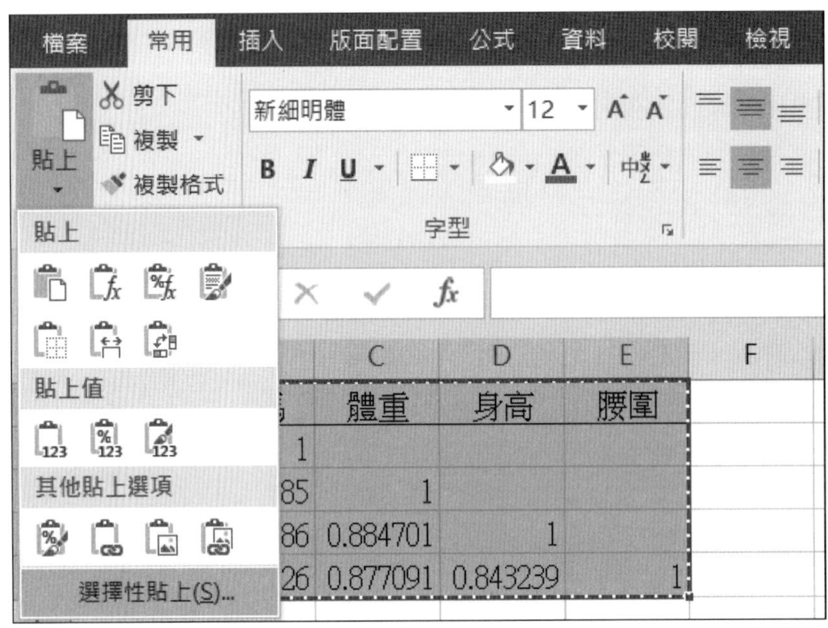

出現如下的對話框。勾選［值 (V)］與［轉置 (E)］。

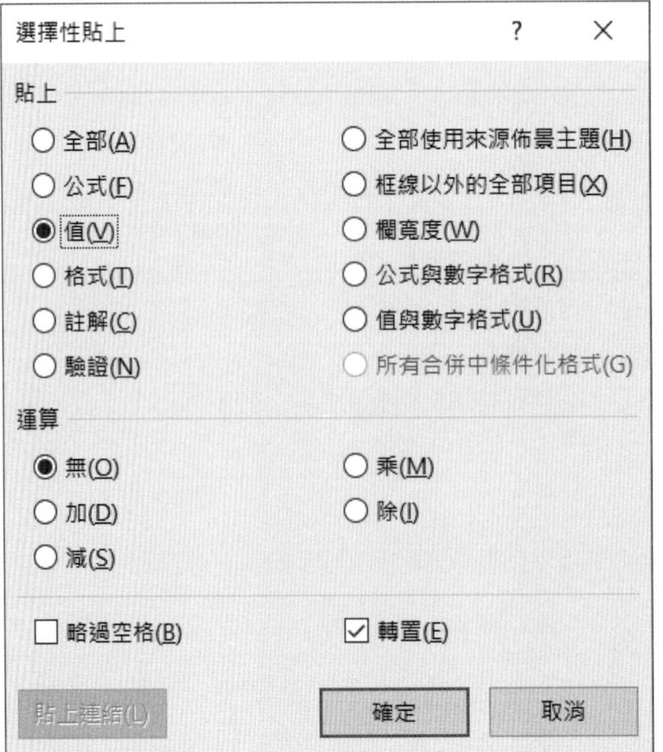

按一下 確定 。儲存格 A6 以下，可作出如下的矩陣。

	A	B	C	D	E
1		號碼	體重	身高	
2	號碼	1			
3	體重	-0.0985	1		
4	身高	-0.0686	0.884701	1	
5					
6		號碼	體重	身高	
7	號碼	1	-0.0985	-0.0686	
8	體重		1	0.884701	
9	身高			1	
10					
11					

步驟 3 再貼到原先的矩陣上。

① 從上述的狀態，選擇清單的 [複製]。

② 按一下最初的矩陣儲存格 A1。

③ 選擇清單上的 [選擇性貼上]。

出現如下的對話框。

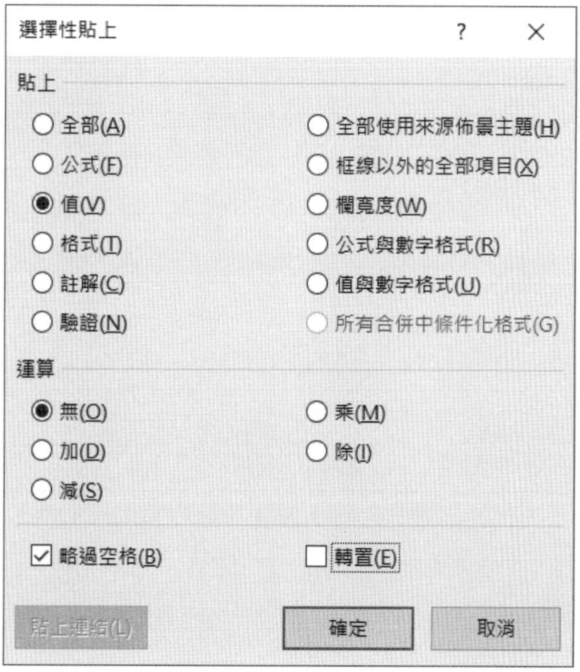

選擇性貼上 ? ×

貼上

○ 全部(A) ○ 全部使用來源佈景主題(H)
○ 公式(F) ○ 框線以外的全部項目(X)
◉ 值(V) ○ 欄寬度(W)
○ 格式(T) ○ 公式與數字格式(R)
○ 註解(C) ○ 值與數字格式(U)
○ 驗證(N) ○ 所有合併中條件化格式(G)

運算

◉ 無(O) ○ 乘(M)
○ 加(D) ○ 除(I)
○ 減(S)

☑ 略過空格(B) ☐ 轉置(E)

貼上連結(L) 確定 取消

勾選［值 (V)］與［略過空格 (B)］。

按一下 確定 。儲存格 A1 以下可做出相關矩陣。

	A	B	C	D	E	F
1		體重	身高	腰圍		
2	體重	1	0.884701	0.877091		
3	身高	0.884701	1	0.843239		
4	腰圍	0.877091	0.843239	1		
5						
6		體重	身高	腰圍		
7	體重	1	0.884701	0.877091		
8	身高		1	0.843239		
9	腰圍			1		
10						
11						
12						

9. 相關矩陣 R 的行列式

(1)從 fx 插入函數，選擇 MDETERM，按 確定 。

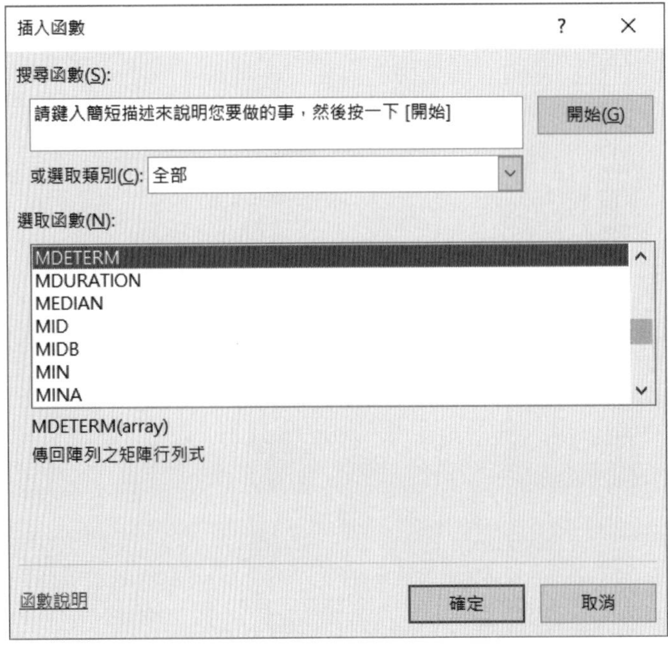

(2)框選範圍後按 確定 。

函數引數

MDETERM

Array B2:D4 = {1,0.884701128549593,0.87709107...

= 0.045608398

傳回陣列之矩陣行列式

Array 為一具有相同行數與列數的數值陣列、儲存格範圍或是常數陣列。

計算結果 = 0.045608398

函數說明(H) 確定 取消

【儲存格內容】

B11;=MDETERM(B2:D4)

輸出結果如下：

	A	B	C	D	E	F	G
1		體重	身高	腰圍			
2	體重	1	0.884701	0.877091		相關矩陣R	
3	身高	0.884701	1	0.843239			
4	腰圍	0.877091	0.843239	1			
5							
6		體重	身高	腰圍			
7	體重	1	0.884701	0.877091			
8	身高		1	0.843239			
9	腰圍			1			
10							
11		0.045608				R的行列式	
12							

■ 相關矩陣 R 的逆矩陣

① 先框選輸出的資料範圍 A13:C15 。

② 從 fx 插入函數。

【儲存格內容】

A13;=MINVERSE(A2:D4)

按 Ctrl+Shift+Enter，即可得出配列矩陣如下。

	A	B	C	D	E	F	G
1		體重	身高	腰圍			
2	體重	1	0.884701	0.877091		相關矩陣R	
3	身高	0.884701	1	0.843239			
4	腰圍	0.877091	0.843239	1			
5							
6		體重	身高	腰圍			
7	體重	1	0.884701	0.877091			
8	身高		1	0.843239			
9	腰圍			1			
10							
11		0.045608				R的行列式	
12							
13	6.335395	-3.1815	-2.87395			R的逆矩陣	
14	-3.1815	5.058526	-1.47508				
15	-2.87395	-1.47508	4.764559				
16							

■ VIF 的計算（共線性診斷的指標）

① 相關矩陣的逆矩陣的對角元素即為 VIF。

② 插入函數，A17=1/A13。

③ 從 A13 拖移至 C19，得出如下結果。

	A	B	C	D	E	F	G
1		體重	身高	腰圍			
2	體重	1	0.884701	0.877091		相關矩陣R	
3	身高	0.884701	1	0.843239			
4	腰圍	0.877091	0.843239	1			
5							
6		體重	身高	腰圍			
7	體重	1	0.884701	0.877091			
8	身高		1	0.843239			
9	腰圍			1			
10							
11		0.045608				R的行列式	
12							
13	6.335395	-3.1815	-2.87395			R的逆矩陣	
14	-3.1815	5.058526	-1.47508				
15	-2.87395	-1.47508	4.764559				
16							
17	0.157843	-0.31432	-0.34795			允差	
18	-0.31432	0.197686	-0.67793				
19	-0.34795	-0.67793	0.209883				
20							

將計算結果整理如下：

相關矩陣的行列式：｜R｜= 0.045608

VIF 與允差整理如下：

	VIF	允差
體重	6.335395	0.157843
身高	5.058526	0.197686
腰圍	4.764559	0.209883

VIF 大於 5 者，有可能出現共線性，因之要注意。

23.2 Excel 的迴歸分析機能

一、單迴歸分析的統計函數

【數值例】

使用以下的資料，介紹 EXCEL 的單迴歸分析機能，此處是希望能掌握函數的用法。

x	y
29	41
48	55
28	38
32	41
26	32
21	28
23	30
23	34
26	37
29	35

■ INTERCEPT 與 SLOPE

INTERCEPT是為了求出y對x的迴歸直線 $y = b_0 + b_1x$ 中的 b_0 所使用的函數。

〈格式〉= INTERCEPT（已知的 y，已知的 x）

已知的 y → 包含目的變數 y 之值的儲存格範圍

已知的 x → 包含說明變數 x 之值的儲存格範圍

SLOPE 是為了求出 y 對 x 的迴歸直線中的 b1 所使用的函數。

〈格式〉= SLOPE（已知的 y，已知的 x）

已知的 y → 包含目的變數 y 之值的儲存格範圍

已知的 x → 包含說明變數 x 之值的儲存格範圍

	A	B	C	D	E	F	G	H	I	J	K	L	M
1	X	Y		b0	9.8								
2	29	41		b1	0.9579								
3	48	55											
4	28	38											
5	32	41											
6	26	32											
7	21	28											
8	23	30											
9	23	34											
10	26	37											
11	29	35											

【儲存格的內容】

E1;=INTERCEPT(B2:B11,A2:A11)

E2;=SLOPE(B2:B11,A2:A11)

可得出如下的迴歸式，

$$y = 9.8 + 0.5979x$$

1. RSQ 與 STEYX

RSQ 是為了求出 y 對 x 的迴歸直線 y = b0 + b1 x 的貢獻率 R 平方所使用的函數。

〈格式〉= RSQ（已知的 y，已知的 x）

已知的 y → 包含目的變數 y 之值的儲存格範圍

已知的 x → 包含說明變數 x 之值的儲存格範圍

STEYX 是為了求出 y 對 x 的迴歸直線之殘差的標準差 $\sqrt{V_e}$ 所使用的函數。

〈格式〉=STEYX（已知的 y，已知的 x）

已知的 y → 包含目的變數 y 之值的儲存格範圍

已知的 x → 包含說明變數 x 之值的儲存格範圍

	A	B	C	D	E
1	X	Y		b0	9.8
2	29	41		b1	0.9579
3	48	55		貢獻率	0.9134
4	28	38		殘差的標準差	2.3842
5	32	41			
6	26	32			
7	21	28			
8	23	30			
9	23	34			
10	26	37			
11	29	35			

Sheet4 / Sheet1 / Sheet2 / Sheet3

【儲存格的內容】

E3;=RSQ(B2:B11,A2:A11)

E4;=STEYX(B2:B11,A2:A11)

二、複迴歸分析的統計函數

【數值例】

使用以下的資料，介紹 EXCEL 的複迴歸分析機能。

x_1	x_2	y
31	35	27
32	40	31
32	42	32
25	38	26
35	35	30
30	32	25
34	49	39
27	35	24
28	35	25
24	37	24

■ LINEST

LINEST 是為了求出複迴歸分析（含單迴歸分析）中偏迴歸係數與統計量所使用的函數。

〈格式〉=LINEST（已知的 y，已知的 x，常數，修正）

已知的 y → 包含目的變數 y 之值的儲存格範圍

已知的 x → 包含說明變數 x 之值的儲存格範圍

常數 → 1 = 常數項不當作 0

0 = 常數項當作 0

修正 → 1 = 輸出迴歸分析的相關統計量

0 = 只輸入偏迴歸係數

（註）LINEST 所處理的說明變數個數是在 16 個以下。

	A	B	C	D	E	F	G	H	I	J	K	L	M
1	X1	X2	Y		0.6829	0.6439	-16.7011						
2	31	35	27		0.0363	0.0477	1.5870						
3	32	40	31		0.9916	0.4945	#N/A						
4	32	42	32		413.8412	7.0000	#N/A						
5	25	38	26		202.3883	1.7117	#N/A						
6	35	35	30										
7	30	32	25										
8	34	49	39										
9	27	35	24										
10	28	35	25										
11	24	37	24										
12													
13													

【儲存格的內容】

E1;=LINEST(C2:C11,A2:B11,1,1)

LINEST 是以配列回答計算結果，因之當作配列數式輸入。

具體的輸入步驟如下：

① 於儲存格 E1 中輸入 = LINEST (C 2：C 11 , A2：B11 , 1 , 1)

② 從儲存格 E1 框選到 G5。

一般說明變數的個數當作 k 時，要框選 5 列（k+1）行。

③ 注意儲存格 E1 的數式列，按一下輸入函數的前項（= 之前）。

④ 同時按住 ctrl 鍵與 shift 鍵時，再按一下 enter 鍵。

利用 LINEST 的計算結果，以如下的排法輸出統計量。

偏迴歸係數 b_2	偏迴歸係數 b_1	b_0
b_2 的標準差	b_1 的標準差	b_0 的標準差
貢獻率	殘差的標準差	
迴歸式的值	殘差的自由率	
迴歸平方和	殘差的平方和	

$$y = -16.7011 + 0.6439x_1 + 0.6829x_2$$

得出如上的迴歸式。

三、迴歸式的分析與分析工具

EXCEL 除了統計函數之外，活用資料分析之工具也執行可迴歸分析。此處，說明利用［資料分析］之工具執行迴歸分析的步驟。使用的資料是 2.2 節所使用的資料例。

步驟 1　資料輸入（可開啓 23.2 節的資料）。

	A	B	C	D	E	F	G	H	I	J	K	L	M
1	X1	X2	Y										
2	31	35	27										
3	32	40	31										
4	32	42	32										
5	25	38	26										
6	35	35	30										
7	30	32	25										
8	34	49	39										
9	27	35	24										
10	28	35	25										
11	24	37	24										
12													
13													
14													

步驟 2　資料分析的活用。

選擇清單的［資料］→［資料分析］。

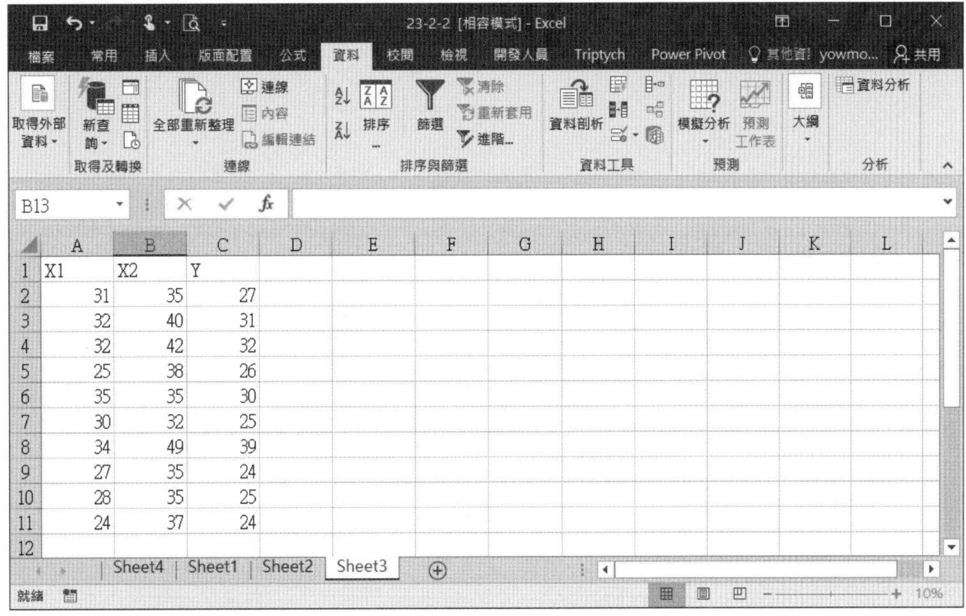

	A	B	C
1	X1	X2	Y
2	31	35	27
3	32	40	31
4	32	42	32
5	25	38	26
6	35	35	30
7	30	32	25
8	34	49	39
9	27	35	24
10	28	35	25
11	24	37	24

出現如下的對話框。

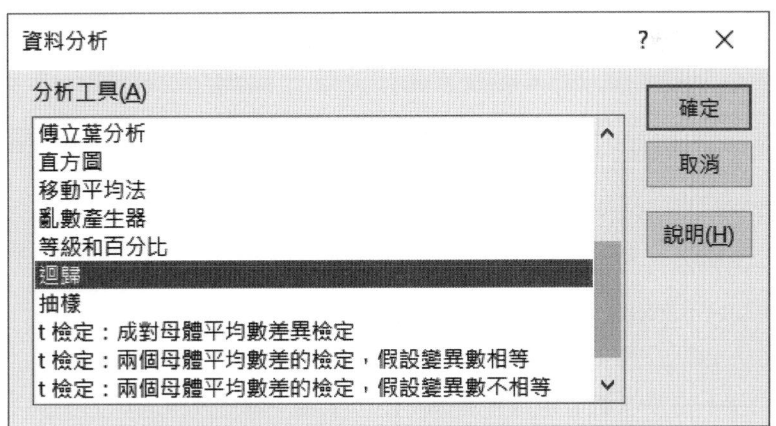

選擇［迴歸］分析，按一下 確定 。

步驟 3 資料的指定。

出現如下的對話框。

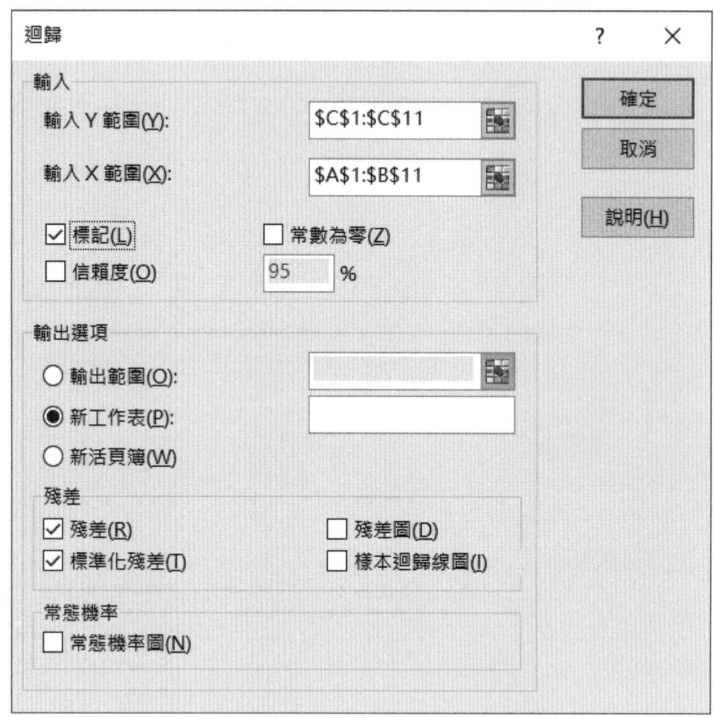

① 於［輸入 Y 範圍］中指定要輸入的目的變數資料。

本例是指定從儲存格 C1 到 C11。

② 於［輸入 X 範圍］中指定要輸入的說明變數資料。

本例是指定從儲存格 A1 到 B11。

③ 輸入範圍的第一列是變數的標題，因之勾選［標記］。

④ 勾選［殘差］與［標準化殘差］。

經以上的操作後，按一下 確定 。新的試算表被插入，得出新的迴歸分析結果。

摘要輸出

迴歸統計	
R的倍數	0.99579796
R平方	0.991613577
調整的 R 平方	0.989217456
標準誤	0.494493813
觀察值個數	10

ANOVA

	自由度	SS	MS	F	顯著值
迴歸	2	202.3883311	101.1941655	413.8412236	5.40155E-08
殘差	7	1.711668916	0.244524131		
總和	9	204.1			

	係數	標準誤	t統計	P-值	下限 95%	上限 95%	下限 95.0%	上限 95.0%
截距	-16.7011234	1.587035473	-10.523472	1.52685E-05	-20.4538659	-12.9483808	-20.4538659	-12.9483808
X1	0.643862934	0.047688027	13.50156381	2.87181E-06	0.53109867	0.756627198	0.53109867	0.756627198
X2	0.682910263	0.03627588	18.82546347	2.96567E-07	0.597131436	0.768689089	0.597131436	0.768689089

殘差輸出

觀察值	預測為 Y	殘差	標準化殘差
1	27.16048679	-0.16048679	-0.3680024
2	31.21890103	-0.21890103	-0.50194852
3	32.58472156	-0.58472156	-1.34078912
4	25.34603997	0.65396003	1.499555616
5	29.73593852	0.26406148	0.605503175
6	24.46789306	0.532106936	1.220141764
7	38.65281926	0.347180738	0.796098846
8	24.58503505	-0.58503505	-1.34150797
9	25.22889798	-0.22889798	-0.52487192

判定係數 = 0.991

P = 5.401E-08 < 0.05，迴歸式有意義。

迴歸式為

Y = -16.701 + 0.643 * X1 + 0.683X2

四、含有類別變數的複迴歸分析

【數值例】

以下的數據是某塑膠產品 20 個的厚度（mm），製造工程中有 3 個製造條件（X1、X2、X3），X1 是熱處理溫度，X2 是硬化劑的量，X3 是壓縮處理時間，X4 是使用的材料，且使用兩種材料 A、B。

號碼	X1	X2	X3	X4	y
1	164	0.85	3.9	A	313
2	138	0.78	2.8	B	288
3	129	1.05	3.3	B	286
4	164	0.92	3.4	A	308
5	151	0.78	3.0	A	298
6	163	1.10	4.1	A	308
7	146	0.89	3.6	A	302
8	142	0.89	3.0	B	290
9	170	0.76	3.5	A	311
10	150	0.94	3.9	A	303
11	132	0.85	3.5	B	292
12	154	0.89	4.3	A	308
13	149	0.80	3.3	B	293
14	131	0.81	3.8	B	295
15	157	1.10	2.8	A	301
16	152	0.80	2.1	B	286
17	125	0.84	2.6	B	281
18	157	0.56	3.1	A	295
19	140	0.78	3.4	B	296
20	133	0.89	3.3	B	286

試就以上含有類別變數的數據進行迴歸分析。

■ EXCEL 的解析

步驟 1　虛擬變數的設定。

材料 A，X4 = 0

材料 B，X4 = 1

步驟 2 資料輸入。

	A	B	C	D	E	F
1	號碼	X1	X2	X3	X4	y
2	1	164	0.85	3.9	0	313
3	2	138	0.78	2.8	1	288
4	3	129	1.05	3.3	1	286
5	4	164	0.92	3.4	0	308
6	5	151	0.78	3	0	298
7	6	163	1.1	4.1	0	308
8	7	146	0.89	3.6	0	302
9	8	142	0.89	3	1	290
10	9	170	0.76	3.5	0	311
11	10	150	0.94	3.9	0	303
12	11	132	0.85	3.5	1	292
13	12	154	0.89	4.3	0	308
14	13	149	0.8	3.3	1	293
15	14	131	0.81	3.8	1	295
16	15	157	1.1	2.8	0	301
17	16	152	0.8	2.1	1	286
18	17	125	0.84	2.6	1	281
19	18	157	0.56	3.1	0	295
20	19	140	0.78	3.4	1	296
21	20	133	0.89	3.3	1	286

步驟 3 從資料中點選［資料分析］，從中點選［迴歸］後，按 確定 。

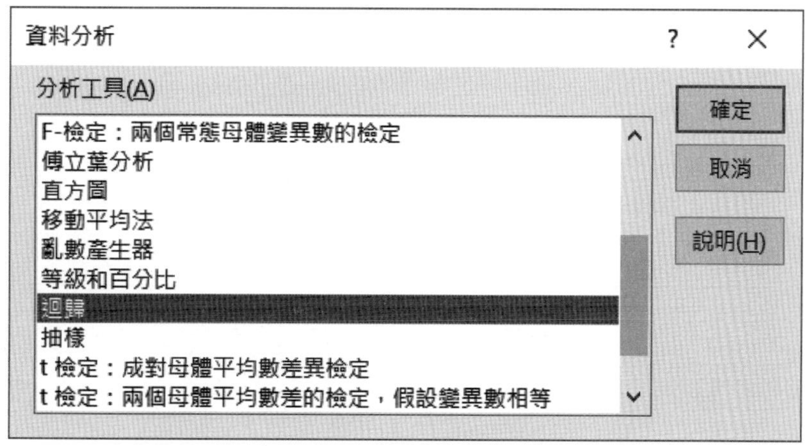

步驟 4　框選數據範圍。X 軸：F2:F21，Y 軸：B2:E21。

迴歸　? ×

輸入

輸入 Y 範圍(Y): $F$2:$F$21

輸入 X 範圍(X): $B$2:$E$21

☐ 標記(L)　☐ 常數為零(Z)

☐ 信賴度(O)　95 %

輸出選項

○ 輸出範圍(O):

◉ 新工作表(P):

○ 新活頁簿(W)

殘差

☐ 殘差(R)　☐ 殘差圖(D)

☐ 標準化殘差(T)　☐ 樣本迴歸線圖(I)

常態機率

☐ 常態機率圖(N)

確定　取消　說明(H)

得出輸出結果如下：

	A	B	C	D	E	F	G	H	I	J
1	摘要輸出									
2										
3	迴歸統計									
4	R 的倍數	0.966054								
5	R 平方	0.933261								
6	調整的 R	0.915464								
7	標準誤	2.743751								
8	觀察值個	20								
9										
10	ANOVA									
11		自由度	SS	MS	F	顯著值				
12	迴歸	4	1579.077	394.7694	52.43894	1.22E-08				
13	殘差	15	112.9226	7.528172						
14	總和	19	1692							
15										
16		係數	標準誤	t 統計	P-值	下限 95%	上限 95%	下限 95.0%	上限 95.0%	
17	截距	211.8198	15.28419	13.85875	5.9E-10	179.2423	244.3973	179.2423	244.3973	
18	X 變數 1	0.394991	0.081043	4.87384	0.000202	0.222252	0.56773	0.222252	0.56773	
19	X 變數 2	2.405088	5.253952	0.457767	0.653681	-8.79345	13.60362	-8.79345	13.60362	
20	X 變數 3	8.009984	1.350829	5.92968	2.76E-05	5.13076	10.88921	5.13076	10.88921	
21	X 變數 4	-3.62604	2.235405	-1.62209	0.125608	-8.39069	1.138614	-8.39069	1.138614	
22										

判定係數（貢獻率）：0.966054

調整自由度判定係數：0.933261

殘差的標準差：2.743751

迴歸式得出如下：

Y = 211.8198 + 0.394991 * X1 + 2.405086 * X2 + 8.009984 * X3 – 3.62604X4

材料 A：Y = 211.8198 + 0.394991 * X1 + 2.405086 * X2 + 8.009984 * X3

材料 B：Y = 211.8198 – 3.62604 + 0.394991 * X1 + 2.405086 * X2 + 8.009984 * X3

第 24 章 無母數統計法

24.1 Kurskal-Wallis 的等級檢定

一、實驗數據的解析

例題 24-1 製造、銷售個人電腦列印機的 Z 公司，為了提高列印品質，開發出 4 種新的列印機色帶（A_1, A_2, A_3, A_4）。為了調整此 4 種色帶間的列印品質是否有差異，決定進行實驗。

實驗中所列的因子，是色帶的種類（當作因子 A），水準數是 4。以各自的色帶列印 5 張相同的文字，評價列印的美觀性。具體言之，如下進行評價。

首先，使用以前的色帶列印。此時的列印的成果當作 5，將此當作標準。

對此標準如下設定等級：

無法比擬的優良	10
非常優良	9
優良	8
略為優良	7
很難說優良	6
與標準同	5
很難說不良	4
略為不良	3
不良	2
非常不良	1
無法比擬的不良	0

3 位評價者以商討的方式設定分數。實驗的結果如下。

試解析此數據。

數據表

A_1	5	4	5	3	6
A_2	8	7	7	9	8
A_3	6	5	4	6	7
A_4	5	4	2	6	3

■ 無母數的檢定

本例題的數據是以 10 分為滿分，使用者依直覺所評價的數據，像使用平常的測量器所測量的數據那樣，假定常態性是有問題的。

但是，前面所敘述的變異數分析，是以如下事項為前提。

1. 各水準（同一條）的數據的變異是相等的（等變異性）

2. 各水準的數據服從常態分配（常態性）

此兩個前提在似乎未成立的狀況下，如應用未假定分配型稱為無母數法的解析法是比較說得過去的。

以無母數法來說，提出有許多的解析手法，解析如本例題的一元配置實驗的數據時，Krusual-Wallis 的等級檢定是合適的。

而且，此例題的水準數是 4，當水準數是 2 時，適用稱為 Wilcoxn 等級和檢定的手法。

Wilcoxon 的等級和檢定，本書不討論。

■ Kruskal-Wallis 的等級檢定

Kruskal-Wallis 的等級檢定，以如下的步驟進行。

(1) 所有的數據數當作 N，水準數當作 k。

(2) 將所有水準的數據數合在一起，從小的一方依序設定等級。

(3) 將等級想成數據。

(4) 求各水準的等級的合計（第 i 水準的數據當作 n_i，合計者為 R_i）。

(5) 如下計算所表示的統計量

$$\frac{12}{N(N+1)}\sum_{i=1}^{k}\frac{R_i^2}{n_i}-3(N+1)=。$$

(6)利用統計量 H 服從自由度 1 的 χ^2 分配再計算 P 值。

另外，有同等級時，要分配平均等級。此時，計算修正係數 C，有需要修正上記的 H。

同等級的數據的組數當作 g。第 j 組所含的數據當作 t_j 時，則

$$C=1-\sum_{j=1}^{g}t_j(t_j^2-1)/N(N^2-1)$$

修正後的 H（表示成 H'），是

$$H' = H/C$$

■ 檢定的結果

檢定結果如下。

$H = 12.0314$

$H' = 12.3091$

P 值 $= 0.0064$

P 值 < 0.05，因之因子 A 是顯著的。

二、利用 EXCEL 的數據解析

■檢定的步驟

步驟 1　數據輸入。

	A	B	C	D	E	F	G	H	I	J	K
1	A	數據									
2	1	5									
3	1	4									
4	1	5									
5	1	3									
6	1	6									
7	2	8									
8	2	7									
9	2	7									
10	2	9									
11	2	8									
12	3	6									
13	3	5									
14	3	4									
15	3	3									
16	3	7									
17	4	5									
18	4	4									
19	4	2									
20	4	6									
21	4	3									

步驟 2　等級計算。

	A	B	C	D	E	F	G	H	I	J	K
1	A	數據	順位								
2	1	5	7								
3	1	4	4								
4	1	5	7								
5	1	3	2								
6	1	6	11								
7	2	8	18								
8	2	7	15								
9	2	7	15								
10	2	9	20								
11	2	8	18								
12	3	6	11								
13	3	5	7								
14	3	4	4								
15	3	3	11								
16	3	7	15								
17	4	5	7								
18	4	4	4								
19	4	2	1								
20	4	6	11								
21	4	3	2								

【儲存格的內容】

$C2;=RANK(B2,B:B,1)$　（將 C2 從 C3 複製至 C21）

步驟 3　等級值計算。

將同等級換成平均等級。

	A	B	C	D	E	F	G	H	I	J	K
1	A	數據	順位	順位值							
2	1	5	7	8.5							
3	1	4	4	5							
4	1	5	7	8.5							
5	1	3	2	2.5							
6	1	6	11	12.5							
7	2	8	18	18.5							
8	2	7	15	16							
9	2	7	15	16							
10	2	9	20	20							
11	2	8	18	18.5							
12	3	6	11	12.5							
13	3	5	7	8.5							
14	3	4	4	5							
15	3	3	11	12.5							
16	3	7	15	16							
17	4	5	7	8.5							
18	4	4	4	5							
19	4	2	1	1							
20	4	6	11	12.5							
21	4	3	2	2.5							

【儲存格的內容】

D_2;$= IF(COUNTIF(C:C,C2)=1, C_2, ((2*C2+COUNTIF(C:C,C2)-1)/2))$

（將 D2 從 D3 複製至 D21）

步驟 4　計算修正係數的準備。

	A	B	C	D	E	F	G	H	I	J	K
1	A	數據	順位	順位值	遞升	t	t(t2-1)				
2	1	5	7	8.5	1	0	0				
3	1	4	4	5	2.5	0	0				
4	1	5	7	8.5	2.5	2	6				
5	1	3	2	2.5	5	0	0				
6	1	6	11	12.5	5	0	0				
7	2	8	18	18.5	5	3	24				
8	2	7	15	16	8.5	0	0				
9	2	7	15	16	8.5	0	0				
10	2	9	20	20	8.5	0	0				
11	2	8	18	18.5	8.5	4	60				
12	3	6	11	12.5	12.5	0	0				
13	3	5	7	8.5	12.5	0	0				
14	3	4	4	5	12.5	0	0				
15	3	3	11	12.5	12.5	4	60				
16	3	7	15	16	16	0	0				
17	4	5	7	8.5	16	0	0				
18	4	4	4	5	16	3	24				
19	4	2	1	1	18.5	0	0				
20	4	6	11	12.5	18.5	2	6				
21	4	3	2	2.5	20	0	0				
22											

【儲存格的內容】

E2;=SMALL(D:D,ROWS(D$2:D2))（將 E2 由 E3 複製至 E21）

F2;=IF(E2=E1,IF(E2=E3,0,COUNTIF(E:E,E2)),0)（將 F2 由 F3 複製至 F21）

G2;=F2*(F2 ^2-1)　　　（將 G2 由 G3 複製至 G21）

步驟 5　計算 P 值。

	L	M	N	O	P	Q	R	S	T	U	V
1	水準數	N	修正係數								
2	4	20	0.9774								
3											
4	A	n	R	R*R/n	H值	檢定統計量	p值				
5	1	5	37.00	273.80	12.0314	12.3091	0.0064				
6	2	5	89.00	1584.20							
7	3	5	54.50	594.05							
8	4	5	29.50	174.05							
9											

【儲存格的內容】

L2;4（水準數）　M2;=COUNT(B:B)　N2=1-SUM(G:G)/(M2^ 3-M2)

M5;=COUNTIF(A:A,L5)　N5;=SUMIF(A:A,L5,D:D)　O5;=N5*N5/M5

（從 M5 複製至 O5, 從 M6 複製至 O8）

P5;=12*SUM(O:O)/(M2*(M2+1))-3*(M2+1)　Q5;=P5/N2

R5;=CHIDIST(Q5,L2-1)

24.2 Friedman 的等級檢定

一、實驗數據的解析

例題 24-2　製造、銷售個人電腦列印機的 Z 公司，爲了提高列印品質，開發出 4 種新的列印機色帶（A_1, A_2, A_3, A_4）。爲了調整此 4 種色帶間的列印品質是否有差異，決定進行實驗。

實驗中所列的因子，是色帶的種類（當作因子 A），水準數是 4。以各自的色袋列印 5 張相同的文字，評估列印的美觀性。具體言之，如下進行評估。

首先，使用以前的色帶列印。此時的列印的產出當作 5，將此當作標準。

對此標準如下設定等級：

無法比擬的優良	10
非常優良	9
優良	8
略爲優良	7
很難說優良	6
與標準同	5
很難說不良	4
略爲不良	3
不良	2
非常不良	1
無法比擬的不良	0

5 位評估者（B_1, B_2, B_3, B_4, B_5）各自設定分數。

實驗的結果如下。試解析此實驗數據。

數據

	B_1	B_2	B_3	B_4	B_5
A_1	6	3	5	7	4
A_2	9	6	8	9	8
A_3	5	3	4	6	5
A_4	4	2	5	6	4

■ Friedman 的等級檢定

與例題 24.1 不同的地方是，5 位評估者分別評估 1 張，因此，將此單純地看成重複是不行的。評估者的差異甚大時，它們就會變成誤差。像此種時候，評估者想成集區因子，當作二元配量實驗的數據來解析。

一元配置實驗的數據以無母數法來解析，是使用 Kruskal-Wallis 的等級檢定，但是二元配置實驗的數據以無母數法來解析時，可以使用 Friedman 的等級檢定。

Friedman 的等級檢定，以如下的步驟進行。

(1)因子 A 的水準數當作 a，因子 B（等區因子）的水準數當作 b。

(2)因子 B 的各水準（等區）按數據由小而大的順序設定等級。

(3)將等級想成數據。

(4)求各水準的等級的合計。

（第 i 水準的等級的合計當作 Ri）。

(5)如下計算計量

$$D = \frac{12}{a(a+1)b}\sum_{i=1}^{k} R_i^2 - 3b(a+1)$$

(6)利用統計量 D 服從自由度 a－1 的 χ^2 分配再計算 P 值。

■ 檢定的結果

檢定結果如下

〈關於因子 A〉

D = 10.500

P 值 = 0.0148

P 值 < 0.05，所以因子 A 是顯著的。

〈關於因子 B〉

D = 12.9000

P 值 = 0.0118

P 值 < 0.05，所以因子 B 是顯著的。

二、利用 EXCEL 的數據解析

■ 檢定的步驟

步驟 1 數據輸入。

	A	B	C	D	E	F	G	H	I	J
1		B1	B2	B3	B4	B5		A	B	
2	A1	6	3	5	7	4	水準數	4	5	
3	A2	9	6	8	9	8				
4	A3	5	3	4	6	5				
5	A4	4	2	5	6	4				
6										
7										

步驟 2 （關於因子 A）順位計算。

	A	B	C	D	E	F	G	H	I	J
1		B1	B2	B3	B4	B5		A	B	
2	A1	6	3	5	7	4	水準數	4	5	
3	A2	9	6	8	9	8				
4	A3	5	3	4	6	5				
5	A4	4	2	5	6	4				
6										
7	<<因子>>									
8	順位	B1	B2	B3	B4	B5				
9	A1	3	2	2	3	1				
10	A2	4	4	4	4	4				
11	A3	2	2	1	1	3				
12	A4	1	1	2	1	1				
13										
14										

【儲存格的內容】

B9; =RANK(B2,B$2:B$5,1)

（將 B9 由 B9 複製到 F12）。

步驟 3　（關於因子 A）計算等級值與總計。

將同等級換成平均等級。

	A	B	C	D	E	F	G	H	I	J
7	<<因子>>									
8	順位	B1	B2	B3	B4	B5				
9	A1	3	2	2	3	1				
10	A2	4	4	4	4	4				
11	A3	2	2	1	1	3				
12	A4	1	1	2	1	1				
13										
14										
15	順位值	B1	B2	B3	B4	B5	計	計×計	總計	
16	A1	3	2.5	2.5	3	1.50	12.50	156.25	712.50	
17	A2	4	4	4	4	4.00	20.00	400.00		
18	A3	2	2.5	1	1.5	3.00	10.00	100.00		
19	A4	1	1	2.5	1.5	1.50	7.50	56.25		
20										
21										

【儲存格的內容】

B16;=IF(COUNTIF(B$9:B$12,B9)=1,B9,((2*B9+COUNTIF(B$9:B$12,B9)-1）/ 2

（將 B16 從 B16 複製至 F19）。

G16;=SUM(B16:F16)

（將 G16 由 G17 複製至 G19）。

H16;=G16*G16

（將 H16 由 H17 複製至 H19）。

I16;=SUM(H16:H19)

步驟 4　（關於因子 A）計算 P 值。

	K	L	M	N	O	P	Q
14	因子A						
15	檢定統計量	10.5000					
16	χ2(φ,0.05)	7.8147					
17	p值	0.0148					
18							
19							
20							

【儲存格的內容】

L15;=12*I16/(H2*(H2+1)*I2)-3*I2*(H2+1)

L16;=CHIINV(0.05,H2-1)

L17;=CHIDIST(L15,H2-1)

步驟 5 （關於因子 B）等級計算。

	A	B	C	D	E	F	G
21	<<因子B>.>						
22	順位	B1	B2	B3	B4	B5	
23	A1	4	1	3	5	2	
24	A2	4	1	2	4	2	
25	A3	3	1	2	5	3	
26	A4	2	1	4	5	2	
27							
28							

【儲存格的內容】

B23;=RANK(B2,$B2:$F2,1)

（將 B22 由 B23 複製至 F26）。

步驟 6 （關於因子 B）計算等級值與總計。

將同等級改成平均等級。

	A	B	C	D	E	F	G
21	<<因子B>.>						
22	順位	B1	B2	B3	B4	B5	
23	A1	4	1	3	5	2	
24	A2	4	1	2	4	2	
25	A3	3	1	2	5	3	
26	A4	2	1	4	5	2	
27							
28							
29	順位值	B1	B2	B3	B4	B5	
30	A1	4	1	3	5	2	
31	A2	4.5	1	2.5	4.5	2.5	
32	A3	3.5	1	2	5	3.5	
33	A4	2.5	1	4	5	2.5	
34	計	14.5	4	11.5	19.5	10.5	
35	計×計	210.25	16	132.25	380.25	110.25	
36							

【儲存格的內容】

B30;=IF(COUNTIF($B23:$F23,B23)=1,B23,((2*B23+COUNTIF($B23:$F23,B23)-1)/2))（將 B30 由 B30 複製至 F33）。

B34;=SUM(B30;B33)　　（將 B34 由 C34 複製至 F34）。

B35;=B34*B34　　（將 B35 由 C35 複製至 F35）。

I35;=SUM(B35:F35)

步驟 7　（關於因子 B）計算 P 值。

	K	L	M	N	O
33	因子B				
34	檢定統計量	12.9000			
35	χ2(Φ,0.05)	9.4877			
36	p值	0.0118			
37					
38					

【儲存格的內容】

L34;=12*I35/(I2*(I2+1)*H2)-3*H2*(I2+1)

L35;=CHIINV(0.05,I2-1)

L35;=CHIDIST(L34,I2-1)

24.3 分割表的檢定

例題 24-3　某學校進行興趣調查。假定有 4 個班，分別爲 A、B、C、D。整理了調查結果，得出如下的 4 的分割表。各班的興趣傾向是否相同？

	A	B	C	D
運動	20	6	7	9
讀書	6	33	14	7
音樂	9	7	29	8
電影	8	8	10	24

試檢定之。

■ 想法

L 列 m 行的 l×m 的檢定是利用以下性質。

第 i 列第 j 行的實測次數設爲 f_{ij}，期望次數設爲 t_{ij}，

$$\sum_i \sum_j \frac{(f_{ij} - t_{ij})^2}{t_{ij}}$$

是服從自由度 (1 – 1)×(m – 1) 的 χ^2 分配。

此處第 i 列第 j 行的期望次數 t_{ij} 是如下計算：

$$t_{ij} = \frac{N_{i\cdot} \times N_{\cdot j}}{N}$$

■ 檢定的步驟

步驟 1　設定假設。

虛無假設 H0：

對立假設 H1：各班的興趣傾向不相同

步驟 2　設定。

顯著水準 $\alpha = 0.05$

步驟 3　計算檢定統計量。

$$\chi^2 = \Sigma_i^l \Sigma_j^m \frac{(f_{ij} - t_{ij})^2}{t_{ij}}$$

步驟 4　計算自由度 ϕ。

$$\phi = (1 - 1) \times (m - 1)$$

步驟 5　計算顯著機率 p。

顯著機率是在自由度 ϕ 的 χ^2 分配中出現比 χ^2 值大的機率。

步驟 6　判定。

顯著機率 ≤ 顯著水準 α → 否定虛無假設

顯著機率 < 顯著水準 α → 不否定虛無假設

■ EXCEL 的解法

步驟 1 輸入數據。

從儲存格 B2 到 E5 輸入數據（次數）。

	A	B	C	D	E	F
1		A	B	C	D	
2	運動	20	6	7	9	
3	讀書	6	33	14	7	
4	音樂	8	7	29	8	
5	電影	8	8	10	24	
6						

步驟 2 計算列合計與行合計。

從 B6 到 E6 計算列的合計，從 F2 到 F5 計算列的合計，F6 計算總計。

	A	B	C	D	E	F
1		A	B	C	D	合計
2	運動	20	6	7	9	42
3	讀書	6	33	14	7	60
4	音樂	8	7	29	8	52
5	電影	8	8	10	24	50
6	合計	42	54	60	48	204

【儲存格內容】

B6;=SUM(B2:B5)

C6;=SUM(C2:C5)

D6;=SUM(D2:D5)

E6;=SUM(E2:E5)

F2;=SUM(B2:E2)

F3;=SUM(B3:E3)

F4;=SUM(B4:E4)

F5;=SUM(B5:E5)

F6;=SUM(B2:E5)

步驟 3　計算期望值與顯著機率。

從 B26 到 E29 計算期望值。

從 B34 到 E37 計算 $\dfrac{(f_{ij}-t_{ij})^2}{t_{ij}}$

從 D39 到 D42 輸入檢定的計算式。

	A	B	C	D	E	F
24	期望值的計算					
25		A	B	C	D	
26	運動	8.809756	11.06341	12.29268293	9.834146	
27	讀書	12.58537	15.80488	17.56097561	14.04878	
28	音樂	11.11707	13.96098	15.51219512	12.40976	
29	電影	10.4878	13.17073	14.63414634	11.70732	
30						
31						
32	統計量的計算					
33		A	B	C	D	
34	運動	14.21396	2.317383	2.278794038	0.070753	
35	讀書	3.445831	18.70766	0.722086721	3.536628	
36	音樂	0.403164	3.470759	11.72760393	1.566989	
37	電影	0.59013	2.029991	1.467479675	12.90732	
38						
39	統計量的計算	χ^2值		79.45652937		
40	自由度	ϕ		9		
41	顯著水準	α		0.05		
42	顯著機率	p值		0.0000		

【儲存格內容】

B26;=B$6*$F2/$F$6

B34;=(B2-B26)^2/B26

D39;=SUM(B34:E37)

D40;=(COUNT(B2:B5)-1)*(COUNT(B2:E2)-1)

D41;=0.05

D42;=CHUDIST(D39:D40)

■ 結果的看法

顯著機率 = 0.0000 < 顯著水準 0.05

否定虛無假設，亦即各班的興趣傾向是不同的。

24.4 獨立性檢定

例 24-4 進行運動與蛋白質的調查，得出如下 23 交叉表。

	不太運動	有時	經常	計
討厭	21	10	6	27
喜歡	5	7	11	23
計	26	17	17	60

是檢定兩者之間的關係。

■ 交叉表的想法

觀測數據假定整理如下：

	B1	B2	B3	計
A1	f_{11}	f_{12}	f_{13}	$f_{1\cdot}$
A2	f_{21}	f_{22}	f_{23}	$f_{1\cdot}$
計	$f_{\cdot 1}$	$f_{\cdot 2}$	$f_{\cdot 3}$	$f_{\cdot\cdot}$

期望數據假定得出如下：

	B1	B2	B3	計
A1	e_{11}	e_{12}	e_{13}	$f_{1\cdot}$
A2	e_{21}	e_{22}	e_{23}	$f_{1\cdot}$
計	$f_{\cdot 1}$	$f_{\cdot 2}$	$f_{\cdot 3}$	$f_{\cdot\cdot}$

檢定統計量表示如下：

$$\chi^2 = \Sigma_{i=1}^{r} \Sigma_{j=1}^{c} \frac{(o_{ij} - e_{ij})^2}{e_{ij}}$$

式中 f_{ij} 表觀測次數，e_{ij} 表期望次數。

$$e_{ij}=\frac{f_{i\cdot}\times f_{\cdot j}}{f_{\cdot\cdot}}$$

調查兩個屬性之間是否有關聯，有所謂的獨立性檢定。

建立假設如下：

虛無假設 H0：兩個屬性獨立

檢定統計量若落在否定域中，則否定虛無假設。

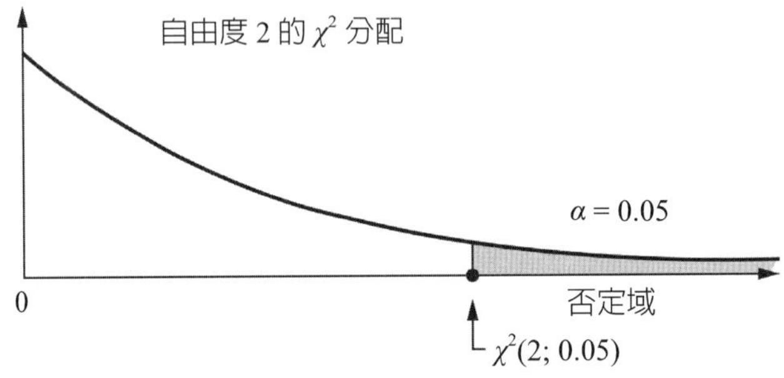

■ 利用 EXCEL 之計算

步驟 1　輸入如下項目。

	A	B	C	D	E
1		運動			
2	蛋白質	經常	有時	不常	計
3	喜歡	21	10	6	37
4	討厭	5	7	11	23
5	計	26	17	17	60

【儲存格內容】

B5;=SUM(B3:B5)　（C5,D5 以拖移複製）

E3;=SUM(B2:D2)　（E4,E5 以拖移複製）

步驟 2　為了計算期望次數，B7 的儲存格如下輸入數式。

	A	B	C	D	E	F
1		運動				
2	蛋白質	經常	有時	不常	計	
3	喜歡	21	10	6	37	
4	討厭	5	7	11	23	
5	計	26	17	17	60	
6						
7	eij	=(B$5*$E$3)/$E$5				

【儲存格內容】

B7;=(B$5*$E$3)/$E$5

C7,D7 以複製拖移。

步驟 3　B8 的儲存格如下輸入數式。

	A	B	C	D	E	F
1		運動				
2	蛋白質	經常	有時	不常	計	
3	喜歡	21	10	6	37	
4	討厭	5	7	11	23	
5	計	26	17	17	60	
6						
7	eij	16.03333	10.48333	10.48333		
8		=(B$5*$E$4)/$E$5				

【儲存格內容】

B8;=(B$5*$E$4)/$E$5

C8,D8 以複製拖移。

步驟 4 對 e_{ij} 的上一列計算統計量，輸入以下數式後，按 確定。

	A	B	C	D	E
1		運動			
2	蛋白質	經常	有時	不常	計
3	喜歡	21	10	6	37
4	討厭	5	7	11	23
5	計	26	17	17	60
6					
7	eij	16.03333	10.48333	10.48333	
8		9.966667	6.516667	6.516667	
9					
10	統計量	=(B$3-B$7)^2/B$7			
11					
12					

【儲存格內容】

B10;=(B$3-B$7)^2/B$7

C10,D10 以複製拖移

步驟 5 得出如下。

	A	B	C	D	E
1		運動			
2	蛋白質	經常	有時	不常	計
3	喜歡	21	10	6	37
4	討厭	5	7	11	23
5	計	26	17	17	60
6					
7	eij	16.03333	10.48333	10.48333	
8		9.966667	6.516667	6.516667	
9					
10	統計量	1.538531	0.022284	1.917356	

步驟 6　對 e_{ij} 的下一列計算統計量，輸入以下數式後，按 確定 。

	A	B	C	D	E
1		運動			
2	蛋白質	經常	有時	不常	計
3	喜歡	21	10	6	37
4	討厭	5	7	11	23
5	計	26	17	17	60
6					
7	eij	16.03333	10.48333	10.48333	
8		9.966667	6.516667	6.516667	
9					
10	統計量	1.538531	0.022284	1.917356	
11		=(B$4-B$8)^2/B$8			

【儲存格內容】

B11;= =(B$4-B$8)^2/B$8

C11,D11 以複製拖移

步驟 7　得出結果如下。

	A	B	C	D	E
1		運動			
2	蛋白質	經常	有時	不常	計
3	喜歡	21	10	6	37
4	討厭	5	7	11	23
5	計	26	17	17	60
6					
7	eij	16.03333	10.48333	10.48333	
8		9.966667	6.516667	6.516667	
9					
10	統計量	1.538531	0.022284	1.917356	
11		2.475028	0.035848	3.084442	

步驟 8　爲了求出檢定統計量 T，於 B10 輸入如下數式。

	A	B	C	D	E
1		運動			
2	蛋白質	經常	有時	不常	計
3	喜歡	21	10	6	37
4	討厭	5	7	11	23
5	計	26	17	17	60
6					
7	eij	16.03333	10.48333	10.48333	
8		9.966667	6.516667	6.516667	
9					
10	統計量	1.538531	0.022284	1.917356	
11		2.475028	0.035848	3.084442	
12					
13	檢定統計量	=B10+C10+D10+B11+C11+D11			

【儲存格內容】

B13;=B10+C10+D10+B11+C11+D11

步驟 9　得出檢定統計量 9.073488。於 C13 輸入否定域。

	A	B	C	D	E
1		運動			
2	蛋白質	經常	有時	不常	計
3	喜歡	21	10	6	37
4	討厭	5	7	11	23
5	計	26	17	17	60
6					
7	eij	16.03333	10.48333	10.48333	
8		9.966667	6.516667	6.516667	
9					
10	統計量	1.538531	0.022284	1.917356	
11		2.475028	0.035848	3.084442	
12					
13	檢定統計量	9.073488	否定域		

步驟 10 調查 $\chi^2(2;0.05)$ 之值。按一下 D13 的儲存格。選擇 fx →統計 → CHIINV。按 確定 。

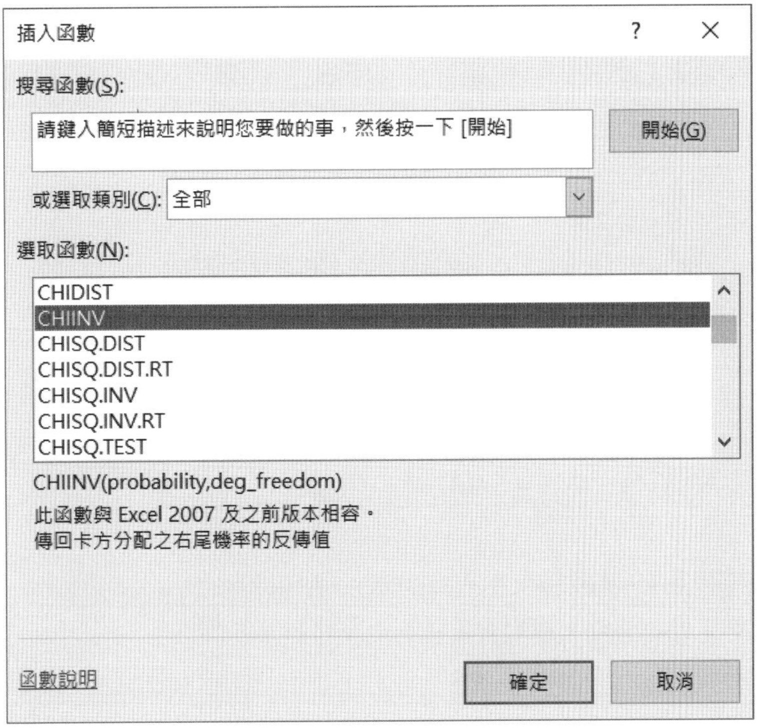

插入函數 ? ×

搜尋函數(S):

請鍵入簡短描述來說明您要做的事，然後按一下 [開始] 開始(G)

或選取類別(C): 全部

選取函數(N):

CHIDIST
CHIINV
CHISQ.DIST
CHISQ.DIST.RT
CHISQ.INV
CHISQ.INV.RT
CHISQ.TEST

CHIINV(probability,deg_freedom)
此函數與 Excel 2007 及之前版本相容。
傳回卡方分配之右尾機率的反傳值

函數說明 確定 取消

步驟 11 如下輸入後，按 確定 。

函數引數 ? ×

CHIINV

Probability 0.05 = 0.05
Deg_freedom 2 = 2

= 5.991464547

此函數與 Excel 2007 及之前版本相容。
傳回卡方分配之右尾機率的反傳值

Deg_freedom 為自由度，其範圍可為 1 到 10^10 但不包括 10^10

計算結果 = 5.991464547

函數說明(H) 確定 取消

步驟 12　得出結果如下。

	A	B	C	D	E
1		運動			
2	蛋白質	經常	有時	不常	計
3	喜歡	21	10	6	37
4	討厭	5	7	11	23
5	計	26	17	17	60
6					
7	eij	16.03333	10.48333	10.48333	
8		9.966667	6.516667	6.516667	
9					
10	統計量	1.538531	0.022284	1.917356	
11		2.475028	0.035848	3.084442	
12					
13	檢定統計量	9.073488	否定域	5.991465	

檢定統計量 T = 9.073488 > $\chi^2(2;0.05)$ = 5.991465

因之否定虛無假設，運動與蛋白質之間是有關聯的。

第五篇　增益篇

第 25 章　EXCEL 增益軟體

25.1　資料分析工具

一、資料分析工具的概要

1. 資料分析工具與統計分析

EXCEL 安裝有稱爲資料分析工具的增益軟體。

要啓動 [資料分析] 工具之前，需要先將 [資料分析工具] 載入 EXCEL 中。當按一下 EXCEL 清單的 [資料] 時，如未出現 [資料分析] 的選項時，此乃未載入 [資料分析] 所致，因之最初有需要進行載入的作業。

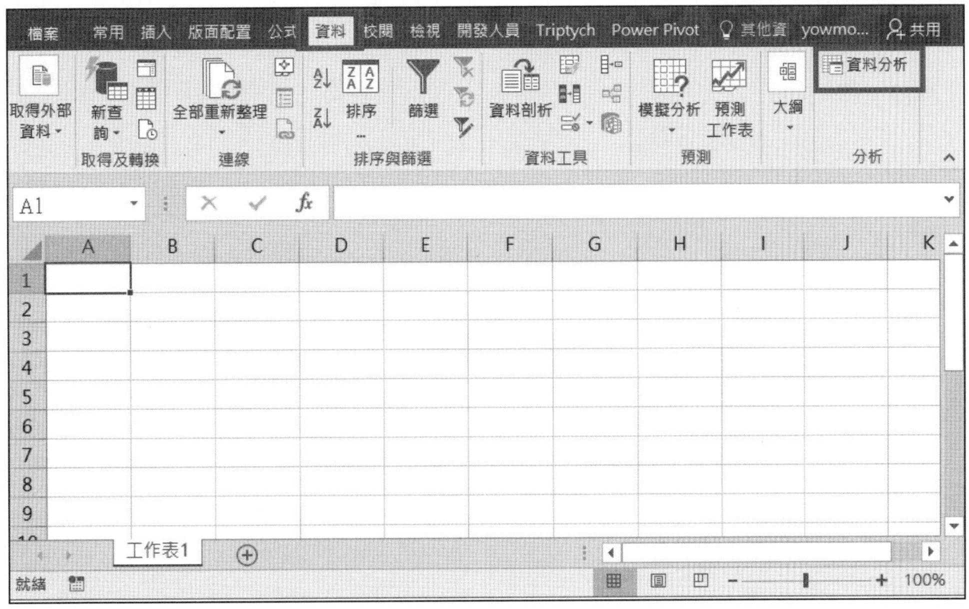

2.[資料分析] 的載入

步驟 1　於工具列的下方任意處，按一下滑鼠右鍵，出現下拉清單，點選 [自訂快速存取工具列]。

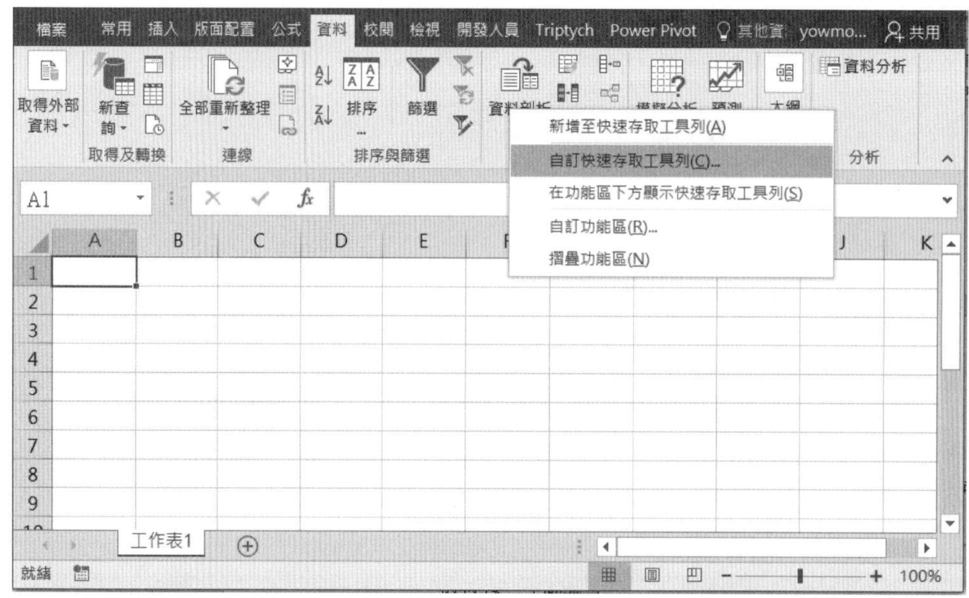

步驟 2　會出現如下方的對話框。再按一下［增益集］。從中選擇［分析工具箱］。按一下 執行 。

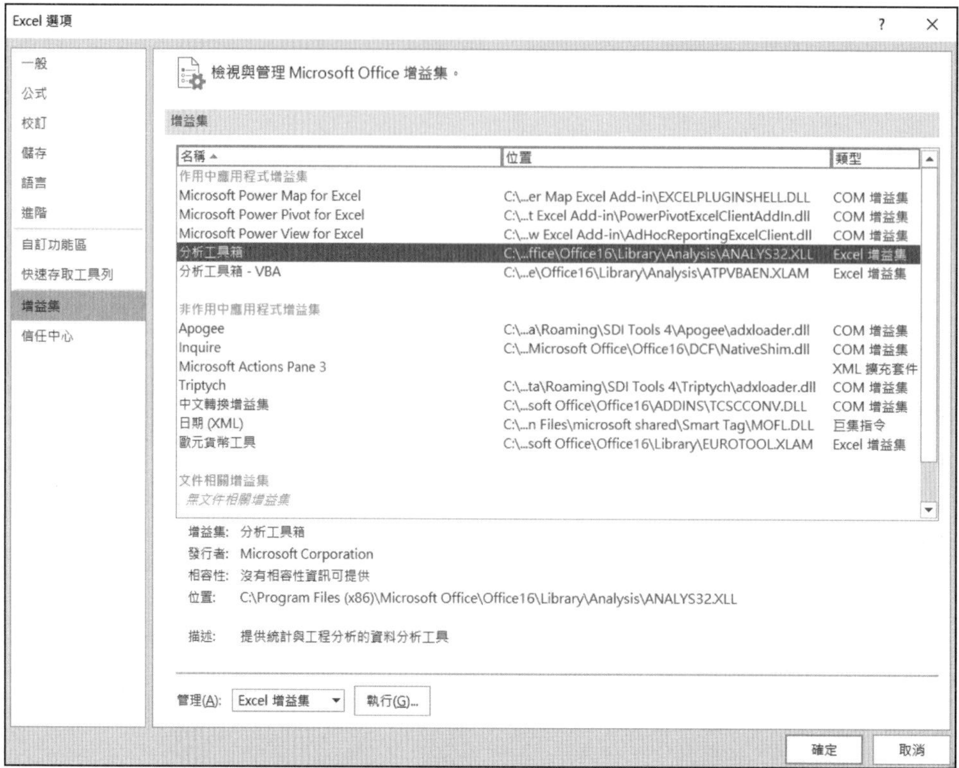

步驟 3 勾選［分析工具箱］與［分析工具箱 -VBA］，按一下 確定 。

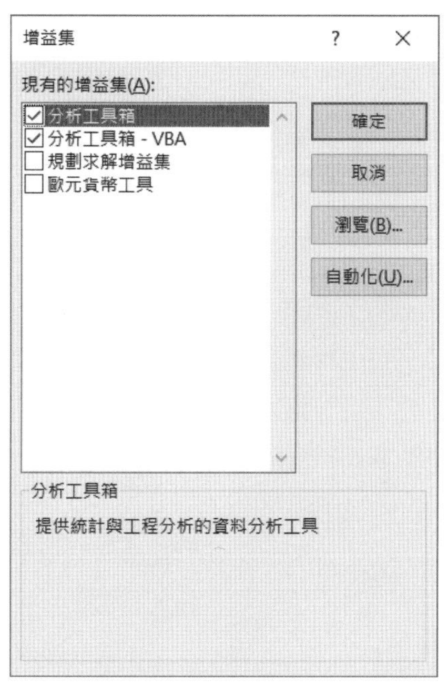

步驟 4 點選［資料］，右方的資料分析即被載入。

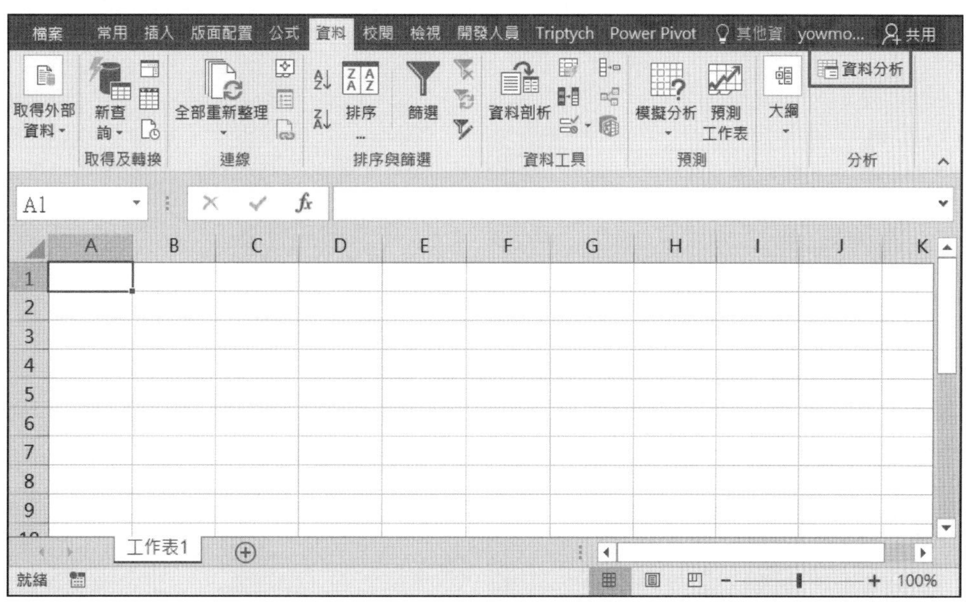

3. 所收錄的方法

［資料分析］中收錄有 19 種手法。

(1) 基本的統計手法

基本統計量

順位與百分位數

直方圖

(2) 統計的檢定

F 檢定（使用 2 樣本之變異數比之檢定）

t 檢定（利用一對樣本的平均檢定）

t 檢定（假定等變異數利用 2 樣本之平均檢定）

t 檢定（未假定等變異數利用 2 樣本之平均檢定）

z 檢定（使用 2 樣本的平均檢定）

(3) 變異數分析

一元配置

二元配置（有重複時）

三元配置（無重複時）

(4) 相關分析與迴歸分析

相關

共變異數

迴歸分析

(5) 其他

指數平滑

傅立葉解析

移動平均

亂數發生

抽樣

二、資料分析的實際

1. 基本統計量的計算例

說明使用資料分析計算基本統計量的例子。

假定資料如下輸入。

	A	B	C
1	48		
2	33		
3	32		
4	35		
5	36		
6	31		
7	34		
8	42		
9	41		
10	42		
11	39		
12	46		
13	46		
14	39		
15	48		
16	39		
17	31		
18	47		
19	44		
20	45		

當從 [資料] 清單中點選 [資料分析] 時，會出現如下的對話框，選擇 [敘述統計] 後，按 確定 。

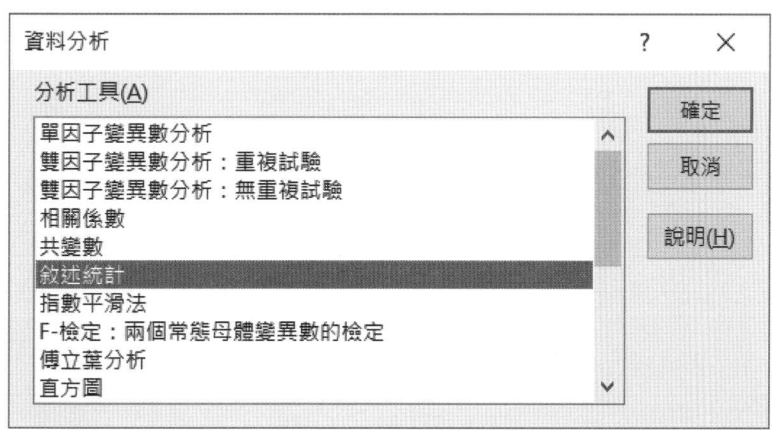

出現如下的對話框，因之輸入所需項目後，按 確定 。

敘述統計 ? ×

輸入
輸入範圍(I): $A$1:$A$20
分組方式: ◉ 逐欄(C) ○ 逐列(R)
☐ 類別軸標記是在第一列上(L)

輸出選項
◉ 輸出範圍(O): $C$1
○ 新工作表(P):
○ 新活頁簿(W)
☑ 摘要統計(S)
☐ 平均數信賴度(N): 95 %
☐ 第 K 個最大值(A): 1
☐ 第 K 個最小值(M): 1

確定 取消 說明(H)

得出如下的結果。

	A	B	C	D	E
1	48		欄1		
2	33				
3	32		平均數	39.9	
4	35		標準誤	1.311688	
5	36		中間值	40	
6	31		眾數	39	
7	34		標準差	5.866049	
8	42		變異數	34.41053	
9	41		峰度	-1.36421	
10	42		偏態	-0.1506	
11	39		範圍	17	
12	46		最小值	31	
13	46		最大值	48	
14	39		總和	798	
15	48		個數	20	
16	39				
17	31				
18	47				
19	44				
20	45				

2. 直方圖的製作例

此處說明使用［資料分析］製作直方圖的例子。

假定資料如下輸入。

	A	B	C
1	48		上側境界值
2	43		40.5
3	51		45.5
4	56		50.5
5	55		55.5
6	58		
7	39		
8	48		
9	55		
10	44		
11	46		
12	41		
13	40		
14	45		
15	46		
16	39		
17	47		
18	47		
19	50		
20	48		

並且，各區間的上側境界值已計算出，且已加以設定（工作表的 C 行）。從［資料］清單選擇［資料分析］時，出現如下對話框，選擇［直方圖］，然後按［確定］。

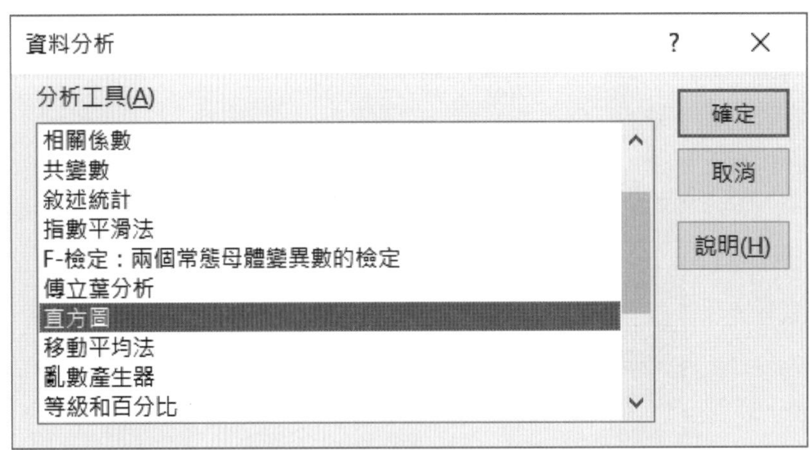

直方圖 ?

輸入

輸入範圍(I): $A$1:$A$20

組界範圍(B): $C$2:$C$5

☐ 標記(L)

輸出選項

◉ 輸出範圍(O): $D$1

○ 新工作表(P):

○ 新活頁簿(W)

☐ 柏拉圖 (經排序的直方圖)(A)

☐ 累積百分率(M)

☑ 圖表輸出(C)

確定　取消　說明(H)

在對話框之中輸入所需項目，按 確定 ，即可得出如下的結果。

	A	B	C	D	E	F	G	H
1	48		上側境界值	組界	頻率			
2	43		40.5	40.5	3			
3	51		45.5	45.5	4			
4	56		50.5	50.5	8			
5	55		55.5	55.5	3			
6	58			其他	2			
7	39							
8	48							
9	55							
10	44							
11	46							
12	41							
13	40							
14	45							
15	46							
16	39							
17	47							
18	47							

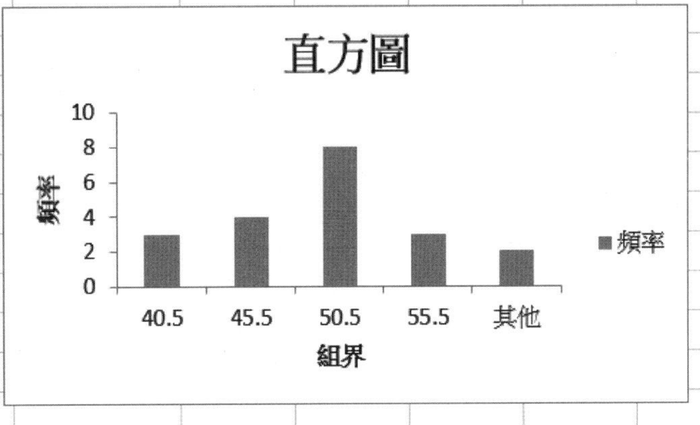

若需要將間距改成 0 時，作法請參考第七章。

附　錄

統計分析中所使用的主要函數一覽

A（函數）	解說
ABS	傳回數值的絶對值
AVEDEV	傳回各個數據對平均值的絶對偏差的平均
AVERAGE	傳回引數的平均值
B	
BETADIST	傳回累積 Beta 機率密度函數之值
BETAINV	傳回累積 Beta 機率密度函數的逆函數之值
BINOMDIST	傳回個別項的二項分配的機率
C	
CHIDIST	傳回卡方分配的單邊機率
CHIINV	傳回卡方分配的逆函數之值
CHITEST	進行卡方檢定
CONFIDENCE	傳回對母體的平均值的信賴區間
CONVERT	變換數值的單位
CORREL	傳回 2 個數據間的相關係數
COVAR	傳回共變異數
CRITBINOM	傳回累積二項分配之值在基準值以上的最小之值
D	
DAVERAGE	傳回資料庫的數據的平均值
E	
EXP	傳回 e 的冪乘
EXPONDIST	傳回指數分配函數之值
F	
FACTDOUBLE	傳回數值的二重階乘
FACT	傳回數值的階乘
FDIST	傳回 F 機率分配
FINV	傳回 F 機率分配的逆函數
FISHER	傳回 Fisher 變換之值
FISHERINV	傳回 Fisher 變換的逆函數之值
FORECAST	傳回迴歸直線上之值
FREQUENCY	將數據的次數分配以縱方向的配列傳回
FTEST	傳回 F 檢定之結果

G	
GAMMADIST	傳回 Gamma 分配函數之值
GAMMAINV	傳回 Gamma 分配函數的逆函數之值
GAMMALN	傳回 Gamma 函數（x）之值的自然對數
GEOMEAN	傳回相乘平均
GESTEP	判別數值是否比門檻值大
GROWTH	傳回指數曲線上之值
H	
HARMEA	傳回數值的調和平均
HYPGEDMDIST	傳回超幾何分配函數之值
I	
INT	傳回無條件捨去後至最接近的整數
INTERCEPT	傳回迴歸直線的截距之值
U	
UURT	計算所指定的數據的峰度
L	
LARGE	在所指定的數據之中傳回第 k 大的數據
LCM	傳回所指定之整數的最小公倍數
LINEST	傳回直線的係數之值
LN	傳回數值的自然對數
LOG	針對所指定的底傳回數值的對數
LOGIO	傳回數值的常用對數
LOGEST	傳回指數曲線的係數之值
LOGINV	傳回對數常態累積分配函數的逆函數之值
LOGNORMDIST	傳回對數常態累積分配函數之值
M	
MAX	傳回引數一覽中的最大值
MDETERM	傳回配列的行列式之值
MINVERSE	傳回配列的逆矩陣
MMULT	傳回 2 個配列的矩陣積
MOD	傳回除算的餘數
MODE	傳回數據之中最頻繁出現之值（衆數）
N	
NEGBINOMDIST	傳回負的二項分配
NORMDIST	傳回常態分配函數之值

NORMINV NORMSDIST NORMSINV	傳回常態分配函數的逆函數之值 傳回標準常態分配累積分配函數之值 傳回標準常態分配函數的逆函數之值
P	
PEARSON PERCENTILE PERCENTRANK PI POISSON POWER PROB PRODUCT	傳回 Pearson 的機率相關係數之值 傳回數據之中以百分位位於第 k 個位置之值 傳回數據之中使用百分率之值的順位 傳回圓周率 π 之值 傳回 Poisson 機率分配之值 傳回數值的乘幕 傳回包含在所指定範圍之值落在上限與下限之間的機率 傳回引數之積
Q	
QUARTILE QUOTIENT	傳回由數據取出 4 分位數 傳回除算之商的整數部分
R	
REPT ROUND ROUNDDOWN ROUNDUP RSQ	傳回文字的重複次數 將數值四捨五入作成所指定的位數 將數值捨位作成所指定的位數 將數值進位作成所指定的位數 傳回 Pearson 的機率相關係數平方之值
S	
SERIESSUM SIGN SUEW SLOPE SMALL SQRT SQRTPI STANDARDIZE STDEV STDEVP STEYX SUM SUMPRODUCT SUMSQ	傳回幕乘多項式之值 傳回對應數值的正負之值 傳回分配的偏度 傳回迴歸直線的斜率 傳回數據之中位於第 k 小之值 傳回數值的平方根 傳回 π 的平方根 傳回標準化變量 使用母體的樣本傳回標準差 以母體全體為對象傳回標準差 依據迴歸直線及傳入的 x 值，計算預估的 y 值，傳回 y 值的標準誤 傳回引數之合計 計算配列內對應元素之間的乘積，傳回它們之值 傳回引數的平方的合計

SUM2MY2 SUM2PY2 SUMXMY2	在 2 個配列中將對應元素的平方差合計 在 2 個配列中將對應元素的平方和合計 在 2 個配列中將對應元素之差平方後，傳回其合計
T	
TDIST TINV TREND TRIMMEAN TRUNC TTEST TYPE	傳回 student's 或 t 分配之值 傳回 student's 或 t 分配的逆函數之值 傳回直線上之值 傳回數據的中間項之平均 將數值割捨，作成所指定的位數 傳回服從 student's 或 t 分配之機率 傳回對應對象值之資料型態的數值
V	
VAR VARP	使用母體的樣本傳回變異數 以母體全體為對象傳回變異數
W	
WEIBULL	傳回 Weibull 分配之值
Z	
ZTEST	傳回 Z 檢定的兩側 p 值

數學中所使用的主要函數一覽表

ABS EXP FACT FLOOR INT LN LOG COLUMN COLUMNS	傳回一個數值的絕對值，亦即無正負號的數值 傳回指數 number 乘方值 傳回一數字的階乘 將一數字以趨近於 0 之方式捨位 傳回無條件捨去後的整數值 傳回數字的自然對數 依所指定的基數，傳回數字的對數 傳回參照位址之欄號 傳回陣列或參照中的欄數
OR	檢查是否有任一引數為 TURE 並傳回 TURE 或 FALSE。 當所有的引數皆為 FALSE 時，才會傳回 FALSE。
QUOTIENT	傳回除後的整數部分
RANK	傳回某數字在某串列數字中之順序，亦即該數字相對於清單中其它數值的大小。

REPT ROUND ROUNDDOWN ROUNDUP ROW ROWS SQRT SQRTPI SUM SUMIF SUMPRODUCT SUMSQ	依指定字串重複幾次顯示 依所指定的位數，將數字四捨五入 將一數字以趨近於零之方式捨位 將一數字以背離於零之方式進位 傳回 reference 中之列號 傳回陣列或參照位址所含的列數 傳回數字的正平方根 傳回 Pi 的平方根 傳回儲存範圍中所有數值的總和 計算所有符合指定條件的儲存格的總和 傳回多個陣列或範圍中的各對應元素乘積之總和 傳回所有引數的平方根和
T	檢查某值是否為文字，若為文字則傳回文字，若不是文字，則傳回空字串（空白文字）
TRANSPOSE UPPER VALUE LOGIO MDETERM MINVERSE MMULT PI POWER PRODUCT RADIANS COLUMN COLUMNS COUNT	將垂直的儲存格範圍轉為水平範圍或反向操作 將字串轉成大寫 將文字資料轉為數字資料 傳回以 10 為底的對數數字 傳回陣列之矩陣行列式 傳回儲存於某陣列中之矩陣的反矩陣 傳回兩陣列相乘之乘積 傳回圓周率 Pi 值（3.14159265338979，精確到小數 15 位） 傳回數字乘幕的結果 所有引數數值相乘之乘積 將角度轉為弧度 傳回參照位址之欄號 傳回陣列或參照中的欄數 計算包含數字及所有引數裡含有數值資料的儲存格數目
HLOOKUP	在陣列或表格的第一列尋找指定值，傳回指定值所在那一列中你所要的欄位。
COUNTIF	計算一範圍內符合指定條件之儲存格數目
IF	檢查是否符合某一條件，且若為 TRUE 則傳回某值，若為 FALSE 則傳回另一值。
LOOKUP LOWER	從單列或單欄範圍或是陣列中找出一元素值 將文字字串轉換成小寫
MATCH	為符合陣列中項目的相對位置，而該陣列符合指定順序的指定值。

MAX MIN	傳回引數中的最大值 傳回引數中的最小值
N	將非數字轉換成數字，日期轉換成序列值，TRUE 轉換成 1，其它轉換成 0
NA	傳回錯誤值 # N/A（無此值）
VLOOKUP	在一表格的最左欄中尋找含有某特定值的欄位，再傳回同一列中某一指定欄中的值，預設情況下表格必須依遞增順序排序

公式自動校正

當輸入錯誤時，Excel 將自動校正，其提供建議如下：

NO	錯誤輸入	例	說明
1	不成組的小括號（左括號無效）	=SUM(B3:B9	漏了右括號。
2	不成組的雙引號	=IF(B3=” ” ,” ,A3/B3)	第 2 個引號少了一個雙引號
3	出現在最前面的多餘運算符號	= =、=* 或 = /	第 2 個符號都是多餘的
4	出現在尾端的多餘運算符號	+A5+B5+C5+	最後的加號是多餘的
5	重複輸入相同的運算符號	++、** 或 //	第 2 個都是多餘的
6	漏了必要的乘法運算符號	=A7+5(B7/C7)	常數 5 的後面應該要有 * 的記號
7	誤以字母當作乘法符號	=7X8	英文字母 X 非乘號
8	多餘的小數點符號	=0.09.5/12	5 的前面的小數點是多餘的
9	自動去除千分位符號	=1,050*B2	1 後面的逗點符號是多餘的
10	儲存格參照位址誤植	=B3/3A	參照位址的欄名列號錯置了
11	不等式符號順序錯了	=>、=<、或 > <	兩個符號對調了
12	範圍的界定符號錯植了	=SUM(B:2:B10)	2 的前面的冒號是多餘的
13	誤以分號當作範圍的界定符號	=SUM(B2;B10)	；是錯的，要使用：
14	在參照位址中的空白字元	=SUM(B 2:B10)	2 前面的空白是多餘的
15	在數值常數中的空白字元	=1 5*B7	5 前面的空白是多餘的
16	英文字母 I 與常數 1 的誤用	=I*BI	將 I 誤用成數字 1 了

■ 錯誤訊息

訊息	內容
#NAME?	使用不當名稱
#DIV/O！	在公式的計算中當有分子除以數字 0
#VALUE！	使用錯誤的引數或運算符號
#N/A	表示在儲存格中沒有數字
#NALL！	表示兩個區域應該相交，但它們並未相交
#NUM！	不當的使用數學符號
#REF！	參照到無效（不存在）的儲存格，或公式所參照的區域名稱被刪除
###	運算結果太長，儲存格放不下
#NAME?	不認識的函數名稱

參考文獻

1. 石村貞夫，室淳子，「Excel 與統計分析」，東京圖書（2006）
2. 內田治，「EXCEL 的統計分析」（第 2 版），東京圖書（2000）
3. 內田治，「EXCEL 的多變量分析」（第 2 版），東京圖書（2000）
4. 內田治，「EXCEL的意見調查・累計・分析」（第2版），東京圖書（2000）
5. 內田治，「EXCEL 的迴歸分析」，東京圖書（2002）
6. 內田治，「品質管理的基礎」（第 2 版），日本經濟新聞社（2001）
7. Middleton, D.: “Data Analysis using Microsoft Excel”, Duxbury (1995)
8. Berk, Carey: “Data Analysis with Microsoft Excel”, Duxbury (1997)

國家圖書館出版品預行編目資料

EXCEL品質管理／陳耀茂編著. -- 二版. -- 臺北市：五南圖書出版股份有限公司, 2022.09
面； 公分
ISBN 978-626-317-995-0（平裝）

1.CST: 品質管理 2.CST: EXCEL(電腦程式)

494.56 111009632

※版權所有・欲利用本書內容，必須徵求本公司同意※

5B48

EXCEL品質管理

作　　者 — 陳耀茂（270）
發 行 人 — 楊榮川
總 經 理 — 楊士清
總 編 輯 — 楊秀麗
副總編輯 — 王正華
責任編輯 — 金明芬、張維文
封面設計 — 姚孝慈
出 版 者 — 五南圖書出版股份有限公司
地　　址：106臺北市大安區和平東路二段339號4樓
電　　話：(02)2705-5066　傳　　真：(02)2706-6100
網　　址：https://www.wunan.com.tw
電子郵件：wunan@wunan.com.tw
劃撥帳號：01068953
戶　　名：五南圖書出版股份有限公司
法律顧問　林勝安律師事務所　林勝安律師
出版日期　2019年3月初版一刷
　　　　　2022年9月二版一刷
定　　價　新臺幣720元

全新官方臉書

五南讀書趣

WUNAN Books since1966

Facebook 按讚

★ 專業實用有趣
★ 搶先書籍開箱
★ 獨家優惠好康

不定期舉辦抽獎
贈書活動喔！！！

 五南讀書趣 Wunan Books 

經典永恆・名著常在

五十週年的獻禮——經典名著文庫

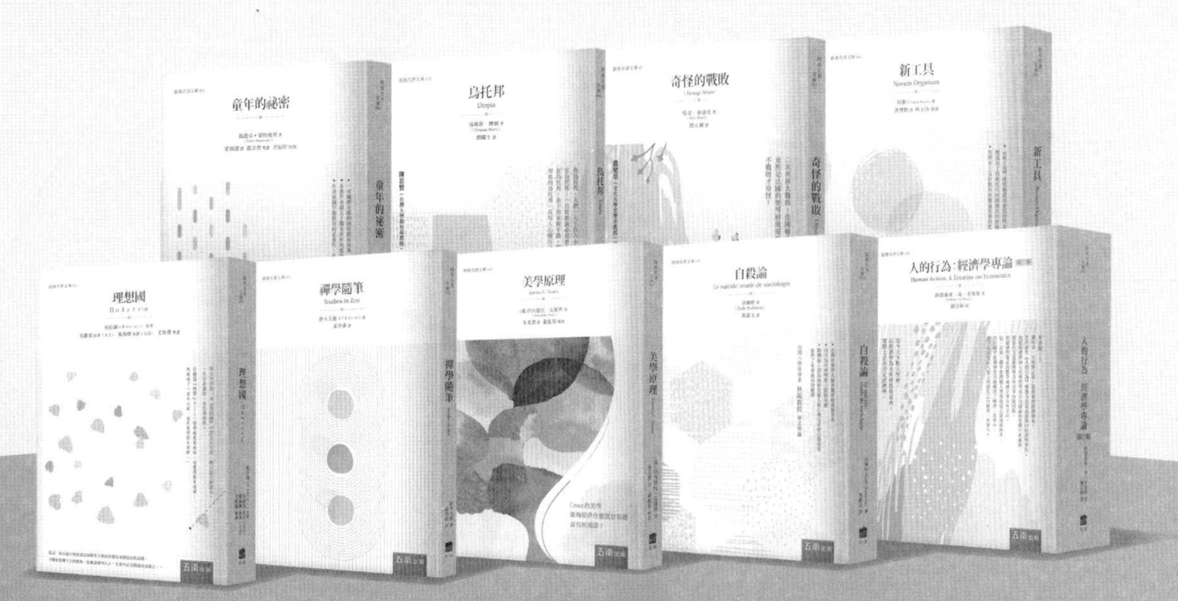

五南，五十年了，半個世紀，人生旅程的一大半，走過來了。
思索著，邁向百年的未來歷程，能為知識界、文化學術界作些什麼？
在速食文化的生態下，有什麼值得讓人雋永品味的？

歷代經典・當今名著，經過時間的洗禮，千錘百鍊，流傳至今，光芒耀人；
不僅使我們能領悟前人的智慧，同時也增深加廣我們思考的深度與視野。
我們決心投入巨資，有計畫的系統梳選，成立「經典名著文庫」，
希望收入古今中外思想性的、充滿睿智與獨見的經典、名著。
這是一項理想性的、永續性的巨大出版工程。
不在意讀者的眾寡，只考慮它的學術價值，力求完整展現先哲思想的軌跡；
為知識界開啟一片智慧之窗，營造一座百花綻放的世界文明公園，
任君遨遊、取菁吸蜜、嘉惠學子！